中国垃圾焚烧系列丛书

上海市垃圾焚烧发电设施

中国城市环境卫生协会　组编

焦学军　周洪权　主编

U0260680

中国电力出版社
CHINA ELECTRIC POWER PRESS

内 容 提 要

针对上海市 16 座生活垃圾焚烧发电设施，介绍了商业模式和特许经营协议要点，汇总了各项目的规模、投资与工期、总体布局和建（构）筑物参数。介绍了主体工艺和主要设备技术参数，并对重要的技术经济参数进行了分析。对运营中的 10 座设施，统计分析了各年度垃圾处理量、垃圾质量（湿度）、发电量、上网外售电量、厂用电、渗沥液处理量、炉渣和飞灰外运量；简单统计分析了烟气污染物排放水平、烟气净化用耗材、停炉时间。对日本东京和中国上海的垃圾分类体系、垃圾焚烧发电设施进行了系统比较，并进行了思考，提出了建议。对上海市在垃圾焚烧发电设施行业所作的尝试、技术改造、创新进行了总结。

本书附录回顾了国内垃圾焚烧行业的政策，汇总了国内外垃圾焚烧发电烟气污染控制标准和设施分布现状，介绍了欧洲、日本、美国垃圾焚烧发电设施的案例等。

本书可作为政府主管部门、投资企业、咨询行业、建设和运营单位的参考资料，亦可供管理和工程技术人员阅读、对标使用。

图书在版编目（CIP）数据

上海市垃圾焚烧发电设施/中国城市环境卫生协会组编；焦学军，周洪权主编 . —北京：中国电力出版社，2024.2

（中国垃圾焚烧系列丛书）

ISBN 978-7-5198-8235-8

Ⅰ. ①上… Ⅱ. ①中…②焦…③周… Ⅲ. ①垃圾发电-发电设备-介绍-上海 Ⅳ. ①TM621.3

中国国家版本馆 CIP 数据核字（2023）第 202071 号

审图号：GS 京（2023）2382 号

出版发行：中国电力出版社
地　　　址：北京市东城区北京站西街 19 号（邮政编码 100005）
网　　　址：http：//www.cepp.sgcc.com.cn
责任编辑：娄雪芳（010-63412375）
责任校对：黄　蓓　朱丽芳　李　楠
装帧设计：张俊霞
责任印制：吴　迪

印　　　刷：三河市万龙印装有限公司
版　　　次：2024 年 2 月第一版
印　　　次：2024 年 2 月北京第一次印刷
开　　　本：787 毫米×1092 毫米　16 开本
印　　　张：26.75
字　　　数：660 千字
印　　　数：0001—3000 册
定　　　价：198.00 元

版 权 专 有　　侵 权 必 究

本书如有印装质量问题，我社营销中心负责退换

《中国垃圾焚烧系列丛书》
编写委员会

主　任　徐文龙

副主任　刘晶昊　白良成　徐海云

主　编　龙吉生

副主编　焦学军　刘海威

委　员（按姓氏笔画排序）

王瑟澜	王武忠	王　柯	王　伟	王　亮	王　鹏
韦东良	皮　猛	白木敏之	司景忠	史焕明	乔德卫
刘　诚	刘　涛	刘彦博	刘巍荣	安　淼	李晓东
李月中	李伏京	李豫军	李水江	李　伟	何品晶
吴　剑	吴浩仑	张汉威	张焕亨	陈　波	陈　辉
金宜英	金福青	周　康	项鹏宇	饶　怡	胥　东
袁　克	袁国桢	钱　翔	徐书笋	奚　强	龚佰勋
曹德标	崔德斌	韩志明	程五良	焦显峰	童　琳
雷钦平	雷　明	熊建平			

组织单位

中国城市环境卫生协会

委员单位

上海康恒环境股份有限公司

中国恩菲工程技术有限公司

深圳能源环保股份有限公司

重庆三峰环境集团股份有限公司

光大环保（中国）有限公司

中国环境保护集团有限公司

上海环境集团股份有限公司

浙江大学能源工程学院

北京中科润宇环保科技股份有限公司

北京控股环境集团有限公司

绿色动力环保集团股份有限公司

北京朝阳环境集团有限公司

中国五洲工程设计集团有限公司

中城院（北京）环境科技股份有限公司

中国航空规划设计研究总院有限公司

中冶南方都市环保工程技术股份有限公司

中国轻工业广州工程有限公司

中国核电工程有限公司深圳设计院

中国联合工程有限公司

四川川锅锅炉有限责任公司

南通万达能源动力科技有限公司

江联重工集团股份有限公司

江苏华星东方环保科技有限公司

江苏维尔利环保科技集团股份有限公司

同济大学环境科学与工程学院

清华大学环境学院

浙江伟明环保股份有限公司

中国天楹股份有限公司

浙能锦江环境控股有限公司

瀚蓝环境股份有限公司

杭州新世纪能源环保工程股份有限公司

粤丰环保电力有限公司

首创环境控股有限公司

广州环保投资集团有限公司

丛书总序

中国生活垃圾焚烧行业的发展，经历了"论证与探索、学习与实践、发展与创新"三个阶段，三十多年来取得了令世界瞩目的优异成绩。在政策与标准、技术与装备、建设与运营、政府监督与管理等方面成果丰硕，在减污降碳方面达到了国际先进水平。财税政策的支持，标准体系的逐步完善以及技术的引进、消化、吸收和创新，特别是近十年来超大型炉排焚烧炉的研发与应用实践突飞猛进，为焚烧行业的发展奠定了基础；技术经验的积累，为焚烧项目的建设和运营提供了管理保障；政府监管趋严，为行业的技术创新和管理创新提供了动力。至"十三五"末，我国垃圾焚烧项目的总规模已经超过了欧盟、日本、美国同类设施的总和。"十四五"期间，仍将有数百个焚烧项目建成投产。根据相关部门的统计，截至 2023 年 6 月，我国已投入运营并按照国家"装、树、联"要求联网的垃圾焚烧设施达到了 1061 座，总处理规模约 105 万 t/d，平均项目处理规模约 990t/d。预计至"十四五"结束，我国投入运营的垃圾焚烧项目总处理规模将超过 120 万 t/d。

在取得显著成效的同时，我们也清醒认识到我国垃圾焚烧行业已过高速发展期，下一步发展面临严峻形势和挑战。目前，部分焚烧设施出现了"产能过剩"的情况，但县域垃圾焚烧设施仍面临建设需求较大、小型焚烧装备技术创新和优化研发不足、稳定运营较难、资金保障体系不健全等现实问题；精细化管理水平的提高、老旧项目的提质增效、行业人才的素质培养等亟待解决的问题。同时，如何响应国家"一带一路"及国际化战略，将我国焚烧行业的技术与装备向国外输出，为世界提供中国方案，实现可持续发展，也是需要我们深入思考和研究的问题。

为全面系统总结我国生活垃圾焚烧领域三十余年发展的成果和经验，加强实用技术和实践经验的总结与推广，形成标杆引领的示范效应，推动垃圾焚烧行业资源共享和高质量发展，助力实现"双碳"目标，中国城市环境卫生协会牵头组织，于 2021 年 8 月开始筹划，组织编写《中国垃圾焚烧系列丛书》（简称《丛书》）。《丛书》第一批共计 7 个分册，分别为《中国垃圾焚烧政策、标准与设施》《垃圾焚烧工程、技术与装备》《垃圾焚烧项目建设实务》《垃圾焚烧项目运营实务》《中国垃圾焚烧经典项目集锦》《上海市垃圾焚烧发电设施》和《垃圾焚烧项目环境保护管理》，分别由中国城市环境卫生协会生活垃圾焚烧专业委员会的骨干成员单位牵头，相关单位和个人参与编写。

《丛书》编写过程中得到了行业相关部门、企事业单位、国内外专家的大力支持。在此，向所有关心、支持和参与《丛书》组织编写的单位和个人表示衷心的感谢！期望通过《丛书》的出版，能够为行业相关单位和业界同仁提供有益的参考和借鉴，以此推动我国垃圾焚烧行业的高质量发展。

中国城市环境卫生协会会长

2023 年 10 月

中国垃圾焚烧系列丛书

上海市垃圾焚烧发电设施

本册序言

　　根据《上海市绿化市容统计年鉴》和《上海市固体废物污染环境防治信息公告》，2019～2022 年，上海市生活垃圾清运量分别为 1038 万、1133 万、1232 万 t 和 1129 万 t。根据统计数据，2019～2022 年，进入上海市焚烧设施进行焚烧处理的固废（包括生活垃圾及其他固废），分别为 486.84 万、796.84 万、803.32 万 t 和 827.84 万 t。焚烧发电设施，为上海市生活垃圾的无害化、资源化处理，起到了极其重要的作用。

　　至 2023 年 10 月，按政府批复项目数量统计，上海市共有 16 个焚烧发电项目（其中，江桥项目一期和二期按 1 个项目计），总规模约 3.0 万 t/d，总发电装机容量为 787MW。16 个项目中，浦东新区 5 个、嘉定区 2 个、金山区 2 个、奉贤区 2 个、松江区 2 个、宝山区 1 个、崇明区 2 个。这 16 个垃圾焚烧发电项目将为上海市的生活垃圾无害化、资源化处理提供有力保障。

　　二十多年来，上海市垃圾焚烧发电设施的发展，走过了"引进消化、尝试探索、思考创新"之路。新固体废物法开始实施后，因垃圾分类导致的垃圾质量、数量变化，焚烧发电必将面临新的技术、管理难题，这也是我们面临的共同挑战。作为城市运营的基础设施之一，焚烧发电起着生活垃圾处理"托底保障"的职能。

　　《上海市垃圾焚烧发电设施》一书，对商业模式、特许经营协议要点进行了汇总，对投资额度、占地面积和规模、主要工艺与技术参数、主要运营数据进行了对比分析，附录内容丰富。

　　焦学军同志曾在上海环卫行业工作了 19 年，是上海市垃圾发电设施建设和运营的亲历者。在此，对本书的出版表示祝贺。

上海市市容环境卫生行业协会会长

2023 年 10 月

中国垃圾焚烧系列丛书

上海市垃圾焚烧发电设施

本册前言

　　随着改革开放后经济和社会的发展，上海市生活垃圾产量快速增长，处理压力骤增。1993年前后，上海市政府开始了垃圾焚烧发电设施的论证工作。御桥项目和江桥项目，分别于1998年和1999年获得国家计委的立项批复，开启了上海市建设现代化大型垃圾焚烧发电设施的序幕。20多年来，取得了斐然成绩，为上海市生活垃圾的高质量处理起到了决定性作用，为全国的本行业发展起到了带头示范作用，积累了管理和技术经验，从规划、设计、施工、运营等各个方面培养了一大批人才，带动了相关装备制造业和技术服务业的发展。

　　《上海市垃圾焚烧发电设施》一书，针对上海市的6个项目，介绍了商业模式、特许经营协议要点、规模、投资与工期、总图布置和占地面积、主体工艺、主要设备与技术参数，对重要的技术经济参数、主要运营数据进行了分析，并对标日本东京，对上海和东京的垃圾分类体系、焚烧设施进行了比较。本书的附录，回顾总结了国家相关政策，汇总了国内外烟气污染控制标准，展示了我国全国和部分城市、欧洲、日本、美国的垃圾焚烧发电设施的分布情况。

　　焚烧发电设施，目的是高效地、清洁地处理垃圾，既是环保项目，同时又是火电项目，工艺复杂、设备繁多，与国外发达国家相比还增加了渗沥液处理环节。鉴于上述的复杂性和篇幅限制，本书不对细节做长篇幅的论述，只是对发展过程中的某些要点进行汇总、分析。

　　本书是在《上海市生活垃圾焚烧发电设施　建设与运营》（内部资料，仅打印装订了约300套分别赠送给了相关人员）的基础上，增加了部分内容，并重新编著而成。《上海市生活垃圾焚烧发电设施　建设与运营》的编写，始于2020年春节期间，当时正是武汉新冠疫情最严重的时期。历经约一年半的时间，于2021年8月中旬完成了初稿，并于同年11月完成了修改版。《上海市生活垃圾焚烧发电设施　建设与运营》的资料整理人员，大部分参与了上海市垃圾焚烧发电项目的建设和运营。上海环境集团的项目，周洪权、储夏、潘海东、翟建庆、赵惕、张志坤、丁沛权、党同、陆平、肖正、王志强、王晓东、郭辉东、孙晓军、李晓勇、左小鸿等同志参与了资料整理工作；浦发集团的项目，金飞、张建明、李季、周铨、卢忠等同志参与了资料整理工作；嘉定项目，王浩同志负责资料整理；宝山项目，由编者亲自整理。翟建庆同志对全书的文字进行了校核，左冬梅女士完成了大量的图片处理工作，邹昕、刘嘉南、黄洁、冯淋淋、李桐等同志，对附录的编辑整理工作付出了辛勤劳动。

　　本书由焦学军和周洪权共同编著而成。其中，第八章由周洪权承担，其余各章和各附录均由焦学军完成。因大量数据来源于上海市生活垃圾焚烧发电项目批复文件、设计文件、运营报表和国内外其他相关企业的内部资料等，鉴于知识产权和商业保密要求，本书对部分敏感信息进行了适当处理，在此特别说明。

本书附录的编写，得到了国内外专家的帮助和指点。这些专家包括康恒环境的龙吉生博士，国家住建部环境卫生工程中心的著名专家白良成教授，北京朝阳区固废园区的陈辉先生，中科润宇的韩志明博士，日本日立造船的田中徹先生、马向东先生，吉宝西格斯的李大庆先生，日本荏原公司的杨文杰先生，中化环境的丁豪先生，台湾成功大学的卢幸成教授，原上海轻工院的设计师施剑先生等。在此，向他们表示衷心的感谢。

本书编写期间，经常利用节假日时间工作，通宵达旦，影响了家庭活动的正常进行。感谢夫人蔡慧红女士、女儿焦洋给予的理解和支持。

本书基于上海市生活垃圾焚烧发电设施的"要点总结和分析"，是上海市焚烧设施发展的历史回顾，是中国垃圾焚烧发电行业发展的浓缩总结。希望本书能为国内外焚烧行业发展提供借鉴。

由于编者水平有限，可能导致本书的分析、观点、结论不妥，恳请读者阅读时注意，并希望提出宝贵意见。

编　者
2023 年 10 月

谨以此书
向上海市垃圾焚烧发电设施的管理者和工程设计、建设、运营人员
表示敬意！

项目简称、正式名称和项目公司（业主）名称对照表

序号	项目简称	项目正式名称 （按政府批复文件）	项目公司（业主） 名称
1	御桥项目	上海浦东新区生活垃圾焚烧厂	上海浦城热电能源有限公司
2	江桥项目	上海江桥生活垃圾焚烧厂	上海环城再生能源有限公司
3	金山一期	上海金山永久生活垃圾综合处理厂	上海金山环境再生能源有限公司
4	金山二期	上海金山永久生活垃圾综合处理厂改扩建工程（二期）	上海金山环境再生能源有限公司
5	老港一期	上海老港再生能源利用中心一期工程	上海老港固废综合开发有限公司
6	老港二期	上海老港再生能源利用中心二期工程	上海老港固废综合开发有限公司
7	黎明项目	上海黎明资源再利用中心	上海黎明资源再利用有限公司
8	松江一期	上海天马生活垃圾末端处置综合利用中心	上海天马再生能源有限公司
9	松江二期	上海天马生活垃圾末端处置综合利用中心二期工程	上海天马再生能源有限公司
10	奉贤一期	上海奉贤生活垃圾末端处置中心工程	上海东石塘再生能源有限公司
11	奉贤二期	上海奉贤区再生能源综合利用中心	上海维皓再生能源有限公司
12	崇明一期	上海崇明固体废弃物处置综合利用中心工程	上海城投瀛洲生活垃圾处置有限公司
13	崇明二期	上海崇明固体废弃物处置综合利用中心二期工程	上海城投瀛洲生活垃圾处置有限公司
14	嘉定项目	上海嘉定区再生能源利用中心工程	上海嘉定再生能源有限公司
15	海滨项目	上海浦东新区海滨资源再利用中心	上海浦发热电能源有限公司
16	宝山项目	上海市宝山再生能源利用中心项目	上海上实宝金刚环境资源科技有限公司

注 为简化起见，本书中"垃圾"指"生活垃圾"。

中国垃圾焚烧系列丛书

上海市垃圾焚烧发电设施

目 录

丛书总序
本册序言
本册前言
项目简称、正式名称和项目公司（业主）名称对照表

中国垃圾焚烧系列丛书

上海市垃圾焚烧发电设施

本册图目录

中国垃圾焚烧系列丛书

上海市垃圾焚烧发电设施

本册表目录

第一章　概　　述

　　上海市垃圾焚烧发电设施的投资、建设、运营，经历了"学习探索、提升发展、高速发展"三个阶段，是中国垃圾焚烧发电行业发展的缩影。上海市共有 16 座垃圾焚烧发电设施，总设计规模约 3.0 万 t/d，主要分布在城市外围区域，为本市 16 个行政区服务。

第一节　发　展　历　程

　　上海市垃圾焚烧设施的工程实践，可以追溯到 20 世纪 30 年代的槟榔路和茂海路的 2 个项目。这 2 个项目的实际规模分别为 200、150t/d，引进了德国西门子和美国巴马公司的设备，于 1931 年投产，运行了 5 年后，因垃圾质量太差、添煤量高，于 1937 年停止使用。

　　上海市现代化垃圾焚烧发电设施的建设，始于御桥和江桥两个项目。这两个项目正式立项前，进行了长达 6 年左右的论证工作。江桥项目（当时的名称为"浦西项目"），于 1995 年 1 月由上海冶金院完成项目预可行性研究报告，按当时的程序上报市政府、国家政府相关部门，于 1997 年 10 月获得了项目建议书批复（国家计委，计原材〔1997〕2654 号）；于 1998 年 4 月由五洲院完成了一期工程可行性研究报告并按程序呈交、上报、评审，于 1998 年 11 月获得环评批复（国家环保总局，环函〔1998〕49 号）、1999 年 3 月完成工可批复（国家计委，计投资〔1999〕294 号）。御桥项目，于 1997 年 11 月获得环评批复、1998 年 9 月获得工可批复。

　　御桥项目和江桥项目，分别采用了法国政府贷款和西班牙政府贷款，筹建单位均为政府部门组建的下属事业单位性质的项目公司，投产后外资进入，股份发生了变化，并补签了"特许经营协议"。这两个项目，从融资、设计、设备采购、施工、运营等各方面，为上海乃至全国积累了经验，培养了人才。御桥、江桥项目，分别于 2002 年 9 月、2003 年 11 月投产，缓解了上海市垃圾快速增长和处理能力不足的矛盾，使上海市生活垃圾的单一的"填埋"处理方式，走向了"填埋与焚烧"共存。2005 年 11 月，江桥项目二期工程（3 号线）投产。此后，直至 2012 年 11 月，长达 7 年的时间里，上海没有新的垃圾焚烧发电项目投产。随着 2012 年 12 月金山一期项目的投产、2013 年 5 月老港一期项目的投产，至 2019 年 6 月老港二期项目的投产，上海市运行中的垃圾焚烧发电项目数量达到了 10 座，另有扩建、新建的项目 6 座。至 2021 年 2 月，上海市垃圾焚烧发电设施，运行中的 10 座设施的总规模达到了 19 395t/d、发电总装机容量 417MW；建设中的 6 座设施的总规模为 10 300t/d、发电总装机容量 370MW。图 1-1 显示了上海市垃圾焚烧发电设施的分布情况。

　　上海市垃圾焚烧发电设施的投资，经历了政府投资向企业投资的转变过程。目前，除老

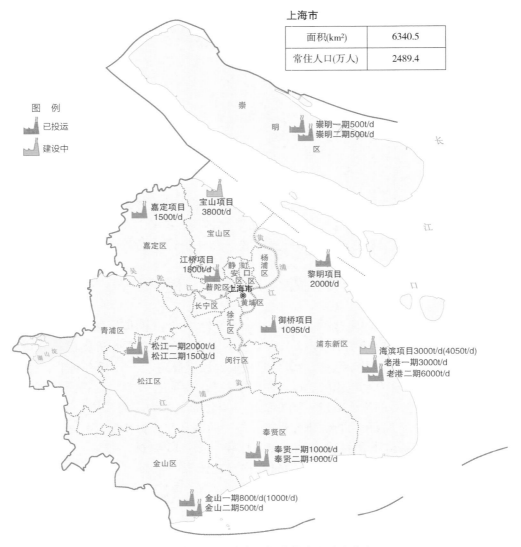

图 1-1　上海市垃圾焚烧发电设施分布

港一期、二期为政府投资外，其余 14 个项目采用企业投资模式，16 个项目全部采用政府特许经营的方式来运作。融资方式多种形式并存，除御桥和江桥采用了国外政府贷款、股份买卖融资外，后续的项目均为国内融资。融资渠道包括银行贷款、政府拨款、企业自有资本金等多种方式。项目股比结构方面，16 个项目外企曾投资占股比，现已退出的项目有两个，即御桥项目和江桥项目。这是上海在焚烧设施建设、运营的探索阶段的尝试。其他 14 个项目，投融资均采用内资。

　　上海市垃圾焚烧发电设施的单位投资额度、运行费用高于全国平均水平，二次污染控制水平在全国处于领先地位。上海市垃圾焚烧发电设施的建设和运营，在引进技术与装备的同时，不断摸索、优化、创新，为我国本行业的迅速发展，起到了"先导"作用，做出了巨大贡献。

　　从 20 世纪 90 年代初至今，30 年左右的时间，上海市垃圾焚烧发电设施的建设，可以分为以下三个阶段。

一、第一阶段：学习探索阶段

第一阶段，为 2006 年之前。这一阶段，江桥项目 1994 年之前的主要工作内容为调研、交流、论证。这个时期的工作，由上海市环卫局主导，相关单位密切配合。特别是欧洲考察之行，坚定了上海要走焚烧路线的决策，但质疑、反对的声音很多。通过尝试、摸索，引进技术与装备，积累了经验，建设了御桥项目和江桥项目。1995 年 4 月，上海联合工程咨询公司、上海市环境卫生设计科研所、上海城市规划研究院、上海冶金设计研究院，联合完成了"江桥焚烧项目建议书（预可行性研究）"总报告，这是中国垃圾焚烧行业的"里程碑"成果。1996 年，浦东新区对生活垃圾焚烧发电路线进行调研、交流、论证。上海浦东新区政府委托浦发集团牵头推进这项工作，其间多人次赴欧洲多个项目进行考察确定垃圾焚烧发电这条处理路线。1996 年底，浦东新区垃圾焚烧发电项目筹建组成立。1997 年 5 月，完成了"御桥焚烧项目可行性研究报告"；11 月，国家环境保护总局对"御桥项目环境影响报告书"完成了批复；12 月，国家计委对"江桥焚烧项目建议书"完成了批复。至此，前期论证工作告一段落。两项目外景如图 1-2 和图 1-3 所示。

图 1-2 御桥项目外景

1998 年 4 月，浦东新区对"浦东新区建设生活垃圾焚烧厂划拨使用国有土地的报告"完成批复；9 月，国家发展计划委员会对"御桥项目工程可行性研究报告"完成了批复；11 月，国家环境保护总局对"江桥焚烧项目环境影响报告书"完成了批复；12 月，完成御桥项目、江桥项目用地征地工作。1999 年 3 月，国家发展计划委员会对"江桥项目工程可行性研究报告"完成了批复；9 月，江桥项目综合楼开工建设，举行了开工仪式，上海市领导出席；12 月，御桥项目开工。2000 年 2 月，上海市建委对"御桥项目初步设计"完成批复，御桥项目施工全面展开；5 月，江桥项目完成项目用地的场地准备工作；7 月，上海市建委对"江桥项目初步设计"的技术部分完成了批复；7 月，江桥项目进口设备合同开始生效；9 月，江桥项目现场开始桩基施工，"江桥项目初步设计"的概算部分完成批复；11 月，江桥项目完成了施工、监理、国内设备成套的招标工作；12 月，江桥项目主体工程开始施工。至此，上海市御桥项目和江桥项目的前期工作全部完成。这一过程，耗费了长达 7～8 年的时间。

图 1-3　江桥项目外景

2001 年，御桥项目和江桥项目，红线内、外施工全面展开，"设计、采购、施工"交织在一起。经验和技术的欠缺、语言交流和文字的障碍、文化的差异、遥远的距离等，给江桥项目建设管理造成了很大困难。2002 年，在紧张施工的同时，运营筹备工作全面展开；8 月，法国 VEOLIA 公司派团队进入江桥项目，开始为江桥项目的运营做准备。御桥项目，施工进度快于江桥项目。2002 年 9 月，御桥项目开始试烧生活垃圾并进行热态调试，举行了投产运营仪式。2003 年经历了"非典"，对江桥项目施工造成较大影响。2003 年 11 月，江桥项目（一期工程）开始试烧生活垃圾并进行热态调试，举行了投产运营仪式。2004 年 3 月，根据国家环保总局环验〔2004〕22 号文批示，御桥项目完成环境保护验收，准予工程投入正式运行，实现了 3 炉 2 机投运，日处理生活垃圾 1000t 的工程既定目标得以实现。2004 年 5 月，江桥项目二期工程开工建设；10 月，江桥项目一期工程完成性能测试考核。2005 年 1 月，江桥项目一期工程 2 炉 2 机开始商业运营；9 月，江桥项目二期工程完成调试进入试运行；11 月，江桥项目一、二期工程合并进入试生产，实现全厂 3 炉 2 机投运，日处理生活垃圾 1500t。2006 年 1 月，江桥项目二期工程进入商业运营；6 月，江桥项目渗沥液处理系统一期工程完成建设投入运行；8 月，江桥项目通过国家环保总局环保验收。至此，上海市最先建设的 2 座焚烧设施——御桥项目和江桥项目，全部投入正式商业运营。2005 年和 2006 年，上海市生活垃圾焚烧处理量分别达到了 100 万、114 万 t，焚烧量占清运量的比率分别为 16.0%、16.6%。

这两个项目，是全国垃圾焚烧行业的"领跑"项目。通过这两个项目的工程建设和运营实践，对中国的垃圾特性有了深刻的认识，在设计与采购、建设进度管理、投资控制、运营管理等诸多方面，为上海市乃至全国的焚烧设施提供了宝贵的经验。

二、第二阶段：提升发展阶段

这一阶段，建设了金山一期项目、老港一期项目和黎明项目。这是在经过 2006～2009 年国内关于"焚烧技术是否作为主要发展方向"的大规模争论之后，在上海乃至国内十余年经验积累的基础上，国内焚烧行业步入快速发展阶段之前实施的三个项目。金山一期项目外景如图 1-4 所示。

图 1-4　金山一期项目外景

2010 年 6～7 月，金山一期项目和老港一期项目完成了环评与工程可行性研究的政府批复，项目正式立项。后续的黎明项目，于 2011 年 8～10 月，完成了环评与工程可行性研究批复，项目正式立项。这三个项目，从工程预可行性研究（项目建议书）批复，至正式立项批复，耗时仅几个月的时间。与御桥项目和江桥项目相比大大缩短了前期论证时间，这是政府行政管理优化的结果，更是国内焚烧行业的技术、工程、设备等多方面能力提升的结果。

金山一期项目最初的技术路线并不是焚烧，而是"分选＋厌氧＋资源回收"的工艺路线。2008～2009 年，经过反复论证，才优化为"焚烧发电"工艺。老港一期项目，是国内首批超大规模项目之一（国内首批规模为 3000t/d 的超大项目，分别为深圳宝安二期项目、上海老港一期项目、北京鲁家山项目），选址在海边滩涂地块，土建难度大，耗资耗时均不同于传统选址项目。老港一期项目和黎明项目，在技术上的最大提升，是在国内率先采用了烟气净化湿法工艺，特别是老港一期项目还采用了新型 PTFE-GGH（聚四氟乙烯、管式、"气-气"换热器），为采用此工艺的后续国内项目提供了经验。老港一期项目采用 PTFE-GGH，在亚太地区是首例，因此获得了美国杜邦公司的"普朗克特奖"（普朗克特，美国化学家，聚四氟乙烯的发明者）。另外，这三个项目的垃圾池结构和渗沥液排水工艺设计、设计热值、锅炉受热面布置、变频器使用等方面，都做了改进、提升。老港一期、二期项目外景如图 1-5 所示。

2012 年 12 月底，金山项目开始接受垃圾，整套启动开始；2013 年 5 月底，老港一期项目开始接受垃圾，整套启动开始；2014 年 8 月，黎明项目投入试生产。至 2014 年底，这三个项目按设计规模全部投入使用，使上海市投入运营的焚烧设施达到了 5 座，总设计规模超过了 8000t/d。2006～2012 年的 7 年时间里，由于上海市没有新的焚烧设施建成投产，每年的垃圾焚烧量都保持在 110 万 t 左右。2013～2015 年，上海的垃圾焚烧量分别达到了 172 万、271 万、315 万 t，焚烧量占清运量的比率分别为 23.4%、36.4%、39.9%。

三、 第三阶段：高速发展阶段

这一阶段，共建设 11 个项目，分别是"松江一期项目、奉贤一期项目、崇明一期项目、嘉定项目"和"老港二期项目、松江二期项目、奉贤二期项目、崇明二期项目、金山二期项

图 1-5　老港一期、二期项目外景

目、海滨项目、宝山项目"。前 4 个项目，实现了上海市垃圾处理从"填埋为主"向"焚烧为主"的转变；后 7 个项目的建成投产，将实现上海市"原生垃圾零填埋"的目标，这是国内焚烧行业进入"高速发展阶段"完成的设施。

2016 年 3、5、7 月，松江一期项目、奉贤一期项目、崇明一期项目，分别先后开始接受垃圾；2017 年 7 月，嘉定项目也开始接受垃圾。2017 年 5、8、9 月，松江一期项目、嘉定项目、奉贤一期项目先后进入商业运营；2018 年 12 月，崇明项目也进入商业运营。至 2018 年底，上海市投入正式运营的设施，达到了 9 座，总规模达到了 13 000t/d 以上。以上 4 个项目中，松江一期项目、奉贤一期项目、嘉定项目均采用了与老港一期相同的烟气净化工艺，崇明一期项目采用了与金山一期项目相同的烟气净化工艺。这 4 个项目均没有设置 SCR 工艺。这 4 个项目，炉排技术的引进、国产化得到了加强，但设计热值偏低的问题仍然存在。2016～2018 年，上海的垃圾焚烧量分别达到了 399 万、477 万、514 万 t，焚烧量占清运量的比率分别为 45.3%、53.0%、52.2%。松江一期、二期项目外景如图 1-6 所示。

图 1-6　松江一期、二期项目外景

老港二期项目，于 2019 年 6 月开始接受垃圾，2020 年 7 月投入商业运行。该项目规模为 6000t/d，是世界上最大的焚烧项目，设 8 炉 3 机，设计热值大幅提升，烟气净化工艺在一期的基础上增加了 SCR 且 IDF（引风机）后置。该项目的投产，使上海市垃圾焚烧设施的总数量达到 10 座，总规模超过了 19 000t/d。2019、2020 年，上海的垃圾焚烧量分别达到了 634 万、764 万 t，焚烧量占清运量的比率分别为 61.1%、67.4%。奉贤一期项目外景、崇明一期项目外景、嘉定项目外景如图 1-7～图 1-9 所示。

图 1-7 奉贤一期项目外景

图 1-8 崇明一期项目外景

2018 年 11 月～2019 年 11 月，"松江二期项目、奉贤二期项目、崇明二期项目、金山二期项目、海滨项目、宝山项目"完成了环评批复、工程可行性研究批复，项目正式立项。2021 年 4、6、10、12 月，松江二期项目、金山二期项目、崇明二期项目、奉贤二期项目，先后陆续开始接受垃圾，整套启动开始。海滨项目、宝山项目，由于场地、设计、红线外工程等诸多原因，进度有所滞后。上述 6 个项目中，4 个项目（松江二期项目、奉贤二期项目、海滨项目、宝山项目）的烟气净化系统均采用了极复杂的全套、组合工艺，包括 SNCR、干法、半干法、湿法、SCR 和 PTFE-GGH1、PTFE-GGH2、SGH，且 IDF（引风机后置）；2 个项目（崇明二期项目、金山二期项目）的烟气净化工艺较为简单，只是在一期的基础上增加了 SCR 和 SGH。这 6 个项目，炉排技术的引进、国产化进一步得到了加强，设计热值大幅提升。

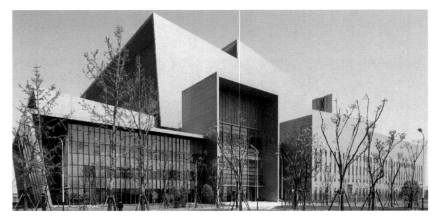

图 1-9　嘉定项目外景

上海市的 16 座垃圾焚烧设施，结合生活垃圾分类和湿垃圾、建筑垃圾、污泥等废弃物处理，协同焚烧多种物质，承担了为上海垃圾处理"托底保障"的职责。

第二节　设施规划建设总体概况

上海市的 16 座焚烧设施，分布在中心城区之外的 8 个行政区，其中，浦东新区分布了 5 座设施。16 座设施的总规模约 3.0 万 t/d，平均设计规模为 1921.5t/d。16 座设施共配置了 49 条焚烧线、26 台汽轮发电机组，总装机容量 787MW；单炉、单厂规模远高于全国平均水平；工艺技术配置复杂，二次污染控制要求高，特别是烟气污染净化系统配置高，投资强度也高于全国平均水平。

一、焚烧设施分布

上海市垃圾焚烧发电设施分布如图 1-1 所示，设计规模与投运时间见表 1-1。

上海市垃圾焚烧发电设施，全部采用"机械炉排焚烧、自然循环锅炉回收热能、汽轮发电机组发电"的工艺；烟气净化系统工艺组合形式多样，经历了原先的"半干法＋袋式除尘"到"SNCR＋干法＋袋式除尘＋湿法"，再到"SNCR＋干法＋半干法＋袋式除尘＋湿法＋SCR"的过程；渗沥液处理技术经过反复实践，最终形成了以"调节＋厌氧＋MBR＋NF/RO"工艺为主的路线；飞灰处理全部采用"螯合稳定化、卫生填埋"的工艺；炉渣综合利用处置。实践证明，上述技术与设备配置保证了二次污染控制可以满足严格的排放标准要求，大部分烟气污染物排放指标远优于国家标准和欧盟标准。

上海市垃圾焚烧发电设施的 16 个项目中，9 个项目采用了进口炉排系统，7 个项目采用了进口技术、国内生产的炉排系统；11 个项目采用了进口垃圾抓吊系统，3 个项目采用了国产抓吊系统；余热锅炉的生产供货，除御桥和江桥有部分受热面进口外，其余全部采用国产设备；烟气净化系统的生产供货，除旋转雾化器、在线检测系统 CEMS 进口外，其余基本实现了国产化。

表 1-1   设计规模一览表

序号	项目	设计规模（t/d）	投运时间
1	御桥项目	1095	2002 年投运
2	江桥一期	1500	2003 年投运
	江桥二期		2005 年投运
3	金山一期	800	2012 年投运
4	老港一期	3000	2013 年投运
5	黎明项目	2000	2014 年投运
6	松江一期	2000	2016 年投运
7	奉贤一期	1000	2016 年投运
8	崇明一期	500	2016 年投运
9	嘉定项目	1500	2017 年投运
10	老港二期	6000	2019 年投运
11	松江二期	1500	2021 年投运
12	奉贤二期	1000	2021 年投运
13	崇明二期	500	2021 年投运
14	金山二期	500	2021 年投运
15	宝山项目	3800	2022 年投运
16	海滨项目	3000（4050）/d	2023 年投运
	总计	**29 695（30 745）**	—

注　1. 海滨项目的设计容量扩大了 35%，实际规模约 4050t/d；
　　2. 宝山项目含 800t/d 的湿垃圾处理。

二、处理对象与服务范围

上海市目前共计 16 个行政区。一般将"黄浦区、杨浦区、虹口区、静安区、长宁区、普陀区、徐汇区、闵行区（部分）"和"浦东新区（外环线以内）"称之为"中心城区"，"闵行区（部分）、浦东新区（外环线以外）宝山区、嘉定区、松江区、青浦区、奉贤区、金山区、崇明区"为非中心城区或郊区。

随着上海市社会经济的发展，垃圾焚烧发电项目的处理对象趋向多元化，特别是实行垃圾分类以来的要求更加紧迫。作为垃圾处理的核心处理设施，焚烧项目还要承担其服务范围内的"城市运营的托底保障"功能。从表 1-2 可以看出，大部分项目不仅仅只焚烧处理垃圾，这一点在老港基地得以充分体现。"以焚烧垃圾为主，多元化协同处理"与"托底保障"应是今后上海市焚烧发电设施处理对象的定位。

表 1-2   处理对象和服务范围

序号	项目简称	处理对象	服务范围
1	御桥项目	生活垃圾	浦东新区
2	江桥项目	生活垃圾	中心城区
3	金山一期	生活垃圾＋其他（托底）	金山区

续表

序号	项目简称	处理对象	服务范围
4	金山二期	生活垃圾＋其他（托底）	金山区
5	老港一期	生活垃圾＋其他（托底）	中心城区
6	老港二期	生活垃圾＋其他（托底）	中心城区
7	黎明项目	生活垃圾＋其他（托底）	浦东新区
8	松江一期	生活垃圾＋其他（托底）	松江区、青浦区
9	松江二期	生活垃圾＋其他（托底）	松江区、青浦区
10	奉贤一期	生活垃圾＋其他（托底）	奉贤区
11	奉贤二期	生活垃圾＋其他（托底）	奉贤区
12	崇明一期	生活垃圾＋其他（托底）	崇明区
13	崇明二期	生活垃圾＋其他（托底）	崇明区
14	嘉定项目	生活垃圾＋其他（托底）	嘉定区
15	海滨项目	生活垃圾＋其他（托底）	浦东新区
16	宝山项目	生活垃圾＋厨余、餐厨	宝山区

注 表中的中心城区，包括黄浦区、杨浦区、虹口区、静安区、长宁区、普陀区、徐汇区。

图 1-10　上海市"水陆联运"垃圾运输路线示意

　　由于上海市长期以来行政区域管理职能的划分，上海市绿化和市容管理局（简称市局）负责中心城区（不包括浦东新区）的垃圾处理，浦东新区和非中心城区自行负责其区域内的垃圾处理。由表 1-2 可见，中心城区的垃圾，一般运至"江桥项目、老港一期、老港二期"处理；浦东新区的垃圾，运至"御桥项目、黎明项目"和"海滨项目"处理；松江区和青浦区，合用位于松江区天马镇的"松江一期、松江二期"项目；其他各区，各自利用其区域内的项目处理垃圾。这种服务范围的划分，解决了中心城区土地紧张难以选址的矛盾，节省了收集和运输费用，具有良好的经济效益和社会环境效益。

老港垃圾处理基地，是上海市中心城区垃圾的主要去向。为解决市中心垃圾出路难的问题，充分发挥老港基地的作用，同时减少长距离运输费用，上海市局于 2002 年就开始论证、规划"水陆联运系统"（系统涉及航道包括黄浦江、大治河、清运河 3 条航道，运输距离约 50km），并于 2010 年建成投产。上海市垃圾水陆联运系统以集装箱、陆上中转站、水运、码头、车辆等设施结合，打通了环保、高效、经济的中心城区垃圾的运输问题（见图 1-10 所示）。2010 年，老港开始建设一期规模为 3000t/d（当时国内规模最大的首批三个 3000t/d 项目之一）垃圾焚烧发电项目，并于 2013 年 5 月投产；2016 年，老港开始建设二期规模为 6000t/d（一次性建设规模，世界首例），并于 2019 年 6 月投产。"水陆联运＋老港基地"，为上海市垃圾处理提供了强有力的保障。

上海市的常住人口和流动人口大约在 3000 万，相当于欧洲一个中等人口规模的国家。打破行政区域划分、区域协同处理垃圾，上海的经验值得国内外学习借鉴。

三、 规模与炉机配置

上海市垃圾焚烧发电设施的总规模为 29 695t/d（设计总规模 30 745t/d），汽轮发电机组的总装机容量为 787MW（运行中的 10 座设施的总规模达到了 19 395t/d、发电总装机容量 417MW；建设中的 6 座设施的总规模为 9500t/d、发电总装机容量 370MW），共计 49 炉、26 机。

各项目的规模、炉机配置，见表 1-3。

表 1-3　　　　　　　　　　　　　　　　规模与配置汇总统计

序号	项目简称	炉机配置		规模（t/d）	总装机容量（MW）
1	御桥项目	3 炉 2 机	365t/d×3＋8.5MW×2	1095	17
2	江桥项目	3 炉 2 机	一期：500t/d×2＋12MW×2＋15MW×2 二期：500t/d×1	1500	30
3	金山一期	2 炉 1 机	原为：400t/d×2＋15MW×1＋15MW×1 扩容后：炉规模为 500t/d×2	1000（原为 800）	15
4	金山二期	1 炉 1 机	500t/d×1＋15MW×1＋15MW×1	500	15
5	老港一期	4 炉 2 机	750t/d×4＋30MW×2＋30MW×2	3000	60
6	老港二期	8 炉 3 机	750t/d×8＋50MW×3＋50MW×3	6000	150
7	黎明项目	4 炉 2 机	500t/d×4＋20MW×2＋20MW×2	2000	40
8	松江一期	4 炉 2 机	500t/d×4＋18MW×2＋20MW×2	2000	40
9	松江二期	2 炉 1 机	750t/d×2＋55MW×1＋60MW×1	1500	60
10	奉贤一期	2 炉 1 机	500t/d×2＋18MW×1＋20MW×1	1000	20
11	奉贤二期	2 炉 1 机	500t/d×2＋30MW×1＋30MW×1	1000	30
12	崇明一期	2 炉 1 机	250t/d×2＋9MW×1＋9MW×1	500	9
13	崇明二期	1 炉 1 机	500t/d×1＋15MW×1＋15MW×1	500	15
14	嘉定项目	3 炉 2 机	500t/d×3＋18MW×2＋18MW×2	1500	36

序号	项目简称	炉机配置		规模（t/d）	总装机容量（MW）
15	海滨项目	4 炉 2 机	750t/d×4＋ 65MW×2＋75MW×2	3000（设计按 4050）	150
16	宝山项目	4 炉 2 机	750t/d×4＋ 60MW×2＋60MW×2 沼气发电：配置15MW×4	3800 厨余 500 餐厨 300	120
17	合计	**49 炉 26 机**	单炉 750t/d 共 22 台 单炉 500t/d 共 22 台	**29 695 （30 745）**	**787**

　　单炉规模 750t/d，共计 22 台套；单炉规模 500t/d，共计 22 台套。单炉设计规模，呈现出大型化趋势。最初的御桥项目，单炉规模仅 365t/d。2010 年之后，单炉设计规模达到了500、750t/d。同等项目规模条件下，单炉规模加大，节省了投资，增加了发电量，降低了运行费用。

　　设计热值的增加，使单位装机规模大幅增加。如图 1-11 所示，上海市垃圾焚烧发电设施的单位发电装机容量，从 1999 年设计的 15～20MW/1000t，增加至 2019 年设计的 30～50MW/1000t，增加了 100%～200%。御桥项目和江桥项目，由于当时的垃圾热值低，单位装机容量仅 15.5、20.0MW/1000t。2002～2010 年长达 8 年的时间里，因上海市垃圾热值增长缓慢（根据御桥项目和江桥项目的实际发电量推算），导致了 2010 年设计的金山项目、老港一期、黎明项目设计热值偏低，及至 2013 年运行时发现单位装机容量设计偏小。然而，金山一期项目和老港一期项目于 2013 年前后投产后，即发现垃圾热值增加明显，但在 2013年和 2014 年设计的松江一期、奉贤一期、崇明一期，仍没有及时优化设计热值。随着垃圾分类在上海的实施，2017 年以来，预测进炉垃圾热值将进一步增加，使崇明二期、奉贤二期、金山二期达到了 30MW/1000t 以上，松江二期、宝山项目、海滨项目则高达 40MW/1000t 以上。

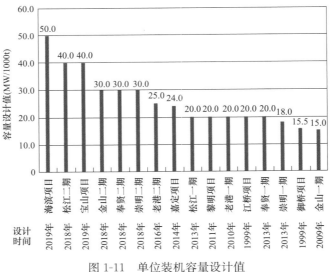

图 1-11 单位装机容量设计值

随着上海市垃圾分类的深化实施，湿垃圾处理设施将分流一部分垃圾量，如果上海市垃圾总量不变，则进入焚烧设施的"垃圾数量（Q）势必减少、热值（LHV）势必增加"。焚烧项目的运行能否在额定设计工况下运行，决定于"$Q \times LHV$"是否与设计热负荷匹配了。

四、投资（概算）与工期

根据政府批复概算，上海市已投入正式运营（商业运营）的 10 个项目的总投资为 113.79 亿元人民币（含技术改造费用，人民币与外币汇率按当时值计算），单位平均投资为 58.07 万元/t；2019 年之后投入运营的 6 个项目总投资为 88.83 亿元人民币（其中，宝山项目为核准批复估算），单位平均投资为 86.24 万元/t。16 座项目的总投资概算为 202.62 亿元人民币，单位平均投资 67.78 万元/t。总体来看，上海市的垃圾焚烧发电设施的投资强度，高于全国平均水平，但远低于发达国家。

影响投资的因素很多。其中，最重要的几个因素包括：①规模。规模越大，则单位投资越低。②设备配置。热值越高，则设备投资越高；进口设备比例越高，投资越高。③施工期间的主要材料的当时价格。④通货膨胀与汇率。⑤土地费用。⑥人工费的增加。

各项目的单位投资强度排序如图 1-12 所示。其中，老港一期的单位投资最低，但老港一期的渗沥液处理系统未包括在本项目概算中，若按照渗沥液单位投资 10 万元/t 估算，渗沥液处理规模按 800t/d 计，则本项目的单位投资将增加 2.67 万元。海滨项目的单位投资最高，这与本项目的实际规模放大了 35%、红线外取水工程投资大、土地整理费用高有关。

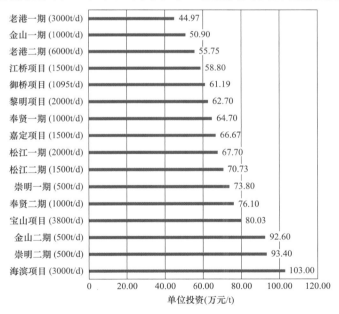

图 1-12 单位投资

上海市垃圾焚烧发电设施的投资资金来源多样，包括银行贷款，中央、市级、区级的各种政府资金，企业自有资金。①贷款。御桥项目使用了法国政府贷款 3017 万美元；江桥项目使用了西班牙政府贷款及信贷各 50%，合计 3270 万美元。国内的银行贷款，大多来自商业银行和股份制银行，黎明项目获得了国家开发银行 9.75 亿元人民币的利率下浮贷款。②政府资金。上海市垃圾焚烧发电设施投资获得了较多的政府资金支持。老港一期获得了中央和市政府共计 4.04 亿元的政府资金，用于项目资本金；老港二期获得了市政府安排的 10.2 亿元资金，用于项目资本金；崇明一期获得了 0.5 亿元的中央资金和 1.0 亿元的市政府资金；松江一期项目获得了 3.6 亿元的政府专项财力支持。③企业自有资金。大多数项目资本金占总投资的 30％居多，个别项目也有占比 20％的。松江一期、嘉定项目的资本金占投资概算的 20％。

上海市 16 座垃圾焚烧发电项目的主要工期节点，见表 1-4。

表 1-4   工程工期主要节点统计

序号	项目简称		环评批复	工可批复	初步设计批复	主体工程开始施工	接受垃圾开始	商业运营开始
1	御桥项目		1997 年 11 月	1998 年 9 月	2000 年 2 月	1999 年 12 月	2002 年 9 月	2004 年 3 月
2	江桥项目	一期	1998 年 11 月	1999 年 3 月	2000 年 7 月	2000 年 12 月	2003 年 11 月	2005 年 1 月
		二期			2003 年 12 月	2005 年 9 月	2005 年 11 月	2006 年 1 月
3	金山一期		2010 年 3 月	2010 年 7 月	2010 年 10 月	2011 年 3 月	2012 年 12 月	2013 年 12 月
4	金山二期		2019 年 3 月	2019 年 5 月	2019 年 12 月	2019 年 9 月	2021 年 6 月	
5	老港一期		2010 年 4 月	2010 年 6 月	2010 年 8 月	2011 年 2 月	2013 年 5 月	2016 年 1 月
6	老港二期		2016 年 8 月	2016 年 10 月	2017 年 4 月	2017 年 7 月	2019 年 6 月	2020 年 7 月
7	黎明项目		2011 年 8 月	2011 年 10 月	2012 年 1 月	2012 年 4 月	2014 年 4 月	2014 年 8 月
8	松江一期		2013 年 2 月	2013 年 5 月	2013 年 8 月	2014 年 5 月	2016 年 3 月	2017 年 5 月
9	松江二期		2019 年 1 月	2018 年 11 月	2018 年 12 月	2019 年 6 月	2021 年 4 月	
10	奉贤一期		2013 年 8 月	2013 年 8 月	2013 年 12 月	2014 年 6 月	2016 年 9 月	2017 年 9 月
11	奉贤二期		2019 年 8 月	2019 年 8 月	2019 年 8 月	2020 年 5 月	2021 年 12 月	
12	崇明一期		2013 年 12 月	2014 年 1 月	2014 年 4 月	2014 年 10 月	2016 年 7 月	2018 年 12 月
13	崇明二期		2018 年 12 月	2019 年 9 月	2018 年 12 月	2019 年 9 月	2021 年 10 月	
14	嘉定项目		2014 年 11 月	2014 年 11 月	2015 年 4 月	2015 年 5 月	2017 年 7 月	2017 年 8 月
15	海滨项目		2019 年 9 月	2019 年 6 月	2020 年 10 月	2020 年 10 月	2023 年 3 月	
16	宝山项目		2019 年 12 月	2019 年 11 月		2020 年 12 月	2022 年 9 月	2023 年 8 月

注　1. 江桥项目和御桥项目，环评批复单位为原国家环保总局，工可批复单位为原国家计委；

　　2. 其他项目，批复单位均为上海市政府、区政府。

项目前期论证、立项工作，最重要的标志是环评批复和工程可行性研究批复。上海市的垃圾焚烧发电设施，始于御桥和江桥两个项目（当时的业内名称为"浦东项目"和"浦西项目"）。这两个项目正式立项前，进行了长达 7 年左右的论证工作。根据历史资料，早在 1993 年前后，上海市环卫局就组成了工作组，对欧洲、日本的焚烧技术进行了大量的考察工作，国外的设备供应商也频繁来沪交流。当时，国内建成投产的只有唯一的焚烧发电设施——深圳清水河项目，但该项目的规模偏小，运行方面存在不少问题。上海的垃圾能不能"烧"，在当时是前期论证的焦点。1995 年 1 月，上海冶金院完成了江桥项目的预工程可行性研究报告（项目建议书），并按当时的程序上报，1997 年 10 月获得了项目建议书批复（国家计委，计原材〔1997〕2654 号），仅项目建议书的批复就耗时 2 年 9 个月！御桥项目在这个阶段的工作，与江桥项目基本同步。御桥项目于 1997 年 11 月率先获得环评批复，1998 年 9

月获得工可批复；江桥项目于 1998 年 11 月获得环评批复，1999 年 3 月获得工可批复。环评批复单位为当时的国家环保总局，工可批复单位为当时的国家计委，中国国际工程咨询公司组织了这两个项目的评审工作。至此，两个项目获得正式立项，耗时长达 7 年左右。御桥和江桥两个项目，为上海乃至我国的垃圾焚烧发电项目建设，从选址、技术论证、资金筹措、政府行政审批等，积累了经验和教训，探索性地走出了一条路子。

随着对焚烧技术和工程实践的掌握，国内设计院、投资方、运营单位的经验积累，国家行政部门将垃圾焚烧发项目的环评审批权、工可批复权下放至地方政府，这一改革措施大大缩短了项目的前期工作时间。表 1-4 中，除御桥项目和江桥项目外，其余设施的前期论证、立项工作，耗时均不到 1 年。

从立项批复开始至开始接受垃圾，是项目进入实质阶段的工期控制阶段。开始接受垃圾，意味着项目的公用系统全部建成并可投入使用，但局部可能仍在施工中。图 1-13 显示了"从工可批复至接受垃圾的工期长短排序"。可以看出，上海市垃圾焚烧发电设施建设，从"工可批复"至"接受垃圾"的工期，以江桥项目和御桥项目最长，江桥项目长达 56 个月（2003 年上半年遭遇了"非典"），御桥项目长达 48 个月，随后的项目工期缩短了 10~20 个月。

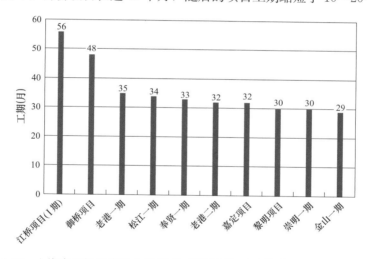

图 1-13　上海市垃圾焚烧发电设施"工可批复"至"接受垃圾"的工期排序

因江桥、御桥两个项目采用了大量的进口设备、使用了外资，且参建单位经验不足等一系列原因，导致工期太长。其余 8 座设施的工期介于 29~35 个月之间，平均值为 32 个月。与国内平均水平相比，此工期相对偏长。当然，每个项目的具体情况不一样，导致工期控制不良的原因各不相同。土地清表清淤、挖方填方、设计图纸和供货不畅、施工单位管理组织不力、建设单位管理不足，等等，都是造成工期拖延的原因。业内项目上存在的"邻避"对工期的影响，在上海表现轻微，这主要得益于政府的组织管理，也与参建单位的管理有关。

从"接受垃圾"到"商业运行"，中间还有"工程收尾、竣工验收、性能测试、环保验收、政府认可"等多个环节，一般需要 1~2 年的时间才可完成，甚至有超过 2 年的。"边设计、边采购、边施工"的现象，"违反规程，太早进垃圾"的现象，目前在国内本行业内表现普遍，这是"垃圾出路难，尽快投产"的政府要求，也可以尽快获得"售电收入、垃圾处理贴费"以缓解投资企业的经济压力。这一方面，上海的管理相对规范。

第二章　商　业　模　式

上海市垃圾焚烧设施发电设施的商业模式，经历了从开始的政府投资到企业投资，国外资本进入、退出，直到 2015 年之后的本地政府企业主导的投资模式，积累了丰富的经验，为全国提供了借鉴、示范。

第一节　投融资与股比

上海市的 16 个垃圾焚烧发电项目，外企曾投资占股比、现已退出的项目有两个，即御桥项目和江桥项目。这是上海在焚烧设施建设、运营的探索阶段的尝试。其他 14 个项目，投融资均采用内资。其中，老港一期和老港二期为政府投资项目，其他 12 个项目均由上海市政府下属国有企业、区政府下属国有企业投资控股。表 2-1 列出了上海市焚烧设施的股比、投资模式、特许方。

表 2-1　　　　　　　　　　　　　投资股比与模式汇总

序号	项目简称	项目股比		投资模式	特许方
1	御桥项目	浦东环保：50％	上实环境：50％	企业投资 企业经营	区政府
2	江桥项目	上海环境：60％	VEOLIA：40％（已退出）	企业投资 企业经营	市政府
3	金山一期	上海环境：100％		企业投资 企业经营	区政府
4	金山二期	上海环境：100％		企业投资 企业经营	区政府
5	老港一期	上海市政府：100％		政府投资 企业经营	市政府
6	老港二期	上海市政府：100％		政府投资 企业经营	市政府
7	黎明项目	浦东环保：100％		企业投资 企业经营	区政府
8	松江一期	上海环境：99.55％ 松江建投：0.23％ 青浦投资：0.23％		企业投资 企业经营	区政府

续表

序号	项目简称	项目股比		投资模式	特许方
9	松江二期	上海环境：99.55%		企业投资	区政府
		松江建投：0.23%		企业经营	
		青浦投资：0.23%			
10	奉贤一期	上海环境：80%		企业投资	区政府
		奉贤建发：20%		企业经营	
11	奉贤二期	上海环境：60%		企业投资	区政府
		上海百科：25%		企业经营	
		奉贤建发：15%			
12	崇明一期	上海环境：70%		企业投资	区政府
		崇明建投：30%		企业经营	
13	崇明二期	上海环境：70%		企业投资	区政府
		崇明建投：30%		企业经营	
14	嘉定项目	嘉定城发：80%		企业投资	区政府
		协鑫集团：20%		企业经营	
15	海滨项目	浦东环保：80%		企业投资	区政府
		区政府：20%		企业经营	
16	宝山项目	上实环境：60%		企业投资	区政府
		宝武环境：40%		企业经营	

御桥项目和江桥项目的投融资模式，均经历了"政府主导、企业投资、引进外资、外资退出"的过程。御桥项目的前期工作，由上海浦东发展（集团）有限公司主导。随着前期工作的推进，成立了项目公司——上海浦城热电能源有限公司。上海浦城热电能源有限公司是本项目投融资主体（业主，项目公司）。项目公司成立于1998年6月，注册资本金20 000万元人民币，剩余投资资金为法国政府贷款3017万美元和国内商业银行贷款，上海浦东发展（集团）有限公司占比100%。其中，法国政府贷款3017万美元，根据当时的汇率（约1∶8.3），外资约合2.5亿元人民币，用于进口设备的采购和伴随服务。2005年，根据政策变化和项目需要，上海浦城热电能源有限公司50%的股比挂牌外售，意大利英波基洛公司（IMPREGILO）通过竞标，获得了项目公司50%的股比。上海浦城热电能源有限公司成为中外合资公司。2011年，上海浦东发展（集团）有限公司下属企业进行重组，成立了上海浦东环保发展有限公司。浦发集团将所占项目公司股比转至浦发环保名下。2013年，由于自身经营原因，外方退出并将其所持50%的公司股比转卖给上海实业环境控股有限公司，形成了"浦发环保"和"上实环境"各占股比50%的状态。

江桥项目的前期工作，由上海市环境卫生管理局主导，并成立了"筹建处"。"筹建处"负责具体工作的推进实施。1999年，随着前期工作有序推进，项目形势逐渐明朗，由市政府下属的"上海市城市建设投资开发总公司（上海城投）"和市环卫局下属的"上海振环实业总公司（上海环境集团股份有限公司的前身）"共同出资，成立了项目公司——上海环城再生能源有限公司。上海环城再生能源有限公司是本项目的投融资主体（业主，项目公司）。

上海环城再生能源有限公司成立于1999年12月，注册资本金40 000万元人民币，投资所需其他资金分别为西班牙政府贷款、国外商业银行贷款和国内银行贷款。根据国家计委计原材〔1997〕2654号文件（关于上海江桥城市生活垃圾焚烧厂综合利用工程项目建议书的批复），本项目的西班牙政府贷款1635万美元，利率1.5%；国外商业银行贷款1635万美元，利率7.62%。根据当时的汇率（约1∶8.3），上述外资约合2.7亿元人民币，用于进口设备的采购和伴随服务。项目公司股比为上海市城市建设投资开发总公司占比60%，上海振环实业总公司占比40%。2006年，市环卫局下属国有企业经过重组，成立了上海环境集团股份有限公司。上海城投所占项目公司的股比转至上海环境集团名下，形成了上海环境集团股份有限公司占比60%、上海振环实业总公司占比40%的状态。2007年，根据政策变化和项目需要，上海环城再生能源有限公司40%的股比挂牌外售，法国威立雅（VEOLIA）公司通过竞标，获得了项目公司40%的股比。上海振环实业总公司名下40%的股比转至法国威立雅中国公司名下，上海环城再生能源有限公司成为中外合资企业。2021年底，VEOLIA退出，上海环城再生能源有限公司的企业性质回归国有。

老港一期和老港二期项目（正式名称为"上海老港再生能源利用中心项目"）为上海市政府委托上海城投建设、运营的项目，由上海城投下属老港固废综合开发有限公司具体实施本项目，政府财力直接投资比例约为30%，约70%的投资通过银行贷款进行筹措。上海老港固废综合开发有限公司于2010年3月成立，注册资本金约9.39亿元人民币。

上海环境集团股份有限公司（简称上海环境）隶属上海城投，是上海市焚烧设施投资、建设、运营的主要公司。除江桥项目外，金山一期和金山二期项目，由上海环境单独投资，占股比100%；松江一期和松江二期项目，由上海环境绝对控股投资，占股比大于99%；奉贤一期和奉贤二期项目，由上海环境投资，分别为一期绝对控股占股比80%、二期相对控股占股比60%；崇明一期和崇明二期项目，由上海环境绝对控股投资，占股比均为70%。上海浦东环保发展有限公司（简称浦发环保）隶属浦发集团，除御桥项目外，还投资了黎明项目、海滨项目。黎明项目，由浦东环保单独投资，占股比100%；海滨项目，目前，政府出资20%，其他投资股比暂定由浦发环保投资，即80%。上海实业环境控股有限公司（简称上实环境）隶属上海实业集团，对宝山项目进行了相对控股投资，占股比60%。上海嘉定城发，对嘉定项目进行了绝对控股投资，占股比80%。

上海市焚烧设施投资的资金来源多种多样。根据项目批复相关文件，表2-2汇总了各项目的融资来源情况。

表2-2　　　　　　　　　　　　投融资概况汇总统计

序号	项目简称	投资概算（万元）	融 资 情 况
1	御桥项目	6.70	（1）资本金：20 000万元人民币。 （2）剩余资金：法国政府贷款3017万美元；国内商业银行贷款
2	江桥项目	8.82	（1）资本金：40 000万元。 （2）剩余资金：3270万美元，西班牙政府贷款和信贷各50%；国内商业银行贷款

续表

序号	项目简称	投资概算（万元）	融 资 情 况
3	金山一期（含改扩建）	5.10	（1）中央财政资金 0.74 亿元。 （2）上海市级财政资金 1.6 亿元。 （3）其余为资本金、银行贷款
4	金山二期	4.63	
5	老港一期	13.49	（1）市政府市级财政安排：4.04 亿元。 （2）其余为银行贷款
6	老港二期	33.45	（1）市政府市级财政安排：10.2 亿元。 （2）其余为银行贷款
7	黎明项目	12.54	（1）资本金 30 862 万元。 （2）其余资金：国家开发银行贷款 97 500 万元，利率为五年以上期人民币贷款基准利率下浮 5%
8	松江一期	13.54	（1）资本金 27 076 万元。 （2）专项财力支持 36 000 万元。 （3）其余为银行贷款，约 7.23 亿元
9	松江二期	10.61	（1）资本金：总投资的约 30%。 （2）其余为银行贷款
10	奉贤一期	6.47	（1）资本金：16 000 万元。 （2）其余为银行贷款
11	奉贤二期	7.61	（1）资本金：总投资的约 30%。 （2）其余为银行贷款
12	崇明一期	3.69	（1）资本金：10 600 万元。 （2）中央资金 5000 万元，市级资金 10 000 万元，自有资金 7200 万元、银行贷款 11 038 万元
13	崇明二期	4.67	（1）资本金：总投资的约 30%。 （2）其余为银行贷款
14	嘉定项目	10.00	（1）资本金：20 000 万元。 （2）其余资金：国内银行贷款，利率 4.41%
15	海滨项目	30.90	（1）区政府财政按总投资的 20% 安排项目投资资本金。 （2）其余为银行贷款
16	宝山项目	30.41（核准批复，估算）	（1）资本金：约 11.0 亿元。 （2）其余资金：银行贷款等。 （3）用汇额度约 5250 万美元

第二节　特许经营协议与外售电

一、特许经营协议

因上海市生活垃圾焚烧设施的投资、建设、运营的主体，都是市政府或区政府的下属企业，因此，特许经营协议一般都是由市政府或区政府直接授予项目公司，而没有经过招、投标过程。特例是，VEOLIA 和 IMPREGILO（外资企业）曾占有御桥项目、江桥项目的非控股股比，以及协鑫集团（外地企业）占有嘉定项目的小部分股比，但都按照政策，经过了一定程序才获得。

2003 年 11 月，上海市浦东新区环境保护和市容卫生管理局（甲方）与上海浦城热电能源有限公司（乙方）签署了御桥项目的生活垃圾焚烧服务合同（特许经营协议），这是上海市垃圾焚烧发电设施的第一个"特许经营协议"；2006 年 6 月，上海市市容环境卫生管理局（甲方）与上海环城再生能源有限公司（乙方）签署了江桥项目的"特许经营协议"；2011 年 1 月，上海市金山区绿化和市容管理局与上海金山环境再生能源有限公司签署了金山项目"BOT 特许经营协议"；2013 年 5 月，上海市嘉定区市容和绿化管理局（甲方）与上海嘉定再生能源有限公司（乙方）签署了嘉定项目"特许经营协议"；2013 年 6 月，上海市浦东新区环境保护和市容卫生管理局（甲方）与上海黎明资源再利用有限公司（乙方）签署了上海黎明资源再利用中心"特许经营协议"；2013 年 12 月，上海市市容环境卫生管理局（甲方）与上海老港固废综合开发有限公司（乙方）签署了上海老港再生能源利用中心"委托经营协议"；2013 年 11 月，上海市松江区绿化和市容管理局（甲方）、上海市青浦区绿化和市容管理局（乙方）与上海天马再生能源有限公司（丙方）签署了上海市天马生活垃圾末端处置中心工程项目"特许经营协议"；2013 年 12 月，上海市奉贤区绿化和市容管理局（甲方）与上海东石塘再生能源有限公司（乙方）签署了上海奉贤生活垃末端处置中心工程项目"特许经营协议"；2015 年 4 月，崇明县绿化和市容管理局（甲方）与上海城投瀛洲生活垃圾处置有限公司（乙方）签署了崇明项目"特许经营协议"。

上述协议中，除老港项目为"委托经营协议"外，其余均为"特许经营协议"。协议的核心内容，主要包括"特许年限、双方的权利与义务、设施建设要求（包括工艺和设备配置、土建工程、景观、宣教展示等）、垃圾保底量、垃圾处理贴费及调价、垃圾贴费结算方式、年运行时间要求、二次污染控制要求（主要包括烟气污染物排放浓度、渗沥液处理要求、飞灰处理要求、炉渣处置要求、臭气和噪声等）、特许经营期满的移交规定，等"。协议由"正文"和"若干附件"组成，附件还包括了必要的图纸、技术参数表等。协议由双方授权人签字后生效，甲、乙双方各执若干份。必要时，可签署补充协议。

因老港一期和二期项目为政府投资，其"委托经营协议"内容与其他项目的"特许经营协议"内容差别较大。例如，项目公司每年向贷款银行的还本、付息的费用，由政府财政专项拨付；垃圾处理贴费远低于其他项目；承担老港基地的"托底保障"功能；财务审计更加严格，等等。

上海市垃圾焚烧发电设施部分项目的"特许经营协议"的"贴费"如图 2-1 所示，高于全国平均水平，但远低于国外发达国家的水平。

二、外售电

上海市的垃圾焚烧发电设施，在发电并网之前，都与国网上海市电力公司签署《购售电合同》和《并网调度协议》，并获得当地物价管理部门按照国家政策对上网电价的批示。根据国家可再生能源法及相关规定，国网上海市电力公司"全量收购"焚烧发电项目的合格上网电量。上网总电费的结算，实行"按月支付，年底总结算"的方式；上网单位电价按以下

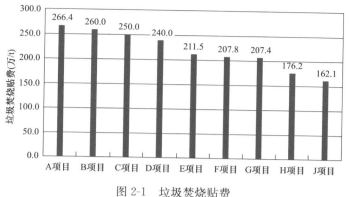

图 2-1 垃圾焚烧贴费

方式确定:

(1) 御桥项目和江桥项目的上网电价按照 0.5 元/kWh 结算。因御桥项目和江桥项目发电并网较早,不符合财办建〔2013〕75 号文 "2006 年及以后年度核准 (备案)"的条件,不适用于 "财建〔2012〕102 号《可再生能源电价附加补助资金管理暂行办法》",故一直维持 0.5 元/kWh 的上网电价。

(2) 其他项目的上网电价按照国家政策具体确定。对于 2006~2021 年底之间并网发电的项目,电价按照财建〔2012〕102 号《可再生能源电价附加补助资金管理暂行办法》确定,即 "每吨垃圾上网电量 280kWh (含)以内的,电价为 0.65 元/kWh;280kWh (含)以上的,电价为上海市标杆电价 0.415 元/kWh;"对于 2021 年底之后并网发电的项目,按照新的国家政策确定。

三、 商业模式总结

至 2022 年 3 月,上海市 10 座投产、6 座在建的 16 个项目,都由专门的项目公司负责投资、建设、运营。16 个项目中,除老港一期、老港二期的投资方为市政府外,其余 14 个项目的投资方均 100% 投资。项目公司的控股企业股东,包括上海城投下属的上海环境集团和老港固废、上海浦发集团下属的浦东环保、上海实业集团下属的上实环境、嘉定城发;项目公司的非控股企业股东,包括协鑫集团、宝武环境,以及区政府下属的企业。

法国 VEOLIA(威立雅)、意大利 IMPREGILO(英波吉洛)、美国 WTI(惠乐宝,Wheelabrator Technologies Inc.)是曾进入过上海市垃圾焚烧发电设施投资的三家外方企业。VEOLIA 于 2002 年底开始为江桥项目提供技术支持和运营筹备服务,2004 年与上海振环(上海环境集团的前身企业之一)成立了运营公司负责江桥项目的运营,并于 2007 年 11 月通过竞争获得了江桥项目 40% 的股比,江桥项目公司成为中外合资企业。2021 年底,VEOLIA 的股比从江桥项目退出。IMPREGILO 公司于 2003 年 7 月开始介入御桥项目的股份挂牌外售调研工作,于 2005 年经过相关程序、通过竞争获得了御桥项目 50% 的股比,8 年后的 2013 年,该公司又将御桥项目 50% 的股比转卖给上海实业集团下属的上实环境。WTI 是美国第二大垃圾焚烧发电设施的投资企业,在美国投资了近 20 座垃圾焚烧发电厂。2009 年 4 月,上海城投及其下属的上海环境集团股份有限公司,组建了考察团对 WTI 及其上级公司 WM(美国惠民公司,WASTE MANAGEMENT)进行了考察,随后经过相关程序,确定

WTI 入股上海环境集团股份有限公司。2010 年 3 月，举行了上海环境集团和 WTI 组建的合资公司成立仪式，上海环境集团成为中外合资企业，WTI 占股比 40%。2014 年，因相关原因，WTI 全部退出了其在上海环境集团的股比。

上海的 16 座垃圾焚烧发电项目，全部为企业负责运营，14 座采用了政府"特许经营协议"、2 座采用了"委托经营（老港一期、二期项目）"模式。采用"特许经营协议"模式的 14 座项目，垃圾处理贴费在 200 元/t 以上的 12 座、200 元/t 以下的 2 座。据 2023 年 8 月的统计，这 14 座焚烧项目的垃圾处理贴费的算术平均值约为 220 元/t，位居全国第一。特许经营协议，参阅了国外发达国家的版本，考虑上海的特点，内容详细、具体，从垃圾的处理量和质量、垃圾处理贴费价格和结算、发电和外售电、二次污染控制要求、特殊情况下的处理对策等，都做了相关规定，为国内本行业的其他地区或城市提供了有益的借鉴。

第三章 参建单位与主要设备供应商

生活垃圾焚烧发电设施，技术复杂、设备繁多，属于市政基础设施中的环保工程，又是火电项目，政府审批流程涉及几十个行政部门，整个建设过程的参建单位和设备供应商多达几十个甚至上百个。上海市垃圾焚烧发电设施的建设，一般不采用 EPC 方式，而是以项目公司为主导，按照前期、中期、后期的需要，分类、打包制订采购计划，通过招投标程序，选择中标单位、签署合同。建设期合同的种类，一般分为"咨询服务和中介类、勘察设计类、设备和材料类、施工类、其他类"等。设备和材料类、施工类合同额为工程投资的最主要组成部分，一般情况下占总投资的 60%～80%。

第一节 参 建 单 位

参建单位主要包括"建设单位（业主）、勘察单位、设计单位、施工单位、监理单位、调试单位、运营单位（生产单位）"。上海市垃圾焚烧发电设施的建设单位和运营单位一般都为项目公司，老港一期和老港二期采用了代建代运的方式。各项目的参建单位见表 3-1～表 3-16。

（1）设计单位。主要以中国五洲工程设计集团为主，该单位设计了江桥项目、金山一期、老港一期和老港二期、松一期和松江二期、嘉定项目、宝山项目，共 8 个，总设计规模约 20 000t/d。中国城市建设研究院有限公司设计了金山二期、奉贤一期和奉贤二期、崇明一期和崇明二期，共 5 个，总设计规模为 3700t/d；中国核电工程有限公司深圳设计院（核二院深圳分院）设计了黎明项目、海滨项目，总规模为 5000t/d。上海环境卫生工程设计院参与了老港一期项目的设计，上海电力设计院、上海电力设备成套设计研究所曾参与了御桥项目和江桥项目的设计。上海医药工业设计院设计了御桥项目，但后来基本上退出了本行业的设计。

（2）施工单位。主要以上海的企业为主，特别是上海建工集团的下属公司（二公司、四公司、五公司、七公司）和上海电建二公司，承担了大部分设施的施工任务。上海浦东新区建设（集团）有限公司，承担了海滨项目的施工任务；上海宝冶集团有限公司承担了宝山项目的施工任务；上海奉贤建设发展（集团）有限公司，承担了奉贤一期和奉贤二期的施工任务。宁夏电建、黑龙江电建，也曾作为安装工程的分包单位。

（3）监理单位。主要以宝钢监理公司为主，承担了大部分设施的施工监理工作。上海建科工程咨询公司、上海电力建设监理公司等单位，也承担了部分项目的施工监理工作。

（4）技术咨询。江桥项目，由日本技术开发株式会社承担了技术咨询工作；奉贤一期项目，由中国五洲工程设计集团承担了技术咨询工作。其他项目，没有外委设计咨询服务。

表 3-1　　　　　　　　　　　　　　上海御桥项目参建单位

建设单位	上海浦城热电能源有限公司
勘察单位	上海铁道大学勘察设计研究院（初勘） 西北综合勘察设计研究院上海分院（详勘）
设计单位	上海医药设计院（设计总包） 上海电力设计院（分包） 上海环境工程设计院（分包）
施工单位	上海电力安装第二工程有限公司
监理单位	上海市建工设计研究院（土建监理） 国冶工程设备监理有限公司（设备监理）
调试单位	上海电力建设启动调整试验所
技术顾问	无
运营单位	上海浦城热电能源有限公司

表 3-2　　　　　　　　　　　　　　上海江桥项目参建单位

建设单位	上海环城再生能源有限公司
勘察单位	浙江工程勘察院
设计单位	五洲工程设计研究院（设计总包） 上海发电设备成套设计研究所（发电部分）
施工单位	上海建工集团二公司（施工总承包） 上海电力建设二公司（安装分包）
监理单位	上海宝钢建设监理公司
调试单位	上海电力建设启动调整试验所（调试分包）
技术顾问	日本技术开发株式会社（技术咨询）
运营单位	上海奥绿思环保设施管理有限公司（2003～2007 年） 上海环城再生能源有限公司（2008 年至今）

表 3-3　　　　　　　　　　　　　　上海金山一期项目参建单位

建设单位	上海金山环境再生能源有限公司
勘察单位	浙江工程勘察院
设计单位	五洲工程设计研究院 上海环境卫生工程设计院
施工单位	上海建工集团二公司（施工总承包） 上海第二电力安装公司（安装分包）
监理单位	上海宝钢建设监理有限公司
调试单位	上海电力建设启动调整试验所
运营单位	上海金山环境再生能源有限公司

表 3-4 上海金山二期项目参建单位

建设单位	上海金山环境再生能源有限公司
勘察单位	浙江工程勘察院
设计单位	中国城市建设研究院有限公司
施工单位	上海建工集团股份有限公司（土建）
	上海第二电力安装公司（安装）
监理单位	上海宝钢建设监理有限公司
调试单位	上海电力建设启动调整试验所
运营单位	上海金山环境再生能源有限公司

表 3-5 上海老港一期项目参建单位

建设单位	上海老港固废综合开发有限公司
	上海环境建设管理有限公司（代建）
勘察单位	上海岩土工程勘察设计研究院有限公司
设计单位	中国五洲工程设计研究院
	上海环境卫生工程设计院有限公司
施工单位	上海建工集团二公司（施工总承包）
	上海电力建设二公司（安装分包）
监理单位	上海宝钢建设监理公司
调试单位	上海电力建设启动调整试验所（调试分包）
运营单位	上海环境集团再生能源老港运营管理有限公司

表 3-6 上海老港二期项目参建单位

建设单位	上海老港固废综合开发有限公司
	上海环境建设管理有限公司（代建）
勘察单位	上海岩土工程勘察设计研究院有限公司
设计单位	中国五洲工程设计集团有限公司
施工单位	上海建工集团四公司（施工总承包）
	中国电力建设集团上海电建（安装分包）
监理单位	上海宝钢建设监理公司
调试单位	上海电力建设启动调整试验所（调试分包）
运营单位	上海环境集团再生能源老港运营管理有限公司

表 3-7 上海黎明项目参建单位

建设单位	上海浦东黎明资源再利用有限公司
勘察单位	河北大地建设科技有限公司
设计单位	中国核电工程有限公司深圳设计院
施工单位	上海电力安装第二工程有限公司
监理单位	上海建科工程咨询有限公司
调试单位	安徽新力电业高技术有限责任公司
运营单位	上海浦东黎明资源再利用有限公司

表 3-8 上海海滨项目参建单位

建设单位	上海浦发热电能源有限公司
勘察单位	河北中核岩土工程有限责任公司
设计单位	中国核电工程有限公司
施工单位	上海浦东新区建设（集团）有限公司
监理单位	上海建科工程咨询有限公司
调试单位	上海电力建设启动调整试验所
运营单位	上海浦发热电能源有限公司

表 3-9 上海松江一期项目参建单位

建设单位	上海天马再生能源有限公司
勘察单位	上海岩土工程勘察设计研究院有限公司
设计单位	中国五洲工程设计集团有限公司
施工单位	上海建工七建集团有限公司（土建）
	上海电力安装第二工程公司（安装）
监理单位	上海宝钢工程咨询有限公司
调试单位	上海电力建设启动调整试验所
运营单位	上海天马再生能源有限公司

表 3-10 上海松江二期项目参建单位

建设单位	上海天马再生能源有限公司
勘察单位	上海勘察设计研究院（集团）有限公司
设计单位	中国五洲工程设计集团有限公司
施工单位	上海建工集团股份有限公司（土建）
	上海电力建设有限责任公司（安装）
监理单位	上海宝钢工程咨询有限公司
调试单位	上海电力建设启动调整试验所
运营单位	上海天马再生能源有限公司

表 3-11 上海奉贤一期项目参建单位

建设单位	上海东石塘再生能源有限公司
勘察单位	安徽省水利水电勘测设计院
设计单位	中国城市建设研究院有限公司 北京五环国际工程项目管理有限公司（设计咨询/监理）
施工单位	上海奉贤建设发展（集团）有限公司 上海电力安装第二工程公司
监理单位	上海市建设工程监理有限公司
调试单位	上海电力建设启动调整试验所
运营单位	上海东石塘再生能源有限公司

表 3-12 　　　　　　　　　　　上海奉贤二期项目参建单位

建设单位	上海维皓再生能源有限公司
勘察单位	上海勘察设计院有限公司
设计单位	中国城市建设研究院有限公司
施工单位	上海奉贤建设发展（集团）有限公司 上海电力安装第二工程公司
监理单位	上海宝钢工程咨询有限公司
调试单位	中国能源建设集团科技有限公司
运营单位	上海维皓再生能源有限公司

表 3-13 　　　　　　　　　　　上海崇明一期项目参建单位

建设单位	上海城投瀛洲生活垃圾处置有限公司
勘察单位	上海岩土工程勘察设计研究院有限公司
设计单位	中国城市建设研究院有限公司
施工单位	上海建工五建集团有限公司（施工总承包） 宁夏电力建设工程公司（安装分包）
监理单位	上海宝钢工程咨询有限公司
调试单位	上海电力建设启动调整试验所（调试分包）
运营单位	上海城投瀛洲生活垃圾处置有限公司

表 3-14 　　　　　　　　　　　上海崇明二期项目参建单位

建设单位	上海城投瀛洲生活垃圾处置有限公司
勘察单位	上海岩土工程勘察设计研究院有限公司
设计单位	中国城市建设研究院有限公司
施工单位	上海建工五建集团有限公司（施工总承包） 中国能源建设集团黑龙江能源建设工程公司（安装分包）
监理单位	上海宝钢工程咨询有限公司
调试单位	上海电力建设启动调整试验所（调试分包）
运营单位	上海城投瀛洲生活垃圾处置有限公司

表 3-15 　　　　　　　　　　　上海嘉定项目参建单位

建设单位	上海嘉定再生能源有限公司
勘察单位	安徽工程勘察院
设计单位	中国五洲工程设计集团有限公司
施工单位	上海建工五建集团有限公司 黑龙江省火电第三工程有限公司联合体
监理单位	上海市工程建设咨询监理有限公司 上海电力监理咨询有限公司联合体
调试单位	安徽新力电业高技术有限责任公司
运营单位	上海嘉定再生能源有限公司

表 3-16 上海宝山项目参建单位

建设单位	上海上实宝金刚环境资源科技有限公司
勘察单位	上海岩土工程勘察设计研究院有限公司
设计单位	中国五洲工程设计集团有限公司
施工单位	上海宝冶集团有限公司
监理单位	上海宝钢工程咨询有限公司
调试单位	上海电力建设启动调整试验所
运营单位	上海上实宝金刚环境资源科技有限公司

（5）调试单位。主要以上海电力建设启动调整试验所（上海调试所）为主，承担了大部分设施的调试工作。安徽新力电业高技术有限责任公司承担了嘉定项目、黎明项目等的调试工作。

（6）运营单位。除老港一期、老港二期项目外，均由项目公司自行运营。老港一期和老港二期项目，这两个项目由上海环境集团下属的运营公司负责运营。

第二节 主要设备供应商

根据设备采购标段划分方式的不同，一个焚烧项目的设备供货合同，多达几十个甚至上百个。主要设备包括垃圾抓斗起重机、焚烧炉排、余热锅炉、烟气净化、汽轮发电机组，以及渗沥液处理等。上海市垃圾焚烧设施的这些主要设备供应商，其供货合同中都明确了伴随服务的内容，特别是炉排设备供应商，伴随服务的内容更多。

一、炉排设备及伴随服务供应商

炉排设备（或称"炉排系统"）作为焚烧设施的核心设备，与余热锅炉不可分割。"焚烧炉与余热锅炉"，构成了焚烧设施的最复杂、最重要的系统。炉排设备的供货内容，主要由推料器、炉排块（条）、液压系统、炉床钢架、进料斗和灰斗等结构件等，以及必要的控制元件、电气元件等组成。上海市的垃圾焚烧设施，采用进口炉排的项目占多数。上海市焚烧设施各项目的炉排供应商如表 3-17 所列。从表 3-17 中可以看出，上海焚烧设施的技术，主要来源于日本的 Hitz、日本 MHI、日本 EBARA，德国 Steinmuller、日本 JFE 也进入了上海市场；上海环境、康恒环境的国产化炉排在上海得到了应用。

表 3-17 炉排设备供应商

序号	项目简称	单炉规模与台套数（t/d×台套）	炉排供应商
1	御桥项目	365×3	法国 ALSTOM/德国 MARTIN
2	江桥项目	500×3	德国 Steinmuller
3	金山一期	400×2	日本 JFE
4	金山二期	500×1	上海环境、日本 EBARA
5	老港一期	750×4	日本 Hitz

序号	项目简称	单炉规模与台套数 （t/d×台套）	炉排供应商
6	老港二期	750×6	日本 MHI
7	黎明项目	500×4	日本 Hitz
8	松江一期	500×4	日本 EBARA
9	松江二期	750×2	上海环境、日本 EBARA
10	奉贤一期	500×2	上海环境、日本 EBARA
11	奉贤二期	500×2	上海环境、日本 EBARA
12	崇明一期	250×2	康恒环境
13	崇明二期	500×1	上海环境、日本 EBARA
14	嘉定项目	500×3	日本 MHI
15	海滨项目	750×4	日本 Hitz
16	宝山项目	750×4	康恒环境（代理 Hitz-Inova）

注 海滨项目规模，按批复文件放大了 35%，实际配置为单炉 1012t/d、4 台套。

欧洲是垃圾焚烧技术的发源地。早先日本从欧洲引进技术，进行了改进和创新，后来中国从欧洲和日本引进技术，并经过改进和创新，形成了适合中国垃圾特性的焚烧技术。经过长达 20 年左右的"引进消化、吸收改进、自我发展"历程，国外发达国家（主要集中在欧洲、日本）的炉排装备技术，大多数已在国内焚烧设施上使用，并且大部分已经国产化，见表 3-18。上海焚烧技术的来源与应用，与国内情况极其吻合，但 Volund、Seghers 的技术未曾进入上海市场。

表 3-18 炉排技术进入中国大陆的欧洲和日本企业名录

序号	企业简称	说 明
1	Hitz （日本日立造船）	Hitz（日本日立造船），日本企业。2010 年并购 VON ROLL I NOVA（瑞士冯罗尔），形成了 HZI（Hitachi Zosen Inova）
2	Seghers （西格斯）	Seghers，原比利时企业。2002 年，Seghers 被新加坡企业 Kepples 并购，更名为 Kepple Seghers
3	MHI （日本三菱重工）	MHIEC（Misubishi Heavy Industry），三菱重工环境与化学工程株式会社，日本企业
4	EBARA （日本荏原）	荏原制作所，日本企业，在青岛设立了公司（青岛 EBARA）
5	Steinmuller （德国斯坦米勒）	Steinmuller & Babcock Environment（SBE），德国企业。后被日本企业并购，现为日本企业 HPE（Hitachi Power Europe）的公司。2023 年，SBE 被 Hitz 收购
6	Volund （丹麦伟伦）	Babcock & Wilcox Volund，丹麦企业
7	Takuma （日本田熊）	Takuma，日本企业

续表

序号	企业简称	说　明
8	Martin（德国马丁）	Martin，德国企业
9	JFE（日本杰富意）	JFE，日本企业
10	ALSTOM（法国阿尔斯通）	ALSTOM，法国著名企业。2000 年左右，ALSTOM 的相关部门被德国 Martin 并购
11	Noell（德国诺尔）	Noell，德国企业。经多次并购、重组，合成为 SBE 的一部分

　　由于各家供应商的炉排设备各有其特点，即使同一家炉排供应商因其单炉规模、型号的不同也差别较大，因此，提供设备的技术参数、工程设计方案和采购说明书、安装指导、调试和培训服务等，就很有必要而且很重要，供应商提供的基础设计和详细设计资料是设计院出图的重要依据。这就是伴随服务。伴随服务的内容，根据项目的具体情况，差异较大。御桥项目和江桥项目的建设，由于当时缺乏全方位的经验，西班牙 BABCOCK 公司和法国 AL-STOM 公司的炉排设备供货合同中，伴随服务内容比现在多得多，对应的这部分费用在合同中的比例也很高。当然，伴随服务费用高的原因，也与采用其"政府贷款"有很大关系。后来，经过实践积累经验之后，伴随服务的内容得以减少，费用也随之降低。表 3-19 列出了上海某项目炉排设备供货合同中的伴随服务内容。其中，用于设计的费用，高达 245 万美元，主要包括焚烧线的基本设计和小部分的详细设计、焚烧线设备采购的技术规格书等。用于现场服务的费用，也高达约 165 万美元，主要用于安装指导、调试、培训等，按人员数量和"人·日"单价、服务时间计算。

表 3-19　　　　　　　　进口炉排设备供货合同中的伴随服务内容示例

序号	名　称		费用（万美元）
1	买方人员在中国境外的培训、设计联络等费用		50.00
2	技术服务	用于设计联系会议	4.32
		用于专项设计联系会议	3.78
		由中国境外派遣的现场指导人员（含分包商派遣）	165.38
		由中国境内派遣的现场指导人员	14.17
3	设计费用		245.00
	合计		482.65

　　国外厂商的人员费用昂贵，不仅仅在垃圾焚烧行业，在其他行业也是如此。1999 年签署的江桥项目引进设备合同（当时的美元与人民币汇率为 1∶8.3），外方人员的单价按 1200 美元/（人·日）计算，且不封顶、按实计算，导致最终结算时，外方人员的服务费用严重超出预算。这都是缺乏关键核心技术，炉排设备没有国产化的结果。焚烧技术的引进消化、实践提高、创新发展的过程中，国内的参建单位，从设计院到设备供应商，从建设单位到运营单位，各环节的业务能力得到了大幅提升，至今已实现了质的飞跃。结果是，"炉排设备供货及伴随服务"合同额得以大幅下降，而且服务效率提高，对于降低垃圾焚烧设施的工程造

价、缩短工程工期，起到了至关重要的作用。上海市垃圾焚烧设施的建设和运营，为国内本行业的可持续发展，起到了"牵头"的作用，做出了巨大贡献。

二、 其他主要设备供应商

垃圾焚烧设施的设备种类繁多，按设备的功能，可分为"计量、储存和上料、焚烧、锅炉、烟气净化、汽轮发电机组（余热利用）"和"电气、仪控"以及"水处理、飞灰处理、炉渣处理"等设备。表3-20列出了采用进口炉排的上海某焚烧项目的设备供货及伴随服务合同清单，可见，第7和第8均为成套设备供货合同，其中包含了很多细分的设备或分系统，即使如此，设备合同总数也达到了42个，还不包括生产准备所需的叉车、滤油机、电焊机等设备的合同。

表 3-20　　　　　　　　　　设备供货及伴随服务合同清单示例

序号	合同名称	序号	合同名称
1	垃圾称重计量装置	22	水泵类合同一（给水泵）
2	垃圾仓卸料门	23	水泵类合同二（循环水泵）
3	除臭系统设备	24	水泵类合同三（其他各种泵）
4	垃圾抓斗起重机设备供货及技术服务	25	风机类设备合同一（引风机）
5	垃圾焚烧设备和焚烧线设计及技术服务	26	风机类设备合同二（其他各种风机）
6	汽轮发电机组设备	27	主变压器与厂用变压器
7	余热锅炉及附属系统成套设备供货合同	28	110kV 高压 GIS 及 PT
8	烟气净化及辅助系统成套设备供货合同	29	全厂电气开关柜及现场配电装置
9	焚烧炉炉渣出渣设备	30	全厂电气综合保护自动化与同期装置
10	SNCR 脱硝设备采购合同	31	直流系统
11	全厂检修用吊车行车	32	全厂电缆（一般及特殊）
12	压缩空气设备	33	全厂电动葫芦与手动葫芦
13	燃油系统设备	34	全厂电动阀和调节阀及其他阀门
14	焚烧炉耐火材料与砌筑	35	全厂仪表及执行机构
15	灰渣输送及储存系统	36	DCS 和 TSI、DEH 及 UPS 设备
16	飞灰稳定化处理系统	37	工业电视
17	化水处理系统设备（含安装）	38	全厂空调合同
18	锅炉给水加药系统与汽水取样分析系统	39	电梯采购合同
19	渗沥液处理系统成套设备合同（含试运）	40	宣教展示系统总承包合同
20	河水净化系统设备	41	厨房与洗浴间设备采购与施工合同
21	生产与生活污水处理系统设备	42	实验室设备成套采购合同

表3-21~表3-36列出了上海市焚烧设施各项目的最主要的设备供货商。可见：

（1）垃圾抓斗起重机。供货商主要以德国 DEMAGCRANES 和芬兰 KONECRANES 为主，16个项目中，有12个项目采用了这两家公司的设备。这两家公司是世界著名的工业起重机企业，在垃圾焚烧领域的市场也占主导地位。2015年8月，这两家公司在垃圾焚烧发电领域的业务重组、合并，组建了前者占股比60%、后者占股比40%的新的企业。上海昂丰作为本地企业，以专业生产"抓斗"起家，经过多年的研发、创新，成功地研发出了起重机成套设备，并获取了奉贤二期、崇明二期的合同。英瓦曼德（EUROHOIST）作为一家总部位于英国的公司，也开始开拓中国市场，并获得了松江二期项目的业务。"北起"作为国内老牌的焚烧设施的起重机成套供应商，也获得了金山二期的业务。

（2）余热锅炉。御桥项目和江桥项目的锅炉供货，采用中、外企业联合，各供一部分的模式。除这两个项目外，其他项目均由国内的锅炉生产企业供货。其中，"川锅"获得了4个，分别是金山一期、松江一期、崇明一期和嘉定项目；"杭锅"获得了3个，分别是奉贤一期、金山二期和老港二期项目；"无锅"获得了2个，分别是老港一期和黎明项目；"上锅"获得了2个，海滨项目和宝山项目；"江联重工（江西锅炉厂）、东方凌日（东锅）、青岛EBARA"各获得了1个，分别为松江二期、奉贤二期和崇明二期项目。

（3）烟气净化。御桥项目和江桥项目，烟气净化系统中的核心设备，大部分都包含在外方的供货合同中了，主要包括石灰浆旋转雾化器、除尘器滤袋、引风机和烟气在线检测设备。从金山一期项目开始，烟气净化系统基本采用了成套设备供货的方式。其中，无锡雪浪环境获得了7个项目，分别是"金山一期、金山二期项目、黎明项目、松江一期、嘉定一期的总包"和"海滨项目和宝山项目的部分总包"；上海环境卫生工程设计院获得了4个项目，分别是奉贤一期、崇明一期、奉贤二期、崇明二期的总包；上海泰欣环境获得了2个，分别是海滨项目和宝山项目的部分分包；南京龙源、杭州新世纪，分别获得了老港一期、老港二期的总包；无锡华星获得了松江二期的部分总包。

表 3-21   **上海御桥项目其他主要设备供应商**

抓斗起重机	KONECRANES（科尼）
余热锅炉	法国 ALSTOM、上海四方锅炉厂
烟气净化	法国 ALSTOM（核心设备总包）
汽轮发电机组	汽轮机：长江动力；发电机：长江动力
渗沥液处理	北京天地人

表 3-22   **上海江桥项目其他主要设备供应商**

抓斗起重机	DEMAGCRANES（德马格）
余热锅炉	西班牙 BWE、上海四方锅炉厂
烟气净化	西班牙 BWE（核心设备总包）
汽轮发电机组	汽轮机：青汽；发电机：济南生建
渗沥液处理	江苏维尔利

表 3-23   **上海金山一期其他主要设备供应商**

抓斗起重机	DEMAGCRANES（德马格）
余热锅炉	四川川锅厂
烟气净化	无锡雪浪环境（总包）
汽轮发电机组	汽轮机：青汽；发电机：济南生建
渗沥液处理	上海环境卫生工程设计院

表 3-24　　　　　　　　　　　　上海金山二期其他主要设备供应商

抓斗起重机	北起
余热锅炉	杭州锅炉厂
烟气净化	上海盛剑环境
汽轮发电机组	汽轮机：杭州中能；发电机：杭州中能
渗沥液处理	上海环境卫生工程设计院

注　上海环境院为本项目的设备总包单位。

表 3-25　　　　　　　　　　　　上海老港一期其他主要设备供应商

抓斗起重机	DEMAGCRANES（德马格）
余热锅炉	无锡锅炉厂
烟气净化	南京龙源环保（总包）
汽轮发电机组	汽轮机：青汽；发电机：济南生建
渗沥液处理	渗沥液在老港基地内集中处理

表 3-26　　　　　　　　　　　　上海老港二期其他主要设备供应商

抓斗起重机	DEMAGCRANES（德马格）
余热锅炉	杭州锅炉厂
烟气净化	杭州新世纪能源（总包）
汽轮发电机组	汽轮机：上海电气、上汽；发电机：上海电气
渗沥液处理	渗沥液在老港基地内集中处理

表 3-27　　　　　　　　　　　　上海黎明项目其他主要设备供应商

抓斗起重机	DEMAGCRANES（德马格）
余热锅炉	无锡锅炉厂
烟气净化	无锡雪浪环境（总包）
汽轮发电机组	汽轮机：广州广重；发电机：南阳电机
渗沥液处理	江苏维尔利

表 3-28　　　　　　　　　　　　上海松江一期其他主要设备供应商

抓斗起重机	DEMAGCRANES（德马格）
余热锅炉	四川川锅厂
烟气净化	无锡雪浪环境（总包）
汽轮发电机组	汽轮机：北京北重；发电机：北京北重
渗沥液处理	上海环境卫生工程设计院

表 3-29　　　　　　　　　　　　上海松江二期其他主要设备供应商

抓斗起重机	英瓦曼德
余热锅炉	江联重工
烟气净化	无锡市华星东方（干法、半干法） 上海泰欣环境（湿法、脱硝）
汽轮发电机组	汽轮机：上海电气、上汽；发电机：上海电气
渗沥液处理	上海环境卫生工程设计院

表 3-30 上海奉贤一期其他主要设备供应商

抓斗起重机	KONECRANES（科尼）
余热锅炉	杭州锅炉厂
烟气净化	上海环境卫生工程设计院（总包）
汽轮发电机组	汽轮机：广州广重；发电机：南阳电机
渗沥液处理	上海环境卫生工程设计院

表 3-31 上海奉贤二期其他主要设备供应商

抓斗起重机	上海昂丰
余热锅炉	东方凌日
烟气净化	上海环卫工程设计院（总包）
汽轮发电机组	汽轮机：长江动力；发电机：长江动力
渗沥液处理	上海环境卫生工程设计院

表 3-32 上海崇明一期其他主要设备供应商

抓斗起重机	KONECRANES（科尼）
余热锅炉	四川川锅厂
烟气净化	上海环境卫生工程设计院（总包）
汽轮发电机组	汽轮机：广州广重；发电机：南阳电机
渗沥液处理	江苏维尔利

表 3-33 上海崇明二期其他主要设备供应商

抓斗起重机	上海昂丰
余热锅炉	青岛 EBARA
烟气净化	上海环卫工程设计院（总包）
汽轮发电机组	汽轮机：杭州中能；发电机：杭州中能
渗沥液处理	上海环境卫生工程设计院

表 3-34 上海嘉定项目其他主要设备供应商

抓斗起重机	DEMAGCRANES（德马格）
余热锅炉	四川川锅厂
烟气净化	无锡雪浪环境
汽轮发电机组	汽轮机：南汽；发电机：南汽
渗沥液处理	中钢集团武汉安环研究院

表 3-35 上海宝山项目其他主要设备供应商

抓斗起重机	KONECRANES（科尼）
余热锅炉	上海锅炉厂
烟气净化	无锡雪浪环境、上海泰欣环保
汽轮发电机组	汽轮机：上海电气、上汽；发电机：上海电气
渗沥液处理	上海环境卫生工程设计院

表 3-36　　　　　　　　　　　　　上海海滨项目其他主要设备供应商

抓斗起重机	DEMAGCRANES（德马格）
余热锅炉	上海锅炉厂
烟气净化	无锡雪浪环境、上海泰欣环境
汽轮发电机组	汽轮机：上海电气、上汽；发电机：上海电气
渗沥液处理	江苏维尔利

（4）汽轮发电机组。上海的 16 个焚烧项目，均采用了国产汽轮发电机组。"上汽（与上海电机配套）"获得了 4 个，分别为老港二期、松江二期、海滨项目和宝山项目；"青汽（与济南生建电机配套）"获得了 3 个，分别为江桥项目、金山一期、老港一期项目；"广汽（广州广重，与南阳电机配套）"获得了 3 个，分别为黎明项目、奉贤一期和崇明一期项目；"武汽（长江动力）"获得了 2 个，分别为御桥项目和奉贤二期项目；"杭汽（杭州中能）"获得了 2 个，分别为金山二期、崇明二期项目；"南汽"和"北京北重"各获得了 1 个，分别为嘉定项目、松江一期项目。

（5）渗沥液处理。上海垃圾焚烧发电设施的渗沥液，除老港一期和老港二期采用泵送至老港基地专用设施集中处理外，其他项目均采用总包的方式，建设了配套的专用处理系统。14 个项目中，上海环卫工程设计院获得了 8 个，分别为金山一期、金山二期、松江一期、松江二期、奉贤一期、奉贤二期、崇明二期、宝山项目；江苏维尔利获得了 4 个，分别为江桥项目、黎明项目、海滨项目和崇明一期项目；北京天地人、中钢集团武汉安环研究院各获得 1 个，分别为御桥项目、嘉定项目。

特别值得说明的是，我国电力系统骨干生产企业"上锅""上汽"和"上海电机"，也为垃圾焚烧发电设施供货了。

第四章 项目总体布局、工艺布置和建（构）筑物

上海市土地紧张，地质情况复杂，焚烧设施的占地面积、建筑面积、建筑及构筑物设计形式，对工程造价、进度和质量控制影响极大。上海市的焚烧设施，选址大多位于郊区或城郊接合部（御桥项目和江桥项目除外，因这两个项目前期论证时，上海正处于城市发展的高速期，当时的选址地块为城郊接合部），占地面积、总体布局、建筑及构筑物设计等，都是经过方案比选、科学决策后确定的。

第一节 占地面积和建筑面积

一、上海市焚烧设施占地面积和建筑面积指标分析

表 4-1 列出了上海市垃圾焚烧发电设施的占地面积、建筑面积和烟囱高度。16 座项目的总占地面积约 134 万 m²（2011 亩），每吨规模的平均占地面积为 45.14m²；总建筑面积约 78 万 m²，每吨规模的平均建筑面积为 24.82m²。烟囱高度，最高 106m（宝山项目），最低 60m（金山项目、黎明项目），嘉定项目 70m，其他项目均为 80m。

表 4-1 　　　　　　　　　　　占地面积、建筑面积和烟囱高度

序号	项目简称	全厂占地面积 （万 m²）	全厂建筑面积 （m²）	烟囱高度 （m）
1	御桥项目（1095t/d）	8.33	27 300	80
2	江桥项目（1500t/d）	13.60	35 000	80
3	金山一期（1000t/d）	6.85	36 000	60
4	金山二期（500t/d）			60
5	老港一期（3000t/d）	16.00	49 800	80
6	老港二期（6000t/d）	18.88	150 000	80
7	黎明项目（2000t/d）	9.40	46 000	60
8	松江一期（2000t/d）	13.30	47 000	80
9	松江二期（1500t/d）		42 850	80
10	奉贤一期（1000t/d）	5.24	28 000	80
11	奉贤二期（1000t/d）	5.34	33 000	80
12	崇明一期（500t/d）	3.47	18 000	80

续表

序号	项目简称	全厂占地面积（万 m²）	全厂建筑面积（m²）	烟囱高度（m）
13	崇明二期（500t/d）	3.39	23 500	80
14	嘉定项目（1500t/d）	7.17	44 000	70
15	海滨项目（3000t/d）	9.55	71 360	80
16	宝山项目（3800t/d）	13.53	103 700	106
合　计		134.05	779 810	

　　吨规模单位占地面积，首先与规模大小关系最大，规模越大，则同等条件下的单位占地面积越小；其次，与选址的用地限制条件、地形的形状规则程度（矩形最好）有关。有些项目不得不在面积极度"紧张"或"形状不规则"的条件下进行布局，海滨项目就是如此；再次，与未来的规划有关，有些项目占地面积偏大，是考虑了未来扩建的功能，江桥项目就是实例。

　　吨规模单位建筑面积，与规模大小、功能设计的关系最大。同等条件下，规模越大，则单位建筑面积越小；功能的设计，在上海焚烧设施"学习探索、提升发展、高速发展"的三个阶段，发生了变化，由原来的注重项目"实用"逐渐向"实用与宣教、展示并举"过渡，结果是项目单位建筑面积得到较大幅度的增加。

　　上海市焚烧设施各项目吨规模单位占地面积排序如图 4-1 所示。江桥项目最高，高达 90.67m²/t，这是由于红线内已经征用的规划用地闲置所致；老港二期最低，仅 31.47m²/t，主要是超大规模的结果，另有一部分设施与一期共用；海滨项目，仅 31.83m²/t，且选址地块形状不规则，导致总平布置困难；崇明一期、崇明二期、御桥项目也比较高，主要是规模偏小所致。其他项目的吨规模单位占地面积，介于 35～55m²/t 之间。从规模、选址等方面综合考虑，上海市合理的焚烧项目吨规模占地面积，控制在 30～50m²/t 之间较为合理。

　　上海市焚烧设施各项目吨规模单位建筑面积排序如图 4-2 所示。崇明二期最高，高达 47.00m²/t，主要原因是规模太小且

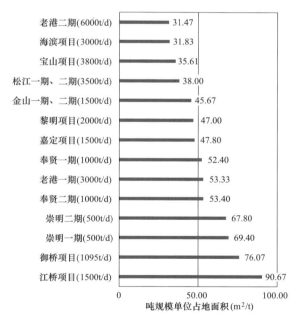

图 4-1　吨规模单位占地面积排序

增加了新的功能导致；崇明一期也较高，为 36.00m²/t，也是规模偏小所致；松江一期、二期项目（在同一地块内），以及老港一期，介于 13～17m²/t 之间，设计控制严格；其他项目的吨规模单位建筑面积，介于 23～33m²/t 之间。老港二期作为超大规模项目，吨规模单位建筑面积达到了 25m²/t，主要是增加了宣传教育、展示系统以及在一期红线内增加了住宿等所致。从规模、功能等方面综合考虑，上海市的焚烧项目吨规模建筑面积，控制在 20～

$30m^2/t$ 之间较为合理。

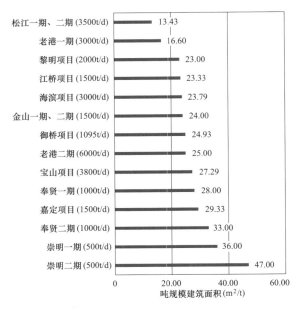

图 4-2 吨规模建筑面积排序

二、 焚烧设施占地面积和建筑面积对标及分析

表 4-2 列出了国内部分焚烧设施红线内项目占地面积和建筑面积的统计信息。

表 4-2 国内部分焚烧发电设施项目红线内占地面积与建筑面积统计

序号	项目所在地与规模	占地面积（万 m^2）	建筑面积（万 m^2）	序号	项目所在地与规模	占地面积（万 m^2）	建筑面积（万 m^2）
1	南阳某项目（3000t/d）	11.90	6.54	18	青岛某项目（1500t/d）	5.81	3.39
2	太原某项目（3000t/d）	8.31	4.65	19	长治某项目（1500t/d）	6.67	3.34
3	西安某项目（2250t/d）	10.30	9.96	20	莱州某项目（1500t/d）	6.60	2.79
4	郑州某项目（2250t/d）	11.43	6.53	21	信阳某项目（1200t/d）	6.76	4.01
5	青岛某项目（2250t/d）	9.15	5.92	22	中山某项目（1200t/d）	5.58	3.79
6	宁波某项目（2250t/d）	8.27	5.41	23	珠海某项目（1200t/d）	5.55	3.36
7	广州某项目（2250t/d）	13.33	5.37	24	拉萨某项目（1050t/d）	7.17	3.25
8	广州某项目（2250t/d）	10.52	4.59	25	大连某项目（1000t/d）	4.92	3.33
9	廊坊某项目（2000t/d）	7.68	5.43	26	莱芜某项目（1000t/d）	5.34	3.10
10	南京某项目（2000t/d）	3.29	4.87	27	开封某项目（1000t/d）	5.20	2.76
11	珠海某项目（1800t/d）	6.54	4.65	28	保定某项目（1000t/d）	4.76	2.58
12	北京某项目（1800t/d）	5.62	4.49	29	黄山某项目（900t/d）	5.00	3.09
13	沈阳某项目（1500t/d）	8.00	4.42	30	岳阳某项目（900t/d）	5.31	2.78
14	台州某项目（1500t/d）	6.61	4.27	31	日照某项目（900t/d）	5.36	2.63
15	潍坊某项目（1500t/d）	8.00	3.87	32	娄底某项目（800t/d）	5.20	2.08
16	盘锦某项目（1500t/d）	5.09	3.52	33	周口某项目（800t/d）	4.84	1.72
17	洛阳某项目（1500t/d）	6.71	3.46				

图 4-3 针对表中不同规模的 33 个项目，就吨规模单位占地面积进行了计算统计、排序。数据显示，这些项目的规模介于 800～3000t/d 之间，吨规模单位占地面积在 16～69m²/t 之间波动，但 25～60m²/t 之间居多。个别项目，小于 20m²/t 的，主要原因是受选址用地限

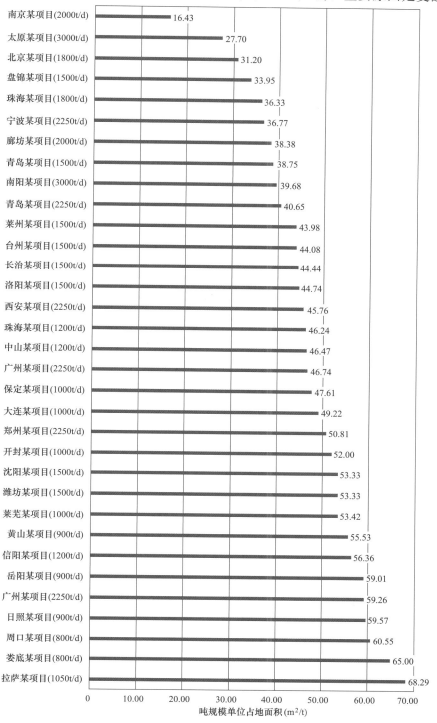

图 4-3　国内部分垃圾焚烧发电设施吨规模单位占地面积排序

制；而个别项目大于 $60m^2/t$ 的，则是由于考虑了焚烧设施以外的项目用地，以及未来扩建、功能变化等。可见，上海市焚烧设施的吨规模单位占地面积范围，与全国同类设施的数据较为吻合。

图 4-4 针对表中不同规模的 32 个项目，对吨规模单位建筑面积进行了计算统计、排序。

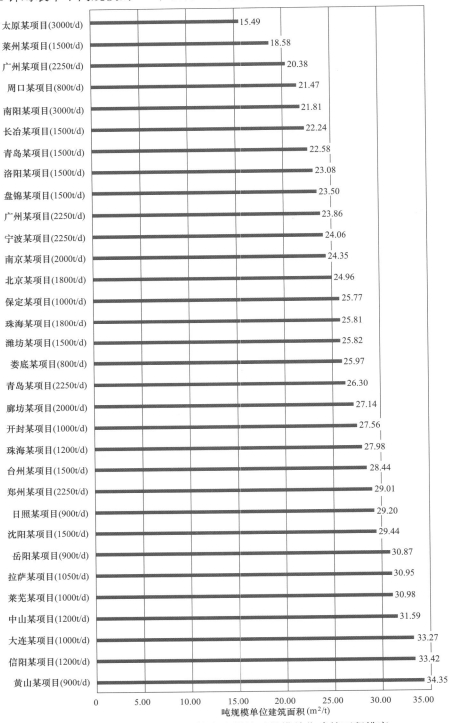

图 4-4　国内部分垃圾焚烧发电设施吨规模单位建筑面积排序

数据显示，这些项目的规模介于 800~3000t/d 之间，吨规模单位建筑面积在 15~35m²/t 之间波动，但 20~30m²/t 之间居多。个别项目，小于 20m²/t 的，主要原因是该项目为园区中的设施，该项目建设的部分内容被"园区化"了；相反，部分项目，大于 30m²/t 甚至更高的，则是由于辅助功能的设施在本项目中充分考虑了（例如，大大增加了宣教、展示的建筑面积），或者是考虑了未来扩建等。可见，上海市焚烧设施的吨规模单位建筑面积范围，与全国同类设施的数据较为吻合。

根据国家住建部、发展改革委联合颁布的《生活垃圾焚烧处理工程项目建设标准（建标142—2010）》第 7 章《建筑标准和建设用地》的要求，对于特大类（规模 2000t/d 及以上）、Ⅰ类（1200~2000t/d）、Ⅱ类（600~1200t/d）、Ⅲ类（150~600t/d）的用地面积、建筑面积，都做了指标规定。其中，用地面积的指标要求，用词为"按以下指标执行"，具体指标为"Ⅰ类，4.0 万~6.0 万 m²（60~90 亩）；Ⅱ类，3.0 万~4.0 万 m²（45~60 亩）；Ⅲ类，2.0 万~3.0 万 m²（30~45 亩）"和"特大类，超出 2000t/d 的部分按 30m²/(t·d) 计算。"根据此指标规定，国内焚烧设施的实际占地面积，基本都超出了该标准规定的指标上限要求。显然，这个标准中的用地面积规定，与实际情况出入较大。

关于建筑面积，建标 142—2010 中的第 7 章，对"生产管理和生活服务设施"的建筑面积给出了具体指标，用词为"宜按以下指标执行"。对"生产设施"的建筑面积，并没有给出具体指标。对于"生产管理和生活服务设施"，具体指标为"特大类，生产管理 900~1300m²，生活服务设施 1000~1500m²；Ⅰ类，生产管理 700~1100m²，生活服务设施900~1300m²；Ⅱ类，生产管理 600~900m²，生活服务设施 800~1200m²；Ⅲ类，生产管理500~800m²，生活服务设施 600~1000m²"。

根据国内已经建成的焚烧设施的信息统计，"生产管理和生活服务设施"的建筑面积，一般都远大于上述指标。主要原因是我国的焚烧设施一般都远离城市化地区，各焚烧项目需要配置足够的住宿、食堂、文化与体育场地或空间，以满足自身生产服务、外委检修队伍和物业作业等各种人员的需要。更为重要的是，政府部门对于环保宣传、展示的要求越来越高，这些增加的设施使全厂建筑面积进一步增加。例如，国内某大城市的焚烧项目，"生产管理和生活服务设施"的总建筑面积超过了 10 000m²，个别项目还设置了对社会开放的"环保教育基地"和"展示中心"等。

从社会发展的角度来看，《生活垃圾焚烧处理工程项目建设标准（建标 142—2010）》中第 7 章中关于建筑面积、用地面积指标的规定，已经不符合焚烧设施功能的实际需求了。

第二节　项目总平面布置

项目总图布置，是设计工作首先要进行的重要工作之一。选址地块的面积、形状、外围配套工程（电力接入系统、给排水工程、道路交通、燃气供应管线、建筑物高度限制等）的具体情况、工艺与设备布置等，都必须充分考虑。红线内的设施，主要围绕主厂房展开。主厂房内、外，布置了焚烧设施所需的各种系统或设备。

上海市的焚烧设施，项目规模、选址地块的面积和形状各不相同，部分项目的一期工程、二期工程（或改扩建）先后实施，复杂程度不一。根据总图布置的复杂程度，可将上海焚烧设施分为三类：独立地块实施的单一项目、一期和二期地块完全独立的项目、一期和二期位于同一地块的项目。

一、单独实施的独立地块项目

上海市焚烧设施，单独实施的独立地块项目共 5 个，即御桥项目、黎明项目、嘉定项目、海滨项目和宝山项目。

1. 御桥项目

该项目是上海市垃圾焚烧开始起步、学习探索阶段建设的设施，采用了法国 ALSTOM 进口逆推炉排技术，于 2002 年投产，是国内第二座现代化、千吨级、引进技术、炉排炉生活垃圾焚烧发电厂（第一座为宁波枫林厂，该项目已于 2019 年拆除），是上海市投入运营的第 1 个项目。项目位于浦东新区北蔡镇御桥路 869 号，地处御桥路与锦绣路交界，建设总投资约 6.7 亿元，占地 125 亩（其中 40 亩为代征地）。根据自然地坪和主厂房布置避开厂区中间河道的原则，河道南边以绿化为主。

全厂功能分为四部分。①办公区。布置了综合楼、宿舍、食堂、停车场、绿地、景观湖等设施。②生产区。布置了焚烧主厂房、发电辅助厂房、连廊、坡道（垃圾卸料高架桥）和烟囱。这是全厂的核心，占地面积大、功能复杂、投资高。③给水区。布置了水泵房、水池、水塔和化水预处理系统。④辅助区。布置了循环冷却水处理系统、机力通风冷却塔、循环水泵房、燃油库和油泵房、渗沥液处理系统、其他生产废水处理系统等。厂区南侧分别设置了人流、物流大门，对应于人流和物流。物流通道可满足垃圾、炉渣、飞灰和生产耗材、设备的频繁进出需要，且与办公区（办公、住宿）适当隔离。厂内的道路设计，充分考虑了消防的需要。

本项目总建筑面积约 2.7 万 m²。全厂建（构）筑物分为 17 个，包括焚烧主厂房、发电辅助厂房和连廊、烟囱和烟气检测室、坡道（垃圾卸料高架桥）、循环水泵房、冷却塔及水池、酸碱库、油泵房、油库、地磅房及门房、洗车台、生活用水池、污水处理站、红线外河水取水泵房、行政楼、停车场、传达室。项目总平面布置示意如图 4-5 所示。

2. 黎明项目

该项目是上海市垃圾焚烧经过实践，积累了一定经验、提升发展阶段建设的设施，于 2014 年正式投产（上海市投入运营的第 5 个项目）。项目采用了日本 Hitz 的进口顺推炉排技术，总规模 2000t/d，为 4 炉 2 机配置。全厂总占地面积约 9.4 万 m²，总建筑面积约 4.4 万 m²。其中，主厂房占地面积约 24 450m²，建筑面积约 39 590m²。本项目共有 13 个建（构）筑物，除主厂房、办公楼、综合楼、烟囱及栈桥外，还有清水泵房及清水池、小油库、地磅房及地磅、污水处理站、固化车间、升压站、取水泵房、门卫房等。按使用功能，主厂房主要由卸料大厅（下方布置了压空间、化水间、实验室、控制室、机电维修间、烟气洗涤水处理车间等）、垃圾池、焚烧锅炉间、出渣间、烟气净化间、汽机间、除氧间、高低压配电室及中控室、办公大厅等组成。办公楼和综合楼建筑面积总计约 2300m² 办公楼，占地面积约 1300m²。

本项目的厂址地形类似于平行四边形，长与宽的比例合理，适合于总图布置。全厂功能划分为"主厂房位于中间，南侧（烟囱侧）布置了办公和生活区，北侧（卸料大厅侧）布置了辅助生产区"。交通组织合理，右上角和左下角分别布置了物流门、人流门，便于管理。项目总平面布置示意如图 4-6 所示。

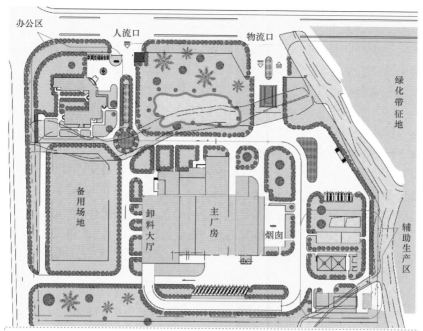

本项目选址紧邻外环线，当时规划时项目周边的居民区建设刚刚开始，项目占地 125 亩，其中 40 亩为代征地。地块中有河道穿过，地块形状较为规则，总图布置容易。

图 4-5　御桥项目总平面布置示意

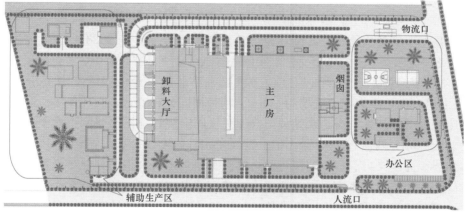

项目的厂址地形类似于平行四边形，长与宽的比例合理，适合于总图布置。主厂房、辅助生产设施、办公与生活的划分井然有序；交通组织合理，右上角和左下角分别布置了物流门、人流门，便于管理。

图 4-6　黎明项目总平面布置示意

3. 嘉定项目

本项目于 2017 年投产（上海市投入运营的第 9 个项目），是上海市进入焚烧高速发展阶段建设的设施。项目采用了日本 MHI 进口炉排技术，总规模 1500t/d，为 3 炉 2 机配置。项目建设地点位于上海市嘉定区外冈镇古塘村，厂址为宝钱公路南侧约 600m 处，规划郊环切向线以东，郭泽塘以南区域，用地长约 370m（南北向），宽约 324m（东西向），用地面积约 7.17hm^2（约合 107.5 亩）。北侧为预留市政用地。

43

项目主工房建筑外观为"舰、船"造型，外挂银灰铝板，寓意嘉定再生能源中心的现代之舰"乘风破浪、开创未来"。根据各建筑物功能和使用性质不同，将全厂划分为三个功能区，即"厂前区、生产区及辅助区"。①厂前区。该功能区主要包括综合楼、人流大门及传达室，以及绿化景观广场等。厂前区东南部设人流出入口。②生产区。位于厂前区的北面，场地东侧位置，主要包括主工房、发电辅助厂房、坡道（垃圾卸料高架桥）和烟囱，科普教育基地。由于厂区主导风向为东南风，烟囱设置于主工房东侧，厂前区的下风向，且满足烟囱位置距太仓、昆山距离超过本项目预评估1002m的烟气最大落地浓度点距离，以减少对周边环境的影响。同时，将物流出入口和消防应急出入口布置在生产区东侧。③辅助区。主要集中在厂区西侧，依次布置有生产、生活水池及综合水泵房、河水净化及循环水泵房、冷却塔、渗沥液处理站、油泵房等辅助设施。项目总平面布置示意图见图4-7。项目总建筑面积约4.7万m²（其中，主厂房建筑总面积4.2万m²，占地面积1.9万m²；办公楼总建筑面积约2300m²）。全厂建（构）筑物分为19个，包括主工房、烟囱、高架引道、综合水泵房、生产、生活水池、河水净化及循环水泵房、冷却塔、综合处理工房、综合处理池、MBR生化池、厌氧反应器、循环罐、沼气储柜、污水调节池、沼气燃烧火炬、油库油泵房、地磅房、综合楼、人流大门及传达室。

本项目的厂址地形尽管不规则，但中心地块为长方形，边角地块亦为方形，比较容易布置。设计者巧妙地利用了这个形状特点，将主厂房布置在中心的长方形地块，并充分利用了外部道路，在右上角设置了物流门，使车辆进出极其方便。办公区域布置在下方的方形角落，便于人流进出，且实现了人流、物流的分置。辅助生产区域则布置在主厂房的卸料大厅侧、办公区域的上方，便于管理。

4. 海滨项目

本项目是上海市焚烧设施进入高速发展阶段建设的设施，于2023年下半年投产。项目设计规模为3000t/d（按政府批复文件，实际规模放大了35%），为4炉2机配置，采用了日本Hitz的顺推炉排技术。该项目厂址位于拱极东路北侧（老港固废基地位于拱极东路南侧）、东海大道东侧，距离浦东机场约10km。项目周围分布着众多的环保项目，南侧的上海市老港固废基地、西侧的滨海污水处理厂等。项目周围规划范围道路网由次干路组成。东海大道红线宽度50m，两侧各20m绿化带。拱极东路红线宽度40m，两侧各10m绿化带。道路交叉口均为平面交叉口。规划范围可通过拱极东路、东海大道与其他干道网相接，对外交通条件较好。次干路沿线不宜设置机动车出入口，若确实需要设置机动车出入口，地块机动车出入口需离开交叉口50m以上或者距离交叉口最远处。本项目在拱极东路距交叉口远端设置机动车出入口，采取右进、右出方式。项目北侧沿中港河设置垃圾接收码头。垃圾水运系统需设置垃圾转运码头、垃圾接收码头，同时沿线河道应满足航道要求。

项目厂区红线总征地面积约9.6万m²，其中预留用地约4000m²，厂区净用地面积约9.2万m²。厂址地块面积小，且地形形状不规则，给总图布置造成了很大困难。经反复论证，采用了图4-8所示的总图布置方案。厂区布局按功能分区明确、布置合理的原则，分为"主要生产区、辅助设施区、运输设施区和办公生活区"四大区域。项目总建筑面积约7.3万m²，全厂建（构）筑物分为14个，主要包括主工房、烟囱、污水处理站、综合水泵房及清水池、氨水罐区、油库、会议厅、综合楼（会议、办公、生活）、垃圾运输坡道、地磅房及地磅、门卫、飞灰暂存间、初期雨水收集池、取水泵房、危废暂存间等。

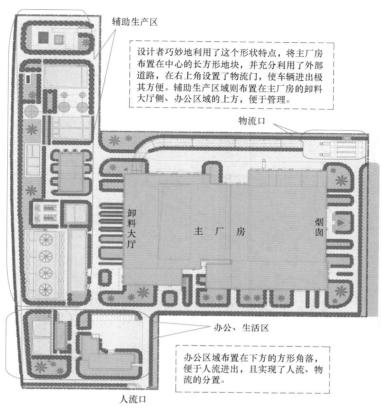

设计者巧妙地利用了这个形状特点，将主厂房布置在中心的长方形地块，并充分利用了外部道路，在右上角设置了物流门，使车辆进出极其方便。辅助生产区域则布置在主厂房的卸料大厅侧、办公区域的上方，便于管理。

办公区域布置在下方的方形角落，便于人流进出，且实现了人流、物流的分置。

图 4-7 嘉定项目总平面布置示意

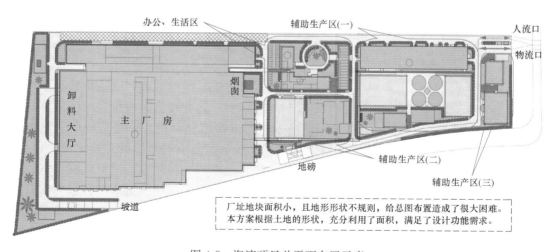

厂址地块面积小，且地形形状不规则，给总图布置造成了很大困难。本方案根据土地的形状，充分利用了面积，满足了设计功能需求。

图 4-8 海滨项目总平面布置示意

5. 宝山项目

本项目是上海市焚烧设施进入高速发展阶段建设的设施，于 2022 年 8 月开始接受垃圾，2023 年 8 月投入商业运营。项目设计规模为 3000t/d（干垃圾）、800t/d（湿垃圾，其中，厨余 500t/d、餐厨 300t/d）。焚烧项目为 4 炉 2 机配置，采用了日本 Hitz 的顺推炉排技术。该项目以环保科技产业园的形式建设,将园区分为三大功能区域,分别是生活垃圾处置区域、科研中心及教育培训区域、生态公园区域,实现产、学、研、娱一体化。厂区红线在现有红线内框定。根据周边环境和市政道路规划,本项目的物流出入口设置在用地北面的进厂道路上,人流出入口设置在用地南面。项目总平面布置示意见图4-9,可见该项目的工艺复杂性,远超出同类项目。

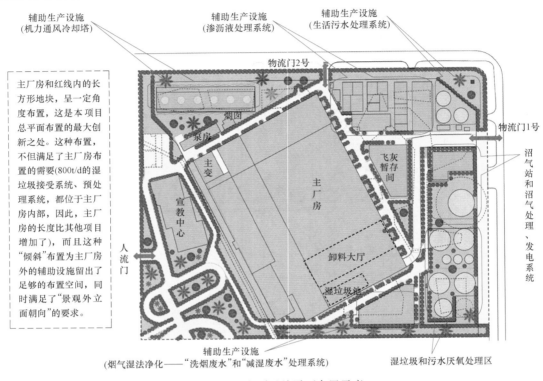

图 4-9 宝山项目总平面布置示意

主生产区是焚烧发电厂的核心设施和建筑物,考虑工艺生产流程、交通运输、当地主导风向等主要因素,将生产区主厂房、主厂房附屋、烟囱一体化设计,布置在厂区中部。根据垃圾发电厂的工艺流程要求,主厂房平面分别由垃圾运输储存区、垃圾焚烧区、烟气净化区、综合车间和垂直交通运输通道等组成。主体生产车间由南到北包括卸料大厅、垃圾池、锅炉焚烧间、烟气净化间、烟囱;主厂房西侧由南往北有中央控制室、高低压配电室、汽机间等;其他生产辅助用房包括大堂、办公室、接待室、走道、卫生间更衣室等以方便日常生产需要为原则分散布置。主厂房生产区每一区域分隔面积都做到既满足工艺使用要求又满足生产活动要求。辅助生产区主要集中在厂区的东侧和北侧,东侧主要布置飞灰稳定化车间、脱酸污水处理站、天然气调压站、厌氧消化罐区和沼气发电车间等。北侧主要布置水工区。厂区道路采取环形布置形式,以满足生产、运输及消防等的要求。

主厂房和红线的长方形呈一定角度,这是本项目总平面布置的最大创新之处,不但满足了主厂房布置的需要(800t/d的湿垃圾接受系统、预处理系统,都位于主厂房内部,因此,主厂房的长度比其他项目增加了),而且这种"倾斜"布置为主厂房外的辅助设施留出了足够的布置空间,同时满足了"景观外立面朝向"的要求。主厂房顺着垃圾流线从卸料大厅到烟气处理再到烟囱是从正南向北延伸，主厂房汽轮机一侧面向西面，主厂房边线和红线自然形成西侧的三角形广场；其余的辅助生产区在主厂房的其他面东面、南面和北面按照空地嵌入。在垃圾焚烧厂的西侧广场内，可结合厂区规划成独立的环保教育板块。垃圾环保利用教育展厅 5000m²，其中包括接待大厅 1000m² 和其他展厅 4000m²，以上功能可结合厂房参观路线一体化设计，参观线路和环保教育的线路相结合，在动线和功能空间利用上更加合理。余热及绿化植物科普教育温室兰花馆 8000m²，馆内结合环境做休息配套功能。温室兰花馆将植物环保主题融入整体，带来更好的感官形象和确立邻利效应的直观感受。厂区主体建筑为山体形式，屋顶绿化公园提供了青少年培训及拓展所需的场地，使之更多接触和体验自然环境，更深层地体会和接受自然环保的理念。同时，屋顶绿地公园满足人们在休闲、娱乐、观赏等功能上的需求，形象上是城市绿肺概念的表现，吸收垃圾变废为宝。

本项目用地面积为 13.5 万 m²，建筑物占地面积为 6.4m²。本项目全厂建（构）筑物分为20 个，主要包括焚烧主厂房、发电辅助厂房和连廊、烟囱和烟气检测室、坡道（垃圾卸料高架桥）、河水净化和循环水泵房、冷却塔及水池、酸碱库、油泵房、油库、地磅房及门房、洗车台、水泵房、清水池、水塔、污水处理站、红线外河水取水泵房、综合楼、停车场、传达室、开关站。其中主厂房与渗沥液/污水处理站的占地面积较大，主厂房占地面积约 4.0 万 m²，建筑面积为 8.7 万 m²，高度约为 65.3m。烟囱高度达 106m。通过巧妙的设计，将烟囱隐藏在地上公园建筑北端的山峰造型内。厂区顶部公园地面由南到北均匀升起至 71.5m，地面浮土深度平均达 1.5m 深，满足各类乔木及植物的生长，并形成地下及地上双层绿地。

该项目建成后将成为国内乃至世界最先进的垃圾焚烧发电厂之一，具有未来绿色城市发展中里程碑式的意义。

二、 分一期和二期实施、 地块相对独立的项目

上海市焚烧设施，分一期和二期实施、地块相对独立的项目共 6 个，即老港一期和老港二期项目、奉贤一期和奉贤二期项目、崇明一期和崇明二期项目。

1. 老港一期和老港二期项目

老港一期项目，是上海市焚烧设施提升发展期建设的项目，于 2013 年投产（上海市投入运营的第 4 个项目），总规模 3000t/d，4 炉 2 机配置，采用了日本 Hitz 的顺推炉排技术。老港二期项目，是上海市焚烧设施高速发展期建设的项目，于 2019 年投产（上海市投入运营的第 10 个项目），总规模 6000t/d，8 炉 3 机配置，采用了日本 MHI 的逆推炉排技术。老港一期、二期项目，建设地点位于老港固体废弃物综合利用基地东南角，拱极路以南、规划中的东海大道以东、宣黄公路以北、距 0 号大堤约 100m，距离上海市中心约 70km，距浦东国际机场 10km，距临港新城约 10km，距东海大桥约 16km。

老港一期工程建设用地面积约 16 万 m²（240 亩），总建筑面积约 5.0 万 m²（其中，主厂房建筑面积约 4.46 万 m²），分为两大功能区，即厂前区和生产区，主要建设有主工房、循环水泵房、冷却塔、河水净化处理系统、雨水收集泵、污水提升收集池、渗沥液暂存池、油库和油泵房、开关站、综合水泵房和生产辅助用房等。原设计在一期选址地块内预留二期用地面积约 10.0 万 m²（150 亩），一期工程中的河水净化系统、渗沥液暂存池、综合水泵房、渗沥液暂存池、油库和油泵房和生产及辅助用房综合考虑了二期建设的需求，一期工程的物流出入口设计中预留了二期增加地磅的用地。但因二期规模在实施阶段由原来规划的

3000t/d 调整为 6000t/d，则一、二期原设计预留等方案做了较大调整。二期工程建设用地面积约 18 万 m²（270 亩），总建筑面积约 15.0 万 m²（其中，主厂房建筑面积约 14.0 万 m²），也分为两大功能区，即厂前区和生产区。

图 4-10 为老港一期和老港二期项目的总平面布置示意图。可见，选址地块的形状基本为长方形，有利于布置。但选址地块的地质情况极差，施工难度大，给进度、工程造价和质量控制造成了困难。老港一期、二期项目，选址地块仅一墙之隔，部分设施得到了共用，且规模世界领先，技术、工艺与装备先进，为老港基地实现上海市垃圾处理"托底保障"的功能起到了决定性作用。

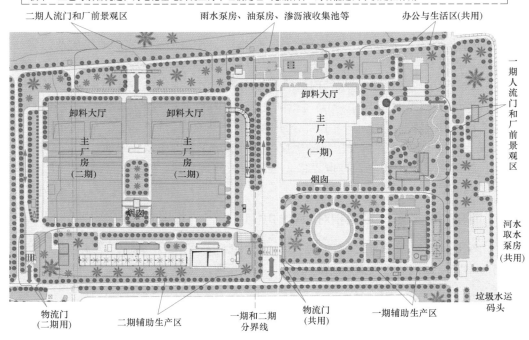

图 4-10　老港一期和老港二期项目总平面布置示意

2. 奉贤一期和奉贤二期项目

奉贤一期和奉贤二期项目，是上海市焚烧设施高速发展期建设的项目，一期于 2016 年投产（上海市投入运营的第 7 个项目），二期于 2021 年 12 月开始接受垃圾（上海市投入运营的第 14 个项目）。规模均为 1000t/d、2 炉 1 机配置，采用了日本 EBARA 的顺推炉排技术，是上海市垃圾焚烧炉排核心技术国产化的尝试与实践。这两个项目的选址地块仅一墙之隔，但投资方的股份占比不同。选址均位于上海市化学工业区奉贤分区、柘林镇楚华地块，新沪杭公路（浦东铁路）北侧，胡滨路南、楚华北路以东。一期项目在西，二期项目在东，中间以一条宽度为 9m 的道路相隔。一期项目，占地总面积约 5.24 万 m²（约 78 亩），总建筑面积约 2.8 万 m²（其中，主厂房建筑面积约 2.47 万 m²）；二期项目，占地总面积约 5.34 万 m²（约 80 亩），总建筑面积约 3.3 万 m²（其中，主厂房建筑面积约 2.89 万 m²）。

奉贤一期、二期项目的总平面布置，如图 4-11 所示。可见，两个项目的占地面积接近，但一期项目地形规则，较易布置。二期项目的办公、生活设施，位于项目地块的中央，更显不足，不但不利于分区管理，而且与一期联络不方便。长远来看，本项目一期、二期的设施，从生产设施共用性和生活、办公的协同等方面，不合理之处较多，这是在项目规划时未仔细考虑所致。

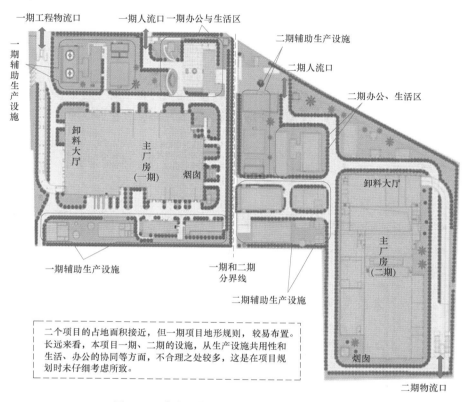

图 4-11　奉贤一期和二期项目总平面布置示意

3. 崇明一期和崇明二期项目

　　崇明区的地理位置特殊，与上海市区隔江相望。长期以来，崇明的垃圾处理体系独立运行，原来的处理方式为填埋工艺。2014 年，崇明区的垃圾焚烧发电项目（一期工程）正式立项并进入建设阶段。2016 年，崇明一期项目投入生产（上海市投入运营的第 8 个项目）。2021 年 10 月，崇明二期项目开始接受垃圾（上海市投入运营的第 13 个项目）。这两个项目，是上海市焚烧设施进入高速发展阶段实施的项目。

　　崇明一期项目规模为 500t/d、2 炉 1 机配置，采用了康恒环境引进技术、生产的顺推 L 型炉排，是上海市首个由国内供应商单独供货的项目。崇明二期规模为 500t/d、1 炉 1 机配置，采用了上海环境集团引进技术、国内生产的顺推 R 型炉排。这两个项目的选址地块仅一墙之隔，投资方的构成与股比保持不变。两个项目的建设地块，位于崇明岛中北部滩涂、堡镇港北闸附近，沥青搅拌场东侧与长江 12 号大堤内的 U 型河道之间的区域，属于港沿镇垦区管辖，具备较便利的交通运输条件。其中，一期项目，占地总面积约 3.47 万 m^2（约 52.1 亩），总建筑面积 1.84 万 m^2（其中，主厂房建筑面积约 1.59 万 m^2）；二期项目，占地总面积约 3.39

万 m²（约 50.8 亩），总建筑面积约 2.35 万 m²（其中，主厂房建筑面积约 1.99 万 m²）。

崇明一期和二期项目的总平面布置如图 4-12 所示。一期项目全厂功能分为三部分构成，即行政管理区、生产区、辅助生产区。行政管理区布置在厂区的东南部；生产区（垃圾焚烧及发电部分）是本项目的核心，设在厂区的中北部；辅助生产区布置在焚烧主厂房的南侧、西侧、东北部。一期项目全厂建（构）筑物分为 24 个，包括焚烧主厂房、综合楼、综合水泵房、油罐油泵房、地磅房、门卫、工业废水排水泵房、综合处理车间、鼓风机房污泥脱水间、一体化污水处理装置、烟囱、坡道（垃圾卸料高架桥）、冷却塔、工业消防水池、净水器、雨水调节池、地磅、综合调节池、MBR 生化池、综合处理池、厌氧反应器、酸化罐、沼气处理系统、火炬等。二期项目，分别布置在一期的东侧与西侧，新建的建（构）筑物包括东侧的二期主厂房、高架坡道、烟囱、倒班宿舍、综合水泵房、循环水机力通风冷却塔和工业及消防水池、飞灰暂存间，以及西侧的综合处理车间、渗沥液处理系统、沼气及除臭装置等设施。

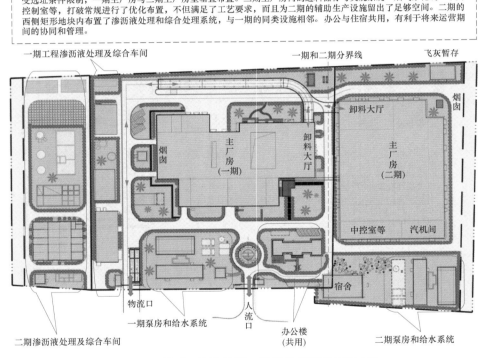

受选址条件限制，一期主厂房与二期主厂房呈垂直布置。二期主厂房内的进料储存与焚烧系统、烟气净化线、中央控制室等，打破常规进行了优化布置，不但满足了工艺要求，而且为二期的辅助生产设施留出了足够空间。二期的西侧矩形地块内布置了渗沥液处理和综合处理系统，与一期的同类设施相邻。办公与住宿共用，有利于将来运营期间的协同和管理。

图 4-12　崇明一期和崇明二期项目总平面布置示意

三、 分一期和二期实施、 位于同一地块的项目

上海市焚烧设施，分一期和二期实施、位于同一地块的项目共 3 个，即江桥项目、松江一期和松江二期项目、金山一期和金山二期项目。

1. 江桥项目

江桥项目，按政府立项批复文件，是分为一期、二期进行的。但在一期工程建设期间，除"3 号焚烧线设备、渗沥液处理系统"外，其他工程已全部建设完毕。因此，实际上，江桥项目的二期工程以 3 号焚烧线的安装施工、调试为主。一期工程于 2003 年 11 月投产（上海市投入运营的第 2 个、当时国内最大的炉排炉焚烧项目）；二期工程于 2005 年 11 月投产，

实现了 3 炉 2 机的运行。江桥项目是上海市乃至全国在学习探索阶段实施的重大焚烧项目。

江桥项目位于上海嘉定区绥德路 800 号（原江桥镇建新村），外环线的东侧、京沪铁路的南侧，与普陀区仅一墙之隔，与上海桃浦工业区相邻。项目选址占地面积约为 13.6 万 m^2（204 亩），含红线内东侧的远期扩建工程预留地，但因规划原因，预留地块约 70 亩的土地一直未使用。全厂功能分为四部分构成，即办公科研部分、垃圾焚烧及发电部分、给水部分、循环水以及污水处理部分。这四部分构成了一、二期完工后的四个功能区，即厂前区、主生产区、给水区和辅助生产区。厂前区（办公科研部分）布置在厂区的中南部；生产区（垃圾焚烧及发电部分）是本项目的核心，设在厂区的中北部；给水区根据进水方向设在厂区的东部；辅助生产区布置在焚烧主厂房的西边、厂区的西部和西北部。厂南侧分别设置了人流、物流大门，对应于人流和物流。物流通道可满足垃圾、炉渣、飞灰和生产耗材、设备的频繁进出需要，且与厂前区（办公、住宿、科研）适当隔离。厂内的道路设计，充分考虑了消防的需要。本项目的绿化，在绿化率、植物种类、树龄、布局、养护方面，考虑超前、细致，项目投产 2 年后绿化效果超出了预期，从厂区外观看，难以想象这是每年处理 60 万 t 以上的垃圾焚烧发电厂。20 年后的今天，江桥生活垃圾焚烧发电厂更是景色宜人！但是，受当时国内行业水平的限制，本项目的设计存在不少缺陷。

江桥项目的总平面布置如图 4-13 所示。项目总建筑面积约 3.5 万 m^2（其中，主厂房建筑面积约 1.8 万 m^2，发电与电气及中央控制等辅助厂房约 6200m^2）。全厂建（构）筑物分为 20 个，包括焚烧主厂房、发电辅助厂房和连廊、烟囱和烟气检测室、坡道（垃圾卸料高架桥）、河水净化和循环水泵房、冷却塔及水池、酸碱库、油泵房、油库、地磅房及门房、洗车台、水泵房、清水池、水塔、污水处理站、红线外河水取水泵房、综合楼、停车场、传达室、开关站。

> 江桥项目是在国内行业严重缺乏经验的情况下实施的工程，在一期（含二期）工程占地面积130余亩的条件下，总图布置实现了主生产区、辅助生产区和办公生活区的合理划分，便于管理，并被业内广泛借鉴。但因规划中的扩建工程未能实施，导致预留地块约70亩地未曾使用，造成了土地资源的浪费。

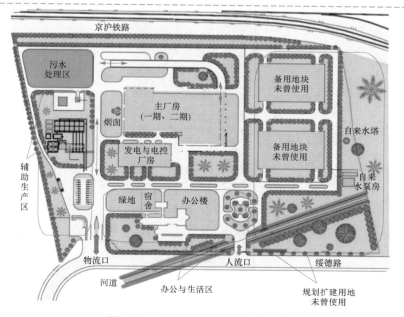

图 4-13　江桥项目总平面布置示意

2. 松江一期和松江二期项目

松江一期和松江二期项目，是上海市焚烧设施高速发展期建设的项目。一期项目，于2016年投产，是上海市投入运营的第6个项目；二期项目，于2021年4月开始接受垃圾，是上海市投入运营的第11个项目。一期规模为2000t/d、4炉2机配置；二期规模为1500t/d、2炉1机配置。两个项目均采用了日本EBARA的顺推炉排技术，是上海市垃圾焚烧炉排核心技术国产化的尝试与实践。

这两个项目的选址位于同一地块，一期征地时已包括了二期用地，投资方的股份占比不变。项目选址位于松江区佘山镇青天路西侧、沈砖公路以北1.2km处。厂址用地长约420m（东西向），宽约310m（南北向），占地面积约13.3万m^2（约200亩），一期总建筑面积约4.72万m^2（其中，主厂房建筑面积约4.26万m^2）；二期总建筑面积约4.28万m^2（其中，主厂房建筑面积约3.51万m^2）。考虑建设用地形状、周围环境、道路、场地现状、生产流程、运输特点以及环保、消防、绿化等要求，对厂区进行了统筹规划，将全厂划分为三个功能区，即厂前区、生产区及辅助区。二期工程用地，按照一期工程的预留用地范围，全部建设于红线内。一期、二期工程的主厂房，独立、并列布置，且共用一期工程的垃圾进料高架坡道，物流口及物流流线保持不变。同时，二期工程还包括了对一期的技改，主要包括“原危险品库房拆除，迁移至物流口南侧，在其一期位置新建1座宿舍楼”“原综合水池南侧，新设置一个排水池”“原一体化净水器南侧新增2台一体化净水器”“污泥干化系统，增设污泥干化仓”“原沼气储柜增设封闭间、除臭设备”等。总平面布置功能分区合理，工艺流程顺畅，物流、管线短捷，人流、物流互不交叉干扰，充分考虑绿化景观环境，有机地协调了与园区周边环境的关系。本项目的总平面布置如图4-14所示。

松江一期和二期项目位于同一地块内，一期征地时就包括了二期用地。地形为规则的长方形，易于布置。一期、二期主厂房为平行布置，共用高架坡道，节省了投资且便于管理。辅助生产设施主要集中于主厂房的一侧，协同性好。办公区位于正立面，美观、大方。不足之处是，宣教中心位于二期主厂房内，外来人员参观交流时不方便。另外，宿舍的位置不是最佳位置。如能将办公楼、宿舍全部布置在右下角，似乎更为合理。

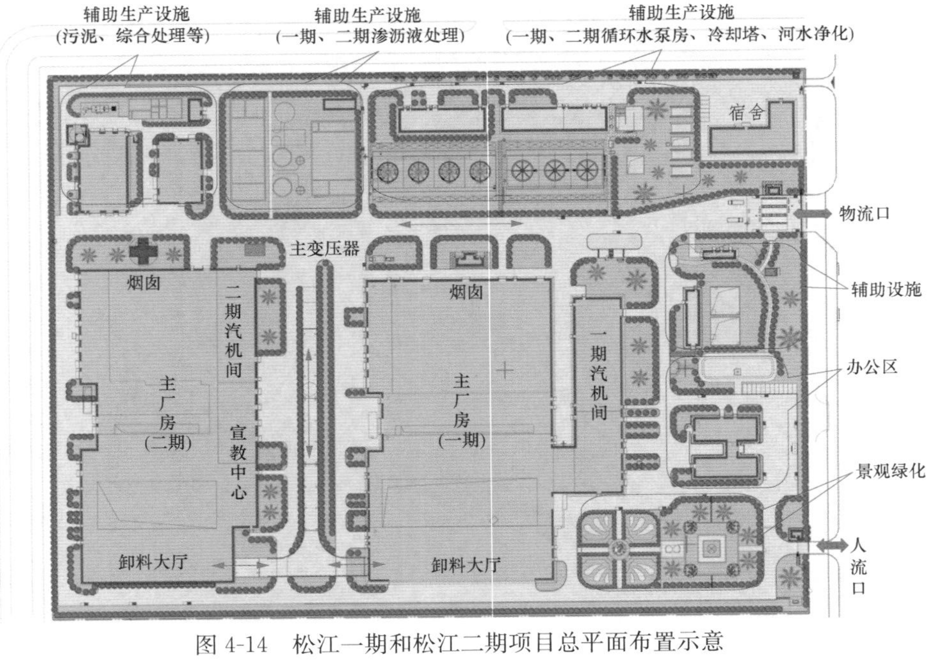

图4-14 松江一期和松江二期项目总平面布置示意

3. 金山一期和金山二期项目

金山一期项目，是上海市焚烧设施提升发展期建设的项目，于 2012 年 12 月开始接受垃圾，是上海市投入运营的第 3 个项目；金山二期项目，是上海市焚烧设施高速发展期建设的项目，于 2021 年 6 月开始接受垃圾，是上海市投入运营的第 12 个项目。一期规模为800t/d、2 炉 1 机配置，采用了日本 JFE 的顺推炉排技术，炉排系统采用进口设备；二期规模为 500t/d、1 炉 1 机配置，采用了日本 EBARA 的顺推炉排技术，是上海市垃圾焚烧炉排核心技术国产化后的工程化应用项目。根据政府批复文件，金山二期项目的正式名称为"改扩建二期"工程，初设批复时间为 2019 年 12 月；"改扩建一期"工程，初设批复时间为 2019 年 3 月，对一期工程进行了扩容，单炉规模从 400t/d 扩容至 500t/d，并对渗沥液系统、烟气净化等进行了改造。综上，金山二期投产后，金山项目的总规模为 1500t/d，3 炉 2 机配置，单炉规模为 500t/d，单机规模为 15MW。

选址位于金山区金山卫镇第二工业区 A33 地块，该地块位于沪杭公路以北、卫八路以西、黄姑塘以南。选址场地形状近似正方形状，南北向略长，易于布置。红线内全厂占地面积约 6.85 万 m²（约 102.5 亩），总建筑面积约 3.7 万 m²，一期建筑面积约 2.5 万 m²（其中，一期主厂房建筑面积约 2.1 万 m²），二期建筑面积约 1.2 万 m²（其中，二期主厂房建筑面积约 7900m²）。全厂划分为三个功能区，即厂前区、生产区及辅助区。

图 4-15 为本项目的总平面布置示意图。可见，金山一期和金山二期，两个项目位于同一地块内。因一期建设时，并未考虑未来扩建 1 条焚烧线的需求，导致用地面积"前松后紧"。

> 金山一期和金山二期，两个项目位于同一地块内。一期建设时，并未考虑未来扩建 1 条焚烧线的需求，导致用地面积"前松后紧"。二期工程的主厂房，位于一期工程主厂房的背后，是在一期工程的部分辅助设施拆除、移位后腾出的空地上建设的。因这些原因，导致二期布置困难、且局部不合理。

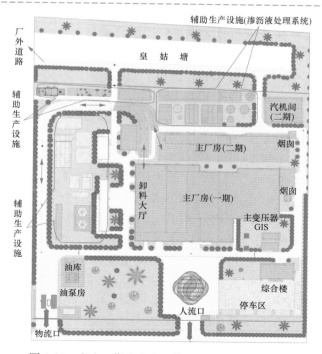

图 4-15 金山一期和金山二期项目总平面布置示意

二期工程的主厂房，位于一期工程主厂房的背后，是在一期工程的部分辅助设施拆除、移位后腾出的空地上建设的。因前述原因，导致布置困难，且局部不合理。

第三节　上海市垃圾焚烧发电设施主厂房内工艺布置

主厂房是垃圾焚烧设施的核心。主厂房内，主要包括垃圾接受与储存区、焚烧和余热锅炉区、烟气净化区、汽轮发电机组和电控区，可以称之为主功能区。为这些主功能服务的，包括烟气净化的耗材储存与制备、飞灰储存与处理、炉渣储存与外运、水处理、压缩空气、检修车间、备品备件库等，可以称之为辅助功能区。

一、主厂房内功能区划分

主厂房内的总体工艺布局合理与否，决定了建设投资、进度和质量控制，以及未来的运营管理是否方便。上海市焚烧设施的设计规模，最大的高达 6000t/d，最小的为 500t/d。炉、机的配置，更是多种多样，从 8 炉 3 机和 4 炉 2 机，到 3 炉 2 机、2 炉 2 机、2 炉 1 机，再到 1 炉 1 机，基本上代表了行业内各种配置情形。一般地，炉、机的配置数量，决定了主厂房工艺总体布局的复杂程度，数量越多则复杂性越高。国内的焚烧项目，是从 3 炉 2 机开始的，上海也是如此。

从工艺布局看，主厂房内一般划分为垃圾卸料大厅与垃圾池区、焚烧和余热锅炉区、烟气净化区、汽轮发电机组和电控区以及其他各种辅助功能区。但从建筑结构形式上看，主功能区却是相互独立的，每个主功能区还包括了某些辅助功能区。上海市的垃圾焚烧发电设施，从主厂房各区域布置内容看，主功能与辅助功能是交织在一起的。辅助功能区，小而多，将其尽量布置在主厂房内，可以节省投资，便于运营管理，但受建筑面积、安全规定等因素的限制，部分辅助功能设施布置在了主厂房外，主要包括渗沥液处理系统、泵房与水池、循环冷却水冷却系统、油泵房、危险品仓库、飞灰暂存间等。

1. 老港二期项目

上海市垃圾焚烧发电设施的 16 个项目中，老港二期的主厂房内工艺布置最复杂。如图 4-16 所示，老港二期的主厂房建筑呈左、右对称形式，相当于 2 个 3000t/d 的项目组合在一起，以"1 池对 2 线、每条线 750t/d"的形式进行布置。

作为主功能区，老港二期主厂房内的卸料大厅与垃圾储存区域，布置了大量的辅助功能设施。主要包括：① ±0.00m 层以下。布置了渗沥液排水、收集、暂存和输送设施。② 0.00m 层。卸料大厅下方，布置了化水处理系统设备、1 号压缩空气站、渗沥液通风系统设备、理化分析室和热工实验室、备品备件库、材料及杂品库、机修间、办公室及相关生活设施；垃圾池外的周围空间，医废应急储存区和上料通道、消防通道等。③ 标高 8.00m 层。卸料大厅内布置了卸料门及其电控设备、车辆调度信号系统、场地冲洗与排水设施，以及车辆卸料的安全保障设施等；垃圾池外的周围空间布置了干污泥接受料斗、植物喷淋除臭装置、工具间，以及未来使用的备用空间等。④ 标高 13.00m 层。布置了除臭装置等设施。⑤ 标高 24.5m 层。布置了垃圾吊操作控制室，及与之配套的电气与控制设备、空调、办公及生活配套设施。每个垃圾池设置 1 个操作控制室，共 4 个。⑥ 33.10m 层。每个垃圾池的上方布置了 2 台垃圾抓斗起重机，共 8 台。

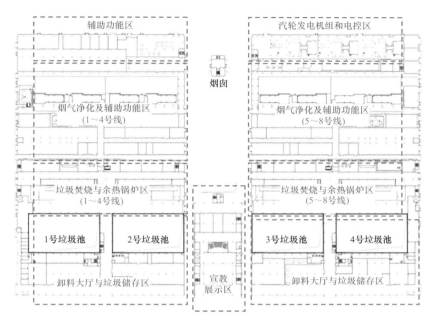

图 4-16　老港二期项目（6000t/d）主厂房内工艺布置功能划分示意

焚烧和余热锅炉区，设备最多、布置最紧凑。主要布置了焚烧炉和余热锅炉本体及其辅助设备、管道、阀门等，从左至右，依次为 1、2、3、4 号炉和 5、6、7、8 号炉。从平面布置看，可以划分为炉前区、炉本体、炉侧区、炉后区；从平面标高位置看，主要包括 ±0.00m 层以下、0.00～8.00m 层之间、8.00～14.00m 层之间、14.00m 层以上等。在上述区域、不同的标高位置，布置了液压站、出渣机、炉渣池和炉渣起重运输机，各种风机、预热器、管道、阀门、平台、扶梯、检修设备等。

烟气净化及辅助功能区，与 1～8 号炉对应，布置了 8 条线的烟气净化设备及其辅助公用系统。其中，烟气净化主体工艺设备包括减温塔、袋式除尘器、一级烟气/烟气换热器（GGH）、湿法净化洗涤塔、蒸汽/烟气换热器（SGH）、SCR 和引风机（IDF）；辅助公用系统主要包括氨水储存与制备设备、熟石灰储存与喷射系统设备、活性炭储存与喷射系统设备、氢氧化钠溶液储存与制备及输送系统设备等。

与其他项目不同的是，老港二期项目的汽轮发电机组和电控区集中布置在了右侧厂房的末端，3 台套汽轮发电机组首尾排列呈一字形，与焚烧线呈垂直角度布置。中央控制室（CCR）、高低压开关柜、变频器、厂用变压器、主变压器等电控设备，都集中布置在这个区域。而左侧厂房的对称位置，则作为全厂的辅助功能区，布置了废水处理药剂储存与供应设备、2 号压缩空气站、洗烟废水处理设备等。

为提高上海市固废弃处理设施的形象、展示品牌，老港二期项目还精心设计了宣教展示中心。该设施位于主厂房正立面的中间，面向东海，将主厂房对称地划分为左、右侧，寓意中国环境保护事业的"腾飞"。展示中心规模宏大，内容丰富，环境优美。设有展示大厅、多媒体放映室、展板、会议室、控制室，特别是还有太阳能利用系统。作为国家的环保教育基地，老港二期项目的宣教展示中心展示了品牌、形象，提高了交流效率，对行业发展意义重大。

2. 其他项目

上海市的垃圾焚烧发电设施（炉机配置和设计规模见表 1-3），4 炉 2 机配置的项目共 5 个，分别是老港一期（3000t/d）、黎明项目（2000t/d）、松江一期（2000t/d）、海滨项目（3000t/d）、宝山项目（3000t/d）。其中，海滨项目的实际规模放大了 35%，宝山项目的主厂房内还包括了湿垃圾处理的部分设施。根据《生活垃圾焚烧处理工程项技术规范（CJJ90-2009）》和《生活垃圾焚烧处理工程项目建设标准（建标 142—2010）》，老港二期和上述 5 个项目，规模均属于特大类；Ⅰ类项目 3 个，分别是江桥项目（1500t/d，3 炉 2 机）、嘉定项目（1500t/d，3 炉 2 机）、松江二期项目（1500t/d，2 炉 1 机）；其他 7 个项目的设计规模小于 1200t/d，属于Ⅱ类、Ⅲ类项目。

图 4-17～图 4-31 为上海市 15 个垃圾焚烧发电项目的主厂房功能分区示意。可以看出，主厂房一般分为五个功能区，卸料大厅与垃圾储存区、焚烧和余热锅炉区、烟气净化区居中；汽轮发电机和电控区、烟气净化辅助功能区布置在两侧的方式最为普遍，16 个项目中有 13 个项目采用此布置方式，国内其他项目也是如此（这种布置，在国内已经成为一种最常用的标准形式）。崇明二期、金山二期，作为 1 炉 1 机的小规模项目，功能划分布置与其他项目不同。金山二期，受制于可利用的土地面积，特别是不得不将汽轮发电机组和电控区布置在主厂房外的场地一角，给建设期的施工、未来的运行管理造成了不便。崇明二期项目，则是巧妙利用了土地地形特点，将烟气净化区与焚烧和余热锅炉区平行布置，而且预留了烟气净化未来的优化、扩建空间；将汽轮发电机组和电控区（包含了参观走廊、宣教展示内容）布置在厂房的一端，同时满足了工艺、教育、品牌等要求，值得借鉴。老港二期汽轮发电机组与电控区的布置，尽管综合考虑了多种因素，但蒸汽管线过长是其最大的缺点。

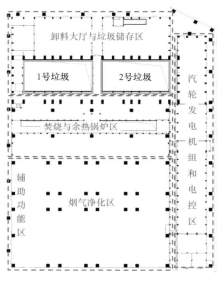

图 4-17　宝山项目（3000t/d）
主厂房内工艺布置功能划分示意

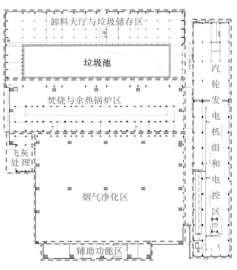

图 4-18　海滨项目（3000t/d）
主厂房内工艺布置功能划分示意

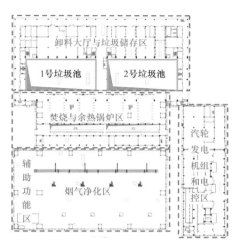

图 4-19　老港一期项目（3000t/d）
主厂房内工艺布置功能划分示意

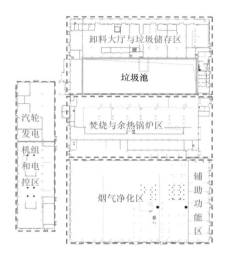

图 4-20　松江一期项目（2000t/d）
主厂房内工艺布置功能划分示意

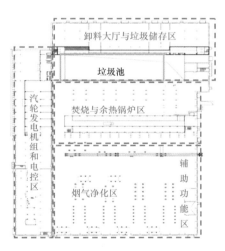

图 4-21　黎明项目（2000t/d）主厂房
内工艺布置功能划分示意

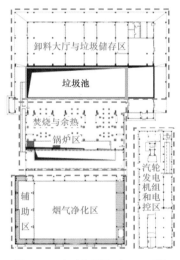

图 4-22　江桥项目（1500t/d）
主厂房内工艺布置功能划分示意

二、焚烧线工艺布置

卸料大厅与垃圾池区是土建工程规模最大、施工工期最长的区域。该区域±0.00m 以下，主要布置了垃圾池（地下部分）和渗沥液排水、暂存和输送设备。卸料大厅的下方空间，一般以布置辅助功能的设备或系统为主，如化水系统、空压机系统、机修间和仓库、实验室等。卸料大厅是垃圾运输车卸料、倒车、回转的场地，配置了卸料门、冲洗和排水、信号指示以及必要的安全装置等。垃圾池内的上方，布置了桥式抓斗起重机、操作控制室及其电控设备、通风除臭系统、检修设施等。

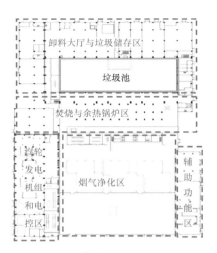

图 4-23　嘉定项目（1500t/d）
主厂房内工艺布置功能划分示意

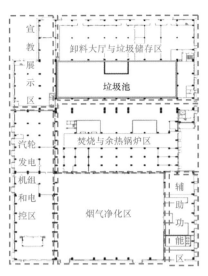

图 4-24　松江二期项目（1500t/d）
主厂房内工艺布置功能划分示意

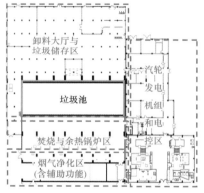

图 4-25　御桥项目（1095/d）
主厂房内工艺布置功能划分示意

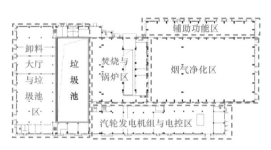

图 4-26　奉贤二期项目（1000/d）
主厂房内工艺布置功能划分示意

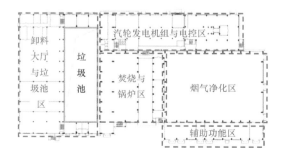

图 4-27　奉贤一期项目（1000/d）
主厂房内工艺布置功能划分示意

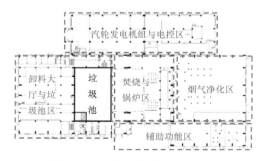

图 4-28　崇明一期项目（800/d）
主厂房内工艺布置功能划分示意

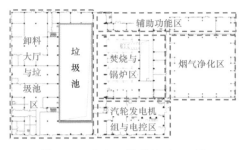

图 4-29 金山一期项目（800/d）
主厂房内工艺布置功能划分示意

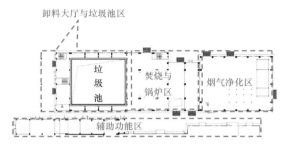

图 4-30 金山二期项目（500/d）
主厂房内工艺布置功能划分示意

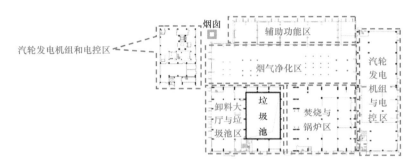

图 4-31 崇明二期项目（500/d）
主厂房内工艺布置功能划分示意

焚烧炉和余热锅炉区及烟气净化区内，布置了全厂数量最多、投资最高的设备。这些从前至后串联起来的设备，形成了全厂的核心系统。为简化起见，行业内常把主厂房主轴线称之为焚烧线。焚烧线主要包括垃圾进料和上料设备、焚烧炉本体及其辅助系统、余热锅炉本体及其辅助系统、烟气净化设备（袋式除尘器、脱酸设备、脱硝设备等）、烟囱等。

1. 主剖面布置

图 4-32～图 4-39 为上海市不同阶段建成投产的 8 个项目的焚烧线布置剖面示意图。可以看出，主厂房的总长度介于 137～220m 之间。其中，卸料大厅的宽度，除 1 个项目因场地限制原因为 18m 外，其中 7 个项目均在 27m 之上；垃圾池的宽度，两个项目分别为 15.6、18m，其中 6 个项目均大于 27m，最大的达到了 32.4m；焚烧和余热锅炉区的长度，介于 38～56m 之间；烟气净化区的长度，介于 42～91m 之间。各区域长度差异的原因，第一是因为项目烟气净化工艺的配置不同造成的，烟气净化工艺越复杂，布置的设备越多，则长度越长。第二个原因，是各项目选用的炉排、锅炉设备特点不同，导致焚烧和余热锅炉区域的长度差异。同等条件下，逆推炉排、倾斜角度大的顺推炉排，所需的长度短一些；另外，锅炉布置形式有影响，立式锅炉比卧式锅炉所需的长度短一些。第三个原因，就是卸料大厅和垃圾池的宽度了。特别是垃圾池，A 项目和 B 项目的尺寸明显小了。其他项目的垃圾池宽度，比这两个项目增加了很多。例如，D 项目比 A 项目的垃圾池长度增加了 16.8m，两者相差约 1 倍。

在竖向布置方面，除 A 项目外，其余 7 个项目的主厂房高度在 46.0～51.0m 之间。卸料大厅的标高，6 个项目都选择了 7.0m。垃圾池底标高，除 A 项目为 −7.5m、B 项目为 −6.4m、E 项目为 −8.0m 外，其余 5 个项目都选择了 −7.0m。锅炉汽包的标高，介于 30.0～39.0m 之间，差异主要是设备选型所致。焚烧炉炉前和炉后观火平台的标高，也因设备选型各不同，差异较大。5 个项目的烟囱高度为 80.0m，其他 3 个项目分别为 70.0、60.5、60.0m，这主要是环境影响评价或周围设施要求限高确定的结果。

A 项 目	➤ 卸料大厅宽35.7m、标高7.00m。
	➤ 垃圾池宽15.6m，池底标高−7.5m，垃圾吊控制室标高13.0m，吊车标高29.3m。
	➤ 主厂房建筑最高标高42.1m，汽包标高约34.0m。
	➤ 焚烧和余热锅炉区长约38.2m，焚烧炉观火平台标高6.0m(后)、13.0m(前)。
	➤ 烟气净化区长47.7m，烟囱烟管出口标高80.0m。

A项目主厂房总长度：约137m。

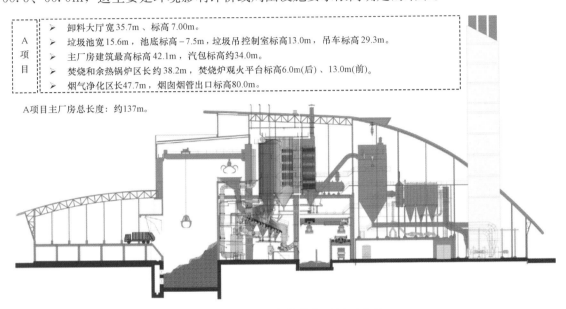

图 4-32　A 项目焚烧线布置剖面示意

B 项 目	➤ 卸料大厅宽31.8m、标高8.00m。
	➤ 垃圾池宽18.0m，池底标高−6.4m，垃圾吊控制室标高17.6m，吊车标高30.3m。
	➤ 主厂房建筑最高标高51.0m，汽包中心线标高约35.9m。
	➤ 焚烧和余热锅炉区长约49.5m，焚烧炉观火平台标高7.0m(后)、12.5m(前)。
	➤ 烟气净化区长约45.0m，烟囱烟管出口标高80.0m。

B项目主厂房总长度：约144m。

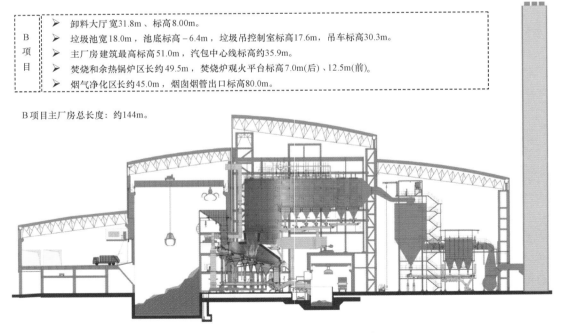

图 4-33　B 项目焚烧线布置剖面示意

C 项 目	➤ 卸料大厅宽33.0m、标高8.0m。 ➤ 垃圾池宽27.0m，池底标高−7.0m，垃圾吊控制室标高26.0m，吊车标高34.7m。 ➤ 主厂房建筑最高标高49.5m，汽包中心线标高约33.0m。 ➤ 焚烧和余热锅炉区长约55.5m，焚烧炉观火平台标高10.5m(后)、16.0m(前)。 ➤ 烟气净化区长约62.2m，烟囱烟管出口标高80.0m。

C 项目主厂房总长度：约178m。

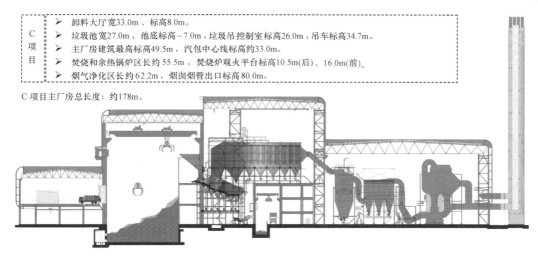

图 4-34　C项目焚烧线布置剖面示意

D 项 目	➤ 卸料大厅宽36.0m、标高8.0m。 ➤ 垃圾池宽32.4m，池底标高−7.0m，垃圾吊控制室标高24.5m，吊车标高33.1m。 ➤ 主厂房建筑最高标高约48.0m，汽包中心线标高约36.0m。 ➤ 焚烧和余热锅炉区长约50.0m，焚烧炉观火平台标高10.0m(后)、16.0m(前)。 ➤ 烟气净化区长约70.1m，烟囱烟管出口标高80.0m。 ➤ 汽轮发电机与电控区宽约31.0m。

D项目
主厂房总长度：
约220m。

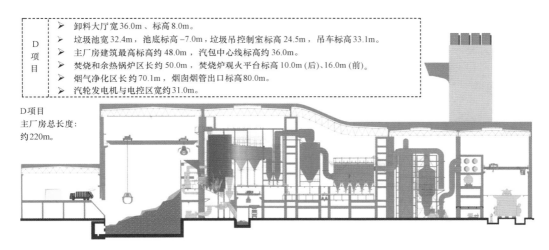

图 4-35　D项目焚烧线布置剖面示意

E 项 目	➤ 卸料大厅宽28.0m、标高8.0m。 ➤ 垃圾池宽24.0m，池底标高−8.0m，垃圾吊控制室标高26.0m，吊车标高35.0m。 ➤ 主厂房建筑最高标高约46.0m，汽包中心线标高约30.0m。 ➤ 焚烧和余热锅炉区长约50.0m，焚烧炉观火平台标高8.0m(后)、15.2m(前)。 ➤ 烟气净化区长约90.8m(含预留改扩建位置)，烟囱烟管出口标高60.5m。

E项目
主厂房总长度：
约193m。

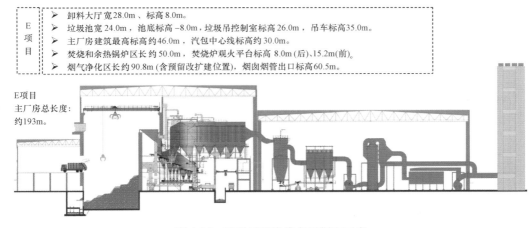

图 4-36　E项目焚烧线布置剖面示意

F 项目
➤ 卸料大厅宽 30.0m、标高 8.0m。
➤ 垃圾池宽 28.0m，池底标高 −7.0m，垃圾吊控制室标高 24.8m，吊车标高 33.1m。
➤ 主厂房建筑最高标高约 50.0m，汽包中心线标高约 35.4m。
➤ 焚烧和余热锅炉区长约 49.8m，焚烧炉观火平台标高 11.0m(后)、14.0m(前)。
➤ 烟气净化区长约 68.4m，烟囱烟管出口标高 70.0m。

F 项目
主厂房总长度：
约 177m。

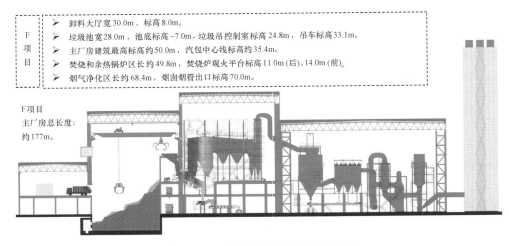

图 4-37　F 项目焚烧线布置剖面示意

G 项目
➤ 卸料大厅宽 31.0m、标高 8.0m。
➤ 垃圾池宽 27.0m，池底标高 −7.0m，垃圾吊控制室标高约 26.8m，吊车标高 35.0m。
➤ 主厂房建筑最高标高 49.9m，汽包中心线标高约 39.0m。
➤ 焚烧和余热锅炉区长约 55.3m，焚烧炉观火平台标高 10.5m(后)、14.0m(前)。
➤ 烟气净化区长约 66.3m，烟囱烟管出口标高 80.0m。

G 项目
主厂房总长度：
约 180m。

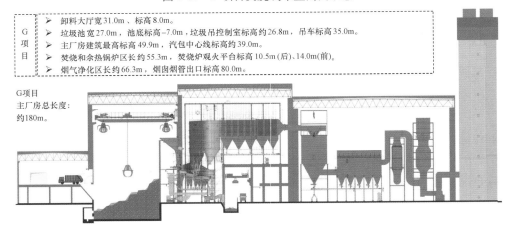

图 4-38　G 项目焚烧线布置剖面示意

H 项目
➤ 卸料大厅宽 18.0m、标高 8.0m。
➤ 垃圾池宽 32.0m，池底标高 −7.0m，垃圾吊控制室标高 22.6m，吊车标高 30.2m。
➤ 主厂房建筑最高标高 50.0m，汽包中心线标高约 37.7m。
➤ 焚烧和余热锅炉区长约 45.1m，焚烧炉观火平台标高 10.5m(后)、13.5m(前)。
➤ 烟气净化区长约 42m，烟囱烟管出口标高 60.0m。

H 项目
主厂房总长度：
约 137m。

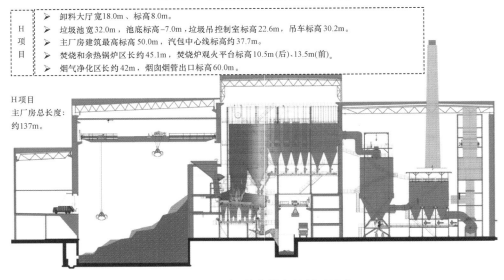

图 4-39　H 项目焚烧线布置剖面示意

为便于比较，表4-3和表4-4对上述8个项目的焚烧线各功能区长/宽度、主要设备标高，进行了统计、汇总。

表4-3　　　　　　　　焚烧线各功能区长/宽度统计（8个项目）

项目	主厂房总长度（m）	各功能区长/宽度（m）			
		卸料大厅宽度	垃圾池宽度	焚烧和余热锅炉长度	烟气净化长度
项目1	220.0	36.0	32.4	50.0	70.1
项目2	193.0	28.0	24.0	50.0	90.8
项目3	180.0	31.0	27.0	55.3	66.3
项目4	178.0	33.0	27.0	55.5	62.2
项目5	177.0	30.0	28.0	49.8	68.4
项目6	144.0	31.8	18.0	49.5	45.0
项目7	137.0	35.7	15.6	38.2	47.7
项目8	137.0	18.0	32.0	45.1	42.0

表4-4　　　　　　　　焚烧线主要标高统计（8个项目）

项目	主厂房最高高度（m）	主要设备标高（m）						
		垃圾池底板	卸料大厅地坪	观火平台（后）	观火平台（前）	垃圾吊控制室	垃圾吊行车	汽包中心线
项目6	51.0	−6.4	8.0	7.0	12.5	17.6	30.3	35.9
项目5	50.0	−7.0	8.0	11.0	14.0	24.8	33.1	35.4
项目8	50.0	−7.0	8.0	10.5	13.5	22.6	30.2	37.7
项目3	49.9	−7.0	8.0	10.5	14.0	26.8	35.0	39.0
项目4	49.5	−7.0	8.0	10.5	16.0	26.0	34.7	33.0
项目1	48.0	−7.0	8.0	10.0	16.0	24.5	33.1	36.0
项目2	46.0	−8.0	8.0	8.0	15.2	26.0	35.0	30.0
项目7	42.1	−7.5	7.0	6.0	13.0	13.0	29.3	34.0

2. 渗沥液排水、收集与垃圾池工艺布置

御桥项目和江桥项目设计时，由于对垃圾渗沥液的具体产量、垃圾池的排水和收集，缺乏实际经验，导致这两个项目建成投产后渗沥液排水不畅，对运营管理造成了极其不利的影响。从金山一期项目开始，在充分吸收国内同类项目经验的前提下，上海市后续的垃圾焚烧发电项目全部采用了改进、优化的设计，即"沿垃圾池壁长度方向，设双层排水孔，密集排水"的方案。以上海市某项目为例，如图4-40所示，卸料大厅和垃圾储存区域±0.00m以下，布置了垃圾池、渗沥液排水和收集设施、通风设备等。该项目垃圾池宽约27m，卸料大厅宽约33m，卸料大厅地坪标高约8m，抓斗起重机控制室标高约26m。垃圾池底板标高为−7.00m，侧面布置了双层渗沥液排水钢篦。

图4-41表示了该项目垃圾池渗沥液排水系统的布置情形。渗沥液收集井左、右两侧各一个，底板标高为−10.00m。渗沥液排水通道沿垃圾池长度方向布置，底部的中间有导流槽。导流槽有一定的坡度，分别向两侧的收集井排水。收集井具有临时储存渗沥液的作用，当废

水的液位升至设定值时，排水泵自动启动，将水排至地面上的渗沥液处理设施；当废水的液位降至设定值时，排水泵自动停运。

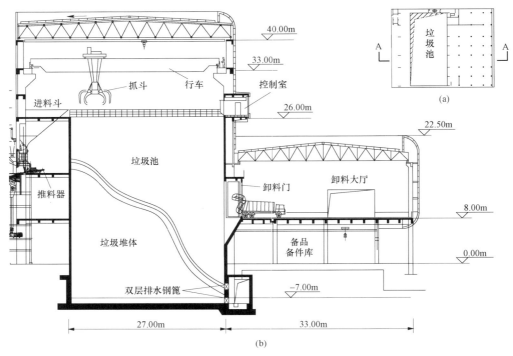

图 4-40　某项目卸料大厅和垃圾池工艺布置示意
（a）平面示意；（b）A-A 剖视图

上海市焚烧项目垃圾池渗沥液的排水收集设施，除以上形式外，还有中间设一个集水池（井）、一侧设一个集水池（井）的方式。集水池的容积大小、尺寸、池底标高等，因项目的不同有所差异。渗沥液排水箅子堵塞，是运行中经常遇到的问题。为解决人工清堵的安全隐患、降低工作强度、提高工作效率，老港二期率先采用了国内研发的"自动化清堵装置"，取得了良好的效果。松江二期在老港二期的基础上，采用了该装置的第二代产品。这种创新与尝试，领行业之先，在技术研发和工程应用方面又一次在国内起到了示范作用。

上海市焚烧项目垃圾吊控制室的布置，多种多样。例如，金山一期在 2019 年为提高垃圾池的容积，将垃圾吊控制量移至 26m 层。江桥项目，则将垃圾吊控制室布置在了焚烧炉侧、垃圾进料斗的下方空间；大部分项目，则将垃圾吊控制室布置在了卸料大厅侧、垃圾池长度方向的上方，或者垃圾池宽度方向的上方。表 4-4 列出了 8 个项目的垃圾吊控制室标高。在垃圾吊车上方，各项目都设置了一次风抽风口、除臭抽风管道、检修通道、医废应急处理上料通道等。

3. 焚烧和余热锅炉工艺布置
上海市垃圾焚烧设施采用的焚烧设备、余热锅炉设备，多种多样。焚烧设备全部为液压驱动、往复移动机械炉排炉，有顺推和逆推两大类。余热锅炉按受热面布置形式，分为卧式、立式和Ⅱ式。图 4-42（a）和（b）为上海市焚烧设施某项目焚烧和余热锅炉布置示意。该项目共设 4 条焚烧线，焚烧设备（R 型、顺推炉排）和余热锅炉（卧式锅炉）在主厂房内

渗沥液排水孔：
➤ 双层，每层12个。
➤ 单孔尺寸：高1.2m，宽0.6m。
➤ 排水篦：定制，材料可选择

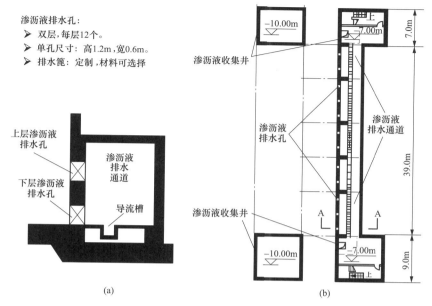

图4-41　某项垃圾池渗沥液排水系统布置示意
(a) A-A 剖视图；(b) 平面布置图

沿长度方向平行布置，从焚烧炉进口至烟气出口的长度超过了46m，相邻2条焚烧线的中心线距离为23.0m。±0.0m以下，布置了渣池、给排水设施等；0.0m层，布置了出渣机、一次风机（图4-42中未表示）、液压站（图4-42中未表示）等；5.0m层布置了炉排下漏渣输送设备、渣吊操作室等；8.0m层（运行管理层，与中央控制室同一标高），布置了部分锅炉辅助设备，通过该层可到达标高10.5m的炉尾观火平台；16.0m层布置了炉排推料器、余热锅炉水平烟道下输灰设备等；焚烧炉进料斗位于垃圾仓内，标高为26.0m；汽包标高约33.0m，建筑物标高最高为49.5m。炉渣间与其他区域相对封闭，以便控制现场环境。烟气净化间一侧的0.0、5.0、10.5m层，主要布置了烟气净化系统的辅助设备。

4. 烟气净化系统工艺布置

上海市垃圾焚烧设施采用的烟气净化工艺，多种多样，经历了从简单到复杂的过程，以满足更高的标准要求。每个项目都配置了SNCR、袋式除尘器、干法和活性炭喷射装置。部分项目配置了湿法洗涤塔和配套的GGH、SCR和SGH。图4-43（a）和（b）表示了上海某焚烧项目的烟气净化系统设备布置情况。烟气净化区域内布置了冷却塔、袋式除尘器、引风机、湿法洗涤塔和GGH（干法、活性炭喷射装置以及其他辅助设备，未在图中表示），这些设备与前述的焚烧炉、余热锅炉串接，组成了一条完整的焚烧线。图中可见，该项目烟气净化区的净长度超过了58.0m，相邻2条线的中心线距离为23.0m。建筑物的顶部标高为33.0m。

三、汽轮发电机组和电控区布置

垃圾焚烧发电设施，是用来处理垃圾的城市基础设施，又是火力发电厂。因此，焚烧发电项目的汽轮发电机组、电气和控制及其辅助系统的设备布置，具有显著的燃煤火力发电厂

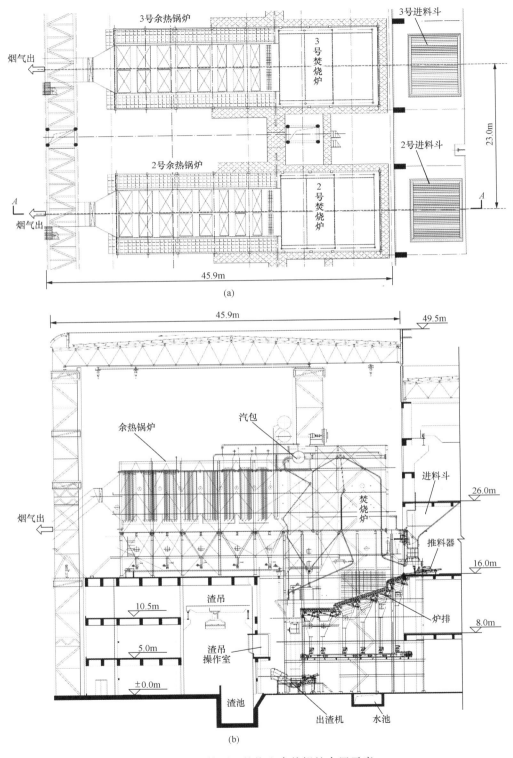

图 4-42 某项目焚烧和余热锅炉布置示意

（a）平面布置图；（b）A-A 剖视图

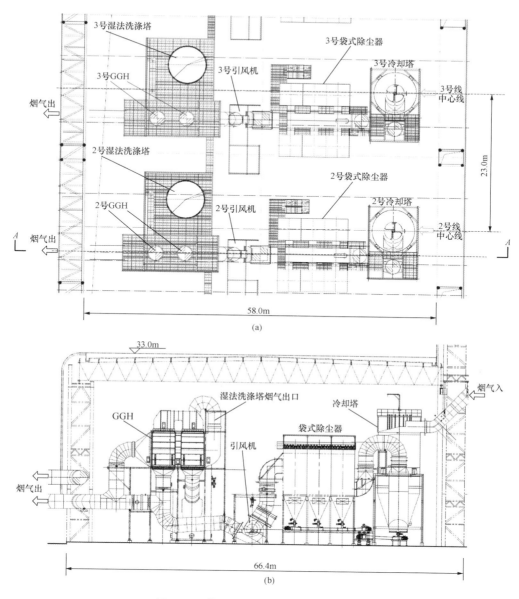

图 4-43　某项目烟气净化系统布置示意
（a）平面布置图；（b）*A-A* 剖视图

设计特点。上海市在学习探索阶段，从御桥项目和江桥项目开始，就将汽轮机本体及其辅助设备、发电机本体及其辅助设备、主要电气设备（高压开关柜、低压开关柜、厂用变压器、主变压器、GIS 等）、中央控制室（CCR）、电子设备间、直流和 UPS、工业电视等，集中布置在了单独的建筑单体中。这些设备与动力电缆、通信电缆、现场的仪表和执行机构等，一起构成了全厂的发电与电控系统。

　　上海市焚烧设施某 3 炉 2 机项目汽轮发电机组和电控区的布置情况，如图 4-44 和图 4-45 所示。从金山一期项目开始，进入提升发展阶段和高速发展阶段后，汽轮发电机组和电控区

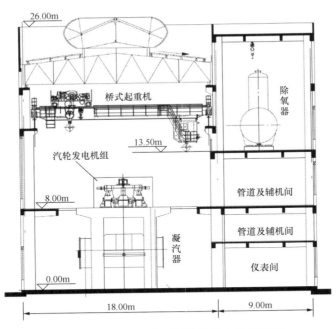

图 4-44　某 3 炉 2 机项目汽轮发电机间剖视

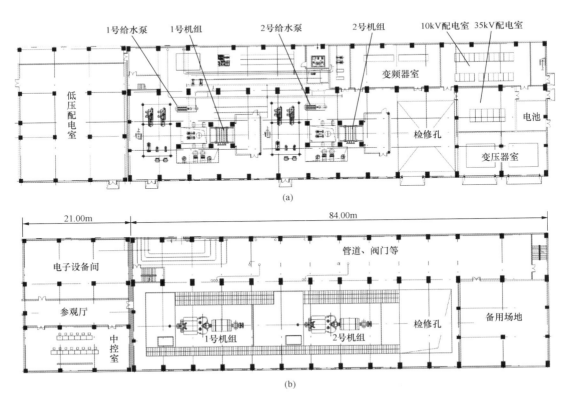

图 4-45　某 3 炉 2 机项目汽轮发电机组和电控区平面布置示意
（a）±0.00m 层平面布置；（b）8.00 层平面布置

内的布置，逐渐进行了局部优化，但基本上维持了原来的风格。优化的内容主要包括：①中控室布置。中央控制室全部都设计在了汽轮发电机组运行层，便于生产管理和参观接待等。②建筑与装饰。建筑面积增加，特别是增加了参观廊道、展示厅，中控室的面积也加大了。装饰更加精美，环境得到大幅提升。③宣传教育。部分项目在宣教、展示方面，增加了丰富的内容，包括模型、展板、多媒体电子声像设备等。

第四节 上海市垃圾焚烧发电设施建（构）筑物

上海市生活焚烧发电设施的土建工程，大约占总投资的30％。个别项目的地质、地表情形恶劣的，土建投资会更高。钢结构、剪力墙、半地下式钢混凝土垃圾池和卸料平台、钢混凝土坡道，是上海市焚烧项目的标配，全国也是如此。全地下式的垃圾池，在上海没有采用。各项目的主厂房外部围护和装饰，使用最多的是彩钢板；铝板、玻璃幕墙、陶土板，也在部分项目上得以使用。上海市垃圾焚烧发电设施的土建工程，在建筑造型、用材、基础工程施工水平与质量控制等方面，处于领先地位。

一、基础工程示例

上海市焚烧设施某项目选址位于长江三角洲入海口东南前缘，系长江泥沙受淤而成的东海滩涂，属潮坪地带。勘察期间，拟建场地现状为空地，以滩涂、废弃的鱼塘、荒地为主，尚有不知名的小河沟，局部地段芦苇茂密。场地四周也基本为空地，原为长江泥沙淤涨而成的滩涂用地。拟建场地内小河沟的沟堤较高，而小河沟及鱼塘底板较低，其余基本平坦。实测各勘探点的孔口地面标高在 3.94～1.20m 之间，高差约 2.74m。一般孔口地面标高在 2.4～2.0m。该项目因选址在海边滩涂地块，原始地貌为芦苇荡，仅清表、清淤、回填、压实就耗时 8 个月以上，工程费用在 8000 万元以上。该项目的主要建（构）筑物的结构类型、层数或高度、基础工程设计见表 4-5。

表 4-5　　　　　　　　　某项目建（构）筑物主要技术参数

建筑物名称	结构类型	层数或高度	基础设计			
			型式	基础埋深（m）	基础型式及荷载（标准值）	
					条形（t/m）	矩形（t）
主厂房	框架、排架、框剪	4层	桩基	−1.8	4	800
高架桥			桩基	−2.0		
烟囱	剪力墙	80m	桩基	−4.0	20	
冷却塔	剪力墙	75m	桩基	−3.2	100	300
渗滤液暂存池			桩基	−4.0		
循环水泵房、地磅房		1层	桩基	−1.5	4	

表 4-6 某项目桩基工程量统计汇总

打桩区域	桩型	单桩长（m）	桩数（根）	总桩长（m）
主厂房—A 区	直径 700 灌注桩（抗压）	41	751	30 791
主厂房—B 区	直径 700 灌注桩（抗压、拔）	41	247	10 127
主厂房—C 区	直径 700 灌注桩（抗压）	39	65	2535
主厂房—D 区	直径 700 灌注桩（抗压、拔）	36	317	11 412
主厂房—E 区	直径 700 灌注桩（抗压、拔）	35	74	2590
主厂房—F 区	直径 700 灌注桩（抗压、拔）	33	106	2820
主厂房—G 区	直径 700 灌注桩（抗压）	22	29	678
主厂房—H 区	边长 400 预制方桩	33	206	6798
烟囱	直径 700 灌注桩（抗压）	37	51	1887
高架桥	直径 700 灌注桩（抗压）	41	52	2132
冷却塔	直径 700 灌注桩（抗压）	41	256	10 496
雨水泵房	直径 700 灌注桩（抗压、拔）	35～38	18	648
地磅房	边长 300 预制方桩	26	53	1378
油泵房	边长 300 预制方桩	26	22	572
综合水泵房及水池 1 区	边长 300 预制方桩	26	76	1976
综合水泵房及水池 2 区	边长 300 预制方桩	22	56	1232
河水净化站	边长 300 预制方桩	26	821	21 346
污水收集池	边长 230 预制方桩	20	6	120
渗沥液暂存池	边长 300 预制方桩	20	60	1200
办公楼和宿舍、食堂	边长 400 预制方桩	31	145	4495
门卫	边长 300 预制方桩	26	9	234
取水泵房（红线外）	边长 300 预制方桩	20	33	660
合 计			3453	116 127

　　表 4-6 列出了该项目桩基工程量的统计汇总情况。项目基础工程采用灌注桩与预制桩结合的方式，总计打桩 3453 根，总长度约 11.6 万 m。根据载荷大小，不同的部位分别采用了直径 700mm 灌注桩（抗压）、直径 700mm 灌注桩（抗压、拔）和边长 400、300、200mm 的预制方桩，单桩长度最长的达到 41m 左右。即使如此，该项目投产后发现，主厂房内局部的个别设备底部仍出现了沉降现象，不得不采取措施。可见，本项目的桩基工程量之大和难度之巨。

　　本项目的垃圾池地下部分施工，施工单位和设计单位经反复论证，采用了 SMW（Soil Mixing Wall，泥土搅拌墙）工法桩基坑围护施工方案。具体做法为"在连续套接的三轴水泥土搅拌桩内插入型钢形成复合挡土止水结构"，池内设水平支撑和竖向支撑临时钢结构。钢结构包括竖向的钢立柱、水平的钢筒等（见图 4-46）。池内普遍区域设置一道水平钢支撑，深坑区域设置两道水平钢支撑（局部采用混凝土角撑），支撑平面布置采用对撑为主、结合部分角撑的形式，角部留设一定的出土口，便于土方开挖施工。上述施工措施，保证了该项目土建施工难度最大、工期最长的垃圾池地下部分的安全、顺利完成。

图 4-46　某项目基坑维护施工中

二、 建（构）筑物单体主要技术参数

如前所述，主厂房是垃圾焚烧项目的最大建筑物，大部分设备或系统都布置其中。主厂房外则布置了部分辅助功能设备和办公、生活设施。上海市的焚烧设施，各项目的建（构）筑物的种类与功能、建筑与结构形式，虽各有其特点，但大同小异。表 4-7 列出了上海市某焚烧项目的建（构）筑物单体主要技术参数。

表 4-7　　　　　　　　　　　某项目建（构）筑物主要技术参数

序号	名称	外形尺寸 长（m）×宽（m）	层数	建筑面积 （m²）	结构型式	备注
1	主厂房	177.7×142.2 109×32	1~4	44 633	钢混凝土，抗震墙，框架、排架	（1）焚烧线； （2）汽轮机和电控
2	烟囱	15×5.8		89	钢混凝土	构筑物，$h=80m$
3	高架桥	135×10		—	钢混凝土	构筑物
4	110kV 开关站	18.5×14.5	1	268	钢混凝土、框架	
5	主变压器	5×5				构筑物
6	地磅房	10.44×5.04	1	53	钢混凝土、框架	
7	油泵房	8.5×8	1	68	钢混凝土、框架	
8	油库	11.6×11		—		油罐埋地
9	综合水泵房	28.74×15.24	1	438	钢混凝土、框架	
10	生产消防水池	22.8×11.4		—	钢混凝土	地下构筑物
11	河水净化工房	47.34×10.44	1	494	钢混凝土、框架	
12	气浮池	16.4×8.4			钢混凝土	构筑物
13	机械澄清池	直径 20			钢混凝土	构筑物
14	BAF 池	18.8×13.5			钢混凝土	构筑物
15	砂滤池	11.8×6.7			钢混凝土	构筑物
16	清水池	22.5×22.5		—	钢混凝土	半地下，构筑物

续表

序号	名称	外形尺寸 长（m）×宽（m）	层数	建筑面积 （m²）	结构型式	备注
17	污泥池	直径 14.4		—	钢混凝土	构筑物
18	循环水泵房	60.5×15.5	1	943	钢混凝土、框架	
19	引水渠	36.8×6.8		—	钢混凝土	地下构筑物
20	旁路过滤器	8.5×4.5×7				构筑物
21	冷却塔	直径 60～70		—	钢混凝土	构筑物，$h=75m$
22	污水收集池	10×4			钢混凝土	地下构筑物
23	渗沥液暂存池	40×20		—	钢混凝土	地下构筑物
24	雨水泵房	10.8×6.3	1	231	框架	
25	办公楼和宿舍	44.04×43.44	2	2320	钢混凝土、框架	建筑物
26	门卫及传达室	6.84×4.74	1	31	钢混凝土、框架	
27	取水泵房	19.44×0.44	1	237	钢混凝土、框架	红线外，建筑物
合　计				**49 805**		

表 4-8　　　　　　　　　　　建（构）筑物主要技术经济指标

序号	项目简称	建（构）筑物占地面积（万 m²）	建筑密度（%）	容积率（%）	绿地率（%）
1	御桥项目（1095t/d）	1.95	26.0	42.0	48.0
2	江桥项目（1500t/d）	2.20	22.9	36.5	41.5
3	金山一期（1000t/d）	2.58	37.6	62.0	20.4
4	金山二期（500t/d）				
5	老港一期（3000t/d）	3.83	23.7	46.0	36.0
6	老港二期（6000t/d）	7.47	41.5	136.0	33.2
7	黎明项目（2000t/d）	3.48	37.1	47.0	30.0
8	松江一期（2000t/d）	5.97	33.9	99.0	25.9
9	松江二期（1500t/d）				
10	奉贤一期（1000t/d）	2.21	39.3	49.8	30.0
11	奉贤二期（1000t/d）	1.73	33.0	98.0	20.0
12	崇明一期（500t/d）	1.35	38.9	53.1	20.0
13	崇明二期（500t/d）	1.16	34.3	80.0	30.0
14	嘉定项目（1500t/d）	2.84	39.7	86.0	31.6
15	海滨项目（3000t/d）/（4050t/d）	5.71	59.8	98.0	20.5
16	宝山项目（3800t/d）	10.35	76.7	139.0	25.0

　　可见，主厂房的建筑面积占全厂的 90% 左右，其次是办公楼和宿舍（宣教展示中心单设于主厂房外的项目除外）、渗沥液处理车间、飞灰暂存间等。烟囱是厂内最高的构筑物，其次是主厂房、冷却塔。为充分利用主厂房内的建筑面积，上海市的大部分焚烧项目，将宣教

展示中心、部分办公及生活设施设置在了主厂房电控楼内。

　　表4-8列出了上海市各焚烧项目的建筑密度、容积率和绿地率。对应于表4-8中的数据，图4-47~图4-49分别做了排序。可见：①建筑密度。最大的是宝山项目、海滨项目，超过了60%，原因是红线内面积相对于项目所需的建（构）筑物占地面积偏小了。大部分项目的建筑密度介于33%~42%之间，属正常范围。江桥项目和老港一期项目建筑密度小于25%，主要原因是规划征地时考虑了扩建但后续并未按原计划实施。②容积率。宝山项目和老港二期，超过了135%，说明这两个项目的建筑面积偏大，这是由于功能增加所致。容积率介于50%~100%之间的项目有8个，这些项目对建（构）筑物的投资控制适中；小于50%的占4个，都是较早时期设计的项目，说明早期对土建投资控制更为严格。③绿地率。显然，最早建设的御桥项目和江桥项目，绿地率偏高，超过了40%，这也是国内焚烧设施早期建设时的习惯。根据《生活垃圾焚烧处理工程技术规范》（CJJ90—2009）的要求，绿地率"不宜大于30%"。尽管这个标准于2009年7月已开始实施，但上海市根据自身的特点，对焚烧设施的绿地率仍然要求不小于30%。绿地率小于30%的6个项目，建设用地面积都很紧张。

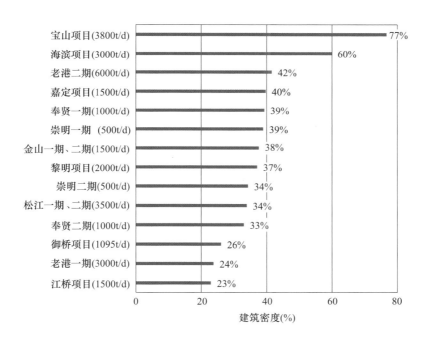

图4-47　建筑密度排序

三、造型与景观设计

　　上海市的焚烧设施建设，从御桥项目和江桥项目开始，就一直注重造型和景观的设计。主厂房的建筑外形设计，首先是注重使用功能，其次再考虑美观。方形主厂房是上海市焚烧项目的主流，部分项目在主厂房的上部增加了弧形设计。主厂房的外墙材质、色彩，多种多样，风格各异。

　　图4-50显示了上海市8个不同项目的主厂房建筑造型设计方案。每个方案都是经过反复讨论、修改后确定的，实际执行时局部有所优化。其中，尤以H项目最具创新性。该项目

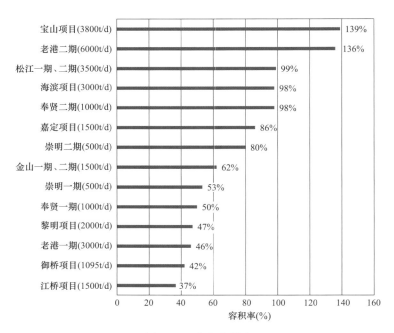

图 4-48　容积率排序

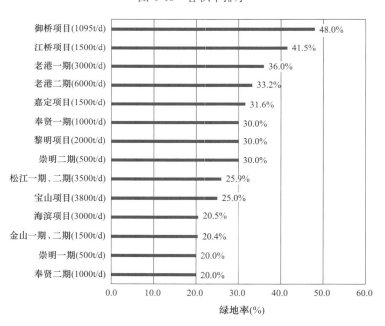

图 4-49　绿地率排序

的外形景观设计思路，彻底打破了工业化建筑的约束，项目整体造型设计将山基、山体、山顶概念引入造型设计中，将散落的各厂房单体用整体外立面围合，营造更宏大雄壮的山体效果，利用烟囱高度塑造山顶尖峰造型。引入屋顶绿化大屋面将主厂房及附属用房整体覆盖，利用厂房间高差变化做出绿地山坡的感觉，利用不同方向的坡度落差在外墙开设通风采光窗。用"山"的构思，将整块用地一角抬起，形成山体地形，地形之上为面向社会公众的绿

图 4-50 主厂房建筑造型设计

色环保主题公园，地形之下就是垃圾焚烧发电厂。地上部分的公共空间与地下部分的垃圾焚烧发电厂的社会责任及社会价值也不谋而合。项目总体平面布置在满足合理的工艺流线基础上，也进行了相应的调整及优化。在进行优化调整后得到三角形退让广场，也考虑将该广场设计为绿色环保教育广场。该设计重在强调城市与自然之间的不可分割的联系，也在尝试两者有机共存的理想状态。该项目建成后将成为国内乃至世界最美的垃圾焚烧发电项目之一，具有未来绿色城市发展中里程碑式的意义，但也带来了项目投资高、后续维护费用高的缺点。

烟囱是焚烧项目建（构）筑物中最高的单体。上海市焚烧设施各项目的烟囱建筑造型、色彩各异，高度大多为 80m（见表 4-1），结构形式基本相同（桩基基础，钢混凝土结构、内置钢筒）。图 4-51 显示了上海市 5 个项目的烟囱实景照片。

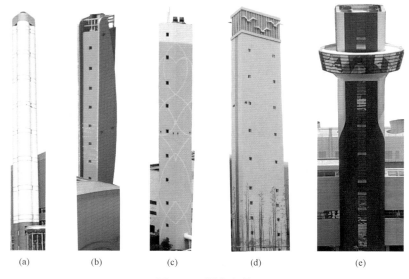

(a)　　　(b)　　　(c)　　　(d)　　　(e)

图 4-51　烟囱实景

双曲线冷却塔占地面积大、高度高，但节能效果较好。上海市 16 个焚烧项目中唯一采用双曲线冷却塔的是老港一期项目。该项目冷却塔顶端高度为 75.0m，与烟囱的高差为 5.0m。烟囱的横剖界面为矩形，长 15.5m、宽 6.0m；双曲线冷却塔底部直径约 61.2m，顶部直径约 34.7m。图 4-52 和图 4-53 分别为该项目烟囱和冷却塔的施工现场实景图、建筑设计外立面示意。

图 4-52　老港一期项目烟囱和双曲线冷却塔建筑施工现场

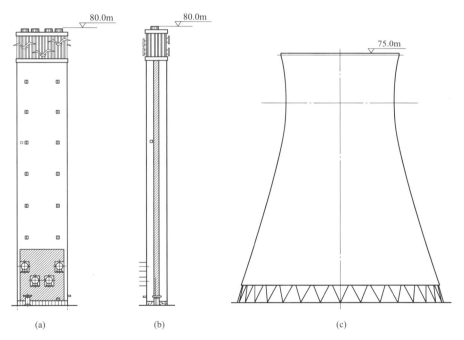

图 4-53　老港一期项目烟囱和双曲线冷却塔建筑外立面示意

（a）烟囱正立面；（b）烟囱侧立面；（c）双曲线冷却立面

第五章　上海市垃圾焚烧发电设施主体设备主要技术参数

　　上海市垃圾焚烧发电设施的工艺系统和设备配置，与《生活垃圾焚烧处理工程项技术规范》（CJJ90—2009）的规定一致，一般包括"垃圾接受和加料、焚烧和余热锅炉、烟气净化、汽轮发电机组、电气、仪控"主系统和"给排水、飞灰、炉渣、辅助燃料、压缩空气"等辅助公用系统组成。16 个项目中，宝山项目因处理对象包括了 800t/d 的湿垃圾，其工艺系统和设备配置更加复杂。

　　鉴于项目的工艺系统和设备配置极其复杂，且各项目有其特殊性，本章仅对主体设备的部分主要技术参数进行介绍、汇总、分析。

第一节　垃圾接受和加料系统

　　垃圾接受和加料系统，包括计量、卸料、垃圾储存与搅拌、排水、上料加料等环节。上海市的 16 个项目，从没有经验开始，经过实践、总结，逐步优化，形成了目前的设计思想，特别是在垃圾池的排水方面积累了丰富经验。

一、计量和卸料

　　上海市垃圾焚烧发电设施都采用衡地磅称重计量。每辆汽车都配置了 IC 卡，IC 卡中的信息包括车辆信息、垃圾来源、所属区局或街道等。每车进、出分别称重，自动计量每车的净垃圾量，并进入计算机存储且可实现远程发送。地磅普遍采用基坑式，最大称重量程一般为 50t 或 80t，称重精度为 ±20kg。地磅的计量校核由政府指定企业按照规定程序，定时完成、铅封。垃圾载重车净称重计量后，经坡道驶入卸料大厅。坡道均采用钢混凝土结构，坡度不超过 6%（局部拐弯处不超过 5%），两侧配有人行步行道坎，并配备照明、排水等设施。大部分项目采用进、出同一坡道，个别项目（老港二期）采用进、出坡道分置大厅两侧的方式。最近建设的设施，为了更好地防止臭气扩散，坡道还增设了拱形顶棚。卸料大厅的标高一般为 7.0m 或 8.0m，长度和宽度根据进厂车辆的尺寸确定。由于使用频率高、易损坏，大厅地坪的材料选择，经过实践检验，经过了从环氧树脂到金刚砂的优化过程，增加了使用寿命。图 5-1 为即将接受垃圾的上海市某项目的卸料大厅。大厅的排水，也经历了从"两侧向中间排水"到"往垃圾池一侧排水"的优化过程，减轻了运行过程中的清洁难度。大厅的密封，在设计、施工方面，也更加合理、精细化，更好地控制了臭气外逸。上海市垃圾焚烧发电项目的垃圾卸料门有两种型式，"液压驱动或气动、竖直布置、二扇对开式"和

"链条提升、倾斜布置、单扇式（图 5-2）"。这两种型式各有其优、缺点。卸料门的开设数量，经过了从"多"到"少"的过程。御桥项目设 12 个，奉贤一期减少为 8 个；江桥项目设 18 个，同等规模的嘉定项目仅 8 个，规模加倍的老港一期仅 16 个。卸料门的减少，一方面是因为垃圾运输车辆大型化带来的车次减少；另一方面也是垃圾存储系统密封性需求和卸料平台管理水平的提升的必然。表 5-1 列出了各项目垃圾计量和卸料系统的主要配置。表 5-2 列出了各项目垃圾池的主要技术参数。

图 5-1　某项目卸料大厅

图 5-2　某项目垃圾运输车第一车卸料

表 5-1　　　　　　　　　　　　　　计量系统和卸料系统主要配置统计

序号	项目简称	地磅数量（台）	地磅量程（t）	卸料门数量（个）	卸料大厅	
					长（m）	宽（m）
1	A 项目	2	50	12	63.0	35.7
2	B 项目	3	50	18	86.0	24.0
3	C 项目一期	2	50	8	72.0	31.0
4	C 项目二期		50	2	26.5	18.0
5	D 项目	4	80	16	144.2	33.0

续表

序号	项目简称	地磅数量（台）	地磅量程（t）	卸料门数量（个）	卸料大厅	
					长（m）	宽（m）
6	E项目	5	80	28	146.0×2	36
7	F项目	3	50	11	104.0	28.0
8	G项目	3	80	18	103.0	31.0
9	H项目	3	80	8	85.0	31.0
10	J项目	3	50	8	82.0	30.0
11	K项目	2	50	5	82.0	27.0
12	L项目一期	2	50	5	50.0	33.0
13	L项目二期		50	4	31.0	20.5
14	M项目	3	50	8	90.0	28.0
15	P项目	3	50	10	135	32.0
16	S项目	5	60/100	10+5	139	40.0

表 5-2　　　　　　　　　　　　　　垃圾池主要技术参数统计

序号	项目简称	垃圾池数量（个）	垃圾池尺寸		
			长（m）	宽（m）	池底标高（m）
1	A项目	1	63.0	15.6	−7.5
2	B项目	1	72.0	18.0	−6.0
3	C项目一期	1	64.8	21.0	−4.0
4	C项目二期	1	31.6	22.0	−7.0
5	D项目	2	54.4	27.0	−7.0
6	E项目	4	58.5	32.4	−7.0
7	F项目	1	有效容积 30 720m³		
8	G项目	1	86.0	27.0	−7.0
9	H项目	1	66.0	27.0	−7.0
10	J项目	1	53.0	27.0	−7.0
11	K项目	1	64.9	23.4	−5.0
12	L项目一期	1	30.4	19.7	−5.0
13	L项目二期	1	30.0	20.5	−5.0
14	M项目	1	73.0	28.0	−7.0
15	P项目	2	111.0	29.3	−7.0
16	S项目	3	57.9/59.4	29	−6.0

二、　垃圾池

　　垃圾是一种劣质燃料，中国的未分类的生活垃圾含水率高、成分复杂，因此，垃圾的储存设计必须兼顾排水、搅拌、密封的职能。实践证明，排水系统的设计和垃圾池宽度是最重要的两个因素,否则,渗沥液不能及时排出,导致全厂生产无法正常运行。御桥和江桥两个项目的垃圾池设计,池宽分别为15.6、18.0m,排水口数量极少且设在池底,这种不符合上海垃圾特性的设计,给项目运行造成了极大困难。从第三个项目——金山项目开始,垃圾池均采用了长度方向上、下双层排水孔,钢板打孔(篦子格栅)排水系统,取得了良好的运行效果,如图5-3所示。垃圾池的宽度,也逐渐加大,达到了27m以上(部分项目因场地限制的除外)。垃圾池上部侧面的结构设计,由原来的轻质砌墙改为了混凝土现浇;垃圾池顶部的密封设计,也更加细致、合理,增加了密封性,有效防止了臭气扩散。垃圾行车和抓吊主要技术参数统计见表5-3。图5-4为即将接垃圾的上海市某项目的垃圾池和垃圾抓吊。

(a)   (b)

图 5-3　某项目垃圾池底渗沥液排水系统
(a) 垃圾池内;(b) 池外侧底部排水检修通道

表 5-3　　　　　　　　　　　垃圾行车和抓吊主要技术参数统计

序号	项目简称	供应商	行车数量台(套)	单台行车提升能力(t)	单台抓斗容积(m³)	抓斗型式
1	A 项目	KONECRANES	2	10.5	8.0	电动、液压
2	B 项目	DEMAGCRANES	2	12.8	10.0	电动、液压
3	C 项目一期	DEMAGCRANES	2	10.5	6.4	电动、液压
4	C 项目二期	北起	2	10.0	6.3	电动、液压
5	D 项目	DEMAGCRANES	4	18.0	12.0	电动、液压
6	E 项目	DEMAGCRANES	8	20.0	12.0	电动、液压
7	F 项目	KONECRANES	3	16.0	12.0	电动、液压
8	G 项目	DEMAGCRANES	2	20.0	12.0	电动、液压
9	H 项目	英瓦曼德	2	20.0	12.0	电动、液压
10	J 项目	KONECRANES	2	12.5	8.0	电动、液压
11	K 项目	上海昂丰	2	18.0	10.0	电动、液压
12	L 项目一期	KONECRANES	2	9.5	6.3	电动、液压
13	L 项目二期	上海昂丰	2	10.0	6.3	电动、液压
14	M 项目	DEMAGCRANES	2	20.0	12.0	电动、液压
15	P 项目	KONECRANES	4	28.0	16.0	电动、液压
16	S 项目	KONECRANES、昂丰	6	20/12.5	12.0/8.0	电动、液压

图 5-4 某项目垃圾池和行车抓吊

三、 垃圾抓斗起重机（垃圾抓吊）

垃圾抓吊是焚烧项目的主体设备。上海市垃圾焚烧发电设施的垃圾抓吊，采用DEMAG（德马格，德国品牌）和 KONE（科尼，芬兰品牌）居多，少量项目也采用了国产设备（上海昂丰、北起）。垃圾抓吊的品牌、数量配置、提升载荷、抓斗容积等，见表 5-3 所列。每个垃圾池都配置了不少于 2 台套抓吊；抓斗全部为电动、液压抓斗，且有备用，一般为"2用 1 备"；单台抓斗的容积，根据对应的焚烧炉数量和规模，一般分为 6、8、10、12m³/抓。海滨项目的抓斗容积创纪录地达到了 16m³/抓，起重负荷高达 28t。为了协同处理干化污泥，个别项目还配置了专用污泥抓斗或救生用抓斗。专用抓斗的容积介于 1～2m³/抓之间。

从表 5-3 中可以看出，垃圾行车和抓吊，无论规模大小、焚烧线多少，至少需要配置 2台套，这是保证生产的必需配置。行车和抓吊的检修，也是每个项目需要特别关注和考虑的。一般而言，垃圾池顶部的两侧，均留有检修平台、抓斗更换孔洞。部分项目还在两个垃圾池中间设置了检修平台、抓斗更换孔洞。垃圾仓内的内侧顶部，都配置了臭气抽风管道，在全厂停产或部分停产时，可将臭气抽出至除臭系统净化，避免臭气无规则外逸。

第二节 焚烧和余热锅炉系统

焚烧炉和余热锅炉，是全厂最为重要的核心。国家标准《生活垃圾焚烧炉及余热锅炉》（GB/T 18750—2008）尽管将焚烧炉和余热锅炉进行了单独定义，但二者却是密不可分的。上海市的垃圾焚烧发电设施，全部采用了液压驱动机械炉排炉。焚烧和余热锅炉系统，主要由进料斗、溜槽、推料器（或称给料器）、炉排及液压站、一次风和二次风系统、点火燃烧器（或称启动燃烧器）和辅助燃烧器、炉膛、水冷壁、蒸发器、汽包、过热器、省煤器、灰斗、灰输送设备、出渣机、钢结构和炉壳等工艺设备，以及与这些工艺设备配套的电气、仪控设备组成。

设计热值、主蒸汽参数、炉排的机械负荷、锅炉热负荷和受热面布置型式等，是焚烧和余热锅炉系统的重要技术参数。

一、设计热值

上海市垃圾焚烧发电设施的核心设备——炉排系统，都采用了进口技术，见表 5-4。16 个项目中，供货项目数量最多和规模最大的是日本 Hitz、日本 MHI、青岛 EBARA、上海环境。每个项目的设计热值的取值不同，最低为 1000kcal/kg（1kcal/kg＝4.18×10³J/kg），最高为 3000kcal/kg。1999 年设计的 A 项目、B 项目，MCR 点的 LHV 仅为 1450、1500kcal/kg；2011～2014 年设计的项目，MCR 点的 LHV 介于 1550～1750kcal/kg 之间；2016 年设计的 E 项目，MCR 点的 LHV 达到了 2270kcal/kg；2018 年、2019 年设计的项目，除 L 项目二期仅为 1800kcal/kg 外，其他几个项目的 MCR 点的 LHV 均超过了 2150kcal/kg。表 5-4 列出了上海市各项目的 LHV 设计热值和设计年份。图 5-5（a）、（b）、（c）分别显示了不同发展阶段有代表性的 3 个项目的燃烧图。

表 5-4　　　　　　　　　　　　　炉排供应商和设计热值

序号	项目简称	炉排供应商	设计最低 LHV (kcal/kg)	设计 MCR-LHV (kcal/kg)	设计最高 LHV (kcal/kg)	设计年份
1	A 项目	法国 ALSTOM/德国 MARTIN	1100	1450	1800	1999
2	B 项目	德国 Steinmuller	1100	1500	2200	1999
3	C 项目一期	日本 JFE	1000	1600	2000	2009
4	C 项目二期	上海环境/日本 EBARA	1400	2300	2750	2018
5	D 项目	日本 Hitz	1100	1700	2200	2010
6	E 项目	日本 MHI	1400	2270	2400	2016
7	F 项目	日本 Hitz	1100	1555	1800	2011
8	G 项目	日本 EBARA	1000	1600	2000	2013
9	H 项目	上海环境/日本 EBARA	1500	2400	2800	2018
10	J 项目	上海环境/日本 EBARA	1000	1600	2000	2013
11	K 项目	上海环境/日本 EBARA	1500	2300	2600	2018
12	L 项目一期	康恒环境	1000	1550	2000	2013
13	L 项目二期	上海环境/青岛 EBARA	1200	1800	2200	2018
14	M 项目	日本 MHI	1200	1750	2000	2014
15	P 项目	日本 Hitz	1400	2150	2580	2019
16	S 项目	康恒环境/日本 Hitz	1600	2300	3000	2019

　注　1. LHV（Low Heat Value），低位热值；
　　　2. MCR，最大连续燃烧速率的英文缩写。

设计热值偏小，是上海市垃圾焚烧发电设施存在的重要问题。A 项目和 B 项目这两个项目，由于 1999 年设计时当时的实际情况限制，确定的热值偏低了。这两个项目建成投产后，长达 7～8 年的运行实践表明，上海市垃圾热值增加不明显，导致了 2010 年前后设计的 C 项目一期、D 项目、F 项目的设计热值仍然没有明显增加。2013、2014 年，上述三个项目陆续投产，刚投产即发现设计热值低了，然而 2013、2014 年开始设计的 G 项目、J 项目、L 项目一期、M 项目，却没有及时调整，导致这 4 个项目的设计热值偏低。直至 2016 年设计的 E 项目才及时调整思路，将热值确定为 2270kcal/kg。2018、2019 年设计的 C 项目二期、K 项目、H 项目、S 项目，MCR 点的低位设计热值都达到了 2300kcal/kg 以上。图 5-6 表示了上海市这 16 个项目的 MCR 点 LHV 设计值排序。欧美、日本等发达国家的同类项目的设计热值，大多介于 2000～2900kcal/kg 之间。上海市 2016 年之后设计的垃圾焚烧发电项目设计热值，在这个范围之内，但偏下限。

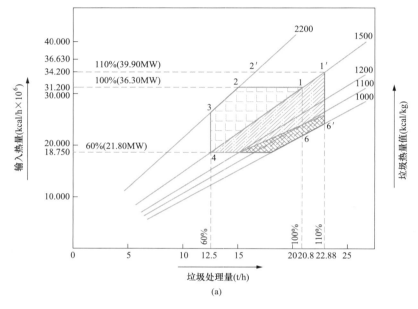

(a)

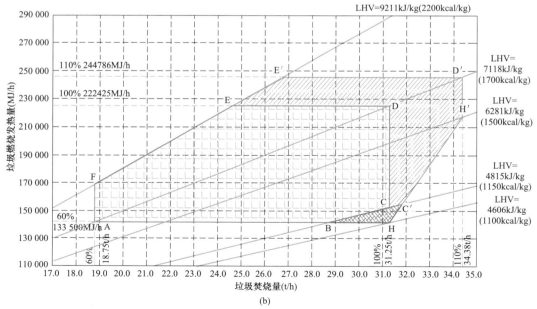

(b)

图 5-5　某项目燃烧图（一）

（a）学习探索阶段；（b）提升发展阶段

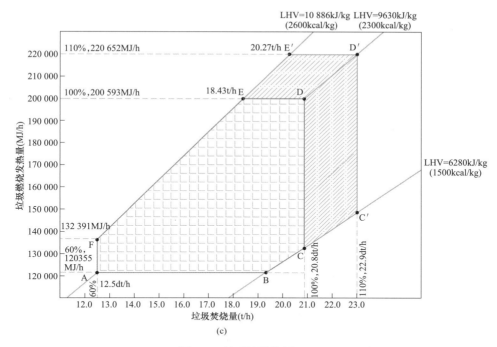

图 5-5　某项目燃烧图（二）

（c）高速发展阶段

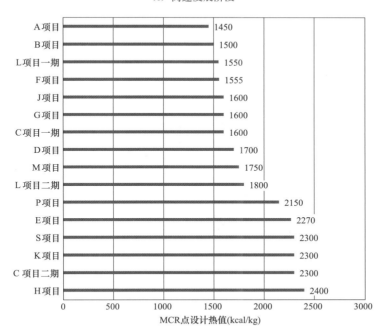

图 5-6　MCR 点 LHV 设计值排序

设计热值偏小，导致设备的选型不合理，满负荷工况下的超温、结焦、腐蚀加剧，运行的稳定性下降，迫使项目运营管理人员不得不适当降负荷运行。尽管部分项目进行了技术改造（如增加受热面），但整个系统的主体设备不可能全部改造，使得技术改造的作用受限。

上海市垃圾热值的明显增加，始于 2010 年之后。特别是 2016 年以来，由于垃圾分类政策的实施，使得进厂垃圾的组分产生了较大变化，将导致部分垃圾焚烧发电设施难以在设计条件下运行。另外，焚烧发电设施还要承担"托底保障、应急处理"功能，掺烧污泥、湿垃圾的残渣或沼渣等物料，不可避免。这些都是上海市垃圾焚烧发电设施面临的困难。

二、 焚烧与余热锅炉系统主要技术参数

1. A 项目

项目的设计热值（LHV@MCR）为 1450kcal/kg，LHV 的变化范围为 1100～1800kcal/kg。项目采用法国 ALSTOM 公司 SITY-2000 型的逆推、液压驱动往复移动炉排，炉床倾角 24°，炉排长 9.8m、宽 7.0m。单炉炉排总面积约 68.5m²，机械负荷约 247kg/(m²·h)，焚烧炉燃烧室为绝热式设计，前、后拱内无水冷壁。余热锅炉设 4 个垂直烟道，为四通道、角管式自然循环锅炉，设计主蒸汽参数为 400℃、4.0MPa，锅炉蒸汽产量额定负荷为 29.32t/h，给水温度设计值为 130℃，锅炉省煤器出口烟气温度设计值为 190～240℃。锅炉清灰方式为蒸汽清灰。在锅炉的辐射换热在第一、二烟道内，只布置了水冷壁。在锅炉的第三烟道内，布置了 2 组蒸发器和 2 级过热器。在锅炉的第四烟道布置了省煤器。过热器的材质 1 号炉为 15MO₃（高压过热器）和 ST35.8I（低压过热器），2、3 号炉为 15CrMoG。省煤器的材质为 1 号炉 ST35.8I，2、3 号炉为 45.8I。图 5-7 为本项目焚烧炉和余热锅炉示意图，主要技术参数见表 5-5。

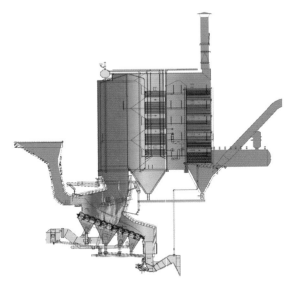

图 5-7 A 项目焚烧炉和余热锅炉示意

表 5-5 **A 项目焚烧炉和余热锅炉主要技术参数**

序号	设备（系统名称）	数量	主要技术参数（内容）
1	垃圾给料系统	3	（1）料斗、溜槽、推料器等。 （2）推料器：每炉 4 列，推杆式、液压驱动。 主要参数：行程 1500mm、操作油压 10MPa

续表

序号	设备（系统名称）	数量	主要技术参数（内容）
2	炉排系统	3	（1）逆推、液压驱动式往复移动炉排系统。 （2）单炉焚烧处理能力：15.2t/h。 （3）设计热值：1450kcal/kg @MCR。 （4）炉床倾角 24°，炉排长 9.815m、宽 6.976m。 （5）炉排条材质：耐热铸钢。 （6）单炉炉排总面积约 68.5m²，机械负荷约 247kg/（m²·h）
3	炉膛	3	绝热设计，前、后拱内无水冷壁
4	一次风	3	（1）功率 90kW，流量 38 527m³/h。 （2）空气出口温度 220℃
5	二次风	3	（1）功率 75kW，流量 15 736m³/h。 （2）空气出口温度：23℃
6	炉墙冷却风	3	功率 8kW，流量 7700m³/h
7	锅炉给水系统	4	（1）凝结水系统、除氧系统：1 套。 （2）锅炉给水系统低压侧和高压侧采用分段母管制。 （3）给水泵 4 台：功率 132kW，压力 6.5MPa，流量 45m³/h
8	余热锅炉本体	3	（1）四通道、角管式自然循环锅炉。主蒸汽参数 400℃、4.0MPa，蒸汽额定负荷 29.32t/h；给水温度 130℃，省煤器出口烟气温度 190～240℃。蒸汽清灰，每炉 10 个点。第一、二烟道内，布置了水冷壁。第三烟道内，布置蒸发器和过热器。第四烟道内，布置了省煤器。 （2）锅炉设计热效率：78%。 （3）水冷壁：面积 867m²，材质 ST35.8I。 （4）过热器：面积 1147m²，材质 1 号炉为 15MO₃（高压过热器）和 ST35.8（低压过热器），2、3 号炉为 15CrMoG。 （5）省煤器：面积 1396m²，材质 1 号炉 ST35.8，2、3 号炉为 45.8。 （6）汽包：外径 1472mm，筒体长度 9000mm，壁厚 36mm，材料 20g
9	辅助燃烧系统	12	（1）数量 4 台/炉，启动燃烧器 2 套，辅助燃烧器 2 套。 （2）雾化介质，压缩空气；启动燃烧器最大油流量 650kg/h，热负荷 27 600kJ/h，调节比 1∶8。辅助燃烧器最大油流量 196kg/h，热负荷 8300kJ/h，调节比 1∶6。 （3）燃烧空气风机：流量 8200m³/h，电机功率 13kW
10	炉排下出渣	3	螺旋输送机，输送能力 1.5m³/h
11	炉尾出渣	3	（1）液压推板出渣机。 （2）出渣能力 7.56t/h
12	出灰系统	3	（1）锅炉第三、四烟道刮板输送机。 （2）输送能力：4m³/h

2.B 项目

项目的设计热值（LHV@MCR）为 1500kcal/kg，LHV 的变化范围为 1100～2200kcal/kg。

采用德国 STEINMULLER 公司的顺推、液压驱动式往复移动炉排系统，炉床倾角 12.5°，炉排长 11m，宽 6.3m，有两个大落差。单炉炉排总面积约 71m²，机械负荷约 292kg/(m² • h)，热负荷约 422kW/m²。焚烧炉燃烧室为绝热式设计，前、后拱内无水冷壁。余热锅炉采用 3 个垂直烟道、1 个水平烟道组成的，四通道、悬吊式自然循环锅炉，设计主蒸汽参数为 400℃、4.0MPa，锅炉额定负荷蒸汽产量为 44t/h，给水温度设计值为 130℃，锅炉省煤器出口烟气温度设计值为 190~240℃。锅炉清灰方式为机械振打清灰。在锅炉的辐射换热第一、二和第三烟道内，主要布置了膜式水冷壁，在锅炉的第四烟道即水平烟道内，从前往后，依次布置了"1 组屏式蒸发器、5 组过热器、2 组省煤器"。过热器的材质为 $15MO_3$，省煤器的材质为 ST35.8。图 5-8 为本项目焚烧炉和余热锅炉示意图，主要技术参数见表 5-6。

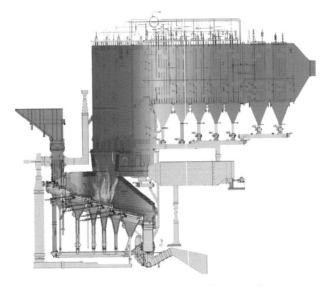

图 5-8　B 项目焚烧炉和余热锅炉示意

表 5-6　　　　　　　　　　　　B 项目焚烧炉和余热锅炉主要技术参数

序号	设备（系统名称）	数量	主要技术参数（内容）
1	垃圾给料系统	3	（1）料斗、溜槽、推料器等。 （2）推料器：每炉 2 列，双层推板式、液压驱动。 上推料器：高 220mm×长 640mm×总宽 6074mm； 下推料器：高 220mm×长 950mm×总宽 6074mm
2	炉排系统	3	（1）顺推、液压驱动式往复移动炉排系统。 （2）单炉焚烧处理能力：20.83t/h。 （3）设计热值：1500kcal/kg @MCR。 （4）炉床倾角 12.5°，炉排长 11m、宽 6.3m，有两个大落差。 （5）炉排条材质：高铬合金铸钢。 （6）单炉炉排总面积约 71m²，机械负荷约 292kg/(m² • h)，热负荷约 422kW/m²

序号	设备（系统名称）	数量	主要技术参数（内容）
3	炉膛	3	（1）绝热设计，前、后拱内无水冷壁。 （2）燃烧室容积：38.4m²×6.3m=242m³。 （3）额定容积热负荷：128 000kcal/(m³·h)
4	一次风	3	（1）功率160kW，流量20.63m³/s。 （2）空气出口温度225℃
	二次风	3	（1）功率110kW，流量10.75m³/s。 （2）空气出口温度：225℃
	炉墙冷却风	3	功率15kW，流量2.96m³/s
5	锅炉给水系统	4	（1）凝结水系统、除氧系统：2套。 （2）锅炉给水系统低压侧和高压侧采用分段母管制。 （3）给水泵4台：功率200kW，压力6.6MPa，流量70m³/h
6	余热锅炉本体	3	（1）3个垂直烟道、1个水平烟道，四通道、悬吊式自然循环锅炉。主蒸汽参数400℃、4.0MPa，蒸汽额定负荷44t/h，给水温度130℃，省煤器出口烟气温度190～240℃。机械振打清灰，气动，每炉13个点。第一、二、三烟道内，布置了膜式水冷壁、水平烟道内，从前往后，依次布置了"1组屏式蒸发器、5组过热器、2组省煤器"。过热器的材质为15MO₃，省煤器的材质为ST35.8。 （2）锅炉设计热效率：83%。 （3）1～4通道水冷壁：面积1794m²，材质20G。 （4）4通道过热器：面积1950.5m²，材质15CrMo。 （5）4通道省煤器：面积1464m²，材质20G。 （6）汽包：40mm×4254mm×7750mm 16Mng
7	辅助燃烧系统（不分启动、辅助）	6	（1）数量2台/炉，德国SAACKE品牌。 （2）雾化介质，压缩空气；最大油流量935kg/h，最小油流量187kg/h，过剩空气系数1.2～1.4，调节比1：5。 （3）燃烧空气风机：流量15 134m³/h，电机功率22kW。 （4）冷却空气风机：流量2293m³/h，电机功率4kW
8	炉排下出渣	3	刮板输送机，输送能力5.1m³/h
	炉尾出渣	3	（1）液压推板出渣机、震动出渣机、皮带除渣机、磁选机。 （2）液压推板出渣机：输送能力8.64t/h，进口截面为1500mm×2400mm，出口截面为1000mm×2630mm
9	出灰系统	3	（1）省煤器、过热器集灰螺旋灰渣输送机一、三段，输送能力13.1m³/h。 （2）省煤器、过热器集灰螺旋灰渣输送机二段输送能力：10.2m³/h。 （3）锅炉第二、三烟道灰渣输送机输送能力：3m³/h

3. C项目

项目一期的设计热值（LHV@MCR）为1600kcal/kg，LHV的变化范围为1000～2000kcal/kg，采用日本JFE公司的顺推、液压驱动式往复移动炉排系统，炉床倾角10°，燃烬段为0°，炉排长13.2m、宽5.6m，有两个落差段。单炉炉排总面积约74m²，机械负荷约225kg/(m²·h)，燃烧室容积热负荷约71.75kW/(m³·h)。焚烧炉燃烧室原设计为绝热式设计，前拱2019年改造增加了水冷壁。余热锅炉采用3个垂直烟道、1个水平烟道组成的，四通道、悬吊式自然循环锅炉，设计主蒸汽参数为 400℃、4.0MPa，锅炉蒸汽产量额定负荷为 37.5t/h（2019 年扩容后至 43.4t/h），给水温度设计值为 130℃，锅炉省煤器出口烟气温度设计值为 190～240℃。锅炉清灰方式为蒸汽吹灰加脉冲激波清灰。在锅炉的辐射换热第一、二、三烟道内，依次布置了水冷壁；在锅炉的水平道烟道内，从前往后，依次布置了"1 组前置蒸发器、3 组过热器、3 组省煤器"。过热器的材质为 $15MO_3$（2016 年改为 $12Cr_1MoVG$），省煤器的材质为 20G。图 5-9 为本项目一期焚烧炉和余热锅炉示意图，主要技术参数见表 5-7。图 5-10 为本项目二期焚烧和余热锅炉示意图，采用了 EBARA 炉排技术，LHV@MCR 的设计值为 2300kcal/kg。

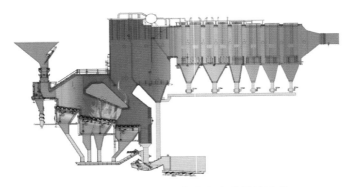

图 5-9　C 项目一期焚烧炉和余热锅炉示意

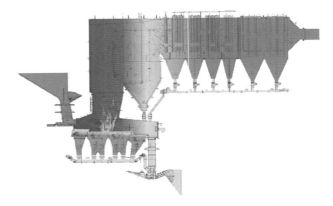

图 5-10　C 项目二期焚烧炉和余热锅炉示意

表 5-7　　　　　　　　　**C 项目一期焚烧炉和余热锅炉主要技术参数**

序号	设备（系统名称）	数量	主要技术参数（内容）
1	垃圾给料系统	2	（1）料斗、溜槽、推料器等，推料器每炉 2 列，双层推板式、液压驱动，主要参数：原给料能力（在 MCR 工况下）16.67t/h，超负荷能力 110%，宽度 5600mm（炉内宽度）。 （2）主要材质：推杆，碳素钢；给料平台前端部，耐热耐磨铸钢。 （3）操作方式：自动/远程人工操作。 （4）推料量的调节方式：往复速度调节方式。 （5）机器构成：①推料器（带水冷夹套）；②液压缸

序号	设备（系统名称）	数量	主要技术参数（内容）
2	炉排系统	2	（1）顺推、液压驱动式往复移动炉排系统。 （2）单炉焚烧处理能力：20.83t/h（2019年扩容后）。 （3）原设计热值：MCR 1600kcal/kg。 （4）炉床倾角10°，燃烧为0°，炉排长13.2m，宽5.6m，有两个大落差。 （5）炉排条材质：高铬合金铸钢。 （6）单炉炉排总面积约74m²，原机械负荷约225.5kg/(m²·h)，原热负荷约418.7kW/m²
3	炉膛	2	绝热设计，前拱内有水冷壁（2019年扩容增加），后拱无水冷壁。燃烧室原容积热负荷：258.3kW/(m³·h)
4	一次风	2	（1）功率110kW，流量56 300m³/h（标况下）。 （2）空气出口温度180℃
5	二次风	3	（1）功率55kW，流量29 000m³/h（标况下）。 （2）空气出口温度：20～150℃
6	炉墙冷却风	3	功率110kW，流量38 000m³/h
7	锅炉给水系统	3	（1）凝结水系统、除氧系统：1套。 （2）锅炉给水系统低压侧和高压侧采用分段母管制。 （3）给水泵4台：功率200kW，压力6.6MPa，流量65m³/h
8	余热锅炉本体	2	（1）3个垂直烟道、1个水平烟道，四通道、悬吊式自然循环锅炉。主蒸汽参数400℃、4.0MPa，蒸汽额定负荷43.4t/h（2019年扩容后），给水温度130℃，省煤器出口烟气温度190～240℃。激波清灰，每炉34个点。第一、第二、第三烟道内，依次布置了水冷壁、屏式蒸发器。水平烟道内，从前往后，依次布置了"1组蒸发器，3组过热器、3组省煤器"。过热器的材质为12Cr₁MoVG（2016年改），省煤器的材质为20G。 （2）锅炉设计热效率：82.1%。 （3）1～3通道水冷壁：面积408m²，材质20G。 （4）4通道过热器：面积1264m²，材质12Cr₁MoVG。 （5）4通道省煤器：面积1899m²，材质20G。 （6）汽包：50mm×1600mm×7900mm，Q245R
9	点火燃烧器（启动燃烧器）	2	（1）数量2台/炉，日本米花工业。 （2）雾化介质，压缩空气；最大油流量700L/h，最小油流量100L/h，过剩空气系数1.2～1.4，调节比1∶5。 （3）燃烧空气风机：流量9000m³/h（标况下），电机功率22kW。 （4）冷却空气风机：流量600m³/h（标况下），电机功率1.5kW
10	辅助燃烧器	2	（1）数量2台/炉，日本米花工业。 （2）雾化介质，压缩空气；最大油流量1300L/h，最小油流量180L/h，过剩空气系数1.2～1.4，调节比1∶5。 （3）燃烧空气风机：流量15 600m³/h（标况下），电机功率37kW。 （4）冷却空气风机：流量600m³/h（标况下），电机功率1.5kW

续表

序号	设备（系统名称）	数量	主要技术参数（内容）
11	炉排下出渣	2	刮板输送机，输送能力 1.09t/h
	炉尾出渣	3	（1）液压推板出渣机、震动出渣机、皮带除渣机、磁选机。 （2）液压推板出渣机：输送能力 10t/h（2019 年扩容），进口截面为 1425mm×2176mm，出口截面为 1273mm×2358mm
	出灰系统	3	（1）省煤器、过热器集灰螺旋灰渣输送机。输送能力：1.2t/h。 （2）省煤器、过热器集灰螺旋灰渣输送机二段。输送能力：1.2t/h。 （3）锅炉第二、三烟道灰渣输送机。输送能力：0.9t/h

4. D 项目

本项目按日处理垃圾 3000t/d 设计，确定本工程采用 4 台日处理垃圾 750t/d 的焚烧炉，配 2 台 30MW 凝汽式汽轮和 2 台 30MW 发电机，单台余热锅炉的额定蒸发量为 70.6t/h，锅炉主蒸汽的额定参数为 4.0MPa、400℃。焚烧炉的垃圾设计热值为 7117kJ/kg（1700kcal/kg），垃圾的热值变化范围为 4606kJ/kg（1100kcal/kg）～9211kJ/kg（2200kcal/kg）。焚烧炉采用 Hitz R 型炉排。炉床整体呈水平排列，炉排片上倾角度约 18°（与炉排夹角 36°），炉床排倾角 18°，2 个落差。单炉炉排面积约 129.47m²，机械负荷 241 kg/(m²·h)，活动炉排片和固定炉排片隔排布置，活动炉排片的往复运动使垃圾前进、翻转、搅拌来促进稳定燃烧。焚烧炉采用柴油点火。点火燃烧器布置在焚烧炉炉膛后墙上，左右各 1 台，既可在启炉时使用，也可在垃圾热值过低时助燃，自带助燃风机和密封风机。辅助燃烧器布置在燃烧室左右两侧墙上。当炉膛内主控温度降低至 870℃时，辅助燃烧器自动投入运行。辅助燃烧器的工作过程同点火燃烧器。项目采用单锅筒自然循环水管锅炉，由三个垂直烟道和一个水平烟道组成，卧式悬吊结构，布置在室内。整个余热锅炉均采用轻型炉墙结构，内部有耐高温、抗磨、抗腐材料，外部有保温、防腐材料，炉墙外还包覆外护板。一通道为垂直辐射烟道，连接焚烧炉，由内衬耐火材料的膜式蒸发受热面组成，并布置 SNCR 还原剂溶液喷嘴；二、三通道为垂直辐射烟道，由未衬耐火材料的膜式蒸发受热面组成；四通道为水平对流烟道，由蒸发受热面、蒸发管束、过热器及省煤器组成，省煤器部位采用轻型护板式炉墙结构。图 5-11 为本项目焚烧炉和余热锅炉示意图，主要技术参数见表 5-8 所列。

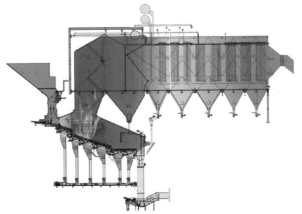

图 5-11　D 项目焚烧炉和余热锅炉示意

表 5-8　　　　　　　　　　　　D 项目焚烧炉和余热锅炉主要技术参数

序号	设备名称	主要技术参数（内容）
1	给料系统	（1）垃圾给料斗：Q235-B 衬 16Mn； （2）推料器，液压驱动，$Q=31.25$t/h，宽度：9130mm
2	炉排系统	（1）日立造船供货； （2）干燥炉排，$\alpha=18°$，$W=9130$mm，$L=2340$mm； （3）燃烧炉排，$\alpha=18°$，$W=9130$mm，$L=7440$mm； （4）燃烬炉排，$\alpha=0°$，$W=9130$mm，$L=4410$mm
3	焚烧炉体	（1）尺寸：$B=750$t/d，$L=14\,180$mm，$W=9130$mm； （2）耐火砖与耐火浇注料：碳化硅、合成树脂及陶瓷纤维制品等；耐火材料安装用金属件，材质 S31603；焚烧炉保温结构，硅酸铝制品等
4	点火及辅助燃烧系统	（1）点火燃烧器 8 台，每炉 2 台；辅助燃烧器 8 台，每炉 2 台； （2）燃料为轻柴油，$Q=10.3$MW；调节比 1：5
5	一次风 二次风	（1）变频调节离心风机，$Q=116\,200$m³/h（标况下），$p=8010$Pa； （2）变频调节离心风机，$Q=41\,100$m³/h（标况下），$p=5600$Pa
6	余热锅炉系统	（1）单锅筒、自然循环水管锅炉，额定蒸发量 70.6t/h。 （2）省煤器给水：$Q=28.5$t/h，$t=130℃$；出口烟气温度 190℃；$\phi38$mm×4；节距：100mm；材质：20G。 （3）二燃室水冷壁：$\phi76×6/76×4.5$；节距 80mm；材质 20G/GB5310。 （4）水平烟道蒸发器：$\phi38×4$，20G。 （5）锅筒：$\phi1600×60$mm，$L=15$m，材质 Q245R，$p=4.8$MPa。 （6）一级过热器：$\phi42×5$；材质：20G/GB5310。 （7）二级过热器：$\phi42×5.5$；材质：15Mo3。 （8）三级过热器：$\phi45×5.5$；材质：15Mo3

5．E 项目

本项目安装 8 台日焚烧能力为 750t 焚烧炉，配置 3 台 50MW 抽汽凝汽式汽轮机组、3 台 50MW 汽轮发电机组。焚烧炉采用 MHI-Martin 往复式逆推机械炉排炉，单台余热锅炉的额定蒸发量约为 93.44t/h（不含汽包饱和蒸汽抽汽），锅炉主蒸汽的额定参数为温度 450℃，压力 5.4MPa。

为更好地适应混合垃圾热值及垃圾焚烧量的变化，本项目焚烧炉 LHV 设计值设有两个 MCR 点工况。MCR-1 设计点垃圾热值为 9500kJ/kg（2270kcal/kg），垃圾处理量为 31.25t/h，对应的单炉焚烧规模为 750t/d；MCR-2 设计点垃圾热值为 8374kJ/kg（2000kcal/kg），垃圾处理量为 35.42t/h，对应的单炉焚烧规模为 850t/d。焚烧炉处理垃圾的热值变化范围为 5863～10 049kJ/kg（1400～2400kcal/kg）。图 5-12 为本项目焚烧炉和余热锅炉示意图，主要技术参数见表 5-9。

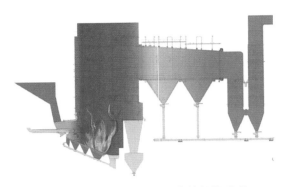

图 5-12　E 项目焚烧炉和余热锅炉示意

表 5-9　　　　　　　　　　**E 项目焚烧炉和余热锅炉主要技术参数**

序号	设备名称	型号及规格
1	给料系统	垃圾给料斗：8 个，材质 Q235B 衬 16Mn
		推料器：液压驱动，$Q=35.42\text{t/h}$，宽度 13.55m
2	炉排系统	（1）三菱马丁供货，8 台。 （2）逆推式炉排。 （3）$\alpha=26°$，$W=13.55\text{m}$，$L=8.37\text{m}$
3	焚烧炉体	（1）8 台，单台规模 750t/d。 （2）耐火砖与耐火浇注料，耐火空冷壁：材质为碳化硅、合成树脂及陶瓷纤维制品等；耐火材料安装用金属件，材质为 S31603；焚烧炉保温结构，硅酸铝制品等
4	点火及辅助燃烧系统	（1）点火燃烧器 16 台，每炉 2 台；辅助燃烧器 32 台，每炉 4 台。 （2）点火燃烧器，燃料为 0 号轻柴油；容量 3790kW；调节比 1∶5。 （3）辅助燃烧器，燃料为 0 号轻柴油；容量 11 490kW；调节比 1∶5
5	风系统	（1）一次风机：变频调节离心风机，8 台。 （2）$Q=128\ 160\text{m}^3/\text{h}$（标况下），$p=6600\text{Pa}$。 （3）一次风预热器：鳍片式，管壳热交换器，额定空气流量，8 台，106 820m³/h（标况下），出口空气温度 230℃。 （4）烟气再循环 IGR 风机：变频调节离心风机，8 台。 （5）$Q=42\ 360\text{m}^3/\text{h}$（标况下），$p=5800\text{Pa}$
6	余热锅炉系统	（1）单锅筒、自然循环水管锅炉，主蒸汽参数 450℃、5.3MPa，主蒸汽产量 93.44t/h。 （2）省煤器：$\phi42×4.5$，20G，节距 100mm。 （3）水冷壁：$\phi60×5$；节距 80mm；材质 20G，GB5310。 （4）水平烟道蒸发器：管束 $\phi42×5$，20G，横向和纵向节距分别为 200 和 100mm。 （5）锅筒：$\phi1500×70\text{mm}$，$L=14.4\text{m}$，材质 Q245R。 （6）一级过热器：$\phi42.7×5$，20G。 （7）二级过热器：$\phi42.7×5$，15Mo3。 （8）三级过热器：$\phi42.7×5$，15Mo3

6. F 项目

本项目采用的炉排型式，为 L 型，即长度方向上列与列交错、间隔布置固定炉排和移动炉排。余热锅炉为卧式自然循环式水管锅炉，由汽包、降水管、集箱、膜式水冷壁、蒸发管束等组成。锅炉汽包水经布置在锅炉水冷壁外侧的降水管引入底部的集箱，在吸收烟气热量的同时流经锅炉水冷壁和蒸发管，回到汽包。蒸汽在饱和状态下产生，在汽包内进行汽水状态分离。高温烟气经第一、二通道冷却和沉降后进入第三通道，依次进入蒸发器、过热器、省煤器后经烟道排往烟气净化系统。锅炉补水为来自水处理间的除盐水，经除盐水泵送到除氧器除氧，130℃的锅炉给水从除氧器水箱流至低压给水母管，再经给水泵加压，通过锅炉高压给水母管供 4 台余热锅炉的给水和减温水；给水经省煤器加热后进入汽包。为了控制汽包水位和主蒸汽温度，在锅炉给水和减温水管上设电动调节阀门，锅筒水位是通过三冲量串级调节，操作员可通过设在水位计旁摄像头在中控室的工业电视上观察锅筒水位。锅筒中产生的饱和蒸汽通过三级过热器（低温、中温、高温）和二级喷水减温器后得到压力为 4.0MPa、温度为 400℃的过热蒸汽，4 台余热锅炉产生主蒸汽汇集在一条蒸汽母管中，供 2 台汽轮机发电机组发电。为了防止烟尘在锅炉各水冷壁积累而导致锅炉热效率降低，采用蒸汽吹灰器把附着在受热管上的飞灰吹落，每台焚烧炉设置 18 台长伸缩式吹灰器，42 台固定式吹灰器。用减压后的过热蒸汽进行自动吹灰，炉灰经星形卸灰阀至输灰机输送到渣池。图 5-13 为本项目焚烧炉和余热锅炉示意图，主要技术参数见表 5-10。

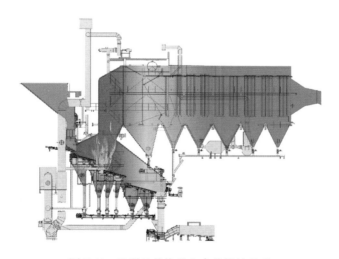

图 5-13　F 项目焚烧炉和余热锅炉示意

表 5-10　　　　　　　　　　F 项目焚烧炉和余热锅炉主要技术参数

	数量	4 台，单炉规模 500t/d
焚烧炉	炉排型式	日立造船 Von Roll L 型炉排，热灼减率 3% 以下
	炉排技术参数	倾角 15°，炉排总长度 14.43m，炉排行数 33 行，炉排列数 31 列
		机械负荷 231kg/(m² · h)，热负荷 322.7kW/m²
		炉排片材质：高热耐热铸钢

续表

风机	一次风机	$Q=72\,000\mathrm{m}^3/\mathrm{h}$，$p=6300\mathrm{Pa}$，变频调速，功率220kW，380V，电动风门调节
	二次风机	$Q=21\,240\mathrm{m}^3/\mathrm{h}$，$p=7300\mathrm{Pa}$，工频电机，功率75kW，380V，电动风门调节
	炉墙冷却送风机	$Q=16\,320\mathrm{m}^3/\mathrm{h}$，$p=4320\mathrm{Pa}$，工频电机，功率37kW，380V，电动风门调节
	炉墙冷却引风机	$Q=22\,000\mathrm{m}^3/\mathrm{h}$，$p=1728\mathrm{Pa}$，工频电机，功率18.5kW，380V，电动风门调节
余热锅炉	锅炉型号	卧式自然循环式水管锅炉，额定蒸发量42t/h，锅炉设计热效率≥81%
	主蒸汽参数	400℃、4.0MPa
	给水温度	130℃
	排烟温度	200℃

7. G 项目

项目总规模为2000t/d，设4台日处理垃圾500t/d的焚烧炉和余热锅炉，配2台18MW凝汽式汽轮机和2台20MW发电机，单台余热锅炉的额定蒸发量为47t/h，锅炉主蒸汽的额定参数为4.0MPa、400℃。LHV@MCR点的设计热值为6699kJ/kg(1600kcal/kg)，垃圾的热值变化范围为4187kJ/kg(1000kcal/kg)～8374kJ/kg(2000kcal/kg)。焚烧炉采用荏原供货的高速（压）燃烧控制（HPCC）型炉排焚烧炉。炉床整体呈水平排列，炉排片上倾角度约20°，活动炉排片和固定炉排片间隔布置，活动炉排片的往复运动使垃圾前进、翻转、搅拌以促进稳定燃烧。项目采用了烟气再循环系统工艺，循环风来自袋式除尘器出口。焚烧炉的点火和辅助燃烧器采用天然气作为燃料，天然气来自城镇燃气管网，经厂内调压站将压力调整至点火及助燃燃烧器要求的压力后，采用管道输送至焚烧间。点火燃烧器布置在焚烧炉炉膛后墙上，左、右各1台，既可在启炉时使用，也可在垃圾热值过低时助燃，自带助燃风机和密封风机。辅助燃烧器布置在燃烧室左右两侧墙上。当炉膛内主控温度降低至870℃时，辅助燃烧器自动投入运行。辅助燃烧器的工作过程同点火燃烧器。项目采用单锅筒自然循环水管锅炉，由三个垂直烟道和一个水平烟道组成，卧式悬吊结构，布置在室内。整个余热锅炉均采用轻型炉墙结构，内部有耐高温、抗磨、抗腐材料，外部有保温、防腐材料，炉墙外还包覆外护板。一通道为垂直辐射烟道，连接焚烧炉，由内衬耐火材料的膜式蒸发受热面组成，并布置SNCR还原剂溶液喷嘴；二、三通道为垂直辐射烟道，由未衬耐火材料的膜式蒸发受热面组成；四通道为水平对流烟道，由蒸发受热面、蒸发管束、过热器及省煤器组成，省煤器部位采用轻型护板式炉墙结构。图5-14为本项目焚烧炉和余热锅炉示意图，主要技术参数见表5-11。

表5-11　　　　　　　　　　G项目焚烧炉和余热锅炉主要技术参数

序号	设备名称		主要技术参数	单位	数量
1	给料系统	垃圾给料斗	Q235-B衬16Mn； 入口：10 344mm×7138mm；出口 8466mm×1200mm	个	4

续表

序号	设备名称		主要技术参数	单位	数量
2	炉排系统	推料器	液压驱动，$Q=20.83$t/h，宽度：8550mm	套	4
		干燥炉排	荏原 HPCC 炉排，$\alpha=0°$，$W=8650$mm，$L=2450$mm	组	4
		Ⅰ级燃烧炉排	荏原 HPCC 炉排，$\alpha=0°$，$W=8650$mm	组	4
		Ⅱ级燃烧炉排	荏原 HPCC 炉排，$\alpha=0°$，$W=8650$mm	组	4
		燃烬炉排	荏原 HPCC 炉排，$\alpha=0°$，$W=8650$mm	组	4
3	焚烧炉本体		$B=500$t/d，$L=12\,300$mm，$W=9810$mm，$H=8500$mm		
	耐火砖与耐火浇注料		碳化硅、合成树脂及陶瓷纤维制品等	套	4
	耐火空冷壁		碳化硅、合成树脂及陶瓷纤维制品等	套	4
	耐火材料安装用金属件		材质：S31603	套	4
	焚烧炉保温结构		硅酸铝制品等	套	4
	焚烧炉与余热锅炉间膨胀节		组合件，接口尺寸：9650mm×3500mm	个	4
4	点火及辅助燃烧系统	点火燃烧器	燃料：天然气；火焰长度 3m；最大耗油量 350m³/h（标况下）；调节比 1∶5	台	8
		辅助燃烧器	燃料：天然气；火焰长度 3m；最大耗油量 1000m³/h（标况下）；调节比 1∶5	台	8
5	沼气燃烧器（仅3、4号炉安装）		火焰长度 4m，最大处理沼气量 250m³/h（标况下），调节比 1∶5	台	2
6	一次风系统	一次风机	变频调节离心风机，$Q=84\,100$m³/h（标况下），$p=5194$Pa	台	4
		一次风预热器	鳍片管壳热交换器，在标准状态下，额定空气流量 64\,400m³/h，最大空气流量 75\,600m³/h，出口空气温度 240℃，低压段加热蒸汽参数 1.1MPa/295℃，高压段加热蒸汽参数 3.8MPa/395℃	台	4
7	烟气再循环系统	烟气再循环风机	变频调节离心风机，$Q=13\,200$m³/h（标况下），$p=4600$Pa，$t=200℃$	台	4
		循环烟气加热器	最大烟气流量 16\,000m³/h（标况下）	台	4
8	余热锅炉系统		单锅筒、自然循环水管锅炉，进口烟气温度 1015℃		
	省煤器		给水：$Q=47.2$t/h，$p=6.4$MPa，$t=130℃$；出口烟气温度 190℃	套	4
	二燃室水冷壁		$\phi60×5$mm；节距：80mm；材质为 20G/GB5310	套	4
	水平烟道蒸发器		$\phi60×5/\phi60×4.5$mm；材质为 20G/GB5310	套	4

序号	设备名称		主要技术参数	单位	数量
8	锅筒		$\phi1600 \times 50mm$，$L = 15.073m$，材质：P355GH，$p = 4.8MPa$	台	4
	一级过热器		$\phi42\times5mm$；材质为 20G/GB5310	套	4
	二级过热器		$\phi51\times5mm$；材质为 15Mo3	套	4
	三级过热器		$\phi51\times5mm$；材质为 15Mo3	套	4

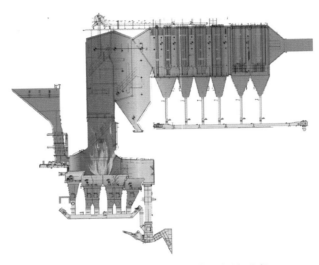

图 5-14　G 项目焚烧炉和余热锅炉示意

8. H 项目

项目总规模 1500t/d，设 2 台日焚烧能力为 750t 的焚烧炉，配置 1 台 55MW 的抽汽凝汽式汽轮机组、1 台 60MW 发电机组。焚烧炉采用 EBARA 往复式机械炉排炉，单台余热锅炉的额定蒸发量约为 101t/h（不含汽包饱和蒸汽抽汽），锅炉主蒸汽的额定参数为 6.4MPa、450℃。为更好地适应垃圾热值及垃圾焚烧量的变化，本项目焚烧炉 LHV 设有两个 MCR 点工况。MCR1 设计点垃圾热值为 10 047kJ/kg（2400kcal/kg），垃圾处理量为 31.25t/h；MCR2 设计点垃圾热值为 8866kJ/kg（2118kcal/kg），垃圾处理量为 35.42t/h。焚烧炉处理垃圾的热值变化范围为 6280～11 723kJ/kg（1500～2800kcal/kg）。图 5-15 为本项目焚烧和余热锅炉示意图，主要技术参数见表 5-12。

表 5-12　　　　　　　H 项目焚烧炉和余热锅炉主要技术参数

序号	设备名称		主要技术参数	单位	数量
1	给料系统	垃圾给料斗	Q235B 衬 16Mn；入口 13 420×6900mm；出口 13 420×1200mm	个	2
		推料器	液压驱动，$Q=35.42t/h$，宽度 13.42m	套	2

续表

序号	设备名称		主要技术参数	单位	数量
2	炉排系统	干燥炉排	荏原 HPCC 炉排，$\alpha=10°$，$W=13.42$m	组	2
		Ⅰ级燃烧炉排	荏原 HPCC 炉排，$\alpha=10°$，$W=13.42$m	组	2
		Ⅱ级燃烧炉排	荏原 HPCC 炉排，$\alpha=0°$，$W=13.42$m	组	2
		Ⅲ级燃烬炉排	荏原 HPCC 炉排，$\alpha=0°$，$W=13.42$m	组	2
3	焚烧炉本体		$B=750$t/d，炉膛额定热负荷 0.62GJ/(m³·h)		
	耐火砖与耐火浇注料		碳化硅、合成树脂及陶瓷纤维制品等	套	2
	耐火空冷壁		碳化硅、合成树脂及陶瓷纤维制品等	套	2
	耐火材料安装用金属件		材质：S31603	套	2
	焚烧炉保温结构		硅酸铝制品等	套	2
4	点火及辅助燃烧系统	点火燃烧器	燃料：天然气；容量 1425m³/h（标况下）；调节比 1：5	台	4
		辅助燃烧器	燃料：天然气；容量 1425m³/h（标况下）；调节比 1：5	台	4
5	沼气燃烧器（每炉一台）		最大处理沼气量 350m³/h（标况下），可调式	台	2
6	一次风系统	一次风机	(1) 变频调节离心风机。 (2) $Q=15\,6240$m³/h（标况下），$p=6600$Pa	台	2
		一次风预热器	(1) 鳍片管壳热交换器，额定空气流量。 (2) 130 200m³/h（标况下），最大值 156 240m³/h（标况下），出口空气温度 200℃	台	2
7	烟气再循环系统	烟气再循环风机	变频调节，离心风机。 $Q=36\,000$m³/h（标况下），$p=8780$Pa，$t=200$℃	台	2
8	余热锅炉系统		单锅筒、自然循环水管锅炉，主蒸汽参数 6.4MPa、450℃，主蒸汽产量 101t/h		
	省煤器		$\phi42×4.5$mm，20G	套	2
	水平烟道蒸发器		管束 $\phi42×5$mm，20G	套	2
	一级过热器		$\phi42.7×5$mm，20G	套	2
	二级过热器		$\phi42.7×5$mm，12Cr1MoVG	套	2
	三级过热器		$\phi42.7×5$mm，12Cr2MoG 主蒸汽出口参数 5.4MPa（a）、450℃	套	2

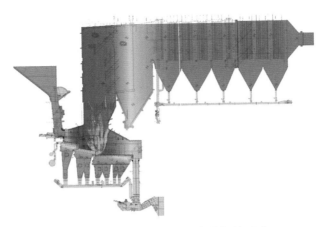

图 5-15　H 项目焚烧炉和余热锅炉示意

9. J 项目

本项目规模为 1000t/d，配置 2 炉 1 机，锅炉主蒸汽参数为 400℃、4.0MPa，LHV@ MCR 点为 6699kJ/kg(1600kcal/kg)。焚烧炉和余热锅炉系统按功能可以分为以下若干个子系统：①垃圾给料系统，主要由料斗、溜槽、推料器等组成。②炉排系统，主要由炉排条组成的炉床、可动框架、固定框架、炉排膨胀吸收装置、液压驱动装置等组成。炉排从前往后，分为干燥段、燃烧段和燃烬段。炉膛由耐火材料砌筑而成。③风系统，即一次风、二次风、密封风、烟气再循环风、炉墙冷却风，由风机、预热器、喷嘴等一系列设备组成。④锅炉给水系统，即由锅炉给水除氧、电动给水泵等组成的系统。余热锅炉系统，由水冷壁、蒸发器、过热器、省煤器和汽包等受热面、激波清灰、振打清灰和壳体、安全阀以及排污系统等组成。⑤点火和辅助燃烧系统，由燃烧器、燃烧风机和冷却风机、天然气管道等组成。⑥出渣系统，由燃烬段尾部的溜槽、炉排下的刮板输渣机、液压推板出渣机等设备组成。⑦出灰系统，由二三烟道螺旋输送机、锅炉下部的灰斗、输送机等设备组成。图 5-16 为本项目焚烧炉和余热锅炉示意图，主要技术参数见表 5-13。

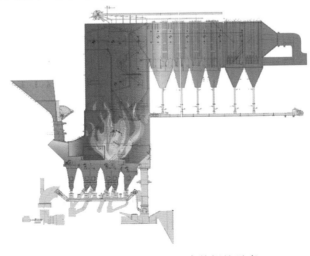

图 5-16　J 项目焚烧炉和余热锅炉示意

表 5-13 J 项目焚烧炉和余热锅炉主要技术参数

序号	设备（系统名称）	数量	主要技术参数（内容）
1	垃圾给料系统	2	（1）料斗、溜槽、推料器等。 （2）推料器每台炉 3 列，形式为液压驱动式。 （3）能力：20.83t/h；宽度 8550mm（内尺寸）
2	炉排系统	2	（1）多级往复式炉排系统。 （2）单炉焚烧处理能力：20.83t/h。 （3）设计热值：6699kJ/kg（1600kcal/kg）。 （4）炉床整体呈水平排列，炉排片上倾角度约 20°，炉排长 11.4m、宽 8.65m，有两个大落差。 （5）炉排条材质：高铬耐热铸钢。 （6）单炉炉排总面积约 92.34m²，机械负荷约 225.6kg/(m²·h)
3	炉膛	2	（1）燃烧 1 段、燃烧 2 段采用碳化硅砖，干燥段采用高铝质砖，侧壁采用普通耐火砖，顶棚及其他部位采用耐火浇注料。 （2）炉床有效面积：92.34m²
4	一次风	2	（1）功率 315kW，流量 98 500m³/h。 （2）空气出口温度 240℃
5	二次风	2	（1）流量 16 000m³/h。 （2）空气出口温度：170℃
6	锅炉给水系统	1	（1）凝结水系统、除氧系统：1 套。 （2）锅炉给水系统低压侧和高压侧采用分段母管制。 （3）给水泵 3 台，功率 160kW，压力 8.0MPa，流量 59.9m³/h
7	余热锅炉本体	2	（1）3 个垂直烟道、1 个水平烟道、卧式自然循环锅炉。主蒸汽参数 400℃、4.0MPa，蒸汽额定负荷 47/h，给水温度 130℃，省煤器出口烟气温度 190～220℃。机械振打清灰，气动，每炉水平烟道内 170 个点，从前往后，依次布置了"1 组屏式蒸发器，3 组过热器、2 组省煤器"。 （2）焚烧炉+余热锅炉设计热效率：80%。 （3）1～4 通道水冷壁：面积 1905.41m²，材质 20G。 （4）水平烟道过热器：面积 1500m²，高中温过热器材质为 15Mo3，低温过热器材质为 20G。 （5）水平烟道省煤器：面积 2370m²，材质 20G。 （6）汽包：锅筒内径为 φ1600mm，锅筒直段长 12 500mm。壁厚为 50mm，材料为 P355GH
8	点火与辅助燃烧系统	8	（1）数量 4 台/炉，厂家：日本 VOLCANO。 （2）燃烧条件：天然气控制阀后压力 0.027～0.17MPa；各燃烧器燃烧风压力 2.5～5kPa，不小于 2kPa。 （3）燃烧器能力：最大值 650m³/h（标况下）。过量空气系数 1.2。 （4）燃烧空气风机：流量最大值 8546m³/h（标况下），电机功率 22kW
9	炉排下出渣	6	刮板输送机，输送能力 0.25t/h
	炉尾出渣	4	（1）油压推动往复运动方式。 （2）液压推板出渣机：处理能力 5t/h，进口截面积为 1200mm×1800mm

序号	设备（系统名称）	数量	主要技术参数（内容）
10	出灰系统	2	（1）水平烟道刮板输送机。 （2）输送能力：1t/h。 （3）锅炉第二、三烟道螺旋输送机。 （4）输送能力：1t/h

10. K 项目

项目规模为 1000t/d，配置 2 台日焚烧能力为 500t 焚烧炉、1 台 30MW 抽汽凝汽式汽轮机组和 1 台 30MW 发电机组。焚烧炉采用日本 EBARA 技术生产的 R 型往复式机械炉排炉。余热锅炉为卧式布置，单台余热锅炉的额定蒸发量约为 61.2t/h，锅炉主蒸汽的额定参数为 450℃、6.4MPa。图 5-17 为 K 项目焚烧炉和余热锅炉示意图，主要技术参数见表 5-14。

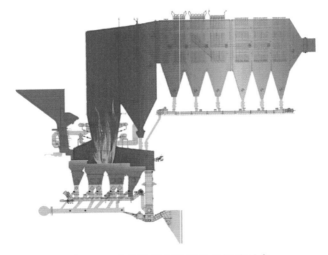

图 5-17　K 项目焚烧炉和余热锅炉示意

表 5-14　　　　　　　　　　　　K 项目焚烧炉和余热锅炉主要技术参数

序号	设备（系统名称）	数量	主要技术参数（内容）
1	垃圾给料系统	2	（1）料斗、溜槽、推料器等。 （2）推料器每台炉 3 列，形式为液压驱动推动式，能力 20.83t/h
2	炉排系统	2	（1）多级往复式炉排系统。 （2）单炉焚烧处理能力 20.83t/h。 （3）设计热值：9630kJ/kg（2300kcal/kg）。 （4）炉床整体呈水平排列 $\alpha=0°$，炉排片上倾角度约 20°，炉排长度 11.4m，有两个大落差。 （5）炉排条材质：高铬耐热铸钢。 （6）单炉机械负荷约 224.4kg/（m² · h）
	炉膛	2	燃烧 1 段、燃烧 2 段采用碳化硅砖（通常适用于较高热值的垃圾），干燥段采用高铝质砖，侧壁采用普通耐火砖，顶棚及其他部位采用耐火浇注料

续表

序号	设备（系统名称）	数量	主要技术参数（内容）
3	一次风	2	（1）形式：单侧轴向吸入离心风机。 （2）能力：113 000m³/h（标况下）。 （3）功率：约355kW
	二次风	2	（1）形式：单侧轴向吸入离心风机。 （2）能力：23 000m³/h（常温）（标况下）。 （3）功率：约45kW
	再循环风	2	（1）形式：单侧轴向吸入离心风机。 （2）能力：23 000m³/h（155℃，最高200℃）。 （3）功率：约132kW
4	锅炉给水系统	1	（1）凝结水系统、除氧系统：1套。 （2）锅炉给水系统低压侧和高压侧采用分段母管制。 （3）给水泵4台：单台功率250kW，扬程950m，流量45m³/h
	余热锅炉本体	2	（1）3个垂直烟道、1个水平烟道、卧式自然循环锅炉。主蒸汽参数450℃、6.4MPa，蒸汽额定负荷61.2/h，给水温度130℃，省煤器出口烟气温度190～220℃。采用机械振打和激波清灰，每炉不少于58个激波清灰点，从前往后，依次布置了"1组屏式蒸发器，3组过热器、2组省煤器"。 （2）余热锅炉设计热效率：大于83%。 （3）水平烟道过热器：高温过热器设计受热面大于560m²，材质为12Cr1MoVG；中温过热器设计受热面大于700m²，材质为12Cr1MoVG；低温过热器设计受热面大于890m²，材质为20G。 （4）水平烟道省煤器：设计受热面积大于2950m²，材质20G。 （5）汽包：材料为Q345R
	点火（启动）与辅助燃烧系统	8	（1）数量4台/炉。 （2）启动燃烧器能力：最大值900m³/h（标况下）。 （3）辅助燃烧器能力：最大值700m³/h（标况下）
5	炉排下出渣	6	刮板输送机，输送能力1t/h
	炉尾出渣	4	（1）油压推动往复运动方式。 （2）液压推板出渣机：处理能力5.6/h
6	出灰系统		（1）水平烟道刮板输送机。 （2）输送能力：1t/h。 （3）锅炉第二、三烟道螺旋输送机。 （4）输送能力：1t/h

11. L项目一期

项目总规模为500t/d，2炉1机配置，设2台250t/d的焚烧炉，1台额定功率9MW的汽轮发电机组。项目设计热值LHV为1550kcal/kg@MCR，LHV的变化范围为1000～2000kcal/kg。焚烧炉采用康恒环境生产的液压驱动往复式机械炉排炉（L型），炉床倾角

12.5°，炉排长 11m，宽 6.3m，干燥段和燃烧段之间、燃烧段和燃烬段之间各有 1 个大落差。单炉炉排总面积约 71m²，机械负荷约 212kg/(m² · h)，热负荷约 422kW/m²。焚烧炉由炉排、锅炉水管以及包括空冷壁的耐火砖墙组成，空冷耐火砖设置在燃烧炉排炉壁上方的两侧。余热锅炉采用单锅筒、悬吊式、自然循环中压锅炉，四川川锅供货，设计主蒸汽参数为 400℃、4.0MPa，锅炉蒸汽产量额定负荷为 21t/h，给水温度设计值为 130℃，锅炉省煤器出口烟气温度设计值为 190～220℃，锅炉设计效率不小于 83%。锅炉清灰方式为激波吹灰。炉室Ⅰ、Ⅱ、Ⅲ均为膜式水冷壁结构。在炉室Ⅲ布置高、中、低温过热器及蒸发器，并在高、中、低温过热器之间布置了喷水减温器，用来调节过热器出口汽温。尾部竖井布置了省煤器，锅筒内部采用旋风分离器，集中下降管，平台为栅格平台。图 5-18 为本项目焚烧炉和余热锅炉示意图，主要技术参数见表 5-15。

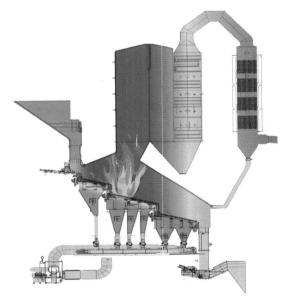

图 5-18　L 项目一期焚烧炉和余热锅炉示意

表 5-15　　　　　　　　　　　L 项目一期焚烧炉和余热锅炉主要技术参数

序号	设备（系统名称）	数量	主要技术参数（内容）
1	垃圾给料系统	2	（1）料斗、溜槽、推料器等。 （2）推料器：左右 2 组、液压驱动。 （3）主要参数：给料能力（MCR 工况下）10.42t/h
2	炉排系统	2	（1）顺推、液压驱动式往复移动炉排系统。 （2）单炉焚烧处理能力：10.42t/h（LHV-6490kJ/kg）。 （3）设计热值：1550kcal/kg @MCR。 （4）炉床倾角 12.5°，炉排长 11m，宽 6.3m，有两个大落差。 （5）炉排条材质：高铬合金铸钢。 （6）单炉炉排总面积约 71m²，机械负荷约 212kg/(m² · h)，热负荷约 422kW/m²

续表

序号	设备（系统名称）	数量	主要技术参数（内容）
3	炉膛	2	(1) 由锅炉水管以及包括空冷壁的耐火砖墙组成。 (2) MCR 对应的热负荷：$8.3 \times 10^4 kcal/(m^3 \cdot h)$
4	一次风	2	(1) 功率 130kW，正常流量 28 293m^3/h（标况下）。 (2) 空气出口温度 240℃
	二次风	2	(1) 功率 40kW，正常流量 4780m^3/h（标况下）。 (2) 空气出口温度：240℃
	炉墙冷却风	2	功率 40kW，流量 13 600m^3/h（标况下）
5	锅炉给水系统	3	给水泵：功率 132kW，流量 26m^3/h
6	余热锅炉本体	2	(1) 采用单锅筒、悬吊式、自然循环中压锅炉，设计主蒸汽参数为 400℃、4.0MPa，锅炉蒸汽产量额定负荷为 21t/h，给水温度设计值为 130℃。省煤器出口烟气温度 190～220℃。锅炉清灰方式为激波吹灰，炉室Ⅰ、Ⅱ、Ⅲ均为膜式水冷壁结构。在炉室Ⅲ布置高、中、低温过热器及蒸发器，并在高、中、低温过热器之间布置了喷水减温器，用来调节过热器出口汽温。尾部竖井布置了省煤器，锅筒内部采用旋风分离器，集中下降管，平台为栅格平台。中、高温过热器的材质为 $15MO_3$，低温过热器与省煤器的材质为 20G/GB 5210。 (2) 锅炉设计热效率：MCR 工况下不小于 83%。 (3) 1～3 通道受热面积：605m^2，材质 20G。 (4) 1～2 蒸发器受热面积：451m^2，材质 20G。 (5) SH2、SH3 过热器受热面积：235m^2，材质 15CrMo。 (6) SH1 过热器受热面积：184m^2，材质 20G。 (7) 省煤器受热面积：1214m^2，材质 20G
7	辅助燃烧系统	2	(1) 数量为 1 台/炉，德国 SAACKE 品牌。 (2) 雾化介质，压缩空气；最大油流量 935kg/h，最小油流量 187kg/h，过剩空气系数 1.2～1.4，调节比 1：5。 (3) 燃烧空气风机：流量 15 134m^3/h，电机功率 22kW。 (4) 冷却空气风机：流量 2293m^3/h，电机功率 4kW
8	炉排下出渣	2	液压往复运动式输送机，输送能力 5t/h
	炉排漏渣输送机	2	刮板输送机，输送能力 1.2t/h

12. L 项目二期

项目总规模为 500t/d，1 炉 1 机配置，设 1 台规模为 500t/d 焚烧炉和 1 台额定功率为 15MW 的汽轮发电机组。项目的设计热值 LHV 为 1800kcal/kg@MCR，LHV 的变化范围为 1200～2200kcal/kg。项目采用上海环境引进日本 EBARA 技术生产的液压驱动往复式机械炉排炉（R 型），机械负荷 225.6kg/($m^2 \cdot$ h)，单炉炉排面积 92.34m^2，长 11.4m、宽 8.65m，炉床倾角 0°，干燥段和燃烧段之间、燃烧段和燃烬段之间各有 1 个大落差。余热锅炉由青岛 EBARA 供货，为单锅筒、悬吊式、自然循环中压锅炉，Ⅱ式布置；主蒸汽参数 450℃、6.4MPa，锅炉额定负荷 51.5t/h，锅炉设计效率不小于 83.7%。图 5-19 为本项目焚烧炉和余热锅炉示意图，主要技术参数见表 5-16。

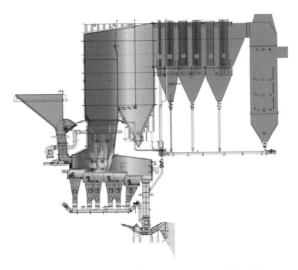

图 5-19　L 项目二期焚烧炉和余热锅炉示意

表 5-16　　　　　　　　　　L 项目二期焚烧炉和余热锅炉主要技术参数

序号	设备（系统名称）	数量	主要技术参数（内容）
1	垃圾给料系统	1	（1）料斗、溜槽、推料器等。 （2）推料器：左右 2 组、液压驱动。 主要参数：给料能力（MCR 工况下）20.83t/h
2	炉排系统	1	（1）顺推、液压驱动式往复移动炉排系统。 （2）单炉焚烧处理能力：20.83t/h。 （3）设计热值：1800kcal/kg @MCR。 （4）顺推、R 型、长 11.4m、宽 8.65m，炉床倾角 0°，有两个大落差。 （5）机械负荷 225.6kg/(m^2·h），单炉面积 92.34m^2
3	炉膛	1	由锅炉水管以及包括空冷壁的耐火砖墙组成。 MCR 对应的热负荷 490MJ/(m^3·h）
4	一次风机	1	功率 280kW，额定流量 71 920m^3/h（标况下）
5	二次风机	1	功率 30kW，额定流量 13 310m^3/h（标况下）
6	烟气再循环风机	1	功率 90kW，额定流量 13 310m^3/h（标况下）
7	炉排轴承冷却风机	1	功率 3kW，流量 1200m^3/h（标况下）
8	锅炉给水系统	2	给水泵：功率 220kW，流量 35m^3/h
9	余热锅炉本体	1	（1）单锅筒水管锅炉、受热面为 π 式布置、悬吊式、室内布置。 （2）设计主蒸汽参数为 450℃、6.4MPa，锅炉蒸汽产量额定负荷为 56.6t/h。 （3）运行负荷：60%～120%（基准质垃圾）。 （4）清灰方式：二三烟道激波吹灰（预留蒸汽吹灰），水平烟道机械振打＋激波吹灰。 （5）锅炉设计热效率：MCR 工况下不小于 83% （6）1～3 通道受热面积：通道 1 为 584m^2，通道 2 为 370m^2，通道 3 为 358m^2，材质为 20G。 （7）1～2 蒸发器受热面积：蒸发器 1 为 145m^2，蒸发器 2 为 748m^2，材质为 20G。 （8）过热器受热面积：SH1 为 1220m^2，材质为 20G；SH2 为 588m^2，材质为 12Cr_1MoVG；SH3433m^2，材质为 12Cr_1MoVG。 （9）省煤器受热面积：3728m^2，材质为 20G

序号	设备（系统名称）	数量	主要技术参数（内容）
10	辅助燃烧系统	4	（1）数量：点火燃烧器2台，辅助燃烧器2台，品牌凌云瑞升。 （2）雾化介质，压缩空气；额定油流量660kg/h，过剩空气系数1.2以下，调节比1：4以上
11	炉排下出渣	2	液压往复运动式输送机，输送能力5.6t/h

13. M项目

项目的设计热值（LHV@MCR）为1750kcal/kg，LHV的变化范围为1200～2000kcal/kg。项目采用日本三菱马丁逆推式炉排。炉排倾角26°，炉排长8.37m，宽9.48m。单炉炉排总面积约79.3m²，炉排机械负荷约263kg/(m²·h)，热负荷约533kW/m²。焚烧炉燃烧室为绝热式设计，前、后拱内水冷壁高温区被浇注料包覆。余热锅炉采用一体化余热锅炉，按烟气流向分别为主炉膛、U型（第二、第三）燃烬室、屏式受热面（蒸发器）、余热锅炉（水平烟道及尾部烟道）。设计主蒸汽参数为400℃、4.0MPa，锅炉蒸汽产量额定负荷为54.17t/h，给水温度设计值为130℃，锅炉省煤器出口烟气温度设计值为190～220℃。锅炉清灰方式为过热蒸汽压力清灰和乙炔激波清灰。在锅炉的辐射换热第一、二、三烟道内，依次布置了水冷壁、屏式蒸发器。在锅炉水平烟道内，从前往后布置过热器、尾部受热面布置省煤器。过热器的材质为一级过热器为20G，二级和三级为12Cr1MoV，省煤器的材质为12Cr13。图5-20为本项目焚烧炉和余热锅炉示意，主要技术参数见表5-17。

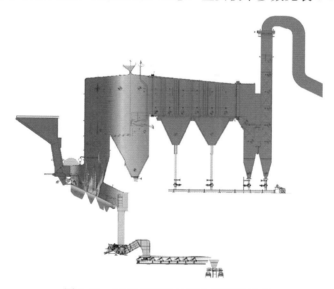

图5-20 M项目焚烧炉和余热锅炉示意

表5-17 M项目焚烧炉和余热锅炉主要技术参数

序号	设备（系统名称）	数量	主要技术参数（内容）
1	垃圾给料系统	3	（1）料斗、溜槽、推料器等。 （2）推料器：每炉4列，三菱-马丁式、液压驱动。 （3）主要参数：级数13

序号	设备（系统名称）	数量	主要技术参数（内容）
2	炉排系统	3	（1）往复逆推式。 （2）单炉焚烧处理能力：500t/d，20.83t/h。 （3）设计热值：1750kcal/kg@MCR。 （4）炉排倾角 26°，炉排长 8.37m、宽 9.48m。 （5）炉排条材质：高铬合金铸钢。 （6）单炉炉排总面积约 79.3m²，机械负荷约 263kg/（m²·h）
3	炉膛	3	燃烧室容积热负荷：0.24GJ/（m³·h）
4	一次风	3	（1）功率 250kW，流量 85 800m³/h（标况下），240mJ/（m³·h）。 （2）空气出口温度 230℃
5	二次风	3	（1）功率 75kW，流量 25 740m³/h（标况下），7.15m³/s。 （2）空气出口温度：230℃
6	锅炉给水系统	4	（1）凝结水系统、除氧系统：2 套。 （2）锅炉给水系统低压侧和高压侧采用分段母管制。 （3）给水泵 4 台：单台功率 200kW，压力 6.5MPa，流量 70m³/h
7	余热锅炉本体	3	（1）3 个垂直烟道、1 个水平烟道，四通道、前吊后支自然循环锅炉。主蒸汽参数 400℃、4.0MPa，蒸汽额定负荷 54.17t/h，给水温度 130℃，省煤器出口烟气温度 190～220℃。蒸汽、激波清灰。第一、二、三烟道内，依次布置了水冷壁、屏式蒸发器。过热器的材质为一级过热为 20G，二级和三级为 12Cr1MoV，省煤器的材质为 12Cr13。 （2）锅炉设计热效率：82%。 （3）水冷壁：材质 20G。 （4）蒸发器：材质 20G。 （5）过热器：一级过热器为 20G，二级和三级为 12Cr1MoV。 （6）省煤器：12Cr13。 （7）汽包内径×壁厚：1500×42mm，材质为 Q345
8	辅助燃烧系统	6	（1）数量：4 台/炉，德国威索。 （2）雾化介质，压缩空气；最大油流量 1875kg/h（侧燃）、344.5kg/h（后燃），最小油流量 268（侧燃）75.6kg/h（后燃）。 （3）侧燃燃烧空气风机：流量 18 362m³/h，电机功率 55kW。 （4）后燃燃烧空气风机：流量 8500m³/h，电机功率 45kW
9	炉排下出渣	3	水槽推杆液压出渣机，输送能力 5.1m³/h
10	炉尾出渣	3	（1）振动出渣机、皮带、磁选机、渣仓。 （2）振动出渣机：输送能力 12t/h（变频），公用皮带 800，公用皮带力选机
11	出灰系统	3	（1）反应塔出灰输送能力：2.5m³/h。 （2）袋式除尘器出灰输送能力：3.0m³/h。 （3）1 号公用刮板机输送能力：15m³/h。 （4）2 号公用刮板机输送能力：20m³/h。 （5）斗式提升机输送能力：20m³/h

14. P 项目

项目的总规模为 3000t/d（实际放大了 35%），4 炉 2 机配置。设计热值（LHV@MCR）为 9000kJ/kg（约 2150kcal/kg），LHV 的变化范围为 5850～10 800kJ/kg。项目采用 Hitz-Inova 顺推式 R 型液压驱动往复移动炉排，炉排倾角 18°，炉排长 15.40m，宽 11.32m。单炉炉排总面积约 174.32m^2，机械负荷约 242kg/(m^2·h)。焚烧炉燃烧室为绝热式设计，前、后拱内水冷壁高温区被浇注料包覆。余热锅炉采用"Ⅱ型"布置，主蒸汽参数为 450℃、6.5MPa，锅炉蒸汽产量额定负荷为 122.4t/h，给水温度设计值为 140℃，锅炉省煤器出口烟气温度设计值为 190～220℃。锅炉清灰方式为过热蒸汽压力清灰和乙炔激波清灰。在锅炉的辐射换热第一、二、三烟道内，依次布置了水冷壁、屏式蒸发器。在锅炉水平烟道内布置了过热器，在尾部垂直烟道内布置了省煤器。图 5-21 为本项目焚烧炉和余热锅炉示意图，主要技术参数见表 5-18。

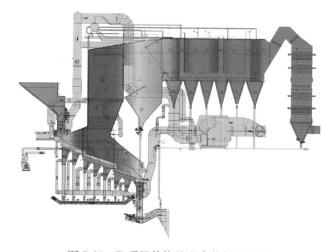

图 5-21　P 项目焚烧炉和余热锅炉示意

表 5-18　　　　　　　　　　　P 项目焚烧炉和余热锅炉主要技术参数

序号	设备（系统名称）	数量	主要技术参数（内容）
1	垃圾给料系统	4	（1）料斗、溜槽、推料器等。 （2）推料器：每炉 4 列
2	炉排系统	4	（1）液压驱动，往复顺推式机械炉排，R 型。 （2）单炉焚烧处理能力 750t/d（放大了 35%，实际为 1012.5t/d）。 （3）设计热值：9000kJ/kg@MCR（约 2150kcal/kg）。 （4）炉排倾角 18°，炉排长 15.40m、宽 11.32m。 （5）炉排条材质：高铬合金铸钢。 （6）单炉炉排总面积约 174.32m^2，机械负荷约 242kg/(m^2·h)，设两个大落差。 （7）焚烧炉渣热灼减率：≤3%
3	炉膛	4	（1）不同部位：SiC-85 耐火砖和耐火材料、SiC-30 不定形耐火材料、高氧化铝（AL-60C）碳化硅不定形耐火材料。 （2）前、后拱，逆流布置

续表

序号	设备（系统名称）	数量	主要技术参数（内容）
4	一次风	4	（1）$Q=169\,300\text{m}^3/\text{h}(30℃)$。 （2）$p=6200\text{Pa}$，$N=400\text{kW}$，10kV变频电机。 （3）空气出口温度110℃（低热值时可加热至220℃）。 （4）一次风蒸汽—空气预热器：二段式加热器
5	二次风和冷却风	4	（1）$Q=104\,600\text{m}^3/\text{h}(20℃)$。 （2）$p=6500\text{Pa}$，$N=320\text{kW}$，380V变频电机。 （3）空气出口温度：20℃。 （4）落差段冷却风机：$Q=10\,800\text{m}^3/\text{h}(20℃)$，$p=3600\text{Pa}$，$N=18.5\text{kW}$，380V
6	锅炉给水系统	4	（1）凝结水系统、除氧系统：2套，额定处理320t/h，工作温度130℃，运行压力0.27MPa(a)，水箱有效容积110m³。 （2）锅炉给水系统低压侧和高压侧采用分段母管制。 （3）给水泵4台，2用2备：单台功率1150kW，扬程1000m，流量320m³/h，10kV变频控制
7	余热锅炉本体	4	（1）5烟道Ⅱ式布置：3个垂直烟道、1个水平烟道、1个尾部垂直烟道。第1、2、3垂直通道，布置了膜式水冷壁结构，并在第3通道内布置蒸发器；在水平烟道依次布置高温过热器、中温过热器、低温过热器；在尾部垂直烟道布置多级省煤器。 （2）主蒸汽参数450℃、6.5MPa，蒸汽额定负荷122.4t/h，给水温度140℃，省煤器出口烟气温度190℃。 （3）水力清灰（DD-JET）：位于每炉的二、三烟道布置，每条线1台套。 （4）蒸汽吹灰：水平烟道内布置伸缩式蒸汽吹灰器，16台/线，吹灰介质为过热蒸汽，压力6.5MPa、温度450℃；尾部垂直烟道内，布置固定式蒸汽吹灰器，为省煤器清灰，48台/线，吹灰介质为过热蒸汽，压力6.5MPa、温度450℃。 （5）水平烟道内，依次布置高温过热器、中温过热器、低温过热器，过热器的材质为12Cr1MoVG。 （6）水冷壁、一级蒸发器、二级蒸发器、省煤器材质，均为SA210M Gr A1。 （7）汽包：内径1600mm，壁厚60mm，材质Q345R。 （8）锅炉设计热效率：82%。 （9）炉出口烟气中O_2浓度：6%～10%
8	点火（启动）与辅助燃烧系统	16	（1）数量：4台/炉，2台点火燃烧器，后墙安装；2台辅助燃烧器，左、右侧墙各安装1台。 （2）点火燃烧器：功率5.1MW，0号柴油流量为440kg/h，点火程序的启停可由DCS或就地控制。 （3）辅助燃烧器：功率28MW，0号轻柴油流量为2400kg/h，启停可由DCS或就地控制。 （4）燃烧器控制：装在燃烧器上的火焰探测器对燃烧器火焰进行探测。如果测不到火焰，探测器向就地控制柜和DCS发出"熄火"警报

序号	设备（系统名称）	数量	主要技术参数（内容）
9	渗沥液浓液回喷系统	1	（1）75t/d×4。 （2）设渗沥液处理站污水处理浓缩液回喷系统，该系统由滤网、泵、管道、喷嘴和伸缩系统组成。当垃圾热值较高时，可以在炉内喷入浓缩液。其喷入量以保证不影响垃圾的正常燃烧为准。为避免炉内超温结焦，喷射系统留有足够余量，当渗沥液浓液量不够时，可以喷水减温
10	沼气进炉燃烧系统	1	（1）规模为700m³/h×4台套（标况下）。 （2）设渗沥液处理站沼气进炉燃烧系统，该系统由沼气净化装置、增压风机、管道和燃烧器等组成。沼气经净化后可以喷进炉内燃烧。每台炉设置1套沼气燃烧系统，包含2台沼气燃烧器，每台沼气燃烧器流量为350m³/h（标况下），沼气压力为0.015MPa
11	出渣系统	4	（1）炉排漏渣输送机：16台，每炉4台，湿式刮板链式输送机，单台输送能力8t/h。 （2）出渣机：12台，每炉3台，液压推板式；钢板材质Q235/42CrM。 （3）炉渣池：1座，$L×B×H=108m×7.5m×5.5m$，$V=4455m³$。 （4）炉渣吊车：2台，1用1备，$Q=10t$，$V=4m³$

15. S项目

本项目的焚烧设备采用康恒环境供货、Hitz-Inova生产的Vonroll-R型液压驱动往复移动顺推式机械炉排焚烧设备。项目的设计热值（LHV@MCR）为9600kJ/kg(2300kcal/kg)，变化范围为5760～12 500kJ/kg（1370～2990kcal/kg）。项目采用的顺推式R型液压驱动往复移动炉，炉排长14.87m、宽9.67m，炉床倾角18°，有效面积约144m²，机械负荷为217kg/(m²·h)，干燥炉排段与燃烧炉排段有1个大落差。焚烧炉燃烧室为绝热式设计，前、后拱内水冷壁高温区被浇注料包覆。余热锅炉采用Ⅱ形布置，主蒸汽参数为450℃、13.0MPa，锅炉蒸汽产量额定负荷为105t/h，给水温度设计值为130℃，锅炉省煤器出口烟气温度设计值为190～200℃。锅炉清灰方式采用"水力喷淋清灰＋蒸汽吹灰＋激波清灰"结合的方式。在锅炉的辐射换热第一、二、三烟道内，依次布置了水冷壁、屏式蒸发器。在锅炉水平烟道内布置了过热器，在尾部垂直烟道内布置了省煤器。锅炉垂直烟道内，布置了SNCR脱硝系统。SNCR所用的尿素溶液与SCR共用。本项目还采用了烟气回流系统。图5-22为本项目焚烧炉和余热锅炉示意图，主要技术参数见表5-19。

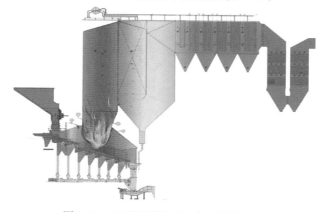

图5-22　S项目焚烧炉和余热锅炉示意

表 5-19   **S 项目焚烧炉和余热锅炉主要技术参数**

序号	设备（系统名称）	数量	主要技术参数（内容）
1	垃圾给料系统	4	（1）推料器，每炉1套，共4套。 （2）额定给料量：31.25t/h。 （3）给料宽度：9670mm。 （4）驱动装置：液压缸。 （5）推料器下收集渗沥液采用材质为316L的管道输送，管道规格为DN400
2	炉排系统	4	（1）往复顺推式，R 型炉排，单炉焚烧处理能力750t/d。 （2）设计热值9600kJ/kg @MCR。 （3）宽度9670mm，总长度14.87m，倾角 $\alpha=18°$。 （4）干燥炉排 $L=4422$mm；燃烧炉排 $L=6000$mm；燃烬炉排 $L=4445$mm；有效面积：144m²；额定工况下炉排机械负荷 217kg/(m²·h)；1个大落差，焚烧炉渣热灼减率：≤3%。 （5）每台焚烧炉设1座液压站
3	炉膛	4	（1）不同部位：SiC-85 耐火砖和耐火材料、SiC-30 不定形耐火材料、高氧化铝（AL-60C）、碳化硅不定形耐火材料。 （2）前、后拱，逆流布置
4	一次风	4	（1）垃圾池上方空气→一次风机→一次风蒸汽/空气预热器→炉排下风室→燃烧室。 （2）垃圾热值为6720kJ/kg 时，一次风加热至200℃；垃圾热值为9600kJ/kg 时，一次风温度为80℃；垃圾热值达到12 500kJ/kg 时，进炉一次风温度无须加热。 （3）一次风机：每炉1台，共4台；额定风量112 800m³/h（标况下）；额定全压5500Pa；转速1450r/min；电机运行方式为变频调速；电机功率250kW。 （4）一次风预热器：每炉1台，共4台；额定空气流量112 800m³/h（标况下）；最大空气流量124 080m³/h（标况下）；低压段进口蒸汽压力1.88MPa；低压段进口低压蒸汽温度219℃；低压段出口空气温度120℃；高压段进口蒸汽压力4MPa；高压段进口蒸汽温度250℃；高压段出口空气温度200℃
5	二次风	4	（1）渣池上方空气→二次风机→二次风喷嘴→焚烧炉。 （2）本项目进炉二次风温度无须加热。 （3）二次风机：每炉1台，共4台；额定风量61 700m³/h（标况下）；额定全压6500Pa；转速1450r/min；电机运行方式为变频调速；电机功率185kW
6	烟气再循环	4	（1）引风机入口烟气→烟气再循环风机→再循环烟气喷嘴→焚烧炉二次风附近进炉，约150℃。 （2）焚烧炉在额定工况下运行时，入炉烟气风量为34 949m³/h（标况下）。 （3）烟气再循环风机：每炉1台，共4台；额定风量47 500m³/h（标况下）；额定全压10 800Pa；转速1450r/min；电机运行方式为变频调速；电机功率220kW

续表

序号	设备（系统名称）	数量	主要技术参数（内容）
7	大落差部冷却风系统	4	（1）冷却空气取自燃烧空气（一次风）管道，经冷却风管，从中间炉排热膨胀吸收装置底部的喷嘴喷入热膨胀吸收装置腔室，对装置机构进行冷却后，经冷却风排出管返回一次风机入口风管，使这部分热量得以重新利用，避免了热损失。 （2）落差部冷却风机：每炉1台，共4台；额定风量5200m³/h（标况下）；额定全压3960Pa；转速1450r/min；电机功率22kW
8	点火（启动）与辅助燃烧系统	16	（1）天然气点火，天然气来自市政天然气管道，最大耗气量为6760m³/h（标况下），经调压站将压力调整至点火及助燃燃烧器要求的压力后，采用管道输送至焚烧间。 （2）点火燃烧器：每炉2台，共8台；火焰长度3m；最大耗气量960m³/h（标况下）；出力调节比1∶5；阀门盘4组；现场控制盘4个。点火燃烧器风机，每炉2台，共8台；额定风量8465m³/h（标况下）；额定风压3500Pa；电机运行方式为变频调速；电机功率30kW；现场控制盘4个。 （3）辅助燃烧器：每炉2台，共8台；火焰长度3m；最大耗气量：2420m³/h（标况下）；出力调节比1∶5；阀门盘1组；现场控制盘1个。辅助燃烧器风机：每炉2台，共8台；额定风量23 000m³/h（标况下）；额定风压3500Pa；电机运行方式为变频调速；电机功率45kW；现场控制盘4个
9	渗沥液回喷系统	1	（1）纳滤浓缩液和反渗透浓缩液需送至焚烧炉，正常运行时除去湿垃圾项目处理的浓液之外，剩余送至焚烧炉的纳滤浓缩液量约75t/d，反渗透的浓缩液量约为44.4t/d。 （2）全厂设1根回喷浓缩液母管，母管压力通过自力式压力调节阀维持稳定。每台焚烧炉设1套浓缩液压力调整装置，将浓缩液调整至合适的压力输送到各喷嘴中，喷嘴中的浓缩液采用压缩空气雾化，雾化用压缩空气接自焚烧炉工艺用气母管。 （3）纳滤浓缩液箱1个，容积30m³，Q235-B（内衬4mm丁基橡胶）；浓缩液回喷泵2台，按24h连续运行，1用1备配置，流量10m³/h，扬程6MPa，电机功率2.2kW，电机运行方式为变频调节。 （4）反渗透浓缩液箱1个，容积30m³，材质Q235-B（内衬4mm丁基橡胶）；反渗透浓缩液回喷泵2台，按24h连续运行，1用1备配置，流量10m³/h，扬程0.6MPa，电机功率2.2kW，电机运行方式为变频调节
10	余热锅炉本体	4	（1）主蒸汽参数450℃、13.0MPa，蒸汽额定负荷105t/h，给水温度130℃，省煤器出口烟气温度190～200℃。锅筒内径为φ1600mm、壁厚δ60mm、材料为P355GH。 （2）5烟道Ⅱ式布置：3个垂直烟道、1个水平烟道、1个尾部垂直烟道。第1、2、3垂直通道，布置了膜式水冷壁结构，在第三道内布置蒸发器；在水平烟道依次布置高温过热器、中温过热器、低温过热器；在尾部垂直烟道布置多级省煤器；在对流受热面入口，末级过热器前，布置一保护性蒸发屏，可使进入第四通道的烟气流更均匀，也可降低进入末级过热器的烟温。使烟气温度控制在580℃以内。 （3）在第一烟道和第二烟道上部水冷壁采用了堆焊措施保护，堆焊工艺为：在堆焊范围内使用镍基焊材（Ni6625 JIS Z 3334-2011或者ENiCrMo-3）并采用优质、高效、低稀释率的堆焊技术在管屏表面进行2mm以上堆焊，来实现延长使用寿命的目的。每台炉堆焊面积约为760m²。 （4）省煤器布置在锅炉的尾部，省煤器为裸管，任何负荷下省煤器内都不产生蒸汽。锅炉给水经省煤器加热后进入锅筒。省煤器入口处的给水温度130℃。整个省煤器采用护板式悬吊装置形式，在护板下部设有烟气挡板，以防止烟气旁通。 （5）设置连续在线汽水取样分析装置监视汽水品质

序号	设备（系统名称）	数量	主要技术参数（内容）
11	锅炉清灰	4	（1）一通道采用水力喷淋清灰，二、三通道和水平通道采用蒸汽吹灰装置，尾部烟道省煤器采用脉冲吹灰。 （2）水力喷淋清灰：在二、三通道的上方，锅炉的炉顶靠近汽包部位布置 1 套水力喷淋清灰系统。在每个通道炉顶上布置两排，每排为 5 个水力清灰接口，合计 10 个水力清洗接口，在系统运行时，清洗设备将软管和喷嘴头逐个顺序定位水力清洗接口，在喷嘴头靠近入口装置时，入口处的刀闸阀连锁开启，喷嘴头继续垂直依次沿二、三通道上下往返一次循环全部接口的运动。高性能喷嘴喷出的水流对吹扫范围内的锅炉受热面进行清洗。水喷淋清洗系统入口装置下部处设有操作及检修平台。 （3）蒸汽吹灰：余热锅炉二、三通道及水平烟道区域采用长伸缩式蒸汽吹灰装置，双侧双层设置，每台炉设 20 组喷嘴。汽源采用过热蒸汽，从中温过热器出口引出。 （4）激波清灰：炉尾部通道采用激波吹灰装置，燃气源为瓶装乙炔，采用空气助燃。每台炉设至少 24 个激波清灰点
12	SNCR	4	（1）本工程 SNCR 系统和 SCR 系统共用一套尿素溶液制备系统，使用的还原剂为 40% 尿素溶液。尿素溶液经 SNCR 系统尿素喷射泵加压后输送至混合器，在混合器内尿素溶液进一步被除盐水稀释成为 10% 的稀溶液。稀释后的溶液被压缩空气雾化，并经炉膛上布置的多层喷嘴喷入焚烧炉膛内，与烟气中 NO_x 进行选择性反应，可将锅炉出口烟气中 NO_x 含量控制在 150mg/m³（标况下）内。尿素溶液的流量根据锅炉出口的 NO_x 浓度进行调节，并在锅炉出口设置 NH_3 监测仪，将 NH_3 的逃逸浓度控制在 3.8mg/m³（标况下）内。 （2）不锈钢喷嘴设在锅炉不同标高处，每台锅炉设置 4 层，其中 3 层安装喷嘴，剩余一层开孔备用，每层布置 5 个喷嘴，每台炉设 20 个喷嘴。当锅炉负荷发生变化时，可远程控制和变化喷嘴标高，以确保尿素的喷入点烟气温度在 850～1000℃ 左右的最佳反应区域。 （3）尿素喷射泵 2 台（1用1备），离心泵，流量 6.5m³/h，扬程 76mH₂O，材质为不锈钢，电动机功率 1.1kW；除盐水罐 1 台，容积 6.5m³（标况下），材质为不锈钢，除盐水输送泵 2 台，离心泵，流量 26m³/h，扬程 70mH₂O，材质为不锈钢，电动机功率 3kW；尿素溶液喷枪 80 台，形式为双流体型，流量 250L/h，材质为 316L
13	灰渣排出系统	—	（1）每台焚烧炉排渣系统设 2 根落渣管和 4 台漏渣输送机，两侧漏渣输送机排渣进入对应的落渣管，中间漏渣输送机排渣进入右侧落渣管。 （2）炉排漏渣输送机：每炉 4 台，共 16 台，湿式刮板输送机，长度约 13.5m，宽 840mm，电动机功率 4kW。 （3）排渣机：每炉 2 台，共 8 台，水封液压推板式，液压缸驱动，输送能力 5.2t/h。 （4）二、三通道灰斗排灰机：每炉 2 台，共 8 台，风冷螺旋式，单台输送能力 2t/h，电机功率 3kW。 （5）二、三通道斗排灰机出口排灰阀：每炉 2 台，共 8 台，气动双翻板型，运行温度约 400℃，规格 300mm×300mm。 （6）水平通道过热器灰斗下星型卸灰阀：每炉 6 组，共 24 组，手动插板阀＋星型卸灰阀，运行温度 650℃，接管规格 DN400。 （7）尾部通道省煤器灰斗下星型卸灰阀：每炉 4 组，共 16 组，手动插板阀＋星型卸灰阀，运行温度 350℃，接管规格 DN400。 （8）余热锅炉积灰输送机：每炉 2 台，共 8 台，型式为刮板式，单台输送能力 5t/h，单台电机功率 3kW

三、 炉排主要技术参数汇总与对比分析

上海市垃圾焚烧发电设施的炉排设备，采用 R 型（炉排条行与行之间，固定炉排与移动炉排交错布置）居多，共计 14 座；采用 L 型（炉排条列与列之间，固定炉排与移动炉排交错布置）的设施有 2 座。从炉排的运动方向划分，本市 16 座设施中，13 座项目采用了顺推，3 座采用了逆推，见表 5-20。单炉炉排面积最大的是 P 项目，高达 174.32m²，按本项目的设计相关参数，该炉的 MCR 点的实际处理能力，超过了 1000t/d；同等单炉设计规模的 D 项目、S 项目，炉排面积分别为 129.50、143.79m²，采用逆推炉排的 E 项目的炉排面积为 113.40m²。炉排面积最小的是最早建设的 A 项目和 B 项目两座设施，分别为 68.5、71.0m²。其中，B 项目的炉排面积选型偏小，已经过实践证明。炉排的长度，逆推炉排介于 8.4～9.8m 之间，顺推炉排介于 11.0～15.4m 之间。对于顺推炉排而言，在垃圾含水率高、热值低的工况下，长度方向上的尺寸增加可以使垃圾烧得更彻底，以保证更低的炉渣热灼减率。炉排的倾角，采用 MHI、ALSTOM 技术的逆推炉排的倾角分别为 26°、24°；采用荏原技术的顺推炉排的倾角大部分为 0°；采用 Hitz 技术的顺推炉排，倾角不等。逆推炉排均无炉排段之间的大落差，顺推炉排大部分采用了两个大落差。

表 5-20 炉排尺寸和机械负荷汇总统计

序号	项目简称	炉排型式	单炉炉排面积（m²）	长度（m）	宽度（m）	机械负荷 kg/（m²·h）	倾角	炉排段之间大落差
1	A 项目	逆推、R 型	68.50	9.82	6.97	247.0	24°	无
2	B 项目	顺推、R 型	71.00	11.00	6.30	292.0	12.5°	有两个
3	C 项目一期	顺推、R 型	74.00	13.20	5.60	225.5	10°、0°	有两个
4	C 项目二期	顺推、R 型	107.73	11.40	9.45	193.4	0°	有两个
5	D 项目	顺推、R 型	129.50	14.20	9.10	241.0	18°、0°	有两个
6	E 项目	逆推、R 型	113.40	8.37	13.55	312.0	26°	无
7	F 项目	顺推、L 型	90.20	14.43	6.25	231.0	15°	有两个
8	G 项目	顺推、R 型	92.43	11.40	8.65	225.6	0°	有两个
9	H 项目	顺推、R 型	148.32	11.40	13.42	238.9	0°	有两个
10	J 项目	顺推、R 型	92.43	11.40	8.65	225.6	0°	有两个
11	K 项目	顺推、R 型	92.43	11.40	8.65	225.6	0°	有两个
12	L 项目一期	顺推、L 型	71.00	11.00	6.30	212.0	12.5°	有两个
13	L 项目二期	顺推、R 型	92.43	11.40	8.65	225.6	0°	有两个
14	M 项目	逆推、R 型	79.30	8.37	9.48	263.0	26°	无
15	P 项目	顺推、R 型	174.32	15.40	11.32	242.0	18°	有两个
16	S 项目	顺推、R 型	143.79	14.87	9.67	246.0	18°	有一个

注 P 项目炉排长度为 4.42＋6.53＋4.45＝15.40m，宽度为 11.3m。
S 项目炉排长度为 4.42＋6.00＋4.45＝14.87m，宽度为 9.67m。

炉排的机械负荷［也称之为燃烧速率，单位为 kg/(m² · h)］，是炉排选型的重要技术参数。图 5-23 对上海市垃圾焚烧发电设施的炉排机械负荷进行了排序。由图 5-23 可见，机械负荷最高的是 E 项目，高达 312.0kg/(m² · h)，最低的 C 项目二期，仅为 193.4kg/(m² · h)。逆推炉排由于其工艺特点，机械负荷高于顺推炉排，从这一点看，A 项目的机械负荷的确定是符合当时垃圾成分特性的，是合理的。而采用顺推炉排的 B 项目，机械负荷高达292.0kg/(m² · h)，炉排面积严重偏小，这是 B 项目长期不能按设计负荷运行的主要原因之一。顺推炉排的机械负荷，大部分介于 210～246 kg/(m² · h) 之间。

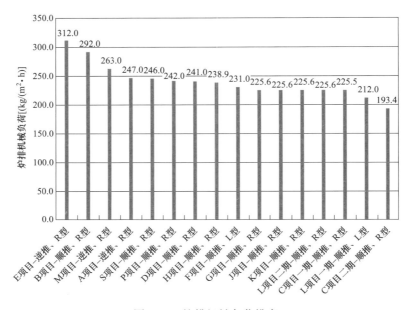

图 5-23　炉排机械负荷排序

四、　余热锅炉主要技术参数汇总与对比分析

上海市垃圾焚烧发电设施的余热锅炉系统，除 A 项目和 B 项目两个项目有部分受热面由外方供货外（因这两个项目使用了外资），其他项目均采用了国内锅炉厂的设备。上海四方锅炉厂因为体制改革的原因，已被重组。为本市焚烧设施供货的锅炉厂，包括川锅、杭锅、无锅、江锅等。近年来，因火电行业业务量萎缩，上锅、东锅也开始为垃圾焚烧设施供货。

图 5-24 表示了上海市垃圾焚烧发电设施的余热锅炉主蒸汽参数的变化情况。从时序上看，2013 年之前设计的项目，共 9 个，主蒸汽参数全部为 400℃、4.0MPa；从 E 项目开始，2016 年之后设计的项目，主蒸汽温度全部为 450℃，压力也提高了。特别是 S 项目，蒸汽压力高达 13.0MPa。表 5-21 列出了各项目余热锅炉的主要技术参数。通过表 5-21 中的蒸汽额定负荷、焚烧炉设计规模可以计算出，单位垃圾焚烧产生的蒸汽设计负荷，呈现了显著增加的趋势。锅炉的热效率，除 A 项目仅为 78％外，其他项目介于 81.0％～83.5％之间。锅炉的布置形式，卧式居多，共 9 个项目采用；Ⅱ式其次，共计 5 个项目采用；立式最少，共 2 个项目采用。

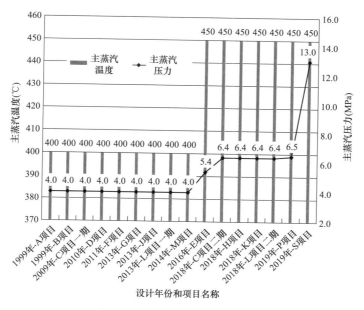

图 5-24　余热锅炉主蒸汽参数

表 5-21　　　　　　　余热锅炉系统主要技术参数汇总统计

序号	项目简称	锅炉供应商	主蒸汽温度（℃）	主蒸汽压力（MPa）	蒸汽额定负荷（t/h）	锅炉设计热效率（%）	锅炉布置型式
1	A 项目	法国 ALSTOM＋上海四方锅炉厂	400	4.0	29.32	78.0	立式
2	B 项目	西班牙 BWE＋上海四方锅炉厂	400	4.0	44.00	83.0	卧式
3	C 项目一期	四川川锅厂	400	4.0	43.40（扩容后）	82.0	卧式
4	C 项目二期	杭州锅炉厂	450	6.4	60.99	83.5	卧式
5	D 项目	无锡锅炉厂	400	4.0	70.60	82.0	卧式
6	E 项目	杭州锅炉厂	450	5.4	93.44	81.0	Ⅱ式
7	F 项目	无锡锅炉厂	400	4.0	42.00	81.0	卧式
8	G 项目	四川川锅厂	400	4.0	47.00	82.0	卧式
9	H 项目	江联重工	450	6.4	101.00	83.0	卧式
10	J 项目	杭州锅炉厂	400	4.0	47.00	80.0	卧式
11	K 项目	东方凌日	450	6.4	61.20	83.0	卧式
12	L 项目一期	四川川锅厂	400	4.0	21.00	83.0	立式
13	L 项目二期	青岛 EBARA	450	6.4	51.50	83.7	Ⅱ式
14	M 项目	四川川锅厂	400	4.0	54.17	82.0	Ⅱ式
15	P 项目	上海锅炉厂	450	6.5	122.50	82.0	Ⅱ式
16	S 项目	上海锅炉厂	450	13.0	105.00	82.0	Ⅱ式

第三节　烟气净化系统

一、烟气净化工艺组合形式

上海市垃圾焚烧发电设施烟气净化系统的工艺组合型式，见表 5-22。最初的 A 项目和 B 项目，烟气净化工艺原始配置为"旋转喷雾半干法（石灰浆）+活性炭喷射+袋式除尘+IDF"，《生活垃圾焚烧污染控制标准》（GB 18485—2014）发布后，这两个项目对烟气净化系统进行了技改，增加了 SNCR 和干法，A 项目还增加了活性炭吸附塔。

表 5-22　　　　　　　　　　　烟气净化系统工艺组合形式统计

序号	项目简称	工艺组合形式	是/否有烟气回流
1	A 项目	SNCR（技改增加）+旋转喷雾半干法（石灰浆）+干法（熟石灰，技改增加）+活性炭喷射+袋式除尘+活性炭吸附塔（技改增加）+IDF	否
2	B 项目	SNCR（技改增加）+旋转喷雾半干法（石灰浆）+干法（熟石灰，技改增加）+活性炭喷射+袋式除尘+IDF	否
3	C 项目一期	SNCR+旋转喷雾半干法（石灰浆）+干法（碳酸氢钠）+活性炭喷射+袋式除尘器+IDF+SCR（技改增加）	是（因技改，增加 SCR，空间不够，拆除不用）
4	C 项目二期	SNCR+PNCR（备用）+旋转雾化半干法（石灰浆）+干法（碳酸氢钠）+活性炭喷射+袋式除尘+SGH+SCR+IDF	是
5	D 项目	SNCR+减温塔+干法（熟石灰）+活性炭喷射+袋式除尘+IDF+PTFE-GGH+湿法（NaOH 溶液）	否
6	E 项目	SNCR+减温塔+熟石灰干法+活性炭喷射+袋式除尘+PTFE-GGH+湿法（NaOH 溶液）+SGH+SCR+IDF	否
7	F 项目	SNCR+减温塔+熟石灰干法+活性炭喷射+袋式除尘+IDF+回转式 GGH+湿法（NaOH 溶液）+SGH+活性炭固定床吸附	否
8	G 项目	SNCR+减温塔+干法（熟石灰）+活性炭喷射+袋式除尘+IDF+PTFE-GGH+湿法（NaOH 溶液）	是
9	H 项目	SNCR+旋转雾化半干法（石灰浆）+干法（熟石灰）+活性炭喷射+袋式除尘+PTFE-GGH1+湿法（NaOH 溶液）+PTFE-GGH2+SGH+SCR+IDF	是
10	J 项目	SNCR+减温塔+干法（熟石灰）+活性炭喷射+袋式除尘+IDF+PTFE-GGH+湿法（NaOH 溶液）	是
11	K 项目	SNCR+旋转雾化半干法（石灰浆）+干法（熟石灰）+活性炭喷射+袋式除尘+PTFE-GGH1+湿法（NaOH 溶液）+PTFE-GGH2+SGH+SCR+IDF	是
12	L 项目一期	SNCR+旋转雾化半干法（石灰浆）+干法（碳酸氢钠）+活性炭喷射+袋式除尘+IDF	否
13	L 项目二期	SNCR+旋转雾化半干法（石灰浆）+干法（熟石灰）+活性炭喷射+袋式除尘+SGH+SCR+IDF	是

续表

序号	项目简称	工艺组合形式	是/否 有烟气回流
14	M项目	SNCR＋旋转喷雾半干法（石灰浆）＋活性炭喷射＋干法（熟石灰）＋袋式除尘＋IDF＋PTFE-GGH＋湿法（NaOH溶液）＋预留SCR	否
15	P项目	SNCR＋旋转雾化半干法（石灰浆）＋干法（熟石灰）＋活性炭喷射＋袋式除尘＋PTFE-GGH1＋湿法（NaOH溶液）＋PTFE-GGH2＋SGH＋SCR＋IDF	否
16	S项目	SNCR＋旋转雾化半干法（石灰浆）＋干法（熟石灰）＋活性炭喷射＋袋式除尘＋PTFE-GGH1＋湿法（NaOH溶液）＋PTFE-GGH2＋SGH＋SCR＋IDF	是

"SNCR、干法脱酸、活性炭喷射吸附、袋式除尘"在上海市垃圾焚烧发电设施的每个项目上都得到了应用。干法脱酸采用的药剂以熟石灰干法居多，个别项目采用了碳酸氢钠（$NaHCO_3$，小苏打）作为反应药剂。C项目一期是国内第一个采用$NaHCO_3$作为干法反应药剂的项目，为全国提供了示范经验。

16座设施中，采用旋转雾化半干法（石灰浆）的有11座；采用湿法（NaOH溶液）净化系统的有9座。D项目，是国内第一座采用以NaOH稀溶液为反应剂的湿法净化系统的设施，并为了节能、防腐，配置了"PTFE-GGH（新型防腐蚀气-气换热器）"。因在亚洲首次使用PTFE-GGH，2014年获得了美国杜邦公司在亚洲的唯一应用奖，也为上海市乃至全国的后续项目采用"湿法＋PTFE-GGH"配置提供了示范和借鉴，具有良好的节能效益（以D项目单炉750t/d、1700kcal/kg的设计热值为例，计算节能率高达8%～10%）。

SCR在上海垃圾焚烧项目的应用，始于2016年开始设计的E项目，之后的项目都设计了SCR系统。16座设施中，共有8座设施采用了SCR。其中，C项目一期为技改增加。M项目预留了SCR。上海市垃圾焚烧发电设施采用的均为低温SCR（可节能，国内普遍使用），且都布置在最后一道脱酸工艺之后以更好地保护催化剂的性能（国内也有将SCR布置在湿法净化之前的项目，但SCR之前布置了干法和半干法脱酸工艺），但耗能、投资较高。IDF的布置，有前置，也有后置的。

2018年之后设计的建设中的H项目、K项目、P项目和S项目，烟气净化工艺的配置非常复杂，烟气污染物的净化可以达到更高的水平，但投资和运营费用进一步上升。

二、 烟气净化系统主要技术参数

1. A项目

项目建设完工后，烟气净化系统采用了"旋转雾化半干法（石灰浆）＋活性炭喷射＋袋式除尘"的烟气净化工艺，如图5-25所示。2014年，鉴于国家标准和地方标准的提升，对此系统进行了技术改造和提升，增加了SNCR、熟石灰干法系统和活性炭吸附塔。

原来的烟气净化系统按功能分为以下子系统：①石灰浆制备系统。包括石灰储仓、配制罐、分配罐、石灰浆泵及辅助设备组成。②半干法喷雾脱酸系统。由旋转雾化器、反应塔体

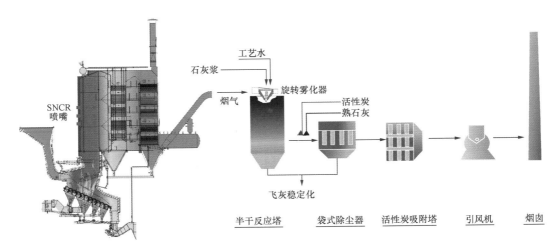

图 5-25　A 项目烟气净化流程示意（技改后）

及辅助设备组成。③活性炭喷射系统。由活性炭储仓、计量、喷射等设备组成。④袋式除尘器。⑤飞灰输送及储存系统。由卸灰、输送、储存等设备组成。⑥引风机。⑦烟气在线检测系统。具体技术参数详见表 5-23。

表 5-23　　　　　　　　A 项目烟气净化系统主要技术参数（原设计）

序号	设备（系统名称）	数量	主要技术参数（内容）
1	石灰浆制备系统	2	1 用 1 备
	石灰储仓	2	ϕ4200mm，$V=125m^3$
	石灰浆配制槽	2	ϕ1900mm，$H=2300mm$，$V=11m^3$
	石灰浆分配槽	2	ϕ2200mm，$H=2300mm$，$V=14m^3$
	石灰浆泵	5	5 台，3 用 2 备。扬程 33m，转速 1548r/min，流量 8t/h
	其他	—	冷却水泵、冷却水箱、搅拌器、浆液高位槽等
2	半干法喷雾脱酸系统	3	入口流量 66 167m³/h（标况下），出口流量 72 785m³/h（标况下），入口温度 200℃，出口温度 160℃，烟气滞留时间 10s
	半干反应塔	3	ϕ7200mm，$H=11.9m$
	旋转雾化器	4	进口设备，3 用 1 备。最大石灰浆量 6m³/h，转速 11 000～13 000r/min，雾化盘直径 178mm，功率 49kW
	其他	—	出灰装置、导流装置等
3	活性炭储仓	1	ϕ2700mm，$H=10\ 308mm$
	活性炭出料计量螺旋	3	$Q=5～60kg/h$，变频控制，可计量，每台锅炉一套
	其他	—	活性炭给料斗、减速机、仓顶除尘器、喷嘴等
4	袋式除尘器	3	长 13 500mm，宽 10 000mm，高 13 500mm，过滤面积 2035m³，6 个隔仓，每仓 120 个滤袋，滤袋规格 ϕ180×5000mm，滤袋材质 RYTON-P84，过滤风速 1.1m³/（m²·min）；滤袋总数 720 个，材质碳钢
	其他	—	电伴热装置、旁路、下灰斗及振打装置等

序号	设备（系统名称）	数量	主要技术参数（内容）
5	飞灰输送及储存系统	2	总输送能力 $88m^3/h$，总储存极限能力 $300m^3$
	反应塔下出灰破碎机	3	单台功率 5.5kW
	除尘器飞灰刮板输送机	6	单台输送能力 $13m^3/h$，功率 60kW
	喷雾反应器及袋式除尘器总的灰渣刮板输送机	2	单台输送能力：$44m^3/h$
	斗式提升机	2	运行速度 1.6m/s
	飞灰储仓	2	单台 $\phi5000$，$H=13\,000mm$，$V=150m^3$
	其他	—	飞灰储仓顶双向分配螺旋输送机、飞灰储仓顶部除尘器、飞灰储仓底部灰渣螺旋输送机、飞灰加湿搅拌输送机等
6	引风机	3	(1) 进口设备，变频控制。 (2) 额定风量 70 110m^3/h（标况下）。 (3) 电动机 257kW
7	烟气在线检测系统	3	(1) 进口设备，法国环境-MIR9000。 (2) 在线检测内容： 压力、温度、流量、湿度、O_2含量和CO_2 污染物浓度：烟尘、SO_x、NO_x、HCl、CO

2. B 项目

本项目一期、二期工程完工后，烟气净化系统采用了"旋转雾化半干法（石灰浆）＋活性炭喷射＋袋式除尘"的烟气净化工艺。2014 年，鉴于国家标准和地方标准的提升，对此系统进行了技术改造和提升，增加了 SNCR 和碳酸氢钠（$NaHCO_3$）干法系统。本烟气净化系统的主要设备技术参数见表 5-24，工艺流程如图 5-26 所示。

表 5-24　　　　　　　　B 项目烟气净化系统主要技术参数（原设计）

序号	设备（系统名称）	数量	主要技术参数（内容）
1	石灰浆制备系统	2	1用1备
	石灰储仓	2	$\phi4000mm$，$V=100m^3$
	石灰浆配制槽	2	$\phi2000mm$，$H=2418mm$
	石灰浆稀释槽	2	$\phi2200mm$，$H=3158mm$
	石灰浆泵	4	进口设备，一期 3 台，二期 1 台。扬程 3.5bar（1bar＝100kPa），转速 2920r/min
	其他	—	工艺水泵、工艺水箱、搅拌器、浆液高位槽等
2	半干法喷雾脱酸系统	3	入口流量 88 200m^3/h（标况下），出口流量 96 182m^3/h（标况下），入口温度 190～240℃，出口温度 140～160℃，烟气滞留时间 10～12s
	半干反应塔	3	$\phi8500mm$，$H=10m$，总高 17m
	旋转雾化器	4	进口设备，3用1备。最大石灰浆量 $8m^3/h$，转速 14 000～15 000r/min，雾化盘直径 197mm，功率 56kW，雾化转材质：Titanium

续表

序号	设备（系统名称）	数量	主要技术参数（内容）
2	其他	—	出灰装置、导流装置等
3	活性炭储仓	1	$\phi 2300mm$，$H=4500mm$
	活性炭储仓出料计量螺旋	3	$Q=5\sim50kg/h$，变频控制，可计量
	活性炭喷射风机	4	功率4kW，1用1备
	其他	—	活性炭给料斗、减速机、仓顶除尘器、喷嘴等
4	袋式除尘器	3	长为7850mm，宽为7500mm，高为13 000mm，体积330m³，6个隔仓，每仓168（14×12）个滤袋，滤袋规格$\phi 127\times5650mm$，滤袋材质RYTON-P84，排灰量800kg/h；滤袋总数1008个，材质碳钢
	其他	—	电伴热装置、旁路、下灰斗及振打装置等
5	飞灰输送及储存系统	3	总输送能力75m³/h，总储存极限能力340m³
	喷雾反应塔下出灰破碎机	3	单台功率5.5kW
	袋式除尘器飞灰刮板输送机	6	单台输送能力12m³/h，功率55kW
	喷雾反应器及袋式除尘器总的灰渣刮板输送机（一、二段）	6	单台输送能力：25m³/h
	斗式提升机	3	高度约30m
	飞灰储仓	2	单台$\phi 4400$，$H=14\ 000mm$，$V=170m³$
	其他	—	飞灰仓顶出料分配螺旋输送机、飞灰储仓顶除尘器、飞灰储仓缓冲料斗、飞灰储仓振动料斗、飞灰储仓底部灰渣螺旋输送机、飞灰加湿搅拌输送机等
6	引风机	3	（1）进口设备，变频控制。 （2）额定风量117 000m³/h（标况下）。 （3）电动机450kW
7	烟气在线检测系统	3	（1）进口设备，德国SICK，MCS-100E型。 （2）在线检测内容： 压力、温度、流量、湿度、O_2含量和CO_2 污染物浓度：烟尘、SO_x、NO_x、HCl、HF、CO

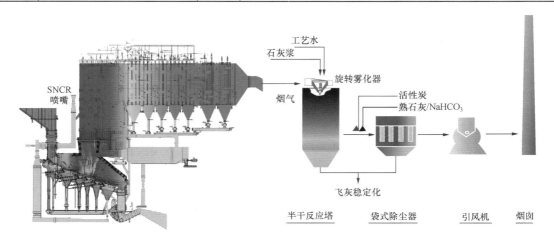

图5-26　B项目烟气净化流程示意（技改后）

3. C 项目一期

本项目一期工程完工后，烟气净化系统采用了"SNCR（氨素）＋旋转喷雾半干法（石灰浆）＋干法（碳酸氢钠）＋活性炭喷射＋袋式除尘"处理工艺。2019 年，项目扩建技改，增加了 PNCR 备用系统、SCR 系统，将尿素溶液改为氨水。烟气净化工艺流程如图 5-27 所示，主要设备技术参数见表 5-25。

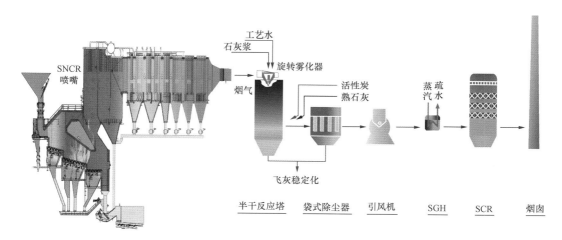

图 5-27　C 项目一期烟气净化流程示意（技改后）

表 5-25　　　　　C 项目一期烟气净化系统主要技术参数（原设计）

序号	设备（系统名称）	数量	主要技术参数（内容）
1	石灰浆制备系统	1	1 用
	石灰储仓	1	ϕ4000mm，V＝110m³
	石灰浆配制槽	2	ϕ2000mm，H＝2450mm
	石灰浆储存罐	1	ϕ3500mm，H＝2850mm，容积 24m³
	石灰浆泵	2	1 用 1 备。扬程 0.7MPa，转速 2920r/min
	其他	—	工艺水泵、工艺水箱、搅拌器、浆液高位槽等
2	半干法喷雾脱酸系统	2	入口流量 73 880m³/h（标况下），出口流量 88 656m³/h（标况下），入口温度 190～240℃，出口温度 140～160℃，烟气滞留时间 10～12s
	半干反应塔	2	ϕ8000mm，H＝10m，总高 17m
	旋转雾化器	4	进口设备，2 用 2 备。最大石灰浆量 2.3m³/h，转速 14 000～15 000r/min，雾化盘直径 197mm，功率 75kW，雾化转材质：Titanium
	其他	—	出灰装置、导流装置等
3	活性炭储仓	1	ϕ2600mm，H＝3500mm，有效容积 18m³
	活性炭定量螺旋输送机	2	Q＝0.8～7.6kg/h，变频控制，可计量
	活性炭喷射风机	3	1200m³/h，功率 15，2 用 1 备
	其他	—	活性炭给料斗、减速机、仓顶除尘器、喷嘴等

续表

序号	设备（系统名称）	数量	主要技术参数（内容）
4	袋式除尘器	2	长 11.5m，宽 9m，高 17.5，体积 1811.25m³，6 个隔仓，每仓 156 个滤袋，滤袋规格 φ150×6000mm，滤袋材质纯 PTFE＋覆膜，排灰量 800kg/h；滤袋总数 936 个，材质碳钢
	其他	—	电伴热装置、旁路、下灰斗及振打装置等
5	飞灰输送及储存系统	2	总输送能力 6.8t/h，11kW
	反应塔下出灰破碎机	2	单台输送能力 5.5m³/h，功率 5.5kW
	袋式除尘器飞灰刮板输送机	6	单台输送能力 1.2t/h，功率 3kW
	喷雾反应器及袋式除尘器总的灰渣刮板输送机（一、二段）	6	单台输送能力：1.3t/h，功率 3kW
	斗式提升机	2	高度约 25.5m，6.8t/h，5.5kW
	飞灰储仓	2	单台 φ4500mm，$H=8800mm$，$V=140m^3$
	其他	—	飞灰仓顶出料分配螺旋输送机、飞灰储仓顶部除尘器、飞灰储仓缓冲料斗、飞灰储仓振动料斗、飞灰储仓底部灰渣螺旋输送机、飞灰加湿搅拌输送机等
6	引风机	2	（1）新乡西玛电机，变频控制。 （2）额定风量 78 076m³/h（标况下），全压 8.97kPa，计算温度 180℃。 （3）电动机 560kW
7	烟气在线检测系统	2	（1）进口设备，德国 SICK，MCS-100FT 型。 （2）在线检测内容： 压力、温度、流量、湿度、O_2 含量和 CO_2 污染物浓度：烟尘、SO_x、NO_x、HCl、HF、CO

4. D 项目

本项目为国内第一个采用湿法洗涤工艺的项目。烟气净化工艺组合形式为"SNCR（尿素）＋减温塔＋干法（熟石灰）＋活性炭喷射＋袋式除尘＋PTFE－GGH＋湿法（NaOH 溶液）"。烟气排放标准在确保处理后烟气各项污染物在达到《生活垃圾焚烧污染控制标准》（GB 18485—2014）、《上海市生活垃圾焚烧大气污染物排放标准》（DB31/768—2013）以及全面达到欧盟 EU2000/75/EC 标准，并且设置烟气在线监测装置。本项目烟气净化主要设备技术参数见表 5-26，工艺流程如图 5-28 所示。

表 5-26   **D 项目烟气净化系统主要技术参数（原设计）**

序号	设备名称		技术参数（内容）	单位	数量
1	减温系统	减温塔	Q-235B，φ7.0×10m(直筒)×高 22m	个	4
		雾化喷嘴	流量：430kg/h，单塔配置 9 个	个	36
2	除尘系统	袋式除尘器	（1）额度风量：167 300m³/h（标况下）。 （2）材质：碳素构造钢。 （3）规格：宽 11.3m × 长 11.85m× 高 16.4m	套	4

续表

序号	设备名称		技术参数（内容）	单位	数量
3	湿法系统			组	
	湿法洗涤塔		（1）材质：碳钢；入口烟气温度：108℃，出口烟气温度：约 62.3℃。 （2）规格：冷却部直径 6.35m；吸收减湿部直径 5.5m；总高度 20m	台	4
	冷却液循环泵		（1）材质：本体和叶轮 SCS10，轴 316L，轴套 SUS329J4L。 （2）规格：流量为 560m³/h；扬程 30m	台	8
	减湿液循环泵		（1）材质：本体和叶轮 SCS16，轴和轴套 316L。 （2）规格：流量为 495m³/h；扬程为 35m	台	8
4	GGH				
	烟气-烟气换热器		（1）换热管为 PTFE，总压降小于 1470Pa。 （2）烟气泄漏率小于 0.1%；换热量大于或等于 3660kW	台	4
5	引风机	引风机本体	（1）两侧吸入涡轮风机。 （2）风机流量 176 000m³/h（标况下），风压 7600Pa	台	4
		引风机电机	电机功率 $P=840$kW，电压 10.5kV，变频控制	台	4
6	烟气在线检测系统	CEMS	（1）德国进口，SICK 品牌。 （2）检测位置：烟囱出口、除尘器出口。 （3）在线检测内容：①压力、温度、流量、湿度、O_2 和 CO_2；②烟尘、SO_2、HF、HCl、CO、NO_x	套	2×4
7	熟石灰喷射系统				
	贮仓（筒体）		技术规格：$V=210$m³，$\phi5000$mm×$H9500$mm	台	1
	喷射风机		罗茨风机，流量 1490m³/h（标况下），压头 20kPa	台	5
8	活性炭喷射系统	贮仓（筒体）	技术规格：$V=41$m³，$\phi2200$mm×$H10\,250$mm	台	1
		喷射风机	罗茨风机，流量 216m³/h（标况下），压头 20kPa	台	5
9	飞灰稳定化系统	灰仓（筒体）	容积 $V=240$m³，规格 $\phi6.0$m×$H6.55$m	个	2
		混炼机	（1）双卧轴、强制式；型号 JS1500。 （2）全容积 2m³；电机 2×22kW	台	2

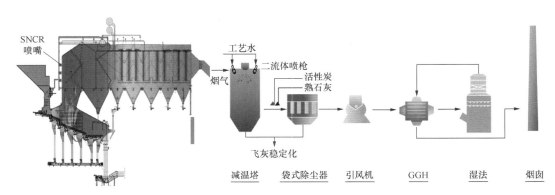

图 5-28　D 项目烟气净化流程示意（原设计）

5. E 项目

本项目烟气净化系统采用"SNCR（氨水）＋减温塔＋干法（熟石灰）＋活性炭喷射＋袋式除尘器＋PTFE－GGH1＋湿法（NaOH 溶液）＋SGH＋SCR"的工艺组合型式。主要由SNCR 系统、反应塔系统、袋式除尘器系统、GGH 换热系统、湿式洗涤系统、SGH 系统、SCR 系统和引风机系统组成，此外，公用系统还包括了氨水储存与氨气制备系统、熟石灰储存与喷射系统、活性炭储存与喷射系统、氢氧化钠溶液储存、稀释与供给系统以及所有设备的保温防腐、钢架平台扶梯等钢结构组成。本项目烟气排放指标同时满足国标 GB 18485—2014、上海地方标准 DB 31/768—2013、欧盟最新的 2010/75/EU 标准及本工程环境影响评价中的污染物总量控制要求。本项目烟气净化工艺如图 5-29 所示，主要技术参数见表5-27。

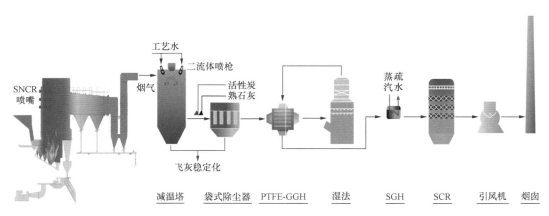

图 5-29　E 项目烟气净化流程示意（原设计）

表 5-27　　　　　　　　　　E 项目烟气净化系统主要技术参数（原设计）

序号	设备名称		技术参数（内容）	单位	数量
1	减温系统	减温塔	Q-235B，$\phi 8.5 \times 11m$（直筒）	个	8
		雾化喷嘴	双流体喷嘴，单塔配置 3 个	个	24

续表

序号	设备名称		技术参数（内容）	单位	数量
2	除尘系统	除尘器	（1）额度风量：164 780m³/h（标况下）。 （2）材质：碳素构造钢。 （3）过滤风速：<0.8m/min。 （4）分仓室，10个	套	8
3	湿法系统			组	
	湿法洗涤塔		（1）材质：外壳碳钢，内衬防腐材料；入口烟气温度：106～112℃，出口烟气温度 60～70℃。 （2）烟气流量：130 000～150 000m³/h（标况下）	台	8
	冷却液循环泵		材质：本体和叶轮 SCS10，轴 316L，轴套 SUS329J4L。 规格：流量－720m³/h；扬程－60m	台	16
	减湿液循环泵		材质：本体和叶轮 SCS16，轴和轴套 316L。 规格：流量－540m³/h；扬程－72m	台	16
4	GGH	烟气-烟气换热器	（1）材质：换热管为 PTFE 材料，壳体及内部支撑为碳钢＋PTFE 内衬，清洗水管及喷嘴为 PP，烟气进出口烟气采用厚度不低于 6mm 碳钢板＋PTFE 内衬。 （2）单台换热面积 3152m²，热负荷约 3.0MW。 （3）壳程：流量 165 000m³/h（标况下），入口温度 155℃，出口 107℃。 （4）管程：流量 146 000m³/h（标况下），入口温度 50℃，出口温度 105℃	台	8
5	SCR 系统	SGH（蒸汽-烟气换热器）	（1）烟气流量约 150 000～165 000m³/h（标况下），入口烟温 105℃，反应温度 170℃，出口烟温 165℃。 （2）换热量 15～16GJ/h。 （3）加热蒸汽参数：压力 1.9MPa，温度约 200℃。 （4）换热面积 1650m²，压降约 500Pa	台	8
		SCR（低温催化脱硝）	（1）170℃低温催化脱硝，设计按入口 NO_x－150mg/m³（标况下）→出口 NO_x－50mg/m³（标况下）（去除率 66.7%）考虑；设计氨逃逸率在 8mg/m³（标况下）以下。 （2）催化剂再生：水洗，设计按 3 年以上不进行水洗更换。 （3）催化剂：MoO_3、V_2O_5、为活性成分，以 TiO_2 为载体形式，细孔容积为 0.4mL/g；栅格间距为 3.75mm，烟气接触面积为 908m²/m³；标准状态下气体的体积 SV（标准空间速度）为 9100/h	台	8

续表

序号	设备名称		技术参数（内容）	单位	数量
6	引风机	MVX-CDB ♯ 15.0	（1）电机功率 1500kW，1493r/min。 （2）风量 5241m³/min。 （3）电压 10.5kV，高压变频调节、50Hz	台	8
7	烟气在线检测	CEMS	（1）德国 ABB 组件，国内成套。 （2）检测位置：烟囱出口、袋式除尘器出口、锅炉省煤器出口，共三个位置。 （3）在线检测内容：①流量、压力、温度、湿度、O_2 和 CO_2；②烟尘、SO_2、HF、HCl、NO_x、NH_3 等	套	3×8
8	熟石灰喷射系统	贮仓	单仓 $V=200m^3$	台	2
		喷射风机	罗茨风机，流量 336m³/h（标况下），压头 49kPa	台	10
9	活性炭喷射系统	贮仓	技术规格：$V=30m^3$	台	4
		喷射风机	罗茨风机，流量 174m³/h（标况下），压头 49kPa	台	10
10	飞灰稳定化系统	灰仓	容积：$V=250m^3$	个	4
		混炼机	双卧轴，强制式，处理能力 15t/h	台	4

6. F 项目

项目烟气净化采用"SNCR（尿素）+减温塔+干法（熟石灰）+活性炭喷射+袋式除尘+回转式 GGH+湿法（NaOH 溶液）+SGH+活性炭固定床吸附"的组合工艺形式。本项目是继上海市 D 项目之后，国内第二个采用湿法洗涤系统的工程。湿法系统配置与 D 项目基本相同，但 GGH 型式不同。此外，为确保烟气排放指标全面达到并优于欧盟 2000 标准，还设置了活性炭吸附系统。本项目烟气净化工艺如图 5-30 所示，主要技术参数见表 5-28。

从烟气换热器出口的烟气（温度低于 90℃）经活性炭塔两边进风管，再经分支管进入独立的 10 个活性炭吸附室，首先由进入点的分风片将烟气导流及分散，然而以较平均的风速通过活性炭过滤层，以确保吸附效果，随后烟气再通过 5mm 的过滤层，避免因活性炭过滤层施工造成碎屑导致黑烟，最后进入塔体上方的出风管排气。为保证活性炭的温度不超过 150℃，活性炭塔设有温度调整措施。每个活性炭吸附室顶上方有 2 个活性炭加入口，活性炭一定要加满，否则烟气会从孔隙中逃逸而未经活性炭吸附。活性炭加料时，由手动单轨吊车将 1m³ 太空包吊到塔体上方，再经加料装置加入活性炭仓。在每个室下各有 2 个出料口，做成抽屉状，向一侧拉伸可出料，出料口下方以卡车或太空包接运，可以送入焚烧炉焚烧处理。为了运行安全，在每个室上方各装 1 个防爆门，万一活性炭发生自燃爆炸时，可由防爆门泄压避免伤害操作人员，每个活性炭过滤层后方、顶端上方装饰一个玻璃窥视窗，在每个室设维修用人孔，便于工作时观察内部及维修。从活性炭吸附装置出来的净化后烟气，经增压风机、蒸汽加热器升温至 135℃通过烟囱排入大气。

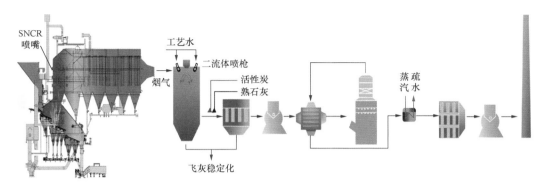

图 5-30　F 项目烟气净化流程示意（原设计）

表 5-28　　　　　　F 项目烟气净化系统主要技术参数（原设计）

序号	设备名称	技术参数（内容）	单位	数量
1	减温塔系统	碳钢，圆筒立式，下部锥形，直径 6000mm	台	4
		运行压力－150～1500Pa，运行温度 200～240℃		
		双流体喷嘴，喷嘴数量 6 只/塔		
2	袋式除尘器	外形尺寸为 12m×11m×20m，6 室/台	台	4
		过滤风速 0.76m/min，单台过滤面积 3839m²，设备阻力 1500Pa，除尘效率大于 99.9%		
		滤袋规格 φ160mm×6500mm，滤袋数量 1176 条/台，滤袋材质 PTFE，脉冲阀数量 84 只/台，压缩空气压力 0.4MPa		
3	湿法净化系统	与 D 项目配置相同	台	4
4	GGH	回转式，搪瓷材料	台	4
5	活性炭吸附装置	设 10 个独立的活性炭吸附室，活性炭滤层厚 5mm，烟气低速、均匀通过。内设温度调整措施	台	4
6	烟气净化辅助系统	石灰干法储存与喷射	套	4
		活性炭储存与喷射	套	4
		飞灰稳定化	套	2

7. G 项目

本项目的烟气净化工艺，采用"干法＋湿法"的工艺，工艺组合型式为"SNCR（尿素）＋减温塔＋干法（熟石灰）＋活性炭喷射＋袋式除尘＋PTFE－GGH＋湿式洗涤塔（氢氧化钠溶液）＋烟气再加热工艺"，与 D 项目相同。环评要求烟气各项污染物在达到《生活垃圾焚烧污染控制标准》（GB 18485—2014）、《上海市生活垃圾焚烧大气污染物排放标准》（DB31/768—2013）以及全面达到欧盟 EU2010/75/EU 标准，并且设置烟气在线监测装置。本项目烟气净化工艺如图 5-31 所示，主要技术参数见表 5-29。

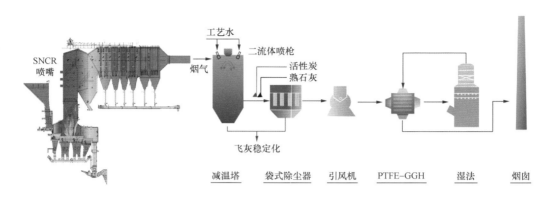

图 5-31　G 项目烟气净化流程示意（原设计）

表 5-29　　　　　　　　**G 项目烟气净化系统主要技术参数（原设计）**

序号	设备名称		技术参数（内容）	单位	数量
1	SNCR 系统	尿素溶液供应泵	柱塞泵，$Q=0\sim60\text{L/min}$，$p=1.0\text{MPa}$	台	5
		尿素溶液喷嘴	双流体喷嘴、广角喷雾，$Q=0.65\text{L/min}$	个	48
2	减温塔系统	减温塔本体	处理烟气量 113 520m³/h（标况下），入口烟气温度 190℃	台	4
		减温塔排灰机	$Q=1\text{t}$	台	4
		减温水喷嘴	双流体，不锈钢喷嘴，3 个/台	个	12
3	熟石灰喷射系统	熟石灰贮仓	$\phi6000\text{m}$，$V=150\text{m}^3$	个	1
		4 向定量给料装置	给料 0.75kW，分配 1.5kW	套	1
		熟石灰喷射风机	罗茨风机，$Q=500\text{m}^3/\text{h}$(标况下)，$p=39\text{kPa}$	台	5
4	活性炭喷射系统	活性炭贮仓	$\phi2000$，$V=20\text{m}^3$	个	1
		向定量给料装置	给料 0.75kW，分配 1.5kW	套	1
		活性炭喷射风机	罗茨风机，$Q=50\text{m}^3/\text{h}$(标况下)，$p=20\text{kPa}$	台	5
5	袋式除尘器系统	袋式除尘器	脉冲式，$Q=95\ 800\text{m}^3/\text{h}$（标况下），入口烟气温度 175℃	台	4
		除尘器卸灰阀	星型，300mm×300mm	台	24
6	引风机系统	引风机	离心式，$Q=96\ 200\text{m}^3/\text{h}$(标况下)，$p=7.585\text{kPa}$，$t=174℃$	台	4
7	湿式洗涤塔系统	湿式洗涤塔	冷却部:喷淋式;减湿部:填充式,烟气量 $Q=101\ 900\text{m}^3/\text{h}$(标况下)	台	4

续表

序号	设备名称		技术参数（内容）	单位	数量
8	烧碱溶液制备系统	烧碱溶液储罐	不锈钢制，溶液浓度20%，$V=46m^3$	个	2
		烧碱输送泵	$Q=2m^3/h$，$H=10mH_2O$	台	2
9	烟气再加热系统	烟气-烟气再加热器（GGH）	高温烟气：84 900m^3/h（标况下），低温烟气：77 700m^3/h（标况下）；$\Delta p<1.6kPa$	台	4
10	烟气排放数据采集系统（CEMS）		包括：数据采集系统、在线多组分分析仪、灰尘监测仪和分析仪柜等	套	4

8. H 项目

项目烟气净化系统采用"SNCR（氨水）＋旋转雾化半干法（石灰浆）＋干法（熟石灰）＋活性炭喷射＋袋式除尘＋PTFE－GGH1＋湿法（NaOH溶液）＋PTFE－GGH2＋SGH＋SCR"的组合工艺。此外，公用系统还包括了氨水储存与氨气制备系统、熟石灰储存与喷射系统、活性炭储存与喷射系统、氢氧化钠溶液储存、稀释与供给系统以及所有设备的保温防腐、钢架平台扶梯等钢结构。本项目烟气排放指标同时满足 GB 18485—2014、上海地方标准 DB31/768—2013、欧盟最新的 2010/75/EU 标准及本工程环境影响评价中的污染物总量控制要求。本项目烟气净化工艺如图 5-32 所示，主要技术参数见表 5-30。

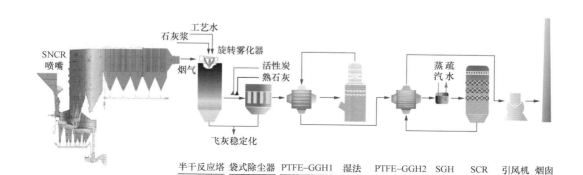

图 5-32　H 项目烟气净化流程示意（原设计）

表 5-30　　　　　　　　H 项目烟气净化系统主要技术参数（原设计）

序号	设备名称		技术参数（内容）	单位	数量
1	SNCR 脱硝系统	氨水储罐	立式，$V=50m^3$，不锈钢制，4000mm×4600mm	个	2
		氨吸收罐	$V=2m^3$	个	1
		氨水加注泵	离心式，$Q=25m^3/h$，$H=28mH_2O$（$1mmH_2O=9.8Pa$）	台	1
		废水泵	潜污泵，$Q=15m^3/h$，$H=30mH_2O$	台	1

续表

序号	设备名称		技术参数（内容）	单位	数量
1	SNCR 脱硝系统	除盐水输送泵	$Q=8t$，$H=70mH_2O$	台	2
		SNCR 氨水喷射泵	磁力泵，$Q=2.0t/h$，$H=76mH_2O$	台	2
		SCR 氨水输送泵	磁力泵，$Q=0.4t/h$，$H=80mH_2O$	台	2
		氨水溶液喷枪	双流体型，$Q=250L/h$，316L	个	32
2	半干法反应塔系统	喷雾反应塔	额定烟气流量 192 720m^3/h（标况下），入口烟气温度180℃，出口烟气温度150℃	台	2
		旋转雾化器	最大喷浆量：≥11t/h（含水）	台	3
3	熟石灰喷射系统	熟石灰失重秤喂料机	螺旋给料，失重计量输送，变频控制	套	2
		熟石灰喷射风机	罗茨风机，$Q=285m^3$/h（标况下），$p=49kPa$，含消声器、止回阀等	台	3
4	活性炭喷射系统	活性炭失重秤喂料机	螺旋给料，失重计量输送，变频控制	套	2
		活性炭喷射风机	罗茨风机，$Q=174m^3$/h（标况下），$p=49kPa$，含消声器、止回阀	台	3
		活性炭喷射储气罐	$V=1m^3$	台	1
5	袋式除尘器系统	除尘器	脉冲式，$Q=196\,570m^3$/h（标况下），入口烟气温度160℃	台	2
6		湿法洗涤塔	冷却段$\phi7.0m$，减湿段$\phi6.3m$，最大烟气量$Q=173\,800m^3$/h（标况下）	台	2
		冷却液循环泵	$Q=720t/h$，$H=30mH_2O$	台	4
		减湿液循环泵	$Q=1100t/h$，$H=35mH_2O$	台	4
		减湿液热交换器	减湿液 $Q=1100t/h$	台	2
		废水提升泵	$Q=24m^3$/h，$P=0.2MPa$	台	2
7	烧碱溶液制备系统	卸碱泵	$Q=30m^3$/h，$H=10mH_2O$	台	2
		烧碱储罐	$V=40m^3$，单层，$\phi3000mm\times4500mm$，氢氧化钠浓度20%	个	2
		烧碱输送泵	$Q=2t/h$，$P=0.25MPa$	台	2
		工艺水泵	$Q=25t$，$H=30mH_2O$	台	2
8	烟气再加热系统	一级烟气/烟气加热器（GGH1）	最大烟气量$Q=180\,500m^3$/h（标况下），冷端，45℃升温至115℃；热端，155℃降温至90℃；PTFE 材质	台	2
		二级烟气/烟气加热器（GGH2）	最大烟气量$Q=173\,800m^3$/h（标况下），冷端，115℃升温至150℃；热端，180℃降温至145℃	台	2
9		SCR 系统	低温催化剂，蜂窝，可再生		

续表

序号	设备名称	技术参数（内容）	单位	数量
10	蒸汽/烟气加热器（SGH）	最大烟气量 $Q=173\ 800\mathrm{m^3/h}$（标况下），出口温度 $t=180℃$	台	2
11	引风机	变频，离心式，$Q=182\ 500\mathrm{m^3/h}$（标况下），$p=11.4\mathrm{kPa}$，$t=160℃$	台	2

9. J 项目

本项目烟气净化系统采用"SNCR（尿素）＋干法（熟石灰）＋活性炭喷射＋袋式除尘＋PTFE－GGH＋湿法（NaOH 溶液）"组合形式，采用了烟气回流工艺。处理后的烟气达到欧盟 2000 标准后，经 80m 烟囱排放。本项目烟气净化工艺如图 5-33 所示，主要技术参数见表 5-31。

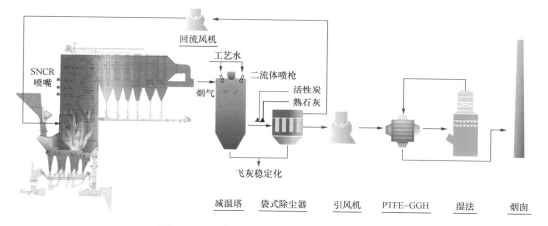

图 5-33　J 项目烟气净化流程示意（原设计）

表 5-31　　　　J 项目烟气净化系统主要技术参数（原设计）

序号	设备（系统名称）	数量	主要技术参数（内容）
1	石灰储仓	1	有效容积 80m³
	熟石灰圆盘给料机出力	2	$Q=50\sim250\mathrm{kg/h}$，变频控制，可计量
	熟石灰喷射风机	3	电机功率 11kW，出力 520m³/h（标况下）
2	湿式洗涤塔系统	2	冷却液通过雾化喷嘴进入塔内，冷却液中混有 NaOH 溶液，在将烟气冷却的同时，NaOH 溶液与烟气中的酸性气体反应，生成可溶解的 NaCl、NAF、Na_2SO_3、Na_2SO_4 等盐类，约 65℃的洁净烟气从湿式洗涤塔顶部排出进入 PTFE-GGH，加热至 125℃后经过烟囱排入大气
	冷却液循泵	4	功率 75kW，流量 530m³/h，扬程 24m
	急冷喷淋泵	4	功率 15kW，流量 60m³/h，扬程 30m
	NaOH 输送泵	2	流量 1m³/h
	NaOH 储罐	2	共计 2 个，容积 46m³
	其他		pH 管理槽、电导仪、冷却液换热器、液体分离器

序号	设备（系统名称）	数量	主要技术参数（内容）
3	活性炭储仓	1	ϕ2300mm，H=4500mm
	活性炭主轴给料机	1	Q=50～250kg/h，变频控制
	活性炭分配给料机	2	Q=4～15kg/h，变频控制，可计量
	活性炭喷射风机	3	出力 50m³/h（标况下），出口压力：40kPa
	其他	—	真空释放阀、仓顶除尘器、流化装置、仓壁振动器出口插板阀
4	袋式除尘器	2	除尘器有 6 个隔仓，每仓有 210 个滤袋，滤袋规格 ϕ150×6000mm，袋笼规格 ϕ146×6000mm，过滤面积 3560m²，处理流量 115 000m³/h（标况下），烟气进入滤袋从隔仓顶部排出。滤袋材质为纯 PTFE＋覆膜
	其他	—	电伴热装置、刮板机、空气炮、下灰斗及振打装置等
5	减温塔系统	2	入口流量 113 520m³/h（标况下），入口温度 190～220℃，出口温度 175℃，喷水量 967kg/h
	减温塔本体	2	直径 d=6.5m，本体高度 H=17m
	减温塔冷却水泵	2	电机功率 4kW，水泵流量 Q=5m³/h，扬程 H=100m
	冷却水箱	1	容积：10m³
	其他	—	喷枪、电伴热、空气锤
6	飞灰输送及储存系统	2	总输送能力 40t/d，总储存极限能力 220m³
	减温塔下旋转输灰机	2	单台功率 2.2kW，输送能力 1.3m³/h
	袋式除尘器飞灰刮板输送机	4	单台输送能力 6t/h，功率 4kW
	公用输灰机	2	单台输送能力：7t/h
	斗式提升机	2	单台输送能力：7t/h
	飞灰储仓	2	单台储存能力 110t
	其他	—	飞灰仓顶：出料分配螺旋输送机、顶部除尘器等
7	引风机	2	(1) 控制方式：变频控制。 (2) 额定风量 116 000m³/h（标况下）。 (3) 电动机功率 710kW
8	烟气在线检测系统	2	(1) 生产厂家：西克麦哈克（北京）仪器有限公司。 (2) 在线检测内容：压力、温度、流量、湿度、O_2 含量和 CO_2。 (3) 污染物浓度：烟尘、SO_x、NO_x、HCl、HF 等

10. K 项目

本项目设计规模日焚烧处理生活垃圾 1000t。焚烧线采用 2 台 500t/d 机械炉排炉。烟气净化系统采用"SNCR（氨水）＋旋转雾化半干法（石灰浆）＋干法（熟石灰）＋活性炭喷射＋袋式除尘＋PTFE－GGH1 湿法（NaOH 溶液）＋PTFE－GGH2＋SGH SCR"的组合形式，采用了烟气回流工艺。"省煤器出口、SCR 入口、烟囱出口"设置烟气在线监测装置，与污染物脱除工艺单元的运行调节形成控制回路。本项目烟气净化工艺如图 5-34 所示，主要技术参数见表 5-32。

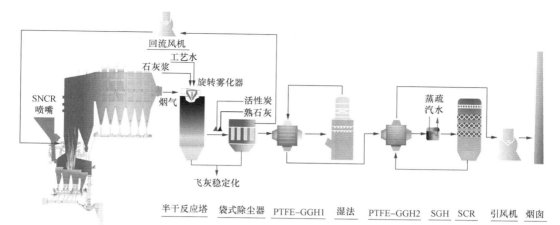

图 5-34 K 项目烟气净化流程示意（原设计）

表 5-32   **K 项目烟气净化系统主要技术参数（原设计）**

序号	设备（系统名称）	数量	主要技术参数（内容）
1	SNCR 系统	2	（1）浓度为 18% 的氨水溶液作为还原剂；设计氨水耗量，单线约 2.0t/d；设计工艺水耗量，单线约 6.0t/d。 （2）NO_x 设计去除效率 50%（从 400mg/m³ 至 200 mg/m³，标况下）。 （3）圆柱形氨水储罐 1 台，$V=40m^3$，钢衬塑；氨水加注泵 2 台，1 用 1 备，离心式，不锈钢，单台 $Q=10m^3/h$，$H=10m$。 （4）氨水输送泵 3 台，2 用 1 备，隔膜泵，不锈钢，单台 $Q=167L/h$，$H=100m$；工艺水储罐 1 台，不锈钢，$V=5m^3$；工艺水输送泵 2 台，离心泵，不锈钢，单台 $Q=1.2m^3/h$，$H=100m$。 （5）喷枪 24 台，12 台/炉，可推进退出，100～120°广角双流体式，不锈钢，单枪流量 0～2L/min。 （6）其他：管道、阀门、混合器等
2	半干法反应塔系统	2	（1）入口流量约 142 882m³/h（标况下），入口温度 190～220℃，停留时间 20s；碳钢塔体，压降不大于 1000Pa。 （2）高速旋转雾化器，3 台，2 用 1 备，单台电机功率 74kW。 （3）设计净化效率：HCl—99.2%（入口 1200mg/m³ 至出口 10mg/m³，标况下），SO_2—92%（入口 600mg/m³ 至出口 50mg/m³，标况下）。 （4）耗量：石灰浆每线约 7.3t/d，工艺水线约 66t/d。 （5）$Ca(OH)_2$ 浆液制备罐体 2 个，单个容积 6m³；石灰浆存储罐 2 个，单个容积 10m³；石灰浆泵 2 台，单台流量 12m³/h，扬程 80m；工艺水泵流量 8m³/h，扬程 80m
3	石灰浆制备与输送系统	2	（1）干粉储仓 2 台，碳钢，单台容积 120m³，变频给料螺旋输送机 2 台。 （2）浆液制备罐 2 台，碳钢，单台容积 6m³；每台配搅拌器，功率 2.2kW。 （3）浆液储存罐 2 台，碳钢，单台容积 10m³；每台配搅拌器，功率 3.0kW。 （4）石灰浆泵 2 台，1 用 1 备，单台流量 12m³/h，$H=80m$

续表

序号	设备（系统名称）	数量	主要技术参数（内容）
4	活性炭存储与喷射系统	2	（1）活性炭储仓容积 $20m^3$，活性炭计量螺旋输送机 1 台；给料称量斗 2 个，单个容积 $V=1m^3$。 （2）活性炭输送风机 3 台，2 用 1 备，单机功率 3kW
5	熟石灰存储与喷射系统	2	（1）熟石灰干粉储仓，1 台，碳钢，有效容积 $90m^3$。 （2）星型给料机 $Q=0\sim500kg/h$，喷射风机 3 台，2 用 1 备，单机电机功率 11kW
6	袋式除尘器系统	2	（1）每台除尘器有 6 个隔仓，过滤面积约 $4350m^2$，设计流量约 140 000 m^3/h（标况下），烟气进入滤袋，从隔仓顶部排出。 （2）设计过滤速度 0.8m/s；滤袋材质为纯 PTFE＋PTFE 覆膜；在线清洁模式为压缩空气脉冲式，每个过滤器配备 6 个。 （3）电伴热装置、刮板机、空气炮、下灰斗及振打装置等
7	湿法系统	2	（1）湿法塔：设计烟气流量约 120 000 m^3/h（标况下），三段、立式塔体。 （2）30%NaOH 溶液作为吸收液，设计耗量约 1.6t/d/线；设计去除效率，SO_2 为 50%，HCl 为 92%
	GGH1	2	（1）管式 PTFE 换热器，外壳碳钢，壳内衬 PTFE；设计压降小于 1250Pa。 （2）高温段烟气温度：进口约 155℃，出口约 100℃。 （3）低温段烟气温度进口约 45℃，出口约 100℃
	辅助设备	—	设备繁多，包括各种循环泵、NaOH 溶液制备与输送设备、冷却系统设备、洗烟废水处理系统设备等
8	SCR 系统	2	（1）低温催化脱硝，采用 20%氨水溶液作为还原剂；催化剂主要成分 TiO_2/V_2O_5，反应温度 180℃。 （2）设计 NO_x 去除效率 60%（入口 200mg/m^3，出口 80mg/m^3，标况下）
	SGH	2	（1）蒸汽烟气加热器，材质碳钢。 （2）烟气侧：进口温度约 155℃，出口温度约 180℃。 （3）蒸汽侧：汽包抽汽，压力 7.2MPa，温度 300℃
	GGH2	2	（1）形式：单管程列管式换热器。 （2）高温段烟气温度进口约：180℃，出口约 140℃。 （3）低温段烟气温度进口约：100℃，出口约 140℃
9	引风机系统	2	（1）设计风量约 150 000 m^3/h（标况下），离心式。 （2）10kV 电压等级，变频控制，单台电动机功率 995kW
10	烟气在线检测		（1）在线检测位置：省煤器出口、SCR 入口、烟囱出口等。 （2）在线检测内容：①流量、压力、温度、湿度、O_2 和 CO_2 含量；②污染物浓度，包括烟尘、SO_x、NO_x、HCl、HF 等

11．L 项目一期

项目烟气净化系统采用了"SNCR（尿素）＋旋转雾化半干法（石灰浆）＋干法（碳酸氢钠）＋活性炭喷射＋袋式除尘＋SCR（预留）"的烟气净化工艺。本项目烟气净化工艺如图 5-35 所示，主要技术参数见表 5-33。

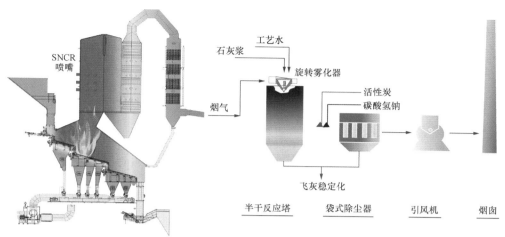

图 5-35 L 项目一期烟气净化流程示意（原设计）

表 5-33　　　　　　　　　　　　L 项目一期烟气净化系统主要技术参数（原设计）

序号	设备（系统名称）	数量	主要技术参数（内容）
1	石灰浆制备系统	2	
	石灰储仓	2	$\phi3600mm$，$V=90m^3$
	石灰浆配制槽	2	2.5m^3，Q235＋防腐涂层
	石灰浆稀释槽	2	5m^3，Q235＋防腐涂层
	石灰浆泵	2	$Q=10m^3$，0.8MPa
	其他	—	工艺水泵、工艺水箱、搅拌器、浆液高位槽等
2	半干法喷雾脱酸系统	2	入口流量 53 000m^3/h（标况下），出口流量 96 182m^3/h（标况下），入口温度 190～240℃，出口温度 155℃，烟气滞留时间 16s
	半干反应塔	2	$\phi7500mm$，$H=8.5m$
	旋转雾化器	2	进口设备，2 用 1 备，功率 55kW
	其他	—	出灰装置、导流装置等
3	干粉储存及喷射系统	2	
	碳酸氢钠储仓	2	$\phi2600mm$，$V=20m^3$
	碳酸氢钠喷射器	2	DN80
	碳酸氢钠喷射风机	3	2 用 1 备，5.5kW，320m^3（标况下）
	其他	—	盘式给料机、刮片破拱机、仓顶除尘器等
4	活性炭储仓	1	$\phi2000mm$，$V=12m^3$
	定量出料装置	1	（1）刮片破拱机 1 台、螺旋给料机 2 台。 （2）出力：0～15kg/h
	活性炭喷射风机	3	功率 2.2kW，2 用 1 备，风量 320m^3/h（标况下）
	其他	—	仓顶除尘器、喷嘴等
5	袋式除尘器	2	3 个隔仓，滤袋规格 $\phi160\times6000mm$，滤袋材质纯 PTFE＋覆膜，滤袋总数 1890 个
	其他	—	空气炮、清灰汽包等

续表

序号	设备（系统名称）	数量	主要技术参数（内容）
6	飞灰输送及储存系统	2	总输送能力 75m³/h，总储存极限能力 340m³
	省煤器、反应塔下出灰输送机	2	单台输送能力 5t/h，功率 1.5kW
	袋式除尘器飞灰刮板输送机	2	单台输送能力 6t/h，功率 2.2kW
	公用系统输送机	2	1 用 1 备，单台输送能力：15t/h，功率 4kW
	斗式提升机	2	1 用 1 备，单台输送能力：15t/h，功率 4kW
	飞灰储仓	2	$V=50m^3$
7	引风机	2	(1) 进口设备，变频控制；离心式，额定风量 56 700m³/h（标况下）。 (2) 电动机功率 250kW
8	烟气在线检测系统	2	(1) 进口设备，德国 SICK，MCS-10FT 型。 (2) 在线检测内容：①压力、温度、流量、湿度、O_2 含量和 CO_2；②污染物浓度，包括烟尘、SO_x、NO_x、HCl、HF、CO 等

12. L 项目二期

项目烟气净化系统采用了"SNCR（氨水）＋旋转雾化半干法（石灰浆）＋干法（熟石灰）＋活性炭喷射＋袋式除尘＋SGH＋SCR"的工艺，并预留了湿法。本项目烟气净化工艺如图 5-36 所示，主要技术参数见表 5-34。

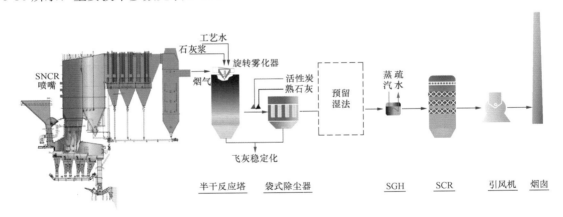

图 5-36 L 项目二期烟气净化流程示意（原设计）

表 5-34　　　　　L 项目二期烟气净化系统主要技术参数（原设计）

序号	设备（系统名称）	数量	主要技术参数（内容）
1	石灰浆制备系统	2	
	石灰储仓	2	50m³，Q235
	石灰浆配制槽	2	6m³，碳钢＋防腐，整体称重装置
	石灰浆储存槽	2	10m³，碳钢＋防腐，整体称重装置
	石灰浆泵	2	$Q=12m^3$，0.8MPa
	其他	—	工艺水泵、工艺水箱、搅拌器等

续表

序号	设备（系统名称）	数量	主要技术参数（内容）
2	半干法喷雾脱酸系统	1	入口流量 105 370m³/h（标况下），入口温度 190℃，出口温度 155℃，烟气滞留时间 20s
	半干反应塔	1	ϕ9.5m×11m（直筒段高），Q235
	旋转雾化器	1	进口设备，1用1备，美国 KS-900
	其他	—	出灰装置、导流装置等
3	干粉储存及喷射系统	1	
	碳酸氢钠储仓	1	$V=50m^3$，仓体称重
	碳酸氢钠喷射器	1	DN80
	碳酸氢钠喷射风机	2	1用1备，18.5kW，720m³（标况下）
	其他	—	给料机、流化装置、振打装置、仓顶除尘器等
4	活性炭储仓	1	$V=15m^3$
	定量出料装置	1	螺旋给料机1台，出力：0~25kg/h
	活性炭喷射风机	2	功率 3kW，1用1备，风量 84.6m³/h（标况下）
	其他	—	仓顶除尘器、流化装置、振打装置、喷嘴等
5	袋式除尘器	1	过滤面积 4343m²，本体及灰斗 5mm，花板 6mm，Q235；6个隔仓，滤袋规格 ϕ160×6000mm，滤袋材质纯 PTFE＋PTFE 覆膜
	其他	—	卸灰阀、袋式除尘器清灰、电动葫芦等
6	飞灰输送及储存系统	1	
	反应塔下出灰输送机	1	单台输送能力 6t/h，功率 2.2kW
	袋式除尘器飞灰刮板输送机	2	单台输送能力 6t/h，功率 4kW
	公用系统输送机	2	1用1备，单台输送能力：18t/h，功率 5.5kW
	斗式提升机	2	1用1备，单台输送能力：18t/h，功率 7.5kW
	飞灰储仓	2	$V=75m^3$
	其他	—	飞灰仓顶出料分配螺旋输送机、飞灰储仓顶部除尘器、飞灰储仓缓冲料斗、飞灰储仓振动料斗等
7	引风机	1	（1）额定风量 112 200m³/h（标况下）。 （2）变频控制，电动机功率 900kW
8	烟气在线检测系统	1	（1）品牌：雪迪龙。 （2）烟囱出口在线检测内容：①压力、温度、流量、湿度、O_2 含量和 CO_2；②污染物浓度，包括 SO_2、NO、NO_2、HCl、HF、CO、CO_2、H_2O、O_2、NH_3 等。 （3）省煤器出口污染物浓度检测内容：NO、NO_2、HCl、SO_2

13. M 项目

本项目烟气净化系统采用了"SNCR（氨水）＋旋转喷雾半干法（石灰浆）＋活性炭喷射＋干法（熟石灰）＋袋式除尘＋IDF＋PTFE－GGH＋湿法（NaOH 溶液）＋SCR"的工艺。

本项目烟气净化工艺如图 5-37 所示，主要技术参数见表 5-35。

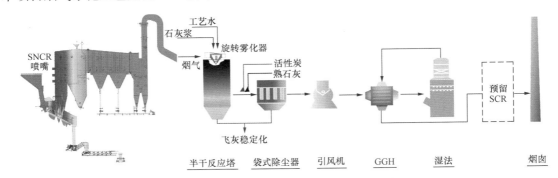

图 5-37　M 项目烟气净化流程示意（原设计）

表 5-35　　　　　　　　**M 项目烟气净化系统主要技术参数（原设计）**

序号	设备（系统名称）	数量	主要技术参数（内容）
1	石灰储仓	2	2 台，碳钢 $V=150\text{m}^3$
	石灰浆配制槽	2	$V=5\text{m}^3$，1 用 1 备
	工艺水箱	1	$V=15\text{m}^3$
	石灰浆泵	3	1 用 2 备，单台流量 $12\text{m}^3/\text{h}$
	其他	—	工艺水泵、石灰浆储槽、搅拌器等
2	半干法喷雾脱酸系统	3	入口流量 124 613m^3/h（标况下），入口温度 220℃，出口温度 175℃，烟气滞留时间≥16s
	半干反应塔	3	10 000mm×11 600mm
	旋转雾化器	4	西格斯，3 用 1 备。最大石灰浆量 $8\text{m}^3/\text{h}$，转速 0～12 000r/min，喷射量 2600kg/h，功率 74kW，雾化转材质：本体钛合金，陶瓷喷嘴
	其他	—	出灰装置、导流装置、电伴热等
3	活性炭储仓	1	$V=20\text{m}^3$
	活性炭储仓出料计量螺旋	6	变频控制，计量，3 用 3 备
	活性炭喷射	6	3 用 3 备
	其他	—	活性炭给料斗、减速机、仓顶除尘器等
4	袋式除尘器	3	处理风量 124 613m^3/h（标况下），过滤面积 5400m^2，10 个隔仓，每仓 180 滤袋，滤袋规格 ϕ160mm×6030mm 滤袋材质纯 PTFE＋PTFE 覆膜，排灰量 3000kg/h；滤袋总数 1800 个
	其他	—	电伴热装置、下灰斗及振打装置等
5	飞灰输送及储存系统	3	总输送能力 35m^3/h，总储存极限能力 400m^3
	袋式除尘器飞灰刮板输送机	6	单台输送能力 $3\text{m}^3/\text{h}$，功率 4kW
	喷雾反应器刮板输送机	6	单台输送能力：2.5m^3/h

序号	设备（系统名称）	数量	主要技术参数（内容）
5	斗式提升机	2	单台输送能力：$20m^3/h$
	飞灰储仓	2	2 台，$V=150m^3/$台
	其他	—	飞灰仓振动器、公用刮板机等
6	引风机	3	（1）变频控制，电动机功率 800kW。 （2）单台设计额定风量 229 980m^3/h（标况下）
7	烟气在线检测系统	3	（1）进口设备，德国 SICK，MCS100FT 型。 （2）在线检测内容：①压力、温度、流量、湿度、O_2 含量和 CO_2；②污染物浓度，包括烟尘、SO_x、NO_x、HCl、HF、CO 等

14. P 项目

本项目烟气净化系统采用"SNCR（氨水）+旋转雾化半干法（石灰浆）+干法（熟石灰）+活性炭喷射+袋式除尘+PTFE—GGH1+湿法（NaOH 溶液）+PTFE—GGH2+SGH+SCR"组合式工艺，每台焚烧锅炉配一套烟气净化装置"。本项目烟气净化工艺如图 5-38 所示，主要技术参数见表 5-36。

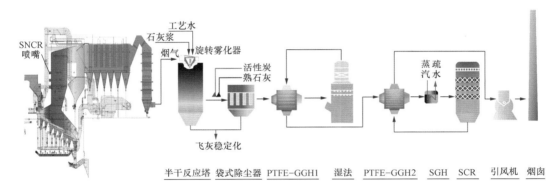

图 5-38　P 项目烟气净化流程示意（原设计）

表 5-36　　　　　　　　**P 项目烟气净化系统主要技术参数（原设计）**

序号	设备（系统名称）	数量	主要技术参数（内容）
1	SNCR	4	（1）氨水储罐：2 台套，单台 $V=80m^3$，不锈钢。 （2）稀释水箱：1 台，$V=6m^3$。 （3）氨水卸载泵：2 台，1 用 1 备，单台 $Q=40m^3/h$，$H=20mH_2O$。 （4）氨水输送泵：2 台，1 用 1 备，单台 $Q=1.8m^3/h$，$H=105mH_2O$。 （5）稀释水泵：2 台，1 用 1 备，单台 $Q=5.8m^3/h$，$H=115mH_2O$。 （6）混合器：8 套。 （7）喷枪：不锈钢 SS316L，96 个
2	石灰浆制备系统	1	（1）石灰仓：2 台，单台容积 $550m^3$。 （2）制浆罐：2 台，单台容积 $20m^3$。 （3）储浆罐：1 台，$40m^3$。 （4）工艺水泵：3 台，2 用 1 备，单台 $Q=16m^3/h$，$H=70mH_2O$。 （5）石灰浆泵：5 台，4 用 1 备，单台 $Q=20m^3/h$，$H=60mH_2O$

续表

序号	设备（系统名称）	数量	主要技术参数（内容）
3	喷雾脱酸反应塔系统	4	（1）反应塔筒体：4 台，单台 ϕ13.2m×14.8m。 （2）旋转雾化器：6 台，4 用 2 备，单台 GEA F-100＋Hastelloy。 （3）手动插板阀：4 个，单台 ZFL800。 （4）破碎机：4 个，单台 PSJ800。 （5）空气锤及附件：4 套，单台 AH80
4	熟石灰喷射系统	1	（1）熟石灰仓：2 台，单台容积 250m³，配仓顶除尘器。 （2）盘式给料机：2 台，单台 3 个出料口，流量 240～1200kg/h。 （3）罗茨风机：5 台，4 用 1 备，单台流量 2800m³/h，风压 40kPa
5	活性炭喷射系统	1	（1）活性炭仓：2 台，单台 30m³，配仓顶除尘器。 （2）分配螺旋机：2 台，单台 GLS200。 （3）称重给料螺旋机：5 台，4 用 1 备，单台流量 8～40kg/h。 （4）活性炭喷射器：5 台，4 用 1 备。 （5）罗茨风机：5 台，4 用 1 备，单台流量 200m³/h，风压 70kPa
6	袋式除尘器	4	（1）允许进烟温度：150～250℃。 （2）单台处理风量：235 000m³/h（标况下）。 （3）过滤风速：0.75m/min（在线），0.80m/min（离线）；单台过滤面积 8493m²；设备阻力 1500Pa；除尘效率 99.99%；单台室数 10 个。 （4）滤袋型号：ϕ160mm×6600mm，PTFE＋PTFE 覆膜；单台滤袋数量 2560 条。 （5）滤袋清灰方式：离线脉冲清灰。 （6）清灰频率的控制：定时与定压差。 （7）压缩空气压力：0.4～0.6MPa
7	湿法洗涤系统	4	（1）洗涤塔采用 NaOH 稀溶液作为反应药剂，烟气处理量为 247 900m³/h（标况下）。烟气经冷却部的冷却和吸收后进入洗涤塔上部的吸收减湿部。从减湿水槽来的减湿水由减湿水循环泵经热交换器降温后，输送至吸收减湿部上方喷嘴向下喷入，均匀地经过填料床与烟气充分接触，然后再回到减湿水槽形成循环。 （2）30% 的烧碱原料通过槽车运来注入烧碱储罐中，经烧碱稀释泵注入烧碱稀释槽中，加水稀释成为 20% 的烧碱溶液，通过烧碱输送泵送至冷却循环液和吸收液循环泵的吸入管道中，以调整冷却和吸收循环液的 pH。 （3）4 条线配置 1 套氢氧化钠制备系统
8	烟气加热系统	4	（1）烟气/烟气加热器（GGH1）：4 台套，每条线 1 台套，单台套烟气量 247 900m³/h（标况下），烟气进口温度 65℃，烟气出口温度 110℃；PTFE 管式气-气换热器。 （2）烟气/烟气加热器（GGH2）：4 台套，每条线 1 台套，烟气量 247 900m³/h（标况下），烟气进口温度 110℃，烟气出口温度 145℃；PTFE 管式气-气换热器。 （3）烟气预热器（SGH）：烟气量 185 000m³/h（标况下），烟气进口温度 145℃，烟气出口温度 180℃

续表

序号	设备（系统名称）	数量	主要技术参数（内容）
9	SCR 脱硝系统	4	（1）低温 SCR 系统。 （2）采用氨水做还原剂，烟气处理量 240 400m³/h（标况下）
10	引风机	4	单台引风机流量 $Q=471\,470m^3/h（135℃）$，全压 $p=14\,400Pa$，工作温度 $135\sim210℃$
11	CEMS	4	（1）在烟囱的钢内筒上，安装烟气排放连续监测装置（CEMS 系统），烟尘浓度计、流量和温度监测装置。监测主要项目为：烟气流量、温度、压力、湿度、氧浓度、烟尘、HCl、SO_2、NO_x、CO。 （2）另外在烟囱设置采样孔，便于取样与环保监测
12	烟道与烟囱	4	（1）烟道采用碳钢管，规格为 $\phi3220mm\times5mm$。 （2）锅炉出口烟道：流量 218 000m³/h（标况下），温度 190℃，管道尺寸 3000mm×3000mm×5mm；流速 11.5m/s。 （3）引风机出口烟道：流量 228 900m³/h（标况下），温度 135℃，管道尺寸：$\phi3220mm\times5mm$；流速 11.7m/s

15. S 项目

本项目余热锅炉出口/进入半干法反应塔的烟气流量设计值为 17.5 万 m³@MCR，含水率约 20%～23%（体积浓度），温度变化范围 180～240℃，额定状态下袋式除尘器出口烟气约 10% 经再循环风机返回焚烧炉。标准状态下，锅炉出口污染物原始浓度设计值，烟尘为 3000mg/m³，HCl 为 1200mg/m³，SO_2 为 1000mg/m³，二噁英类为 3～5ng-TEQ/m³。项目烟气净化系统采用 "SNCR（尿素）+旋转雾化半干法（石灰浆）+干法（熟石灰）+活性炭喷射）+袋式除尘+PTFE-GGH1+湿法（NaOH 溶液）+PTFE-GGH2）+SGH+SCR" 的处理工艺。本项目烟气净化工艺如图 5-39 所示，主要技术参数见表 5-37。

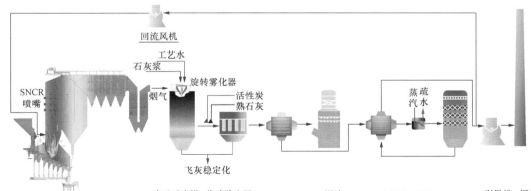

图 5-39 S 项目烟气净化流程示意（原设计）

表 5-37　　　　　　　　　　　**S 项目烟气净化系统主要技术参数（原设计）**

序号	设备（系统名称）	数量	主要技术参数（内容）
1	尿素溶液制备系统	1	（1）尿素溶解罐：SNCR 与 SCR 系统共用 1 套，数量 1 个，有效容积 20m³，直径 2.8m，高度 4.2m，介质 40%尿素溶液，材质 304L（双层不渗漏设计）。 （2）尿素溶液储罐：SNCR 与 SCR 系统共用 1 套，容量满足运行 7 天的耗量，数量 2 个，有效容积 40m³，直径 3.5m，高度 4.2m，介质 40%尿素溶液，材质 304L（双层不渗漏设计），储罐装有温度计、压力表、液位计、高液位报警仪和相应的变送器，并设有泄漏报警装置。 （3）真空上料机：真空上料斗将尿素输送至尿素溶解储罐，数量 1 台，功率 5.5kW，输送能力 3t/h，高度 5m，材质碳钢。 （4）SCR 尿素输送泵：能满足 4 条线 SCR 的尿素用量，按 1 用 1 备配置，数量 2 台（1 用 1 备），磁力泵，流量 0.4m³/h，扬程 80mH₂O，材质 304。 （5）热解室：每台 SCR 设置一台热解炉，将尿素溶液热解为氨气供 SCR 使用，数量 4 个，直径 ϕ1000mm
2	石灰浆制备系统	1	（1）设 1 套石灰浆制备系统，供应 4 条烟气净化线。共设石灰仓 2 个，石灰定量给料机 3 台、石灰浆制备罐 3 台，石灰浆储存罐 2 台，石灰浆泵 4 台（2 用 2 备）；消石灰贮仓 2 个，容积 300m³，破拱装置 4 台。 （2）定量螺旋输送机 3 台，变频圆盘给料，DLS250 型号；石灰浆制备罐 2 台，容积 20m³，浆式搅拌器，材质 Q235（内衬 4MM 丁基橡胶）；石灰浆储存罐 2 台，45m³，浆式搅拌器，材质 Q235（内衬 4mm 丁基橡胶）。 （3）石灰浆泵：每台泵具有供 2 条线的能力，2 用 2 备，4 台（2 用 2 备），离心式，石灰浆浓度 10%～15%，流量 30m³/h，扬程 0.70MPa，功率 55kW
3	半干法反应塔系统	4	（1）反应塔：4 台，额定入口烟气流量 197 983m³/h（标况下），入口烟气温度 190℃（最大 240℃），出口烟气温度 155℃，烟气停留时间＞18s，SO$_x$ 脱除效率≥85%，HCl 脱除效率≥95%，筒体直径 13.2m，筒体高度约 12.5m，灰斗角度≥60°，材质碳钢。 （2）旋转雾化器 5 台（4 用 1 备），最大喷浆能力≥11 000kg/h，转速≥12 000r/min，主要部分的材质为哈式合金，快速接口形式，电机功率 75kW；反应塔排灰机 4 台，型号 YD310，主要材质碳素钢，电动机功率 8.8kW；气流分布器：4 台
4	熟石灰喷射系统	1	（1）设 1 套熟石灰储存及喷射系统，供应 4 条烟气净化线。熟石灰贮仓与石灰浆制备的石灰仓共用，每条线设 1 台喷射风机，共 5 台，1 台备用，每条线喷入的熟石灰量均需计量；螺旋输送机 1 台，型式 DLS250，供料能力 0～200kg/h。 （2）熟石灰喷射风机：5 台（4 用 1 备），罗茨风机，风量 1200m³/h（标况下），压头 40kPa
5	活性炭喷射系统	1	（1）设 1 套活性炭储存及喷射系统，供应 4 条烟气净化线。活性炭仓的容量应满足 4 条焚烧线正常运行 7 天的活性炭用量。每条焚烧线的活性炭消耗量按 22kg/h 设计。 （2）活性炭贮仓 1 台，有效容积 20m³，材质碳钢，活性炭贮仓带有充氮气保护装置；活性炭定量给料装置 1 台，活性炭盘式给料机（4 出口），供料能力 8～40kg/h（单个出口），电机功率 1.1kW，防爆等级Ⅲb；活性炭喷射风机 5 台（4 用 1 备），罗茨风机，风量 180m³/h，压头 40kPa，防爆等级Ⅲb

序号	设备（系统名称）	数量	主要技术参数（内容）
6	袋式除尘器系统	4	（1）每条线设1台袋式除尘器，每台除尘器设12个分室和2个检修电动葫芦，每个分室设1个灰斗，每个灰斗上均设加热装置；灰斗数量12个，灰斗壁与水平面夹角≥65°。 （2）型式为脉冲反吹式，烟气量197 983m³/h（标况下），入口烟气温度160℃，过滤风速小于0.8m/min，烟尘出口浓度＜10mg/m³（标况下），设备阻力≤1800Pa，设备耐压±6000Pa，漏风率小于2%；滤袋材质，纯PTFE＋PTFE覆膜
7	GGH1	4	（1）每条线设1台烟气/烟气换热器（GGH1），利用从袋式除尘器出来的高温烟气将湿式洗涤塔出来的低温烟气加热到115℃，同时将自身温度降低至95～100℃。 （2）管壳式（光管），高温烟气量220 000m³/h（标况下，设计，壳程），高温烟气入口温度155℃、出口温度95/100℃（冬季/夏季）；低温烟气量154 427/188 083m³/h（标况下，冬季/夏季，管程）；低温烟气入口温度45/63℃（冬季/夏季）、出口温度115℃。 （3）烟气泄漏率＜0.1%，管程材质PTFE，壳程材质碳钢（内衬PTFE）
7	GGH2	4	（1）每条焚烧线设1台烟气/烟气换热器（GGH2），利用从SCR反应塔出来的高温烟气进一步将湿式洗涤塔出来的低温烟气加热到145℃，同时将自身温度降低至150℃。 （2）管壳式（光管），高温烟气量220 000m³/h（标况下，设计，壳程），高温烟气入口温度180℃、出口温度150℃；低温烟气入口温度115℃（管程）、出口温度145℃。 （3）烟气泄漏率＜0.1%，管程材质PTFE，壳程材质碳钢（内衬PTFE）
7	SGH	4	（1）每条焚烧线设1台蒸汽/烟气换热器（SGH），换热器为鳍片管式，材质为碳钢。 （2）管壳式（鳍片管），烟气量220 000m³/h（标况下，设计），入口烟气温度145℃，出口烟气温度180℃；入口蒸汽压力4MPa、入口蒸汽温度250℃、出口凝结水温度198℃
8	湿法洗涤系统	4	（1）湿法洗涤系统主要由洗涤塔、洗烟废水收集池、洗烟废水排出泵、洗烟废水池换气风机、冷却液循环泵、减湿液循环泵、减湿液热交换器、减湿水水箱等组成。 （2）洗涤塔：4台，每条线1台，单台烟气流量197 983m³/h（标况下），进口烟气温度95/100℃（冬季/夏季），出口烟气温度45/63℃（冬季/夏季），总高度约28m，壳体为碳钢，内装防腐材料。 （3）冷却液循环泵：8台（4用4备），离心泵，介质为洗涤塔减湿水，单台流量730m³/h，扬程30mH₂O，功率110kW、变频运行、不锈钢材质。 （4）减湿水循环泵：8台（4用4备），离心泵，单台流量1300m³/h，扬程35mH₂O，功率220kW、电机运行变频、不锈钢材质。 （5）减湿水水箱：4个，单台容积100m³，碳钢材质（内衬鳞片树脂）。 （6）减湿液热交换器：4台，板式换热器，介质为洗涤塔减湿水，减湿水流量1300m³/h，减湿水进出口温度60/50℃；循环冷却水进出口温度32/42℃

续表

序号	设备（系统名称）	数量	主要技术参数（内容）
9	NaOH（烧碱）稀溶液制备系统	1	（1）本项目配置 1 套氢氧化钠稀溶液制备与输送系统，全厂共用。 （2）卸碱泵：槽车来 30％烧碱加压输送至管线混合器，2 台，40m³/h，扬程 10mH₂O。 （3）储罐：按 5 天烧碱消耗量设计，1 台，有效容积 50m³，介质为 30％的 NaOH 溶液，材料为不锈钢。 （4）稀释泵：烧碱稀释泵将槽车来 30％烧碱输送至烧碱稀释罐，2 台，单台流量 20m³/h，扬程 10mH₂O。 （5）稀释罐：30％烧碱稀释到 10％，2 台，有效容积 15m³，介质为 10％的 NaOH 溶液，材质为不锈钢。 （6）输送泵：将 10％烧碱溶液输送至各线湿法洗涤系统，2 台，1 用 1 备，单台流量 2.0m³/h，扬程 35m
10	SCR	4	（1）本项目配置 4 台低温 SCR，每条线 1 台。 （2）SCR 反应塔：单台烟气量 174 745m³/h（标况下，正常值）、197 983m³/h（标况下，最大值）；设计烟气温度 180℃。 （3）尿素输送泵：2 台，1 用 1 备，单台流量 400L/h，扬程 0.8MPa。 （4）催化剂：材料为 V_2O_5-TiO_2，蜂窝式低温催化剂，使用温度 180℃
11	引风机	4	（1）引风机：4 台，每线 1 台，单台额定风量 174 745m³/h（标况下），风机全压 11.4kPa，进风温度 160℃，电机功率 2200kW，电机电压等级 10.5kV，电机运行方式为变频调速，轴承冷却方式为水冷。 （2）引风机检修葫芦：电动单轨，4 台，每线 1 台，单台起重量 16t、起重高度 9m、行走电机功率 2.5kW、提升电机功率 7.5kW
12	烟道和烟囱	4	（1）烟道：采用 5mm 厚、Q235-B 钢板制作，保温材料选用硅酸铝制品，外装饰板采用 0.8mm 厚彩钢板，低温烟道内衬玻璃鳞片防腐，烟道内介质流速不大于 15m/s。 （2）挡板门：GGH1 高温烟气进口烟道、低温烟气出口烟道、旁路烟道上设气动挡板门；GGH2 高温烟气出口烟道、低温烟气进口烟道、旁路烟道上设启动挡板门。旁路烟道上挡板门为双挡板，正常运行时，旁路双挡板均处于全关状态，两个挡板之间补入密封空气。挡板门主体材质为碳钢，密封条采用 304 不锈钢，规格与所在烟道相同。 （3）烟囱：采用集束钢管烟囱，每条焚烧线对应 1 个烟囱，烟囱出口内径为 DN2400，出口高度 106m
13	工艺水系统	1	（1）烟气净化系统的生产用水包括：石灰浆制备用水、烧碱溶液稀释水、湿式洗涤塔补充水及旋转雾化器冷却水、设备冲洗水、湿法脱酸系统相关水泵的密封水。工艺用水由生产给水管网供给，并设工艺水箱及工艺水泵。同时，还配置回用水箱，用于存储渗沥液 RO 浓缩液，可与生产用水（自来水）掺混配制石灰浆液。 （2）工艺水箱：按 1h 生产用水量设计，容积 20m³，1 台，材质为 Q235-B。 （3）工艺水泵：3 台，2 用 1 备，流量 23m³/h，扬程 0.8MPa，电机功率 7.5kW。 （4）回用水箱：容积 20m³，1 台，材质为 Q235-B（内衬 4mm 丁基橡胶）。 （5）回用水泵：2 台，1 用 1 备，流量 30m³/h，扬程 0.4MPa，电机功率 7.5kW，材质为 316L

第四节 汽轮发电机组系统

一、汽轮发电机组主要配置及参数

表5-38列出了上海市垃圾焚烧设施汽轮发电机组的配置情况。抽汽形式每个项目有所差异，设备供应商分布范围较广。大型火电设备主力生产商——上海电气集团，为E项目、H项目、P项目和S项目的设备供应商。单机机组功率最大的P项目，额定出力为75MW；最小的为A项目，仅8.5MW。机组数量最多的为E项目，配置了3套，其余项目为2套或1套。汽轮机的转速，以3000r/min为主，共计12座设施；3座设施采用了5500r/min或6000r/min转速的机组；S项目的转速较特殊，为4700r/min。上海汽轮机厂供货的4个项目的机组，均为反动式，其他项目为冲动式。

表5-38   汽轮发电机组供应商和主要技术参数

序号	项目简称	汽轮机生产商	发电机生产商	机组配置（MW×数量）	汽轮机转速（r/min）	汽轮机型式
1	A项目	长江动力	长江动力	8.5×2	3000	凝汽式 二级非调整抽汽
2	B项目	青汽	济南生建	15×2	3000	凝汽式 二级非调整抽汽
3	C项目一期	青汽	济南生建	15×1	3000	凝汽式 三级非调整抽汽
4	C项目二期	杭州中能	杭州中能	15×1	3000	抽凝式 二级抽汽，一级可调 二级不可调
5	D项目	青汽	济南生建	30×2	3000	凝汽式 三级非调整抽汽
6	E项目	上海电气—上汽	上海电气	50×3	3000	抽凝式 三级抽汽，一级抽汽可调 二、三级抽汽不可调
7	F项目	广州广重	南阳电机	20×2	5500	凝汽式 三级非调整抽汽
8	G项目	北京北重	北京北重	20×2	3000	凝汽式 三级非调整抽汽
9	H项目	上海电气—上汽	上海电气	60×1	3000	抽凝式 三级抽汽，一级抽汽可调 二、三级抽汽不可调
10	J项目	广州广重	南阳电机	20×2	5500	凝汽式 四级非调整抽汽
11	K项目	长江动力	长江动力	30×1	3000	凝汽式 三级非调整抽汽

续表

序号	项目简称	汽轮机生产商	发电机生产商	机组配置（MW×数量）	汽轮机转速（r/min）	汽轮机型式
12	L项目一期	广州广重	南阳电机	9×1	6000	凝汽式 二级非调整抽汽
13	L项目二期	杭州中能	杭州中能	15×1	3000	凝汽式 二级非调整抽汽
14	M项目	南汽	南汽	18×2	3000	抽凝式 三级抽汽，可调整
15	P项目	上海电气—上汽	上海电气	75×2	3000	凝汽式 三级非调整抽汽
16	S项目	上海电气—上汽	上海电气	60×2	4700	凝汽式，再热机组 四级非调整抽汽

16座设施中，S项目是上海第一个，也是本市垃圾焚烧发电项目唯一采用蒸汽炉外再热工艺技术的项目。主蒸汽从汽轮机高压缸入口侧进入，做完一部分功之后，利用MSR（汽水分离再热器）对蒸汽进行再热、除湿后，再次从汽轮机低压缸的高压侧进入汽轮机做功。本项目MSR的加热热源来自汽轮机高压缸的抽汽。S项目的13.0MPa主蒸汽压力和再热技术的应用，使全厂发电效率计算值高达31%以上。

二、热力系统（含MSR）示例

上海市垃圾焚烧发电设施S项目的热力系统示意如图5-40所示，汽轮发电机组的俯视和剖视见图5-41（a）和（b）。本项目配置2套凝汽式再热汽轮发电机组。来自锅炉的温度为450℃、压力为13.0MPa的过热蒸汽，经过蒸汽母管，进入汽轮机高压缸。为防止汽轮机末级叶片水蚀，并提高发电效率，采用了汽水分离再热器（MSR），对高压缸排汽进行除湿、

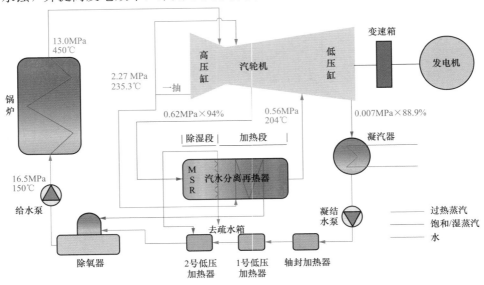

图5-40　S项目原则性热力系统示意

再热。再热冷端为 0.62MPa、干度约 0.94% 的饱和蒸汽。再热热源来自汽轮机一级抽汽。汽轮机一级抽汽的温度约235℃、压力约2.27MPa。经过 MSR，蒸汽得以除湿、升温，再次进入汽轮机内做功。汽轮机乏汽排汽采用水冷型凝汽器冷却，凝汽器采用真空泵抽真空。

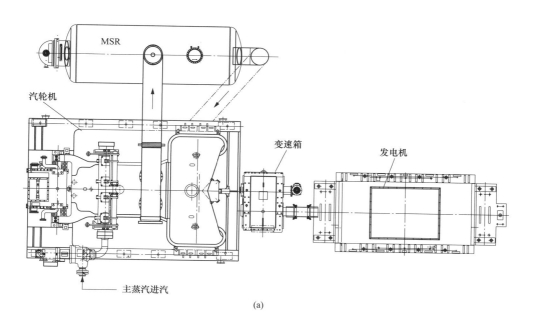

(a)

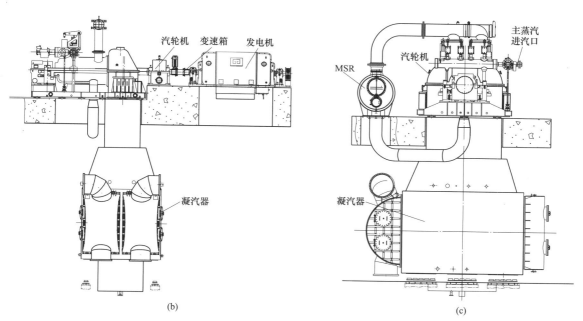

(b)

(c)

图 5-41　S项目汽轮发电机组

（a）俯视图；（b）正视图；（c）侧视图

本项目每台机组配备 1 套蒸汽旁路系统，当汽轮发电机组检修或故障停机时，锅炉产生的蒸汽通过旁路系统冷凝。汽轮机停机时，主蒸汽经旁路减温减压装置后进入冷凝器，冷凝后到旁路冷凝器水井经凝结水泵送入到除氧器。系统正常运行时，旁路系统处于备用的状态，由旁路切断阀断开。系统中的减温减压器的降温减压用水来自高压给水母管。

汽轮机共设四级抽汽。一级抽汽作为 MSR（汽水分离再热器）和一次风空气预热器低压段的加热蒸汽，抽汽阀后设气动快速关断阀，部分蒸汽进入 MSR 加热高压缸排汽，部分进入一级抽汽母管接至空气预热器低压段；二级抽汽供除氧器加热；三级、四级抽汽供本机低压加热器使用。余热锅炉汽包设抽汽口，供应一次风预热器高压段和烟气再加热器（SGH）用蒸汽。主蒸汽、高低压给水、一抽蒸汽及二级蒸汽管道均采用单母管。

凝结水经过汽轮机轴封加热器、1 号和 2 号低压加热器，进入除氧器。MSR 内的疏水，也进入除氧器。在除氧器内，凝结水与锅炉补给水得以除氧、加热后，进入低压给水母管，再经给水泵进入锅炉给水母管，实现锅炉的供水。表 5-39 列出了 S 项目的热力系统主要技术参数。

表 5-39　　　　　　　　S 项目汽轮发电机组和热力系统主要技术参数

序号	设备（系统名称）	数量	主要技术参数
1	汽轮机	2	（1）汽轮机型号为 N60-12.4/445，额定转速 4700r/min，额定进汽量 239.49t/h，额定进汽温度 445℃，额定进汽压力 12.4MPa。 （2）再热冷端压力 0.6MPa，再热冷端干度 0.9413。 （3）一级抽汽：温度 233.7℃、压力 2.23MPa，额定抽汽量 40t/h（包括 MSR 的加热蒸汽）。 （4）二级抽汽：温度 158.8℃、压力 0.6MPa。 （5）三级抽汽：温度 115.5℃、压力 0.17MPa。 （6）四级抽汽：温度 67.3℃、压力 0.028MPa。 （7）额定排汽压力 0.007MPa
2	发电机	2	型号为 QF-66-2，额定功率 66MW，出线电压 10 500V，转速 3000r/min，出线周波 50Hz，冷却方式为空气冷却
3	热力系统		
3.1	主蒸汽系统	1	（1）主蒸汽系统采用分段母管制，2 台锅炉、1 台汽轮机、1 台旁路减温减压器接至 1 号母管；另 2 台锅炉、1 台汽轮机、1 台旁路减温减压器接至 2 号母管。1、2 号母管之间设联络管和隔离阀，辅助减温减压器的新蒸汽从联络管引出。 （2）全厂设 2 套启动减温减压装置和 2 套辅助减温减压装置
3.2	高压饱和蒸汽	1	每台炉设 1 根高压饱和蒸汽母管，供应本炉空气预热器高温段和 SGH 的加热蒸汽

序号	设备（系统名称）	数量	主要技术参数
3.3	除氧给水系统	2	（1）设 2 台热力除氧器、3 台锅炉给水泵。除氧器出力 270t/h，工作压力 0.27MPa，出水温度 130℃，给水箱容积 70m³。 （2）给水泵按 2 用 1 备配置，变频调速，单台给水泵流量 280m³/h，扬程 18MPa，电机功率 2000kW。 （3）低压给水系统采用单母管制，经过除氧器除氧、加热的水经给水箱进入低压给水母管，再经给水泵加压后通过高压给水母管输送至对应的锅炉给水操作台，最后经进水流量和压力调节后进入锅炉省煤器。给水泵出口设再循环管，将剩余水送回除氧水箱
3.4	凝结水系统	2	（1）汽轮机做功后的乏汽在凝汽器内冷却成水后，由凝结水泵加压后依次通过轴封加热器、两级低压加热器，进入凝结水母管。 （2）每台汽轮机设 2 台凝结水泵，1 用 1 备，单台泵流量 230m³/h，扬程 1.2MPa，电机功率 130kW，变频调速。 （3）汽轮机的主凝结水管道上设凝结水再循环调节阀，阀门开度根据凝汽器热井液位调节，凝结水泵变频调速，根据凝结水泵出口母管压力调整电动机转速。主凝结水管道将凝结水输送到除氧器
3.5	旁路系统	2	（1）每台汽轮机均配置 1 台出力为 100％额定进汽量的旁路减温减压装置，功能是汽轮机故障时锅炉仍能运行、缩短启动时间并减少汽耗、正常运行时的超压保护、正常运行时调节方便、启动时回收工质等。 （2）2 台，单台排汽量 240t/h，进汽参数为 13MPa、450℃，排汽参数为 0.6MPa、160℃
3.6	补水系统		（1）补水采用除盐水，除盐水来自汽机间除盐水母管，直接补入除氧器，进入除氧器的除盐水管道上需设流量计、调节阀，调节阀开度应根据除氧器液位调整。 （2）补水量考虑锅炉排污损失、管道汽水损失、对外供热损失等
3.7	中压蒸汽		（1）汽机间设中压蒸汽母管 1 根，蒸汽来源为汽轮机一级抽汽，工作参数为 2.23MPa、235.3℃。 （2）供应对象：MSR、蒸汽—空气预热器、湿垃圾预处理系统、湿垃圾厌氧系统。各热用户分别从中压蒸汽母管接出。 （3）当汽轮机一级抽汽不能满足使用要求时，将外供蒸汽切换至辅助减温减压装置 A，将主蒸汽降低参数后接入中压蒸汽母管作为一级抽汽的补充。辅助减温减压装置 A 的进汽参数为 13MPa、450℃，排汽参数为 1.5～2.2MPa、230℃，进汽流量为 40t/h

序号	设备（系统名称）	数量	主要技术参数
3.8	低压蒸汽		（1）汽机间设低压蒸汽母管 1 根，蒸汽来源为汽轮机二级抽汽，工作参数为 0.6MPa、158℃。 （2）供应对象：除氧器、除盐水站冬季加热、溴化锂空调、温室等。除氧器加热蒸汽从低压蒸汽母管接出，经调节阀后进入除氧器，调节阀的开度根据除氧器压力调整。 （3）当汽轮机二级抽汽不能满足各处用汽需要时，可切换至辅助减温减压装置 B，将主蒸汽降低参数后接入中压蒸汽母管作为二级抽汽的补充。辅助减温减压装置 B 的进汽参数为 13MPa、450℃，排汽参数为 0.6MPa、165℃，进汽流量为 16t/h
3.9	疏水系统		（1）三部分：管道疏水、空气预热器疏水和烟气加热器疏水。 （2）疏水扩容器：1 台，工作压力为大气压力，工作温度 100℃，容积 2m³。 （3）疏水箱：1 台，工作压力为大气压力，工作温度 100℃，容积 30m³，外形尺寸为 4800×3400×2000（mm）。 （4）疏水泵：2 台，流量 50m³/h，扬程 1.0MPa，电动机功率 22kW
3.10	汽水取样系统		本工程采用在线取样汽水分析系统
3.11	加药系统		给水加药和炉水加药给水加药，采用氨水溶液和联氨溶液，主要用于调节锅炉给水的 pH

第五节　电气与控制系统

一、电气系统主要配置示例

　　鉴于国内电力管理体制的特点，与国内其他城市一样，上海市垃圾焚烧发电设施的电力接入系统，都由本地的电网公司负责设计、采购、施工，建成投入使用后按照电网管理相关制度执行。接入系统是垃圾焚烧发电设施的电能外售输出、用电输入的重要设施，是项目建设过程中红线外最重要、进度控制最难的单体工程。上海市垃圾焚烧发电设施的上网电压等级以 110kV 和 35kV 为主，高压开关柜和低压开关柜内的电器元件一般为国际著名品牌（如 ABB、施耐德等）。16 个项目中，除 A 项目和 B 项目外，升压站都配套采用了 GIS 一体化组合电器。

　　电气系统的技术成熟、设备可靠，各项目的配置组成与功能基本相同。以上海市 D 项目为例，电气系统包括红线外"110kV 接入系统"和红线内"发电机出线、主变压器、110kV 配电装置、厂用电配电装置、直流系统、电缆敷设、照明、检修、防雷接地"等，以及与上述一次系统设备配套的二次系统。表 5-40 列出了 D 项目红线内电气设备的主要配置情况。本项目设 2 套 30MW 汽轮发电机组，发电机出线电压为 10.5kV。项目采用两路 110kV 专用线路，每条线路均能输送两台发电机的全部电能。发电机与主变压器成组接线，发电机出口设置 10kV 厂用电分支，110kV 系统采用内桥接线，通过两路 110kV 线路接至项目红线内 110kV 开关站的不同母线段。设置 2 台主变压器，单台容量均为 40MVA。1 台发电机对应 1 台主变压器，将电压从 10.5kV 升压至 110kV 后，接于厂区内开关站的 110kV 母线。厂用负荷按焚烧线分成若干段，并设置 1 台专用低压备用变压器，低压备用变压器从 10kV 母线 Ⅰ 段引接。项目启动时，首先由主变压器倒送电为全厂提供启动电源，待发电机工作正常后，发电机经同期并网发电。正常运行时，10kV 厂用母线之间的联络断路器断开，由 2 台发电机为全厂负荷供电。当发电机故障或检修时，断开对应发电机出口断路器，由系统倒送电供厂用负荷用电。当任意 1 台主变压器故障或检修时，断开主变压器两侧的断路器，发电机先孤岛运行供本段厂用负荷用电，然后可停运发电机，由另一段厂用分支供本段负荷。当 1 条 110kV 线路故障或检修时，闭合 110kV 桥连断路器，通过另一条 110kV 线路向系统送电，保证焚烧厂的正常运行。当 2 条 110kV 线路或两台主变压器均出现故障时，可退出一台发电机，由另一台发电机孤岛运行带全厂用电负荷。

表 5-40　　　　　　　　　　　　　**D 项目红线内电气设备主要配置**

序号	名称			型号及规格	单位	数量
1	发电机引出线部分			10kV 金属铠装中置式开关柜	台	14
2	主变压器			SF10-40 000/110	台	2
3	110kV 组合电器			全封闭 SF$_6$ 组合电器-GIS	间隔	2
4	厂用电	高压开关柜		10kV 金属铠装中置式开关柜	台	49
		高压环网柜		10kV 等级	套	3
		低压开关柜		0.4kV 等级，抽屉式结构	台	71
		厂用电变压器		干式变压器，SCBH15-1600/10.5kV	台	7
		动力配电箱		0.4kV，固定式结构	台	80
		双电源切换箱		0.4kV，固定式结构	台	70
		高压变频器		10kV 等级	台	8
		低压变频器		0.4kV 等级	台	14
		就地控制箱		常规	个	120
		检修电源箱		常规	个	40

续表

序号	名称		型号及规格	单位	数量
5	中控室及直流系统	保护屏	发电机、主变压器、110kV 线路等	套	2
		直流系统	直流屏及蓄电池组，800Ah	套	1
		通信	远动设备	套	1
			同期屏、电能表屏、故障录波、ECS（包括通信屏，数据采集屏等）、后台计算机及打印机等	套	1
6	其他 1		照明、空调、防雷、电缆等	—	—
7	其他 2		弱电系统（综合布线、火灾报警、周界报警等）	—	—

图 5-42 表示了该项目电气系统的主接线。0.4kV 母线段，包含备用段共分为 7 段。7 台厂用变压器分别与这 7 段联结。全厂的 380/220V 低压用电设备，经过低压配电装置，从这些母线段取电。为确保异常情况下的供电，备用段与其他 6 段都设置了联络开关（图中未示出）。

二、 仪控系统主要配置示例

上海的垃圾焚烧发电设施，都配置了先进的计算机分散控制系统（DCS）。御桥项目和江桥项目的 DCS，属于外方供货范围，分别采用了法国 ALSTOM 和 EMERSON 公司的产品。随着国内 DCS 厂商的快速发展，国内企业如杭州和利时、南京科远等公司，逐渐进入上海市场，并占据了主导地位。DCS、主设备厂配套供货的辅助控制系统、就地仪表及控制系统、网络以及工业电视系统等几部分的有机结合，构成了全厂的整体控制系统（即仪控系统）。

以 D 项目为例，图 5-43 表示了 D 项目的 DCS 网络拓扑示意。项目设一套 DCS，为 EMERSON 公司供货的 OVATION 系统。DCS 的柜机（硬件、软件）布置在电子设备间（EER）内，显示和操作装置布置在中央控制室（EER）内。DCS 具有数据通信、数据采集（DAS）、模拟量控制（MCS）、FSSS（锅炉炉膛安全监控系统）、顺序控制（SCS）、MFT（主燃料跳闸）、ETS（汽轮机跳闸保护系统）、TSI（汽轮机安全监视）和 INTERLOCK（联锁保护）等功能：①DCS 以显示器、键盘作为主要监视和控制手段，实现全厂的 4 台垃圾焚烧和余热锅炉、4 套烟气净化系统、2 台汽轮发电机组及各种辅助系统、辅助设备的监视和控制。②在 CCR 内，设置了值长和操作员站，以及一个与垃圾焚烧厂生产管理网相连的通信接口，厂级管理人员可通过此接口监视全厂的主要运行参数和状态，并得到生产管理、设备维修等所需的信息；设置了一套 84 英寸（1 英寸＝0.025m）的 DLP 大屏幕显示系统（84 英寸×3），与 DCS 相连，实时显示全厂的工艺流程参数，并可与工业电视系统相连，显示工业电视系统的实时图像，对焚烧炉内燃烧状况、垃圾卸料区、垃圾料斗、汽机间、地磅房等进行监视，以提高工厂的运行管理水平。③CCR 内的操作台上，还设有停机、停炉按钮，以便在 DCS 发生全局性或重大故障时，能进行紧急停机、停炉。④在厂区大门口设置一个 LED 的公共显示屏，用于显示来自烟气排放数据采集系统（CEMS）的烟气排放数据，方便来宾和公众观看。同时，CEMS 系统留有远程通信接口，烟气排放数据可直接送到环保局等上一级管理部门，便于环保部门的实时监督。

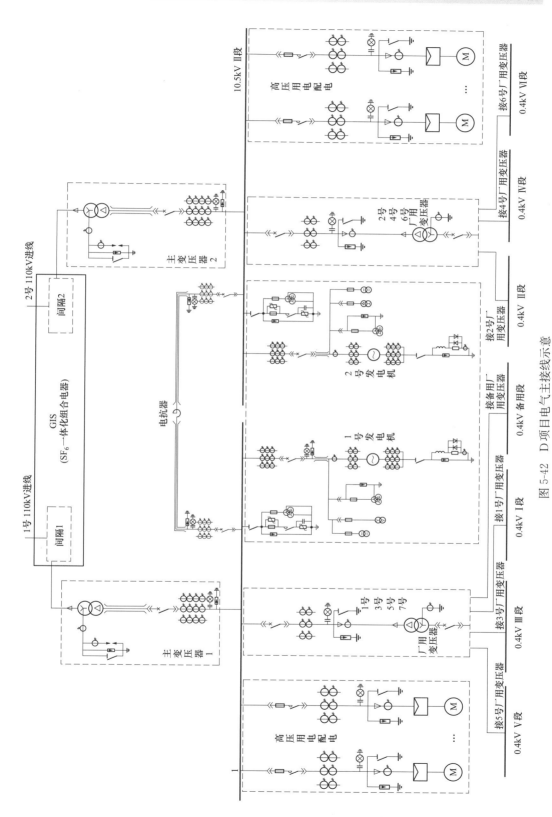

图 5-42　D 项目电气主接线示意

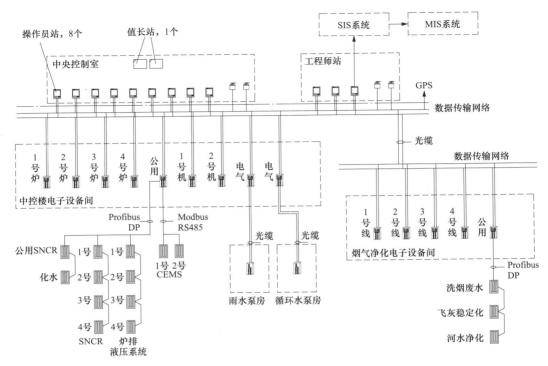

图 5-43　D 项目 DCS 网络拓扑示意

　　D 项目的化学水处理系统、垃圾抓斗起重机、地磅称重系统、电气综合保护及自动化控制系统（ECS），采用独立的控制系统，其中一些重要的数据通过通信或硬接线的方式进入 DCS，在中央控制室进行监视、报警。辅助燃烧器、点火燃烧器、锅炉清灰系统、压缩空气站、袋式除尘器、飞灰输送及飞灰稳定化系统等，采用独立的 PLC 控制，其中重要的数据通过通信或硬接线的方式进入 DCS，在中央控制室进行监视、报警。表 5-41 列出了 D 项目 DCS 的主要设备配置，表 5-42 列出了该项目 DCS 的 I/O 点数量。

表 5-41　　　　　　　　　　　　　　　D 项目 DCS 主要配置

序号	名称	位置	数量
1	人—机接口	中央控制室（CCR）内	（1）操作员站 8 个； （2）值长站 1 个； （3）工程师站 1 个； （4）历史站 1 个； （5）OPC 站 1 个
2	DCS 机柜		50
	电源柜	中控楼电子设备间	1
	电源柜	烟气净化电子设备间	1
	网络柜	中控楼电子设备间	1
	网络柜	烟气净化电子设备间	1
	MFT 跳闸柜	中控楼电子设备间	1

续表

序号	名称		位置	数量
2	TSI 机柜		中控楼电子设备间	1
	1 号炉控制器柜、扩展柜		中控楼电子设备间	3(1+2)
	2 号炉控制器柜、扩展柜		中控楼电子设备间	3(1+2)
	3 号炉控制器柜、扩展柜		中控楼电子设备间	3(1+2)
	4 号炉控制器柜、扩展柜		中控楼电子设备间	3(1+2)
	公用辅助系统控制器柜、扩展柜		中控楼电子设备间	4(1+3)
	1 号机组控制器柜、扩展柜		中控楼电子设备间	2(1+1)
	2 号机组控制器柜、扩展柜		中控楼电子设备间	2(1+1)
	电气柜		中控楼电子设备间	2
	1 号烟气净化控制器柜、扩展柜		烟气净化电子设备间	3(1+2)
	2 号烟气净化控制器柜、扩展柜		烟气净化电子设备间	3(1+2)
	3 号烟气净化控制器柜、扩展柜		烟气净化电子设备间	3(1+2)
	4 号烟气净化控制器柜、扩展柜		烟气净化电子设备间	3(1+2)
	烟气净化公用控制器柜、扩展柜		烟气净化电子设备间	3(1+2)
	远程 I/O 控制器柜		雨水泵房	1
	远程 I/O 控制器柜、扩展柜		循环水泵房	2(1+1)
3	现场检测和控制仪表	温度测量、压力测量、流量测量	现场	按需配置
		物位测量、启动薄膜调节阀	现场	按需配置
		电动调节阀等	现场	按需配置
4	随设备供货的控制系统	燃烧系统（ACC）控制柜	中控楼电子设备间	4
		点火燃烧器控制柜	现场，PLC	4
		辅助燃烧器控制柜	现场，PLC	8
		垃圾行车抓吊控制柜	现场，PLC	4
		激波吹灰控制柜	现场，PLC	4
		烟气排放在线检测（CEMS）	中控楼电子设备间	4
		压缩空气站控制系统	现场，PLC	2
		SNCR 控制系统	现场，PLC	4
		化学水处理系统	现场，PLC	2
		飞灰稳定化控制系统	现场，PLC	4
		吸烟废水处理控制系统	现场，PLC	4
5	工业电视监视系统	中控室大屏幕	中央控制室	2
		监视器	中央控制室	8
		监视器	垃圾吊控制室	6(3+3)
		摄像机	现场	30
6	LED 公众显示屏		红线外大门口	1

表 5-42   D 项目 DCS I/O 点数量

位置	DI	DO	AL	AO	RTD	TC	PL	SOE	合计
1 号焚烧线	293	149	105	27	41	55	3	27	700
2 号焚烧线	293	149	105	27	41	55	3	27	700
3 号焚烧线	293	149	105	27	41	55	3	27	700
4 号焚烧线	293	149	105	27	41	55	3	27	700
公用及辅助	458	172	134	27	17	3			811
1 号汽轮机	128	46	49		58	6			288
2 号汽轮机	128	46	49		58	6			288
1 号烟气净化	243	128	45	7	12			6	441
2 号烟气净化	243	128	45	7	12			6	441
3 号烟气净化	243	128	45	7	12			6	441
4 号烟气净化	243	128	45	7	12			6	441
烟气净化公用	274	143	56	8					481
电气	483	168	4					42	697
循环水泵房	114	57	14	3	21				209
雨水泵房	28	12	9		21				70
合 计	3757	1752	915	176	387	235	12	174	7408

第六节　污（废）水和飞灰处理系统

　　焚烧发电设施产生的渗沥液的处理，一直是个大难题。由于对焚烧厂产生的渗沥液认识不足，缺乏标准、工程技术和实践经验，导致上海市最初的御桥和江桥两个设施的渗沥液配套处理工程滞后于主体工程。外运至上海大型市政污水处理设施进行处理，是 2006 年之前的主要措施。2007 年，御桥、江桥先后建成渗沥液处理设施，但实践证明，工艺技术的选择存在不合理之处较多，对进水水质、水量的设计不合理，特别是缺少厌氧工艺、膜处理技术的选择存在问题。经过多年的实践摸索，在总结上海经验的基础上，吸收同时期国内其他同类项目的经验，江桥、御桥项目的渗沥液处理系统先后进行了两次技改，形成了"前段厌氧""中段 MBR""后段膜深度处理"的工艺系统，这种系统配置也是上海市 16 座垃圾焚烧发电设施渗沥液处理系统基本模式，全国也是如此。

一、渗沥液处理工艺组合型式与技术参数示例

　　表 5-43 列出了上海市垃圾焚烧发电设施各项目渗沥液处理系统的工艺组合形式和出路。浓缩液的出路，主要由石灰浆制备、飞灰处理加湿、回喷焚烧炉等方式消纳。为了进一步减少浓缩液的产率，老港渗沥液处理基地曾采用 MVR 和浸没式燃烧法处理浓缩液（因腐蚀严重、故障率高，MVR 系统已停用；浸没式燃烧法采用老港填埋场的沼气为热源，处理纳滤产生的浓缩液，效果不错，但成本极高）。随着上海市垃圾分类的推进实施，焚烧设施内部产生的渗沥液量呈下降的趋势，水质也将发生变化。渗沥液厌氧系统产生的沼气，如何安

全、环保地处理，需要优化。特别是在"碳减排"背景下，"进炉焚烧"的低效率需要尽快改良。

表 5-43　　　　　　　　　　　渗沥液处理工艺组合型式和出路统计

序号	项目简称 （试生产开始日期）	工艺组合形式
1	A 项目 （2002 年 9 月）	（1）渗沥液处理系统建设滞后，建厂初期渗沥液为外运处理。 （2）2007 年建设渗沥液处理系统工艺为"好氧＋MBR＋DTRO"工艺，后增加厌氧（USAB）系统。 （3）后又进行了二次技改，于 2018 年形成了"厌氧（CLR）＋好氧＋MBR＋纳滤＋DTRO＋浓缩液处理"的工艺
2	B 项目 （一期：2003 年 11 月） （二期：2005 年 11 月）	（1）渗沥液处理系统建设滞后，建厂初期渗沥液为外运处理。 （2）一期工艺为"好氧＋MBR"工艺，二期工艺为"厌氧（USAB）＋MBR（内置式）"。 （3）后又进行了二次技改，于 2015 年形成了"厌氧（CLR）＋MBR（外置式）＋膜深度处理＋浓缩液处理"的工艺
3	C 项目一期 （2012 年 12 月）	（1）渗沥液处理工艺为"调节池＋厌氧＋好氧＋厌氧氨氧化＋脱氮＋超滤"。 （2）2019 年对渗沥液处理系统进行了扩能提标
4	C 项目二期 （2021 年 6 月）	（1）2019 年，对一期渗沥液处理系统进行了扩能提标。扩能提标后，一期、二期的渗沥液处理系统共用，规模由原来的 230m³/d 提高至 600m³/d，形成了"调节池＋CLR厌氧反应器＋AO-MBR＋外置式 MBR 超滤膜生物反应器＋超滤＋纳滤＋反渗透"的组合工艺。 （2）环评批复：处理后，出水达到相关标准，可排放
5	D 项目 （2013 年 5 月）	渗沥液全部外送至老港基地的渗沥液处理厂进行处理
6	E 项目 （2019 年 6 月）	渗沥液全部外送至老港基地的渗沥液处理厂进行处理
7	F 项目 （2014 年 4 月）	（1）采用"预处理系统＋厌氧系统＋膜生物反应器（MBR）＋纳滤（NF）"的组合工艺。 （2）环评批复：处理后，出水达到相关标准，可排放
8	G 项目 （2016 年 4 月）	（1）采用"预处理系统＋厌氧系统（CLR）＋MBR 系统（A/O＋UF）＋纳滤（NF）＋浓液处理＋沼气火炬系统"的组合工艺。 （2）环评批复：处理后，出水达到相关标准，可排放
9	H 项目 （2021 年 4 月）	渗沥液全部外送至园区中湿垃圾资源化利用项目渗沥液系统进行处理
10	J 项目 （2016 年 5 月）	（1）采用"预处理系统＋厌氧系统＋膜生物反应器（MBR）＋纳滤（NF）＋浓缩液预处理"的组合工艺。 （2）环评批复：处理后，出水达到相关标准，可排放
11	K 项目 （2021 年 12 月）	（1）采用"预处理系统＋厌氧系统＋膜生物反应器（MBR）＋纳滤（NF）＋反渗透（RO）＋浓缩液深度处理"的组合工艺。 （2）环评批复：处理后，出水达到相关标准，可排放
12	L 项目 （2016 年 7 月）	（1）采用"预处理系统＋厌氧系统＋膜生物反应器（MBR）＋纳滤（NF）＋浓缩液预处理"的组合工艺。 （2）环评批复：处理后，出水达到相关标准，可排放

序号	项目简称（试生产开始日期）	工艺组合形式
13	L项目（2021年10月）	（1）采用"预处理系统＋厌氧系统＋膜生物反应器（MBR）＋纳滤（NF）＋反渗透（RO）＋浓缩液深度处理"的组合工艺。 （2）环评批复：处理后，出水达到相关标准，可排放
14	M项目（2017年7月）	（1）采用"预处理＋厌氧系统（UASB＋两级A/O＋一体式外置膜箱内置膜）＋纳滤（NF）"（预留RO系统场地和接口）的组合工艺。 （2）环评批复：处理后，出水达到相关标准，可排放
15	P项目（2022年下半年）	（1）采用"预处理系统＋厌氧系统＋膜生物反应器（MBR）＋纳滤（NF）＋反渗透（RO）＋浓缩液深度处理"的组合工艺。 （2）环评批复：处理后，出水达到相关标准，可排放
16	S项目（2022年下半年）	（1）采用"预处理系统＋厌氧系统＋膜生物反应器（MBR）＋纳滤（NF）＋反渗透（RO）＋浓缩液深度处理"的组合工艺。 （2）环评批复：处理后，出水达到相关标准，可排放

上海市某项目渗沥液处理系统（规模为 1000m³/d）工艺流程如图 5-44 所示，主要设备技术参数见表 5-44。

表 5-44　　　　　　　　　渗沥液处理系统主要技术参数

序号	设备（系统名称）	主要技术参数（内容）
1	预处理系统	调节池进水泵，潜污泵，单台 $Q=50m^3/h$，$H=40m$，$P_n=11kW$，4台，2用2备用；格栅机，$Q=50m^3/h$，过滤精度1mm，$P_n=0.75kW$，1台；初沉池排泥泵，螺杆泵，$Q=10m^3/h$，$H=20m$，$P_n=4kW$，2台；事故池提升泵，螺杆泵，$Q=25m^3/h$，$H=20m$，$P_n=7.5kW$，2台；厌氧超越泵，螺杆泵，$Q=25m^3/h$，$H=20m$，$P_n=7.5kW$，1台；厌氧超越过滤器，$Q=25m^3/h$，过滤精度 $800\sim1000\mu m$，1台；渗沥液调节池搅拌机，液下搅拌器，$P_n=4kW$，过流材质不锈钢316
2	厌氧处理系统（UASB）	厌氧进水泵，螺杆泵，$Q=25m^3/h$，$H=20m$，$P_n=7.5kW$，4台，3用1备，变频控制；厌氧进水过滤器，$Q=25m^3/h$，过滤精度 $800\sim1000\mu m$，3台；汽水混合器，非标，3台；厌氧反应器，钢罐，单座尺寸 $\phi17.6\times21m$，3座；三相分离器，非标，3套；厌氧循环泵，卧式离心泵，$Q=150m^3/h$，$H=25m$，$P_n=15kW$，4台，3用1备，变频控制；厌氧排泥泵，螺杆泵，$Q=10m^3/h$，$H=20m$，$P_n=4kW$，3台；厌氧沉淀池排泥泵，螺杆泵，$Q=10m^3/h$，$H=20m$，$P_n=4kW$，1用1备；沼气输送风机，$Q=1350m^3/h$，2kPa，3kW，2台，1用1备；其他非标，安全水封罐3套、沼气水封罐3套、汽水分离器1套、沼气吸附罐1套

续表

序号	设备（系统名称）	主要技术参数（内容）
3	MBR 系统（外置式）	MBR 进水泵，螺杆泵，$Q=25m^3/h$，$H=20m$，$P_n=7.5kW$，3 台，2 用 1 备，变频控制；中间水池搅拌机，液下搅拌器，$P_n=1.1kW$，过流材质不锈钢 316，1 台；一级反硝化液下搅拌器，$P_n=3.7kW$，过流材质不锈钢 316，4 台；一级射流曝气器，专用负压免维护式，4 套；一级硝化射流循环泵，卧式离心泵，$Q=450m^3/h$，$H=13m$，$P_n=22kW$，8 台；二级反硝化液下搅拌器，液下搅拌器，$P_n=2.5kW$，过流材质不锈钢 316，4 套；二级硝化射流曝气器，专用负压免维护，2 套；二级硝化射流循环泵，卧式离心泵，$Q=330m^3/h$，$H=13m$，$P_n=18.5W$，2 台；超滤进水泵，卧式离心泵，$Q=250m^3/h$，$H=25m$，$P_n=30kW$，3 台，2 用 1 备；空气悬浮风机，$Q=3850Nm^3/h$，风压 0.8bar，$P_n=120kW$，8 台，6 用 2 备；冷却塔，$Q=600m^3/h$，$P_n=18.5kW$，2 座；板式换热器，2 台；冷却污泥泵，卧式离心泵，$Q=600m^3/h$，$H=16m$，$P_n=45kW$，2 台；冷却水泵，卧式离心泵（铸铁），$Q=600m^3/h$，$H=13m$，$P_n=37kW$，2 台；消泡剂投加泵，隔膜泵，$Q=1.5L/h$，$P_n=0.024kW$，4 台；消泡循环泵，卧式离心泵，$Q=100m^3/h$，$H=20m$，$P_n=11kW$，2 台
4	MBR UF（超滤）系统	超滤双环路成套设备，处理量 350m³/d，$P_n=90kW$，2 套；超滤单环路成套设备，处理量 150m³/d，$P_n=67kW$，2 套，含清洗；超滤清洗罐，$V=30m^3$，2 套，非标；酸储罐，$V=40m^3$，1 座；加酸泵，隔膜泵，$Q=70L/h$，$P_n=0.12kW$，3 台，2 用 1 备；碱储罐，PE 罐体，$V=10m^3$，1 座；加碱泵，隔膜泵，$Q=23L/h$，$P_n=0.12kW$，2 台，1 用 1 备
5	NF（纳滤）系统	纳滤进水泵，立式离心泵，$Q=22.5m^3/h$，$H=40m$，$P_n=5.5kW$，2 台；纳滤成套设备，处理量 500m³/d，$P_n=38kW$，2 套；纳滤清液罐，PE 罐体，$V=30m^3$，2 座；纳滤浓液罐，PE 罐体，$V=30m^3$，1 座；阻垢剂投加泵，$Q=1.5L/h$，$P_n=0.024kW$，2 台
6	RO（反渗透）系统	反渗透进水泵，立式离心泵，$Q=20m^3/h$，$H=30m$，$P_n=4.0kW$，2 台；反渗透成套设备，处理量 475m³/d，$P_n=60kW$，2 套；反渗透浓液罐，PE 罐体，$V=15m^3$，1 座；阻垢剂泵，隔膜泵，$Q=1.5L/h$，$P_n=0.024kW$，2 台；清液外送泵，立式离心泵，$Q=60m^3/h$，$H=22m$，$P_n=5.5kW$，2 台，1 用 1 备
7	纳滤浓缩液处理系统	纳滤浓缩液减量化一级进水泵，立式离心泵，$Q=15m^3/h$，$H=30m$，$P_n=3kW$，1 台，变频控制；纳滤减量化二级进水泵，立式离心泵，$Q=15m^3/h$，$H=70m$，$P_n=5.5kW$，1 台，变频控制；纳滤减量化成套设备，处理量 200m³/d，$P_n=45kW$，1 套；中间水罐，PE 罐体，$V=30m^3$，1 座；阻垢剂泵，隔膜泵，$Q=1.5L/h$，$P_n=0.024kW$，1 台；加酸泵，隔膜泵，$Q=23L/h$，$P_n=0.024kW$，1 台；纳滤减量浓缩液回喷泵，螺杆泵，$Q=10m^3/h$，$H=60m$，$P_n=4.0kW$，1 台
8	反渗透浓缩液减量化系统	（1）与沼液处理系统的 RO 浓缩液减量化系统共用。 （2）反渗透浓缩液减量化进水泵，立式离心泵，$Q=15m^3/h$，$H=30m$，$P_n=3.0kW$，1 套；反渗透减量化成套设备，处理量 237.5m³/d，$P_n=110kW$，1 套；阻垢剂泵，隔膜泵，$Q=1.5L/h$，$P_n=0.024kW$，1 台；加酸泵，隔膜泵，$Q=23L/h$，$P_n=0.024kW$，1 台；反渗透减量浓缩液回喷泵，螺杆泵，$Q=10m^3/h$，$H=60m$，$P_n=4.0kW$，1 台

续表

序号	设备（系统名称）	主要技术参数（内容）
9	剩余污泥脱水系统	污泥脱水进料泵，螺杆泵；$Q=25\text{m}^3/\text{h}$，$H=20\text{m}$，$P_n=7.5\text{kW}$，1台，变频控制；污泥脱水机，处理量$25\text{m}^3/\text{h}$，$P_n=55\text{kW}+15\text{kW}$，脱水至含水率小于80%，1套；脱水清液回流泵，$Q=25\text{m}^3/\text{h}$，$H=22\text{m}$，$P_n=7.5\text{kW}$，1台；干泥输送泵，输送能力3t/h，出口压力不小于3.6MPa，$P_n=22\text{kW}$，1台；絮凝剂制备装置，制备浓度0.1%～0.3%，$P_n=7.5\text{kW}$，1套；絮凝剂投加泵，螺杆泵，$Q=5\text{m}^3/\text{h}$，$H=15\text{m}$，$P_n=2.2\text{kW}$，2台，变频控制；干泥斗，$V=2\text{m}^3$，1台
10	除臭系统	（1）渗沥液、沼液、生活污水处理系统共用。 （2）除臭风机，$Q=25\,000\text{m}^3/\text{h}$，风压3000Pa，$P_n=45\text{kW}$，4套，2用2备

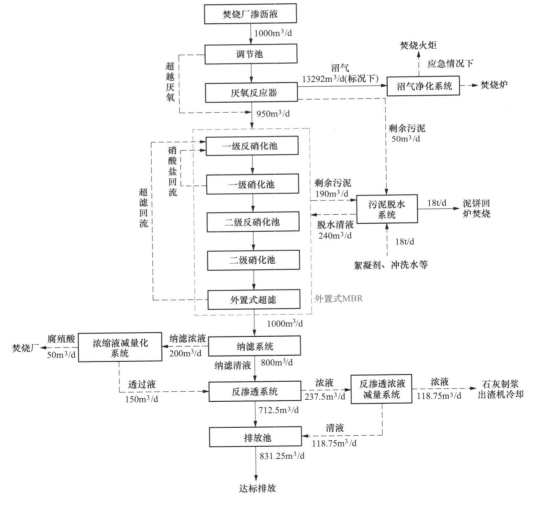

图 5-44　渗沥液处理系统工艺流程方框图

二、　湿法烟气净化废水处理工艺和技术参数示例

以上海市某项目为例，该项目总设计规模为 3000t/d，设 4 炉 2 机。烟气净化采用了湿法净化系统，产生的废水分为两类，洗烟废水和减湿废水。洗烟废水收集后送至洗烟废水处理站处理，执行标准为一类污染物达到《污水综合排放标准》（DB31/199—2018）表 1 标准要求，二类污染物达到《污水综合排放标准》（DB31/199—2018）表 2 三级标准要求，达标、纳管排放。洗烟废水设计进水水量为 250m³/d，采用"降温（换热）＋调质（调节池、二级反应、二级沉淀、中和)＋二级过滤＋二级 RO"的组合工艺，工艺流程如图 5-45 所示，主要技术参数见表 5-45。

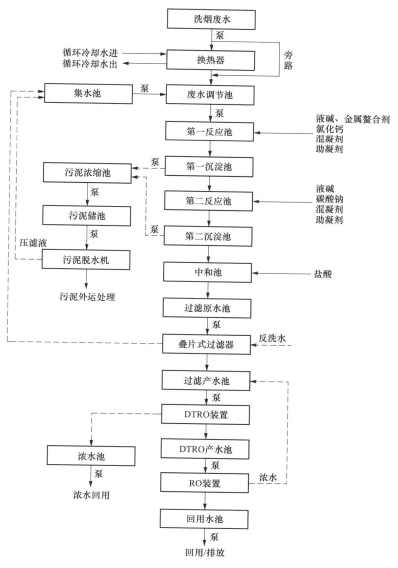

图 5-45　洗烟废水处理系统工艺流程方框图

表 5-45 洗烟废水处理系统主要技术参数

序号	设备（系统名称）	主要技术参数（内容）
1	换热器	洗烟废水温度为 65℃，该设备利用循环冷却水将废水温度降至 40℃ 以下；设置 2 套管壳式换热器。换热器过流量 12.5m³/h，2 套，过流材质采用双相钢 2205
2	原水泵	洗烟废水调节池内通过液位控制，当废水达到一定液位时开启洗烟废水原水泵，将废水打入第一反应池内。原水泵流量 15m³/h，扬程 12m
3	一级反应池	分为四格，有效容积 10m³。分别投加液碱、螯合剂、氯化钙、混凝剂及助凝剂，调节废水的 pH，使废水中一类污染物和氟化物与药剂反应生成大分子络合物或沉淀物，并与悬浮颗粒结合逐渐长大形成矾花，利于在沉淀池中沉淀。第一反应池搅拌机 4 套，搅拌能力 10m³，与水接触部分采用碳钢衬塑
4	一级沉淀池	辐流式圆形沉淀池，1 座，φ5000mm×4500mm，表面负荷 0.764m³/(m²·h)。反应池中生成的沉淀物，在沉淀池中与清水分离。第一沉淀池中心刮泥机 1 套，中心驱动形式，周边线速度 0.75～1.25m/mim；第一沉淀池污泥泵 Q=8m³/h，H=30m，2 台，1 用 1 备，污泥螺杆泵
5	二级反应池	分为四格，有效容积 10m³。分别投加液碱、碳酸钠、混凝剂、助凝剂，通过调节废水的 pH 和投加碳酸钠，使废水中钙镁离子硬度与药剂反应生产不溶沉淀物，达到去除废水硬度的效果，不溶沉淀物与悬浮颗粒结合逐渐长大形成矾花，利于在沉淀池中沉淀。搅拌机，4 套，搅拌能力 10m³，与水接触部分采用碳钢衬塑料
6	二级沉淀池	辐流式圆形沉淀池，1 座，φ5000mm×4500mm，表面负荷 0.764m³/(m²·h)。反应池中生成的沉淀物，在沉淀池中与清水分离。刮泥机 1 套，中心驱动形式，周边线速度 0.75～1.25m/mim，池污泥泵 2 台，1 用 1 备，污泥螺杆泵，Q=8m³/h，H=30m
7	调节池	pH 调节池 1 座，尺寸为 1800mm×2350mm×2500mm，有效容积 4m³。废水自流入 pH 调节池，加酸调节 pH。搅拌机 1 套，搅拌能力 10m³，与水接触部分采用碳钢衬塑
8	过滤原水池	过滤原水池，1 座，尺寸为 4000mm×5000mm×4500mm，有效容积 60m³。送水泵 2 台，1 用 1 备，卧式离心泵，Q=15m³/h，H=32m
9	叠片过滤器	叠片过滤器 1 台，过滤精度 100μm，处理水量 16m³/h
10	过滤产水池	过滤产水池 1 座，尺寸为 3500mm×5000mm×4500mm，有效容积 73m³。DTRO 送水泵 3 台，2 用 1 备，卧式离心泵，Q=9m³/h，H=32m
11	DTRO 膜装置	DTRO 膜装置 2 套，单套处理水量 9m³/h，回收率≥58%。DTRO 高压泵 4 台，4 用，柱塞泵，Q=4.5m³/h，H=800m；DTRO 循环泵 2 台，2 用，化工泵，Q=54m³/h，H=80～100m，进出口耐压 8MPa；DTRO 冲洗水泵 2 台，2 用，卧式离心泵，Q=9m³/h，H=32m
12	DTRO 产水池	DTRO 产水池 1 座，尺寸为 4000mm×5000mm×4500mm，有效容积 84m³。RO 送水泵 2 台，1 用 1 备，卧式离心泵，Q=11m³/h，H=35
13	RO 膜装置	RO 膜装置 1 套，处理水量 11m³/h，回收率≥75%。RO 高压泵 1 台，立式离心泵，Q=11m³/h，H=180m；RO 循环泵 1 台，立式离心泵，Q=4m³/h，H=35m

续表

序号	设备（系统名称）	主要技术参数（内容）
14	回用水池	回用水池 1 座，尺寸为 5000mm×5000mm×4500mm，有效容积 105m³。回用水泵 2 台，1 用 1 备，卧式离心泵，$Q=15$m³/h，$H=40$m
15	浓水池	浓水池 1 座，尺寸为 4500mm×5000mm×4500mm，有效容积 94m³。回用水泵 2 台，1 用 1 备，卧式离心泵，$Q=15$m³/h，$H=40$m
16	污泥浓缩池	污泥浓缩池 1 座，ϕ5000mm×4000mm，池底坡度 10°。浓缩池刮泥机 1 套，中心驱动形式，周边线速度 0.75～1.25m/mim；浓缩池污泥泵 2 台，1 用 1 备，污泥螺杆泵，$Q=8$m³/h，$H=30$m
17	污泥储池	污泥储池 1 座，尺寸为 1800mm×5000mm×4500mm，有效容积 37m³。潜水搅拌机 1 套，搅拌能力 37m³；污泥供应泵 2 台，1 用 1 备，污泥螺杆泵，$Q=8$m³/h，$H_{max}=60$m
18	污泥脱水机	设置 1 套板框压滤机，过滤面积 40m²，处理量为 8m³/h
19	集水池	洗烟废水车间的压滤机排水、地面排水及过滤器反洗水均通过排水沟收集至集水池内，通过设置的 2 台自吸泵将废水泵入调节池内

减湿废水收集后送至减湿废水处理站，执行标准为污染物达到《污水综合排放标准》（DB31/199—2018）表 2 三级标准，达标、纳管排放。减湿废水设计进水水量为 1500m³/d。采用"降温（换热）＋调节＋一级过滤＋一级 RO"的组合工艺，工艺流程如图 5-46 所示，主要技术参数见表 5-46。

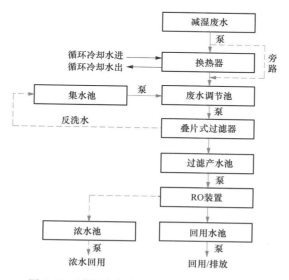

图 5-46 减湿废水处理系统工艺流程方框图

表 5-46 减湿废水处理系统主要技术参数

序号	设备（系统名称）	主要技术参数（内容）
1	换热器	减湿废水温度为50℃，该设备利用循环冷却水将废水温度降至40℃以下。设置2套板式换热器。换热器过流量$Q=75m^3/h$，2套，过流材质采用316L
2	调节池	减湿废水调节池2座，单台尺寸为8100mm×13 600mm×7000mm，有效容积1520m^3。减湿废水调节池内通过液位控制，当废水达到一定液位时开启减湿废水送水泵，将废水打入叠片过滤器。减湿废水送水泵，流量75m^3/h，扬程32m
3	叠片过滤器	叠片过滤器1台，过滤精度100μm，处理水量16m^3/h
4	过滤产水池	过滤产水池1座，尺寸为8100mm×4400mm×7000mm，有效容积242m^3。RO送水泵2台，1用1备，卧式离心泵，$Q=75m^3/h$，$H=35m$
5	RO膜装置	RO膜装置1套，处理水量75m^3/h，回收率≥75%。RO高压泵1台，立式离心泵，$Q=75m^3/h$，$H=160m$
6	减湿废水回用水池	回用水池1座，尺寸为5000mm×15 000mm×7000mm，有效容积525m^3；减湿废水回用水泵2台，1用1备，卧式离心泵，$Q=60m^3/h$，$H=40m$
7	减湿废水浓水池	减湿废水浓水池1座，尺寸为5000mm×10 000mm×7000mm，有效容积350m^3。回用水泵2台，1用1备，卧式离心泵，$Q=20m^3/h$，$H=40m$
8	集水池	减湿废水车间的过滤器反洗水均通过排水沟收集至集水池内，通过设置的2台自吸泵将废水回用至垃圾焚烧厂

三、飞灰处理工艺示例

上海市垃圾焚烧发电设施产生的飞灰，曾经一度运往嘉定危废中心安全填埋处置（御桥项目和江桥项目）。目前，飞灰全部采用"厂内螯合＋填埋场卫生填埋"的方式，运往老港填埋场处置。宝山项目在前期工作阶段，曾对采用"熔融处理"进行了论证，但最终因投资、运营成本很高，最后放弃了。上海市垃圾焚烧发电设施产生的炉渣，经历了最初"分散、消纳"的处置方式，现已形成了"集约化""综合利用"的先进模式，资源得以充分利用。以老港炉渣处理基地为主的集约化布局，解决了上海土地紧张、炉渣处理用地难以落实的问题，但却增加了炉渣运输费用；采用的"炉渣湿法分选工艺"，有用物资回收率高，且废水回用、不外排，具有良好的经济、环境和社会效益。

表 5-47 列出了上海市垃圾焚烧发电设施某项目飞灰稳定化处理系统的主要技术参数。该项目设2套飞灰稳定化系统，每套飞灰稳定化系统设计规模90t/d，每天工作8h，对应的工艺流程如图 5-47 所示。

表 5-47 飞灰稳定化处理系统主要技术参数

序号	设备（系统名称）	主要技术参数（内容）
1	飞灰储存仓	数量4台，有效容积250m^3/台，允许最高温度300℃；仓顶设袋式除尘器；仓底部设电动流化装置、气锤破拱装置及出口插板阀等
2	卸灰阀	星型卸料阀（变频调节）；供料能力25t/h；数量4台，每仓1台；允许最高温度300℃（极限）

序号	设备（系统名称）	主要技术参数（内容）
3	计量装置	（1）每个飞灰储仓配置一台飞灰计量装置，将定量的飞灰和水泥排入混炼机中，混炼机进料完毕后，计量装置下的气动挡板门自动关闭。 （2）设备规格供料能力12t/h，数量4台，允许最高温度300℃（极限），主要材质Q235-A
4	混炼机	（1）工作条件：负载波动、磨损严重；设备、形式：间歇式，双卧轴强制式，内衬防腐，变频调节；2台，单台处理能力15t/h（按飞灰计）。 （2）主要材质：本体，Q235A；衬板，高耐磨、防腐性能强；螯合转子为45号、耐磨合金；数量4台；热风系统，含风机、加热器等；配螯合剂喷嘴（不锈钢或陶瓷）及过载保护装置
5	螯合剂配制与输送系统	储存罐：按螯合剂的最大添加比例为飞灰的5%，考虑3天的存量，每个飞灰稳定化系统设置体积为8m³的储存罐1个，设备规格ϕ2500mm、$H=2500$mm；数量2个，材质为FRP
		稀释罐：规格$V=4$m³，数量2个，材质为FRP；稀释液贮存罐：规格$V=8$m³，数量2个，材质为FRP；输送泵：4台，2用2备

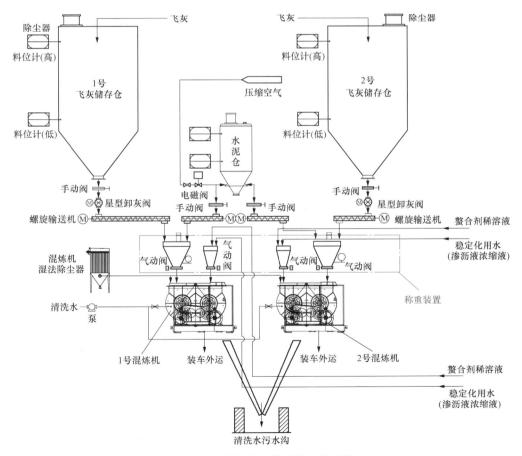

图 5-47 飞灰稳定化系统工艺流程

第六章 上海市垃圾焚烧发电设施控制系统示例

垃圾焚烧发电设施本质上是火力发电项目，其控制系统与燃煤火力发电项目大致相同。但是，由于以垃圾作为燃料，导致焚烧发电设施的控制系统具有一定的特殊性。这些特殊性，主要体现在燃烧系统的控制、渗沥液和飞灰处理系统的控制等。本章以上海市焚烧设施某项目为例，介绍全厂分散控制系统（DCS）的基本架构与功能、自动燃烧控制系统（ACC）的基本原理，以及炉膛主控温度的计算。

第一节 DCS 基本功能与联锁控制示例

上海市的垃圾焚烧发电设施，16 个项目都采用了先进的 DCS 对全厂进行自动控制，利用计算机、通信、显示、控制四大技术的结合，实现了"分散控制、集中管理"的目标。随着国产技术的成熟，DCS 的进口供应商也逐步为国产厂商所取代。

一、DCS 基本功能示例

以上海市焚烧设施某项目为例，DCS 由分散处理单元、过程输入输出通道、数据通信系统、人机接口（包括操作员站、工程师站、OPC 站等）、现场仪表和设备等组成。该项目以彩色 LCD/键盘作为主要监视和控制手段，在中控室内实现对全厂 4 台焚烧炉、4 条烟气净化线、2 台汽轮发电机组、电气系统，以及各辅助系统/设备的监视和控制。由数据采集和处理系统（DAS）、模拟量控制系统（MCS）、顺序控制系统（SCS）、锅炉炉膛安全监控系统（FSSS）、汽轮机数字电液控制系统（DEH）、电气设备监控系统（ECS）、汽轮机保护系统（ETS）、汽轮机旁路控制（BPC）等子系统组成的 DCS，易于组态、易于使用、易于修改、易于扩展，可满足各种运行工况的要求，可确保本项目安全、高效地运行。表 6-1 列出了该项目 DCS 的基本功能。

表 6-1　　　　　　　　　　　　DCS 基本功能

序号	系统简称	主要功能描述
1	人机接口	包括操作员站、工程师站、OPC 站、大屏幕等
2	数据通信	（1）利用数据总线，将各分散处理单元、输入/输出处理系统及人机接口，与系统外设连接起来，以保证可靠和高效的系统通信。 （2）时钟同步：设全厂卫星对时装置（GPS），使挂在数据高速通道上的各个站的时钟同步

序号	系统简称	主要功能描述
3	数据采集系统（DAS）	（1）连续采集和处理全厂的重要测点信号及设备状态信号，以便及时向操作人员提供有关的运行信息，实现机组安全经济运行。一旦机组发生任何异常工况，及时报警，提高机组的可利用率。 （2）显示功能：包括操作显示、成组显示、棒状图显示、趋势显示、重要设备跳闸首出记忆、重要设备允许条件帮助画面等。 （3）报警管理：报警可显示，按报警的区域、优先级、类型管理所有报警。 （4）制表记录：包括定期记录、事故追忆记录、事故顺序（SOE）记录、跳闸一览记录等。 （5）其他：历史数据存储和检索、性能计算、帮助指导等
4	模拟量控制系统（MCS）	（1）由微处理器构成的若干个子系统，对全厂生产过程进行调节控制，实现全厂的安全启、停及经济运行。 （2）联锁保护：防止控制系统错误的及危险的动作；在机组及机组辅机安全工况时，为维护、试验和校正提供最大的灵活性；系统某一部分必须具备的条件不满足时，联锁逻辑阻止该部分投"自动"方式；同时，在条件不具备或系统故障时，系统受影响部分不再继续自动运行，或将控制方式转换为另一种自动方式。 （3）其他：冗余组态、自动补偿及修正、平滑进行等
5	炉膛安全保护监视系统（FSSS）	（1）由炉膛吹扫和燃料跳闸（MFT）两个子系统组成。 （2）炉膛吹扫：锅炉点火前，将炉膛和烟道内的可燃混合物吹扫掉。 （3）MFT：达到设定条件（如汽包水位超限3s、主蒸汽温度或压力超限、一次风机跳闸等）时，发出MFT指令，所有进入炉膛的物料（垃圾、辅助燃料、尿素、浓缩液等）停止进入，并发出报警信号，相关喷枪从炉膛退出等
6	顺序控制系统（SCS）	（1）用于启动或停止各顺控子组项：全厂的分为多个子系统（设备组），每个顺控子组项对应一个子系统（设备组），如一台引风机及其所有相关的设备。 （2）顺序自控启/停：各子组项，可按程控进行自动顺序操作，在机组启、停时可减少操作人员的常规操作；在可能的情况下，各子组项的启、停，能独立进行。 （3）安全功能：可通过联锁、联跳和保护跳闸功能来保证被控对象的安全；联锁、保护指令具有最高优先级，手动指令则比自动指令优先
7	与DCS通信的PLC控制（其他控制系统接口）	（1）与DCS通信交换数据的控制系统/设备有： 1）垃圾吊控制； 2）辅助燃烧器和点火燃烧器控制系统； 3）自动燃烧控制系统（ACC）； 4）化水系统； 5）CEMS数据采集系统； 6）电气系统（ECS）。 （2）组态功能：利用DCS的组态功能，在DCS上实现对上述系统/设备的数据通信，实现监控/监视功能
8	汽轮机数字式电液调节系统（DEH）	（1）控制逻辑由汽轮机厂提供，在DCS上实现。 （2）控制功能：转速控制、负荷控制、超速保护以及试验等功能，实现汽轮发电机组的升速、并网、负荷的调节及进汽压力的自动控制。 （3）控制参数：转速控制范围20～3600r/min，精度±1r/min；负荷控制范围0～121%额定负荷，精度±0.5%；超速保护，具有103%、110%超速保护功能

序号	系统简称	主要功能描述
9	汽轮机保护系统（ETS）	（1）由汽轮机厂提供 ETS 的跳闸保护逻辑，在 DCS 上实现；汽轮机具有两只独立的不同原理的超速保护装置，汽轮机厂提供超速动作值。 （2）超速保护：汽轮机转速达 110% 额定转速时，TSI 电气超速动作（ETS110% 也动作），由 ETS 装置自动停机。 （3）润滑油油压低保护：润滑油压降低至设定值时，先报警，再启动交流油泵，直至发出停机信号。 （4）TSI 保护：通过安全监视保护系统（TSI），对机组的轴向位移、轴承振动、胀差、热膨胀进行监视和报警指示，轴向位移超限时，发出停机信号。 （5）手动保护：在中央控制室和就地，分别设手动停机按钮
10	厂级监控信息管理系统（SIS）	DCS 与厂级信息管理系统连接，中间设防火墙，单向传输数据

二、焚烧线联锁控制示例

为保证安全生产，上海市垃圾焚烧发电设施各项目的 DCS 都配置了先进的联锁（IN-TERLOCK）控制系统。在 DCS 中，联锁控制的优先级最高。一旦联锁控制的条件达成，系统瞬间将完成设定的动作，导致停炉、停机，或某台设备停运。以上海市某项目的焚烧线为例，其对应的联锁系统由焚烧线紧急停机和焚烧线部分紧急停机两部分组成。该项目联锁系统对所有的工作模式（自动模式、级联模式、手动模式）都有效，当联锁系统起作用时，操作人员就不能从 DCS 操纵任何控制挡板和阀门。图 6-1 表示了该项目焚烧线联锁控制所需具备的跳机条件和控制指令的关系。

1. 焚烧线紧急停机示例

如图 6-1 所示，满足下列条件之一，焚烧炉联锁跳机条件即达成，包括：

1）焚烧炉紧急停止按钮接通［ON］。

2）锅炉汽包水位高至 HHH。

3）锅炉汽包水位低至 LLL。

4）仪表供气管网压力降至 LL。

这时，被强制关闭的设备包括：

1）点火和辅助燃烧系统（燃烧器系统）。①点火燃烧器及其风机停机。②辅助燃烧器及其风机停机。

2）垃圾给料系统和炉排系统。①推料器紧急停机。②干燥炉排紧急停机。③燃烧炉排紧急停机。④燃烬炉排紧急停机。

3）燃烧空气供应系统和引风机系统。①引风机停机。②一次风机停机。③二次风风机停机。④供气挡板关闭。

4）其他设备。①过热蒸汽减温水喷水阀关闭。②尿素溶液喷入喷嘴撤离。③渗沥液喷雾喷嘴撤离。④吹灰器停止。

2. 焚烧线部分紧急停机示例

1）跳机条件之一：引风机（IDF）停机。

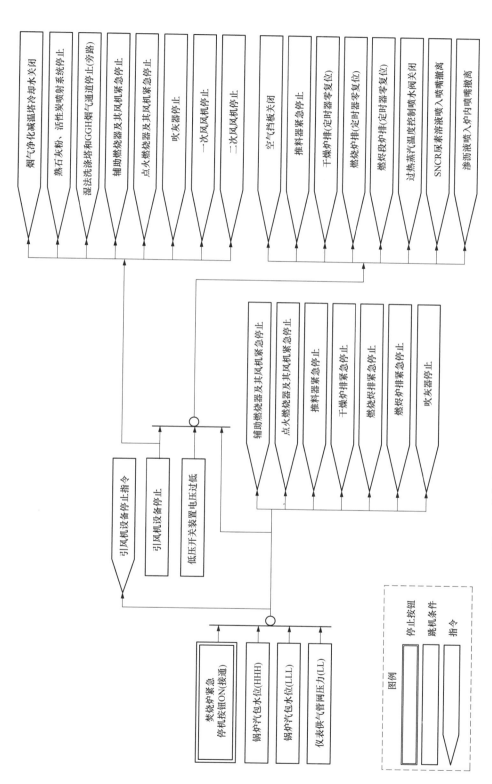

图 6-1 焚烧线联锁控制跳机条件与控制指令的关系示意

这时，以下设备都会停机或被强制关闭：①烟气净化减温塔冷却水喷射关闭。②熟石灰粉、活性炭喷射系统停止。③湿法洗涤塔和 GGH 烟气通道停止（旁路）。④点火燃烧器及其风机停止。⑤辅助燃烧器及其风机紧急停止。⑥吹灰器停止。⑦一次风风机停止。⑧二次风风机停止。⑨空气挡板关闭（至手动模式）。⑩推料器紧急停止（至手动模式）。⑪干燥、燃烧和燃烬炉排的定时器零复位（至手动模式）。⑫过热蒸汽减温水喷水阀关闭（至手动模式）。⑬SNCR 尿素溶液喷入喷嘴撤离。⑭渗沥液喷进炉内喷嘴撤离。

2）跳机条件之一：低压开关装置电压过低。

这时，以下设备都会停机或被强制关闭：①空气挡板关闭（至手动模式）。②推料器紧急停机（至手动模式）。③干燥、燃烧和燃烬炉排的定时器零复位（至手动模式）。④过热调整器喷水阀关闭（至手动模式）。⑤渗沥液喷进炉内喷嘴撤离。

第二节　ACC（自动燃烧控制系统）基本原理示例

ACC 是垃圾焚烧发电设施控制系统的核心之一，其计算过程、控制逻辑复杂。ACC 的目的是使用最少的人力，安全、环保、经济地焚烧垃圾。上海市垃圾焚烧发电设施的运行经验表明，垃圾质量的波动，使 ACC 的稳定运行难度增加。不同季节、不同批次的垃圾质量差异较大，即使同一批次的垃圾，有时也会存在较大差异。因此，ACC 的稳定运行，首先取决于对垃圾质量的把控，这就要求垃圾吊的操作人员应尽量"拌匀"池内的垃圾。其次，中控室的操作员，对于输入 ACC 的设定值（SV）的把握也很重要。经验丰富的操作人员，对 ACC 的运行至关重要。

鉴于知识产权和篇幅等因素的限制，本节以上海市某项目为示例，仅对其 ACC 的基本原理进行概要性介绍。

一、ACC 原理概要

ACC 是以锅炉主蒸汽流量为主控对象，以垃圾料层厚度、省煤器出口氧气浓度、焚烧炉烟气温度等为次要控制对象，通过工艺理论计算（如结合蒸汽的焓值、锅炉效率等计算值；进炉垃圾低位热值、垃圾密度、渗沥液及尿素溶液回喷量、辅助燃料用量等现场实际值），得到一系列计算值（如燃烧所需的一、二次风空气量，推料器速度、炉排速度等），结合实际工况对这些计算结果修正后，进而不断地、连续地调节一次风机、二次风机、推料器速度、炉排速度、炉排下风门挡板等执行设备，最终实现以主蒸汽流量为核心的若干个被控对象实际值（PV，现场仪表实时检测所得）与设定值（SV）尽量接近的过程。

上海市垃圾焚烧设施某项目的 ACC 计算基本原理如图 6-2 所示。

为了控制推料器速度和各段炉排速度、垃圾料层厚度、各炉排段燃烧空气流量，需要完成一系列计算。计算过程，涉及 4 个设定值（SV），分别是锅炉主蒸汽流量、进炉垃圾低位热值和密度、炉排上垃圾料层厚度。利用锅炉主蒸汽流量、蒸汽焓值、锅炉效率，可计算出所需要输入的热量 Q_s；同时，还需要计算喷入的尿素溶液所需热量 Q_{uw}、喷入的渗沥液所需热量 Q_{ld}。利用这三项热量的总和 Q_r（当然，这时如果有辅助燃料输入，则需要减去这部分

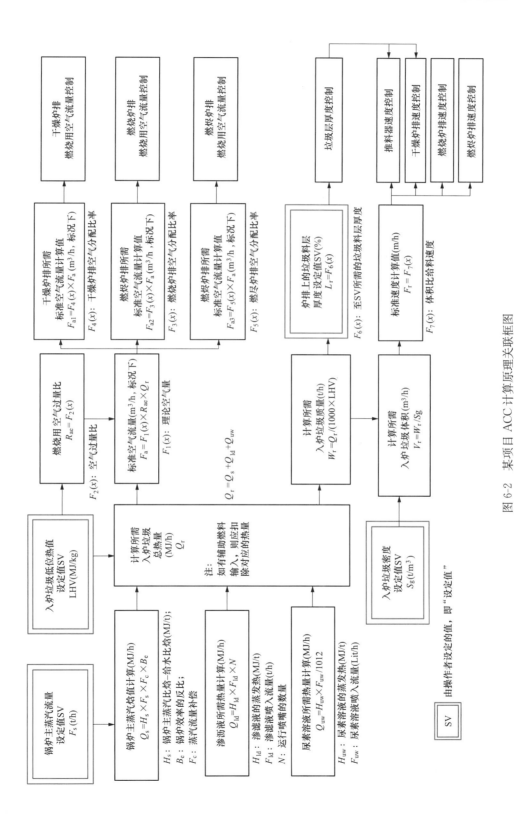

图 6-2 某项目 ACC 计算原理关联框图

热量）、进炉垃圾低位热值（LHV）和密度设定值，即可得到所需的进炉垃圾质量和体积。进炉垃圾的体积确定后，ACC 根据函数公式，计算得出进炉垃圾的给料速度，并据此对推料器、干燥炉排、燃烧炉排、燃烬炉排的速度进行控制。

进炉垃圾质量确定后，通过检测炉排上、下的压差，ACC 根据函数公式，计算得出炉排上垃圾料层厚度的设定值（垃圾料层厚度的设定值单位为"百分比"），并据此值对垃圾料层厚度进行控制。

根据总热量需求计算值 Q_r、低位热值设定值（SV）和空气过量比（Rae），ACC 利用其设定函数，可计算出燃烧所需的理论空气总量 F_a，再根据干燥炉排、燃烧炉排、燃烬炉排的空气分配率，最后计算出对应的各段炉排所需标准空气量 F_{a1}、F_{a2}、F_{a3}。ACC 以 F_{a1}、F_{a2}、F_{a3} 为基本数据，根据设定逻辑对干燥炉排、燃烧炉排、燃烬炉排的一次风量进行控制。

需要特别说明的是，尽管炉排速度以函数形式计算得出的物理单位为 m/h，但实际控制方式为频次控制，即炉排的运动是间歇进行的，液压缸前进、后退一次完成一个循环周期，每个循环周期内的炉排速度（行程除以时间）都是按调试好后的数值固定的，相邻 2 个循环周期的时间间隔由时间继电器控制，间隔时间由 ACC 确定。而推料器则是一直以缓慢的速度前进或后退，正常运行工况下相邻 2 个循环周期之间无时间间隔，因此，推料器的速度控制与炉排速度控制不同。

二、 ACC 基本功能

图 6-3 表示了上海市垃圾焚烧发电设施某项目的 ACC 控制逻辑关联示意。可见，该项目 ACC 包括下列六项主要控制功能：

（1）锅炉主蒸汽流量控制。锅炉蒸汽总流量控制是 ACC 的主要控制回路。通过对垃圾层厚度的自动控制，推料器、干燥段炉排，恒定地向燃烧段炉排输送垃圾，在此条件下，锅炉主蒸汽流量控制功能可正常运行。锅炉主蒸汽流量的控制，以调节燃烧段炉排的空气输入流量为主要手段之一，使锅炉的主蒸汽流量尽量接近设定值（SV）。燃烧段炉排的输入空气流量，增大时，可使锅炉主蒸汽流量上升；反之，减小时，则使锅炉主蒸汽流量下降。

（2）垃圾料层厚度控制。通过测量垃圾料层的上、下压差，以及燃烧段炉排前部的输入空气流量，利用 ACC 函数公式，可计算出垃圾层厚度（图 6-4）。垃圾料层厚度控制功能，是通过检测、计算燃烧段炉排上的垃圾料层层厚度，控制调节推料器速度和干燥段炉排速度，以使垃圾料层厚度尽量接近设定值（SV）。例如，当垃圾料层厚度变薄时，推料器和干燥段炉排将加速，同时使燃烧段炉排和燃烬段炉排减速，以防垃圾堆积在燃烧炉排上。对垃圾料层厚度进行控制，可以防止因燃烧段炉排上的"燃料"短缺或过量导致的炉温下降，因而该功能极其重要。

（3）垃圾在炉排上的燃烧位置控制。由于垃圾质量的波动，特别是含水率、热值的变化，导致不同时段的垃圾燃烧位置的变化。垃圾质量变差时，则燃烧位置将会后移；反之，则前移。因此，炉排的干燥段、燃烧段、燃烬段的划分，是相对的。垃圾在炉排上的燃烧位置控制功能，可维持炉排上垃圾的燃烧、燃烬在适当位置完成。控制方法是，通过测量燃烬段炉排上方的温度，进而可判断燃烬段的燃烧情况，并据此调节燃烧段炉排速度。

（4）炉渣热灼减率最小化控制。炉渣热灼减率最小化控制，是通过测量燃烬段炉排上方的温度，进而判断燃烬段炉排上未完全燃烧的程度，并据此温度调节燃烬段炉排的输入空气流量。同时，也可据此调节燃烬段炉排速度。例如，燃烬段炉排上未完全燃烧的程度如加剧，则燃烬炉排上方的温度将上升，这时，将增加燃烬段炉排的输入空气流量，并使燃烬段炉排减速，以获得足够的完全燃烧所需的停留时间。

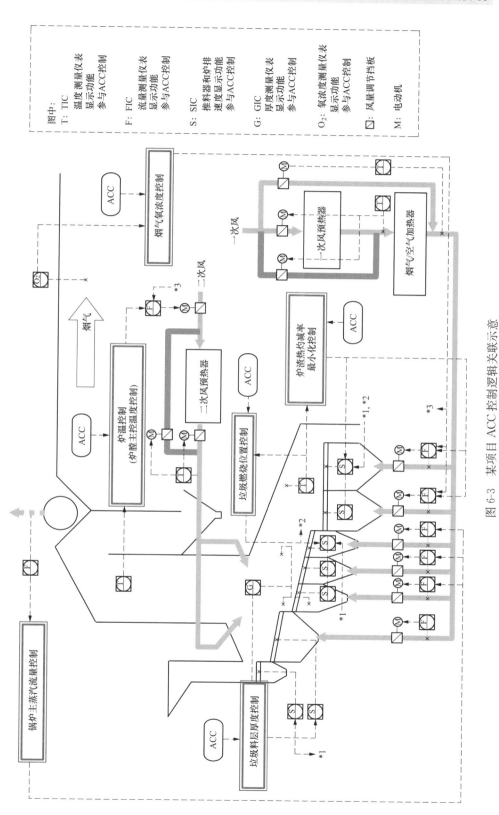

图 6-3 某项目 ACC 控制逻辑关联示意

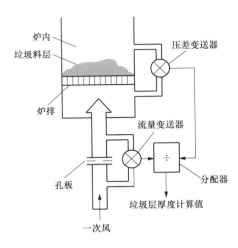

图 6-4 某项目垃圾料层厚度控制原理示意

（5）炉膛主控温度控制。炉膛主控温度（T_R，计算方法见本章第三节）的控制，是焚烧炉运行控制的核心。该功能的目的是将 T_R 控制在合理范围内，以满足主蒸汽流量的稳定输出、烟气污染物（特别是二噁英类物质）的生成与排放，以及避免后续锅炉受热面的高温腐蚀。T_R 的控制，是通过二次风和辅助燃烧器实现的。通过调节二次风量，可使 T_R 维持在一定范围内；通过辅助燃烧器的开启/关闭，可使 T_R 的温度保持在 850℃ 以上。例如：

1）达到下列条件时，开启辅助燃烧器。

$T_R < 855℃$（恒定）。

$T_R < 860℃$（连续 5min）。

2）达到下列条件时，关闭辅助燃烧器。

T_R 上升至 900℃。

$T_R > 880℃$（连续 5min）。

（6）锅炉出口烟气中氧浓度控制。锅炉出口烟气中 CO、TOC 浓度，与烟气中 O_2 浓度、炉温密切相关。即，当 O_2 浓度因燃烧空气不足而变低时，或因空气供应过量而在低炉温条件下导致不完全燃烧时，CO 浓度上升。本功能可通过调节燃烬段炉排的输入空气流量，使 O_2 浓度保持高于设定值（SV）。

表 6-2 列出了该项目 ACC 六大基本功能对应的主要操作。图 6-5 表示了在进炉垃圾设定热值 LHV 不变的条件下，ACC 对以锅炉主蒸汽流量为控制目标的一系列主要操作过程。

表 6-2　　　　　某项目 ACC 基本功能与主要操作对照

序号	功　能	工况	ACC 执行的主要操作
1	锅炉主蒸汽流量控制	高（PV＞SV）	减小燃烧段炉排空气流量
		低（PV＜SV）	增加燃烧段炉排空气流量
2	垃圾料层厚度控制	高（PV＞SV）	（1）减小推料器速度；（2）减小干燥段炉排速度
		低（PV＜SV）	（1）增加推料器速度；（2）增加干燥段炉排速度
3	垃圾在炉排上的燃烧位置控制（燃烬炉排上部温度）	高（PV＞SV）	增加燃烧段炉排速度
		低（PV＜SV）	减小燃烧段炉排速度
4	炉渣热灼减率最小化控制（燃烬炉排上部温度）	高（PV＞SV）	（1）增加燃烬段炉排空气流量；（2）减小燃烬段炉排速度
		低（PV＜SV）	（1）减小燃烬段炉排空气流量；（2）增加燃烬段炉排速度
5	炉膛主控温度控制（T_R）	高（PV＞SV）	增加二次风流量
		低（PV＜SV）	减小二次风流量
6	锅炉出口烟气中氧浓度控制	高（PV＞SV）	减小燃烬段炉排空气流量
		低（PV＜SV）	增加燃烬段炉排空气流量

注　1. PV：实际值。
　　2. SV：设定值。

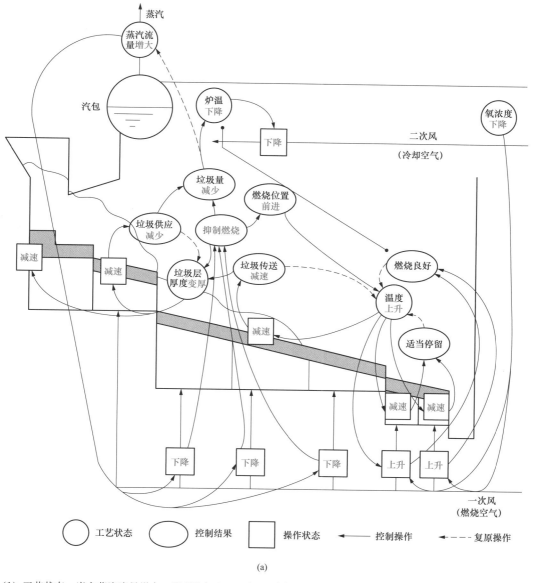

(a)

（1）工艺状态：当主蒸汽流量增大，即 PV 大于 SV 时，通常伴随产生的工艺状态包括"垃圾料层厚度变厚、燃烬炉排上部温度上升、锅炉出口烟气中氧气浓度下降"等工艺状态，是由于垃圾量增加（LHV 稳定的条件按下）、燃烧加剧导致的。

（2）控制操作：依次对应的操作，包括"推料器、干燥段炉排、燃烧段炉排、燃烬段炉排"的减速，"燃烬段炉排一次风风量"的上升，"二次风量"的上升等。

（3）控制结果：操作之后，带来的对应性结果，包括"垃圾供应减少、垃圾在燃烧段炉排及燃烬段炉排上的适当停留时间、锅炉出口烟气中氧气浓度得到控制"，整体燃烧良好。以上操作带来的整体结果为抑制燃烧、垃圾量减少、燃烧位置前移、炉温下降，之后对于炉温下降会自动减少二次风的风量。

（4）复原操作：最终通过上述一系列的复原操作，会达到"蒸汽流量减少、垃圾料层厚度变薄、燃烬段炉排上部温度降低"等目标，使得焚烧炉趋于正轨，即以主蒸汽流量为核心控制目标的实际值（PV）趋近于目标值（SV）。

图 6-5　ACC 控制原理说明（一）

（a）当蒸汽流量实际值 PV 大于设定值 SV 时

177

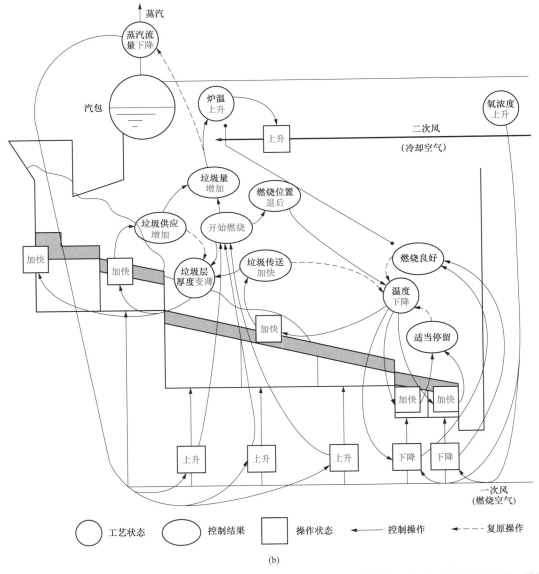

(b)

图 6-5　ACC 控制原理说明（二）
（b）当蒸汽流量实际值 PV 小于设定值 SV 时

　　（1）工艺状态：当主蒸汽流量减小，即 PV 小于 SV 时，通常伴随产生的工艺状态包括"垃圾料层厚度变薄、燃烬炉排上部温度降低、锅炉出口烟气中氧气浓度增加"等工艺状态，是由于垃圾量减小（LHV 稳定的条件按下）、燃烧减弱导致的。

　　（2）控制操作：依次对应的操作，包括"推料器、干燥段炉排、燃烧段炉排、燃烬段炉排"的加速，"燃烬段炉排一次风风量"的降低，"二次风量"的降低等。

　　（3）控制结果：操作之后，带来的对应性结果，包括"垃圾供应量增加、垃圾在燃烧段炉排及燃烬段炉排上的适当停留时间、锅炉出口烟气中氧气浓度得到控制"，整体燃烧良好。以上操作带来的整体结果为加剧燃烧、垃圾量增加、燃烧位置后移、炉温增加，之后对于炉温上升会自动增加二次风的风量。

　　（4）复原操作：最终通过上述一系列的复原操作，会达到"蒸汽流量增加、垃圾料层厚度变厚、燃烬段炉排上部温度上升"等目标，使得焚烧炉趋于正轨，即以主蒸汽流量为核心控制目标的实际值（PV）趋近于目标值（SV）。

第三节 炉膛主控温度的计算与控制

2019 年 11 月 21 日，国家生态环境部发布 10 号令，《生活垃圾焚烧发电厂自动监测数据应用管理规定》于 2020 年 1 月 1 日起正式施行。此规定中的第七条明确要求，"垃圾焚烧厂应该按照国家规定，确保焚烧炉炉膛内热电偶测量温度的 5min 均值不低于 850℃"，目的是保证完全燃烧，特别是控制二噁英的生成量。从行政执法管理的角度来看，这个要求比较容易执行，但也有其缺点。垃圾焚烧烟气"850℃、2s"的控制要求和方法，来自欧洲，日本、美国也都采用了这个标准要求，然而，并没有充足的工程实际数据证明其科学性，这也许像公理一样。我国的焚烧技术标准，同样也是如此。长期以来，850℃ 与 2s 是联系在一起的，而我国的新的管理制度实际上将"2s"的概念"屏蔽"了。

上海市垃圾焚烧发电设施的 DCS，从御桥项目和江桥项目开始，就按照 T_R 原则控制辅助燃烧器的启、停，以确保"850℃、2s"的要求。本节以上海市若干个项目为主，总结、分析了国内焚烧炉 T_R 的计算方法，并对现行国家规定存在的问题进行了思考。

一、几个重要术语的歧义和说明

炉膛、炉膛温度、DCS 温度、主控温度、测点温度，相互之间不同而又有关系。在此，首先明确几个概念或定义如下：

【炉膛】在垃圾焚烧行业，将焚烧炉与余热锅炉分开命名，只是出于方便采购与制造的形式上的需要，实际上二者是关联密切、分不开的。在《锅炉原理》中，没有炉膛的功能性定义，只从结构上给出炉膛容积的确定规则。对于炉排焚烧炉而言，不妨将炉膛定义为"从炉排上的垃圾层表面到顶部高温烟气出口窗之间的空间"，包括"炉床、前拱、后拱围成的空间（不妨称之为一次燃烧室）"和业内所说的"余热锅炉一通道（简称一通道）"。《生活垃圾焚烧污染控制标准（GB 18485—2014）》中，对于炉膛的定义，并不十分清晰。图 6-6 表示了上海市某项目焚烧炉和余热锅炉的布置。

【炉膛温度】《生活垃圾焚烧污染控制标准（GB 18485—2014）》中规定，焚烧炉炉膛温度（取 DCS 温度）应高于 850℃，如低于 850℃ 时焚烧垃圾，依据《大气污染防治法》予以处罚和停工整治；《生活垃圾焚烧发电厂自动监测数据应用管理规定》中明确指出：垃圾焚烧厂应当按照国家有关规定，确保正常工况下焚烧炉炉膛内热电偶测量温度的 5min 均值不低于 850℃，一个自然日内累计不能超过 5 次；以及 CJJ/T 212—2015《生活垃圾焚烧厂运行监管标准》规定，炉膛内固定安装二至三个温度监测断面，各层断面温度均应超过 850℃。据此，国家现行标准、制度、政策中的炉膛温度，指的是焚烧炉出口往上，余热锅炉一通道内，高温区的温度，是一个温度范围，不是一个具体的温度值。这种"炉膛温度"的叫法，容易与"一次燃烧室内的炉膛温度"混淆。

【DCS 温度与主控温度】环保部 2017 年发布的《关于生活垃圾焚烧厂安装污染物排放自动监控设备和联网有关事项的通知》中，对 DCS 温度的定义为"垃圾焚烧厂生产控制的集散控制系统（DCS）将焚烧炉二次空气喷入点所在断面、炉膛中部断面和炉膛上部断面分别设置的温度测点信号通过特定的模型计算出的温度"（实际上，各厂商的计算方法是不同的，上述 DCS 温度的定义并未覆盖所有厂商的计算方法，不准确）。DCS 温度，就是各厂商根据自己的计算模型，计算出的烟气在 850℃ 以上的炉膛区域内、向上流动 2s 处的温度。即，"DCS 温度"是计算出来的温度，是用于判断"850℃、2s"是否满足的重要依据，是动态地显示在 DCS 主操屏上的温度。国家现行标准、制度中的 DCS 温度，定义不清晰，容易让人混淆，在此，不妨称之为炉膛主控温度（简称主控温度，下同）。主控温度，在欧洲、日本，仍作为控制焚烧质量、是否达标的主要依据之一。"850℃、2s"的主要控制区域，如图 6-6 所示。

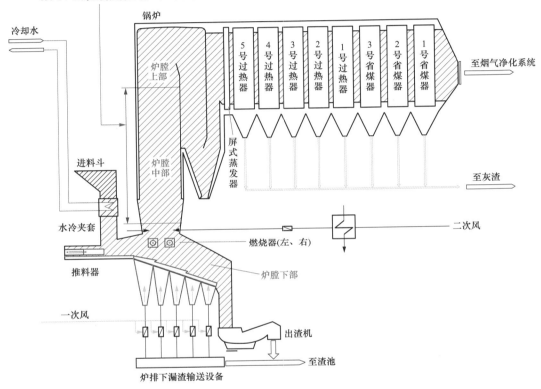

图 6-6 上海市垃圾焚烧发电设施某项目焚烧炉和余热锅炉布置示意

【测点温度】测点温度指的是采用热电偶或其他方式（声波在线测温法，在欧洲焚烧行业已成熟采用），对应于炉膛内某点的实测温度。测点温度，一方面用于运行过程中的温度监测，同时又参与主控温度（DCS 温度）的计算。热电偶的测点温度，在我国，目前已经取代主控温度，作为判断是否达标的依据。

二、 主控温度（DCS 温度）的计算

上海市垃圾焚烧发电设施采用焚烧技术，几乎覆盖了国内外所有主流炉排供应商的产品。在统计、汇总、分析后认为，炉排炉焚烧主控温度的计算方法，大致可以分为线性插值法、有效容积计算法、第一通道顶部烟温计算法。

（1）线性插值法（Ⅰ类）：是以炉膛内测点温度（上、中、下三个断面的测点温度或上、下二个断面的测点温度）、烟气流量、通道截面面积等参数为主进行计算的计算方法。亦可

称之为截面测点温度与流速计算法。

（2）有效容积计算法（Ⅱ类）：是以炉膛内测点温度（上、中、下三个断面的测点温度或上、下二个断面的测点温度）、烟气流量、容积为主进行计算的计算方法。亦可称之为截面测点温度、流量与容积计算法。

（3）第一通道顶部烟温计算法（Ⅲ类）：是以一通道顶部测点温度为主，辅以蒸汽流量等参数进行补偿或修正的经验公式计算法。亦可称之为顶部测点温度反算的经验公式法。

线性插值法（Ⅰ类）和有效容积计算法（Ⅱ类），实际上是一大类，即，上述三种方法，实质上都做了"温度随高度增加线性下降"的假设（但分段不同、斜率不同），锅炉的相关的设计参数、运行参数参与了计算。

1. 线性插值法

此类计算模型的参考平面如图 6-7 所示，主要包括：烟气 2s 行程的起点（二次风喷嘴的交切位置所在平面），简称起点 00；炉膛出口，简称平面 01；锅炉下集箱，简称平面 02；锅炉一通道下部位置，简称平面 1；锅炉一通道中部位置，简称平面 2；锅炉一通道上部位置，简称平面 3。

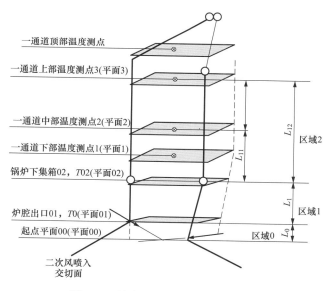

图 6-7　炉内测点参考平面分布示意

计算中，通常要求在炉膛内设置多层测点温度，根据烟气流量，炉膛截面尺寸，各层测点高度和温度值进行线性插值计算，从而可以得出烟气从起点 00 开始 2s 行程处的温度。但由于炉型设计理念的差异，不同厂家炉内受热面和测点的布置各有区别，对应炉内烟气温度从起点 00 开始随高度衰减的线性关系也存在一定的差异，以 Hitz 和 EBARA 两家的设计为例：

（1）Hitz 炉排炉。如图 6-8（a）所示，烟气从炉膛出口平面 01 至锅炉一通道上部的烟气温度衰减的速度转折点在锅炉下集箱平面 02 处。因此以平面 02 为分界线，计算出烟气在平面 00 至平面 01 之间的停留时间 t_0，以及烟气在平面 01 至平面 02 之间的停留时间 t_1。

如 $t_0+t_1>2$，则烟气在 2s 行程处的温度为

$$T_{\mathrm{g}} = T_{02} - \frac{2 - t_0}{\alpha_1} \times V_1 \times (T_{02} - T_0)$$

如 $t_0 + t_1 < 2$，则烟气在 2s 行程处的温度为

$$T_{\mathrm{g}} = T_{02} - \frac{2 - (t_1 + t_0)}{\alpha_{12}} \times V_2 \times (T_{02} - T_3)$$

需要注意在 Hitz 造船的计算中，T_{02} 由中部测点温度 T_2 和上部测点温度 T_3 根据高度线性插值计算得出，T_0 是由 T_{02} 和 T_3 根据区域 1 和区域 2 的有效受热面积线性插值计算得出。实际参与计算的测点温度仅为 T_2 和 T_3。

（2）EBARA 炉排炉。如图 6-8（b）所示，烟气从炉腔出口平面 01 至锅炉一通道上部的烟气温度衰减的速度转折点分别在锅炉一通道下部平面 1、2、3 处。因此根据温度修正后的烟气流量和各层截面积计算出烟气在平面 00 至平面 02 之间的流速 V_1，以及在平面 02 至平面 3 之间的流速 V_2。从而进一步计算出烟气在炉内 850℃ 以上流动 2s 后的标高为

$$H_{\mathrm{g}} = H_{02} + V_2 \times \left(2 - \frac{H_{02} - H_{00}}{V_1}\right)$$

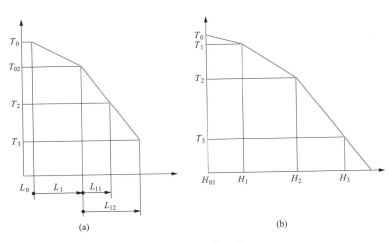

图 6-8　炉排炉内降温曲线示意

（a）Hitz 炉排炉内降温曲线示意；（b）EBARA 炉排炉内降温曲线示意

如 $H_{\mathrm{g}} \geqslant H_1$，则烟气在 2s 行程处的温度为

$$T_{\mathrm{g}} = T_1 - \frac{T_1 - T_2}{H_2 - H_1} \times (H_{\mathrm{g}} - H_1)$$

如 $H_{\mathrm{g}} < H_1$，则烟气在 2s 行程处的温度为

$$T_{\mathrm{g}} = T_0 - \frac{T_0 - T_1}{H_1 - H_{01}} \times (H_{\mathrm{g}} - H_{01})$$

Hitz 和 EBARA 计算公式中的符号说明如下：

H_{00}：烟气 2s 行程的起点（二次风喷嘴的交切位置所在平面）所在平面 00 的标高（m）；

H_{01}、T_0：炉腔出口平面 01 的标高（m）、断面温度均值（℃）；

H_{02}、T_{02}：锅炉下集箱所在面 02 的标高（m）、断面温度均值（℃）；

H_1、T_1：锅炉一通道下部位置所在平面 1 的标高（m）、断面温度均值（℃）；

H_2、T_2：锅炉一通道中部位置所在平面 2 的标高（m）、断面温度均值（℃）；

H_3、T_3：锅炉一通道上部位置所在平面3的标高（m）、断面温度均值（℃）；

H_g、T_g：烟气从起点开始在炉内流动2s后的标高（m）、对应温度（℃）；

t_0：烟气在平面00至平面01之间的停留时间（s）；

t_1：烟气在平面01至平面02之间的停留时间（s）；

V_1：烟气在平面01至平面02之间的流速（m/s）；

V_2：烟气在平面02至平面3之间的流速（m/s）。

L_0、L_1、L_{11}、L_{12}：分别代表起点00至平面01之间的高度差；平面01至平面02之间的高度差；平面01至平面2之间的高度差；平面01至平面3之间的高度差（m）。

  2．有效容积计算法

  此类计算模型在设备设计阶段，按照最高热负荷和最低热负荷工况下对应的2s行程高度区间，对设备有效容积进行优化，以保障当负荷在此区间内波动时，烟气2s行程处的温度均能高于850℃。

  此计算法对于温度测点的布置要求相对较低，参与计算的测点温度较少，计算过程相对简便。由于炉型设计理念的差异，不同的厂家在有效容积的选取和计算上也各不相同。以JFE和MHI炉排为例。

  （1）JFE炉排炉。计算选取的参考平面主要包括：二次风喷射平面H_0'，T_0'；低质垃圾工况下烟气2s行程的高度平面H_1'，T_1'；高质垃圾工况下烟气2s行程的高度平面H_2'，T_2'。

  计算中，烟气在温度测点区间内的变化与高度线性相关，温度衰减速率均匀，无转折点。根据平面H_1'和H_2的温度和高度，线性插值计算出850℃所在高度：

$$H_g = \frac{H_2' - H_1'}{T_1' - T_2'} \times (T_1' - 850) + H_1'$$

  根据焚烧炉设计尺寸和H_g，计算出850℃所在高度对应的烟气混合室容积$V(\mathrm{m}^3)$，如图6-9所示：

$$V = B + AH_g$$

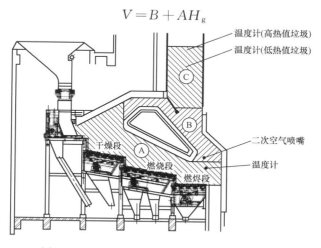

图6-9 JFE二次回流式焚烧炉内测点分布示意

  结合烟气流量$F_g(\mathrm{m}^3/\mathrm{h}$，标况下）计算出烟气停留时间是否满足2s要求。烟气量的修正温度选用二次风入口的烟气温度T_0'和850℃的平均值进行修正。

$$t_g = \frac{3600V}{F_g \dfrac{273 + (T_0' + 850)/2}{273}}$$

（2）MHI 炉排炉。计算的起始平面为炉膛侧墙下集箱的中心位置，终点平面为锅炉浇注料的顶部或 850℃的标高位置（浇注料顶部位置温度低于 850℃时，终点取 850℃所在标高平面；浇注料顶部位置温度高于 850℃时，取浇注料顶部平面为计算终点）。通过在设计阶段的优化，保障在此区间内的有效容积内，垃圾热值波动范围内均可满足烟气停留时间 2s 以上。

烟气在上述起始和终点平面之间的停留时间 t_g(s)，利用烟气量和平面之间的有效容积 V'(m^3) 进行计算。烟气量的修正温度选用二次风入口的烟气温度 T_0'和终点平面的烟气温度 T_{end}的平均值。

$$t_g = \frac{3600V'}{F_g \dfrac{273 + \dfrac{(T_0' + T_{end})}{2}}{273}}$$

JFE 和 MHI 炉排炉计算公式中的符号说明如下：

H_0'、T_0'：锅炉二次风入口的所在平面 0 的温度均值（℃）；

H_1'、T_1'：低质垃圾工况下烟气 2s 行程所在平面的标高（m）、断面温度均值（℃）；

H_2'、T_2'：高质垃圾工况下烟气 2s 行程所在平面的标高（m）、断面温度均值（℃）；

T_{end}：锅炉浇注料的顶部或 850℃的标高位置所在平面温度均值（℃）；

H_g、T_g：烟气从起点开始在炉内流动 2s 后的标高（m）、对应温度（℃）；

V'：烟气从起点开始在炉内的有效容积（m^3）；

t_g：烟气在有效容积内的停留时间（s）；

F_g：烟气测量流量（m^3/h，标况下）。

A、B：分别表示一通道横截面积 m^2、回流区腔室体积 m^3。

3. 第一通道顶部温度计算法

此类计算模型主要基于锅炉第一通道顶部的热电偶测点温度值，并结合相应的经验公式进行计算。对炉膛内的温度检测布置要求简单，计算公式相对简单。该类计算目前在欧洲应用较多，以 Steirmuller(SB) 和 Seghers 炉排为例。

（1）Steirmuller(SB)。

取锅炉第一通道顶部烟气温度三个测点的平均值作为锅炉第一通道顶部烟气的温度 T_2''，代入下述的经验公式中（以某厂锅炉额定蒸发量 67t/h 炉为例）：

锅炉第一通道顶部烟气 2s 温度 $= \left(\dfrac{\text{锅炉主蒸汽流量补偿值}}{67} \times 0.1875 + 1.5125\right)$

（结果与 1.325 比较输出较大值，再与 1.4 比较输出较小值）

$\times$ 锅炉第一通道顶部烟气温度

（2）Seghers 炉排炉。

计算选取的参考平面主要包括：二次风喷射平面 0；后燃烧区的末端 1；锅炉第一通道顶部 2。以某工程为例，先通过经验公式（如下），计算出 H_1平面和 H_2平面间的温度差：

$$\Delta T = T_1'' - T_2'' = 138.6℃ + 2608.9 MW℃ / \text{锅炉计算热负荷}$$

其中，138.6℃和 2608.9MW℃均为经验值，可在锅炉达到初始结垢后，在调试期间确定。锅炉计算热负荷为计算值，取值范围为锅炉最小负荷至最大负荷。

T_2取第一通道顶部热电偶测量值的平均温度，并对温度进行了（50~100℃）修正，即：

$$T_2'' = 烟气第一通道顶部平均温度 + 75℃$$

根据上述两个公式即可计算出 T_1（锅炉后燃烧区末端即炉腔出口温度），烟气在炉内 2s 行程的末端高度 H_g(m)：

$$H_g = H_1'' + \frac{F_g}{s} \times \left(2 - \frac{V'}{Q_g}\right)$$

烟气 2s 行程处的主控温度：

$$T_g = T_1'' + \frac{T_2'' - T_1''}{H_2'' - H_1''} \times (H_g - H_1'')$$

Steirmuller 和 MHI 计算公式中的符号说明如下：

H_0''：烟气 2s 行程的起点（二次风喷嘴的交切位置所在平面）所在平面 0 的标高（m）；

H_1''、T_1''：后燃烧区的末端平面 1 的标高（m）、断面温度均值（℃）；

H_2''、T_2''：锅炉一通道顶部平面 2 的标高（m）、断面温度均值（℃）；

H_g、T_g：烟气从起点开始在炉内流动 2s 后的标高（m）、对应温度（℃）；

F_g：烟气测量流量（m³/h，标况下）；

s：第一通道的截面积（m²）；

V'：烟气在平面 0 至平面 1 之间的后燃烧区的体积（m³）。

三、 主控温度（DCS 温度）的计算模型对比分析

1. 计算模型的对比

焚烧炉内主控温度（T_g）的计算，各厂商计算模型的对比情况见表 6-3。从表 6-3 中可以看出，不同的厂商的设计理念和计算模型差异较大，体现在：①温度测点布置位置和数量不同。受垃圾热值的波动、炉内燃烧情况、推算烟气停留时间和温度、判断 SNCR 最佳反应温度区域等因素影响，各炉排厂家炉腔内温度测点的布置的数量、标高等各不相同。②参与计算的测点温度选择不同。二次风喷射口交切面至锅炉第一通道顶部区间内，并非所有的测点温度均参与 850℃、2s 的计算。例如，Hitz 的计算中，参与计算的是两层测点温度；荏原的计算中为三层测点温度；而 Steirmuller 的计算中仅一层测点温度。③炉内温度衰减分区不同。线性插值法对炉内温度衰减的分区较多，固定容积法次之，而一通道顶部烟温法则是未分段。温度衰减速率的分段，有助于获取炉内的较为真实的温度场，提升线性插值法和固定容积法计算结果的准确性。而一通道顶部温度计算法，更多是通过经验公式和设计数据以及短期的试验来予以修正。

2. 计算结果影响因素分析

综合各类计算模型的原理分析，影响各模型的计算结果的因素主要包括：烟气流量的准确性、测点温度的真实性、测温温降速率分段的准确性和经验数据的准确性。①烟气流量的误差。计算中使用的烟气流量数据通常取用烟囱入口连续在线监测系统测量值。该值与炉腔内的真实烟气流量存在一定的偏差和滞后。需要严格结合系统漏风量、喷入介质（尿素溶液、减温水、流化风等）、温度、压力、含氧量等进行修正，其中温度修正宜选用区间内平均温度。具备条件的可在省煤器出口直接测量流量，并予以修正，可减少烟囱处测量带来的滞后性。②测点温度与实际温度的差别。如图 6-10 所示，炉腔内烟气温度实际分布非常复

杂。总体趋势是炉中心温度较高，边缘温度低；二次风向上，高度越高，温度越低。测点温度，是热电偶测温仪在实时工况下的所测得的数据。但热电偶受表面结焦情况及老化情况、伸入炉膛的长度、烟气流速、烟气回流搅拌、SNCR 喷射药剂等一系列因素的影响，所测得的数据与烟气真实温度存在一定的偏差，有时甚至超过 100℃。这种"屏蔽效应"需在设备长期运行稳定后，对热电偶进行定期校核，以获得更贴近真实值的测点温度。③温降速率分段的多少及其合理性。炉膛内烟气温度从二次风喷入点位置至一通道顶部，受到炉膛设计、浇注料厚度、水冷壁敷设等影响，在不同区段，实际温降速率均匀性上有所差异。不同的炉排厂家设计中烟气温降曲线的设定各不相同，温降速率区段划分的精确度将影响计算结果的准确度。测点层数越多，区域划分越多，越接近真实温度场变化。④经验公式计算法的合理性。对于第一通道顶部温度计算法，过程中涉及多项经验公式，该经验公式中的经验数据需结合项目自身的情况，在调试期和运行期，根据垃圾热值、炉内结焦等情况进行修正，从而保障经验数据更贴近炉内的真实工况，提升计算结果准确度。然而，随着垃圾热值和成分的变化、技术改造等，这些经验公式的合理性将大打折扣。

表 6-3　　　　　　　　几种不同型式焚烧炉中烟气温度与停留时间计算模型对比

计算模型	代表炉排厂家	一通道内温度测点布置	参与计算的测点温度	二次风入口至一通道顶部温降（ΔT）假定条件
线性插值法	Hitz	两层	锅炉一通道中部位置所在平面的测点温度；锅炉一通道上部位置所在平面的测点温度	分三段温降速率：二次风入口至炉腔出口；炉腔出口至锅炉集箱位置；锅炉集箱至一通道顶部
	EBARA	四层	炉腔出口平面平均温度；锅炉一通道下部位置所在平面的测点温度；锅炉一通道中部位置所在平面测点温度	根据测点布置位置进行区间划分。区间内温降速率均匀；各区间之间温降速率各异
有效容积计算法	JFE	三层	二次风喷射口平面的测点温度；低质垃圾、高质垃圾工况下烟气 2s 行程所在平面的测点温度	低质垃圾测点平面至及高质垃圾测点平面之间温降速率均匀
	MHI	两层	二次风喷射口平面处的测点温度；浇注料顶部平面处的测点温度	二次风喷射口平面至浇注料顶部平面之间温降速率均匀
第一通道顶部烟温计算法	Steinmuller	一层	第一通道顶部测点温度	全程温降均匀
	Seghers	一层	第一通道顶部测点温度	全程温降均匀

四、主控温度（DCS 温度）控制与测点温度控制

焚烧炉炉膛内二次风喷入截面向上，烟气行程 2s 处的主控温度（DCS 温度）的控制，是保证"850℃、2s"的要求，目的是达到完全燃烧、减少二噁英的生成。焚烧炉内，实际的温度场和速度场分布非常复杂；而主控温度是计算出来的，主控温度不可避免地与实际温度存在误差。而焚烧厂的 DCS，必须给其一个明确的指令、依靠一套程序，才能完成工业过程的自动控制。

1. 焚烧炉内实际的温度场和速度场

图 6-10 和图 6-11 分别为根据 CFD 模拟计算出的某 750t/d 炉排焚烧炉内温度、速度的分布，可以看出，温度分布的不均匀性和烟气流速分布的不均匀性。

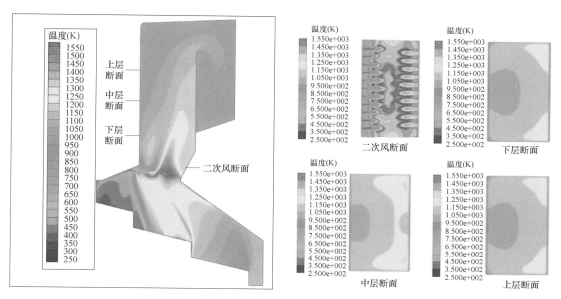

图 6-10　焚烧炉内温度场的分布示意（某焚烧炉的 CFD 模拟结果）

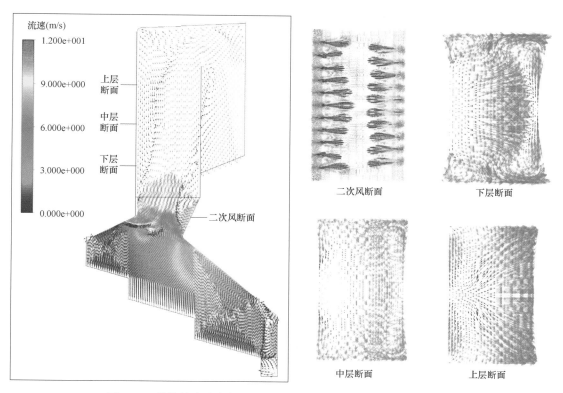

图 6-11　焚烧炉内速度场的分布示意（某焚烧炉的 CFD 模拟结果）

在炉膛一燃室内，温度沿炉排分布不均，这是因为在炉排干燥段，大量水分干燥吸热，降低炉排前段的温度；在燃烧段，干垃圾着火燃烧，释放大量热量和可燃气体，燃烧段温度急剧升高；在燃烬段，被灰层包裹的残碳在尾部炉排缓慢氧化，直至燃烬，燃烬段温度逐渐降低。炉膛喉口区域由于可燃气体二次燃烧，温度升高。

在一通道内高度方向，从二次风断面向上呈现出温度下降的趋势，上、下断面的温度范围在 900～1200℃ 之间居多。高温烟气在向上流动过程中，与水冷壁不断换热，烟温逐步降低。由于流场分布不均，一烟道靠近后墙侧平均烟温高于前墙侧烟温，同时靠近水冷壁四周烟温低于炉膛中心区域烟温。

在一通道水平方向，同一水平截面的温度不均匀性呈现出二次风断面复杂，上、中、下三个断面相似的现象。二次风断面上，前、后墙的温差范围较大，Δt 大概介于 300～700℃。（这是因为二次风喷嘴附近和炉膛中心燃烧区域差别很大，整个二次风断面高温和低温的差别比较大，所以前墙和后墙的温差只能估算一下）。上、中、下三个断面上，由于一烟道炉膛结构特点，烟气靠近后墙流动，水平断面靠近后墙区域平均烟温高于靠近前墙区域。左、右侧墙靠近后墙区域温度较高，与二次风喷嘴布置有关，靠近侧墙二次风量较少，扰动弱于炉膛中间，可燃燃烧时间略微延长。

烟气流速分布的不均匀性。在高度方向，从二次风断面向上，速率的范围在 3.5～4.5m/s 居多；在水平方向，同一水平截面的速度不均匀性呈现出二次风截面复杂，上、中、下三个断面相似的现象；局部位置烟气的流动方向，存在湍流和"短路"现象。

CFD 模拟结果与实际情况有一定的误差，但它反映的定性的客观趋势，对于优化设计，具有至关重要的指导作用。CFD 的计算模型越先进、使用者的经验越丰富，误差越小。随着技术的进步，这种误差将越来越小。

2."850℃、2s"条件下传统控制方法：项目应用实例

焚烧炉内烟气"850℃、2s"的控制，传统的控制方法是保证主控温度（DCS 温度，即烟气从二次风断面向上流动 2s 行程处的温度）不小于 850℃。这是欧美、日本等发达国家采用的方法，不妨称之为传统控制方法。国内的焚烧技术源于欧美和日本，因此，这种方法曾经一直被国内采用。

"850℃、2s"的传统控制，最重要的是焚烧炉和余热锅炉的设计。运行过程中，体现在 DCS 对燃烧器启、停的控制。图 6-12 为国内某厂采用传统方法对主控温度进行控制的逻辑示意图，其主控温度的控制逻辑是：①主控温度计算。利用一通道内中层断面的测点温度平均值（TICA-n11）、上层断面的测点温度平均值（TIA-n12）、烟囱烟气流量（FI-n30）以及焚烧炉设计工艺参数等，根据焚烧炉厂商提供的计算方法，计算出 T_R，即，根据前述的线性插值法计算出的主控温度 T_g。②温度连锁。依据上述温度计算结果，做以下相关逻辑连锁：

（1）当 T_R 数值大于或等于 900℃ 时，提示炉温正常。

（2）当炉膛温度处于下降趋势，T_R 低于 870℃ 时延迟 3min 或者 T_R 瞬时温度低于 860℃ 启动辅助燃烧器，以维持炉膛温度。

（3）辅助燃烧器启动后，炉温逐渐提升，当 T_R 数值瞬间高于 890℃ 或高于 880℃ 持续 3min 以上，则停止辅助燃烧器。

（4）当炉膛温度降低，T_R 数值低于 850℃，焚烧炉主画面持续报警提示。

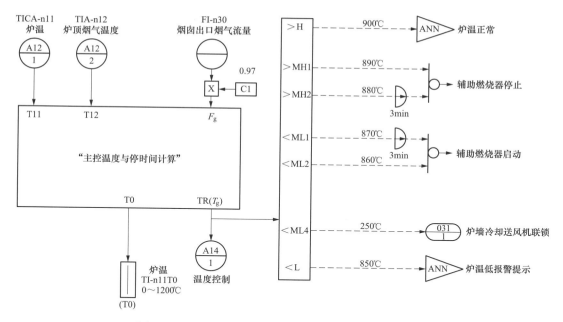

图 6-12 国内某炉排焚烧炉焚烧主控温度控制逻辑示意

（5）当 T_R 数值低于 250℃后，关闭炉墙冷却风机（停炉期间连锁）。

3. 现行国家规定条件下实际控制方法：项目应用实例

《生活垃圾焚烧发电厂自动监测数据应用管理规定》（国家生态环境部 2019 年 10 号令，2020 年 1 月 1 日起正式施行）规定，"确保焚烧炉炉膛内热电偶测量温度的 5 分钟均值不低于 850℃"。这里的炉膛，业内目前理解为"一通道内，二次风断面与上层热电偶构成的区域"。《生活垃圾焚烧污染控制标准》（GB 18485—2014）中表 1 的规定，"在两次空气喷入点所在断面、炉膛中部断面、炉膛上部断面中至少选择两个断面分别布设检测点，实行热电偶实时在线监测"和"根据焚烧炉设计书检验和制造图核验炉膛内焚烧温度监测点断面间的烟气停留时间"。

为了达到上述现行国家规定和标准的要求，国内焚烧设施的运营企业，实际的控制方法是：运行过程中，采用测点温度对燃烧器的启动、停止进行控制，计算出的主控温度（DCS温度）仅供参考。

图 6-13 为国内某厂焚烧炉一通道内热电偶的布置示意。炉膛测温热电偶布置在二次风断面布置两只热电偶，标高 19.16m，位于炉左和炉右，顺着烟气流向，在一烟道 25.3、28.7、31.5m 断面，分别布置下、中、上三层热电偶，每层布置 3 只，位于炉前、炉左和炉右。

该厂实际控制方法是：测点温度控制。辅助燃烧器与炉膛内上层热电偶的测点温度的平均值联锁，自动控制。当上层热电偶的测点温度的平均值低于 870℃时，自动启动辅助燃烧器，负荷给定 100%；当上层热电偶的测点温度的平均值高于 870℃后，运行人员可以根据测点温度调节辅助燃烧器负荷或停用辅助燃烧器，否则辅助燃烧器 100% 负荷运行。因此，2s 的概念，在实际运行中是不考虑的。只有在检查、核验时，才会用到 2s 的概念。

据悉，国内很多焚烧设施，把全部三层热电偶的测点温度平均值，与燃烧器联锁控制，以保证现行国家规定和标准的要求。

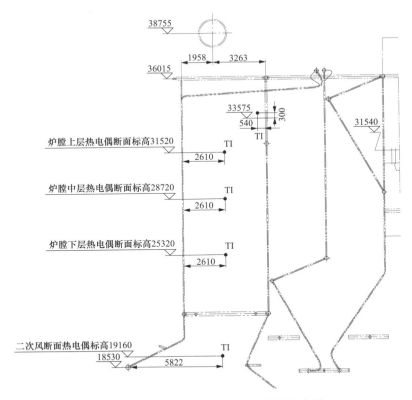

图 6-13　国内某焚烧炉内的热电偶测点布置

五、　现行国家规定存在的问题思考

国家标准 GB 18485—2014 对高温烟气"850℃、2s"的要求，是将 850℃ 与 2s 联系在一起的，而我国的现行的管理制度《生活垃圾焚烧发电厂自动监测数据应用管理规定》实际上将"2s"的概念"屏蔽"了。这是因为传统的主控温度控制法，各厂商的计算方法不同、难以统一管理，为了行政执法方便所致。

1. 管理方面的问题思考

"测点温度控制法"从政府的角度容易管理，但各企业不得不采取各种措施，满足这个规定。企业管理方面存在的问题是：①对已投产的焚烧设施进行技术改造，对建设中的焚烧设施进行针对性设计。但是，对于热电偶的具体布置要求，缺乏较详细的规定，从而导致各个企业的热电偶布置方式，特别是在高度和水平断面两个方向上，差异较大。②"热电偶测量温度的 5min 均值不低于 850℃"中的"5min"的规定，缺乏科学依据。为什么不能是 10min 或者 20、30min 呢？③焚烧炉在正常运行和启炉、停炉时，特别是计划外故障停炉或降负荷运行时，统一采用这种测点温度控制法管理，尽管有标记方面的规定，但极大地增加了企业管理的难度。④政府采用这种简单的测点温度控制法的同时，还需选择第三方专业单位、利用专业信息管理方法，对企业进行监督，实际上也增加了政府的管理难度。⑤热电偶的质量、使用寿命、校核检测，也没有较具体的规定。

2. 技术方面的问题思考

如前所述，焚烧炉内的温度和流速分布很复杂。同一水平断面上，不同时间、不同测点、不同工况下，热电偶的测点温度都不同。不同垃圾质量、不同焚烧炉规模，热电偶布置的具体位置也应不同。这些技术问题，体现在技改、设计和运行过程中。①没有考虑烟气流速和停留时间。热电偶的高度布置层数，缺乏统一的、具体的规定。"至少二层"的规定，并不科学。实际上，大多厂商，从二次风断面开始，为了监视炉膛内的温度，布置了 4 层或 5 层热电偶。那么，从哪一层选择呢？在寒冷的东北、在热值降低或增加的季节、在垃圾进厂量不足导致焚烧量不足时，固定地、机械地以某几个断面的测点温度作为执法的依据，显然是不科学的。②测点误差。热电偶的插入深度，导致测点温度低于实际温度。一般地，热电偶插入炉膛内的长度介于 200~300mm，测出的温度紧靠焚烧炉内壁，一般低于中心温度 40~90℃。另外，热电偶表面结焦受污染、材质老化、材质本身不佳等，都会导致测点温度的误差。③实际温度上升的问题。实际温度比测点温度高，受热面腐蚀的速率增加，将对全厂的长期稳定、安全运行带来负面影响。这个温度差值越大，负面影响越大。④同一断面要求布置 3 个测点。测点在断面的布置，不一定非要 3 个，有时大型炉甚至应该布置 4 个。具体的测点位置，应根据 CFD 模拟得出。

3. 经济方面的问题思考

由于管理和技术上的原因，导致以下经济方面的问题：①企业运营成本增加。由于测点温度低于实际温度，企业为了保证达标，不得不在"更保险"的条件下运行控制，启炉、停炉、正常运行工况下，辅助燃料的消耗量上升，导致企业经济成本增加。特别是在北方寒冷的冬天，表现突出。更加严重的是，实际温度的升高，增加了受热面的腐蚀速率，或者，企业为了在后续通道内降低温度，不得不增加受热面、增加防腐蚀措施等。另外，为保证热电偶的完好，热电偶的维护、更换和管理等成本也上升了。②政府管理成本增加。从表面上看，政府管理简单了，可以降低成本，但实际情况是：政府需要第三方服务，传统的行政管理方法，例如交叉检查和飞行检测、抽查等，仍然不可少。因此，政府的管理成本增加了。

4. 结论和建议

（1）结论。

1）术语与定义。国家现行标准和规定中，个别术语，特别是炉膛、一燃室与二燃室、炉膛温度、燃烧温度与火焰温度、DCS 温度与主控温度、测点温度等，存在歧义、容易混淆，或缺项。

2）炉排炉焚烧主控温度的计算方法，可以分为"线性插值法、有效容积计算法、第一通道顶部烟温计算法"三大类，各有其特点。三类方法，都做了"温度随炉膛高度增加线性下降"的假设，但分段不同、斜率不同。测点温度、锅炉的相关的设计参数、运行参数等，参与了主控温度的计算。线性插值法，相对而言最为合理，但也存在流量误差、测点温度误差等问题。

3）CFD 模拟计算显示，焚烧炉内温度场和流场分布复杂、不均匀，呈现出中间高、周界低和下部高、上部低的趋势。

4）"主控温度控制法"是传统的、广泛被采用的控制方法。此法，虽然各厂商难以完全统一，但考虑因素多，相对科学。目前，欧美、日本等仍一直在用此法，以达到"850℃、2s"的标准要求。

191

5）"测点温度控制法"，是根据国家现行规定，我国近两年开始采用的控制方法。此法行政执法管理方便，但存在管理、技术、经济的问题，特别是没有考虑"850℃、2s"中的2s 的条件。

（2）建议。

1）优化"850℃、2s"的控制方法。不宜采用现行的测点温度控制法，宜采用主控温度控制法。建议组织专家团队，在线性插值法的基础上，建立全国统一的主控温度计算模型。

2）优化工程设计。设计是保证最重要的完全燃烧、减排的环节，业主、设备厂商、设计院，应在现有经验的基础上，不断创新、优化，例如充分利用 CFD 模拟手段，对一次风和二次风以及烟气回流风的配风、炉膛几何形状进行优化等。

3）新技术和新材料的应用。采用更先进的温度测量技术，特别是声波在线测温技术，提高温度测量的精度，提高炉内温度分布的可视化；采用先进的清灰技术，或对现有的清灰技术进行技改、优化管理；采用新的过热器防腐蚀技术等。

4）完善相关国家标准和规定。建议强制采用长时间累计采样器对二噁英进行采样、测试，作为二噁英是否达标的依据之一。尽快修订国家标准 GB 18485—2014，完善相关术语和内容，特别应明确"炉膛、炉膛温度、主控温度区、主控温度"的定义；尽快完善焚烧炉设备标准中，关于温度测点布置的具体的、可操作的内容。

5）加强部门协同。国家相关部委在编制标准过程中应密切协同；在调查研究方面，应深入基层，广泛听取企业的意见。

第七章　上海市垃圾焚烧发电设施主要运营数据

　　2021 年 6～12 月，松江二期、金山二期、崇明二期、奉贤二期相继投产，上海市垃圾焚烧发电设施的运行项目数量达到了 14 座，总规模约 2.3 万 t/d。2021 年全年，进入焚烧设施处理的原生垃圾总量达到 827.37 万 t，进炉焚烧垃圾总量约 698.60 万 t，发电量约 34.17 亿 kWh，上网外售电量约 28.24 亿 kWh，配套渗沥液处理系统的处理量约 144.33 万 t，外运炉渣约 134.02 万 t，飞灰稳定化后的外运总量达到 25.32 万 t。20 年来，烟气污染物排放控制指标优良，全面优于国家标准和上海市地方标准限值，部分指标优于欧盟标准限值。

　　因疫情等原因，宝山项目、海滨项目的施工进度受阻。至 2022 年底，此两个项目的投产，使上海市的垃圾焚烧设施的实际处理能力达到 3.0 万 t/d 以上。

第一节　垃圾处理量

　　表 7-1 列出了上海市生活垃圾清运量和焚烧量、焚烧比率占比情况。可见，上海市生活垃圾清运量从 2002 年的约 400 万 t，增加至 2020 年的 1132.92 万 t（注：2020 年的生活垃圾产量为 1132.92 万 t，包括了以往的垃圾清运量和直接回收的非清运量），增加了约 1.8 倍；焚烧量（进厂垃圾量）从 2002 年的约 22 万 t，增加至 2020 年的 764 万 t、2021 年的 827 万 t，增加了约 34 倍、37.5 倍。焚烧量占清运量的比率，从 2002 年的 5.58％ 增加至 2020 年的 67.43％。

表 7-1　　　　　　　　　　上海市生活垃圾清运量、焚烧量和焚烧占比统计

年份	生活垃圾清运统计总量（万 t/年）	生活垃圾焚烧进厂处理量（万 t/年）	生活垃圾焚烧进炉处理量（万 t/年）	进厂垃圾湿度（％）	焚烧比例（％）
2002	398.18	22.20	18.75	15.5	5.58
2003	603.57	45.29	39.32	13.2	7.50
2004	609.68	68.53	56.94	16.9	11.24
2005	622.15	99.67	78.08	21.7	16.02
2006	688.26	114.40	89.65	21.6	16.62
2007	694.24	111.88	88.16	21.2	16.12

续表

年份	生活垃圾清运统计总量（万 t/年）	生活垃圾焚烧进厂垃圾量（万 t/年）	生活垃圾焚烧进炉垃圾量（万 t/年）	进厂垃圾湿度（%）	焚烧比例（%）
2008	678.25	112.32	87.36	22.2	16.56
2009	709.93	109.03	85.56	21.5	15.36
2010	731.64	109.01	87.68	19.6	14.90
2011	704.16	106.87	85.94	19.6	15.18
2012	716.42	108.37	85.05	21.5	15.13
2013	735.00	172.11	135.28	21.4	23.42
2014	743.00	270.58	215.74	20.3	36.42
2015	790.00	315.24	250.65	20.5	39.90
2016	879.90	398.59	315.21	20.9	45.30
2017	899.50	477.42	386.60	19.0	53.08
2018	984.30	514.04	410.21	20.2	52.22
2019	1037.60	634.23	498.60	21.4	61.12
2020	1132.92	763.95	629.53	17.6	67.43
2021		827.37	698.60	15.6	

注 进厂垃圾湿度＝［（进厂垃圾量－进炉垃圾量）/进厂垃圾量］×100%。

2005 年，随着御桥项目、江桥项目（一期和二期）的投产，上海市的垃圾焚烧处理比率达到 16% 左右，年焚烧处理量达到约 100 万 t。2006～2012 年，由于没有新的焚烧设施投产，年焚烧处理量稳定在 106 万～115 万 t。2013 年～2014 年，随着金山项目、老港一期、黎明项目的投产、运行逐渐稳定，焚烧处理量和比率进一步上升，至 2015 年焚烧处理量达到了 315 万 t，焚烧比率达到了 40%；2016 年，松江一期、奉贤一期、崇明一期陆续投产，至 2018 年，焚烧处理量和比率分别达到约 514 万 t、52%；2019 年 6 月，老港二期 6000t/d 规模的特大型项目投产，至 2020 年年底，焚烧处理量和比率分别达到约 764 万 t、67.4%。2021 年 6～12 月，松江二期、金山二期、崇明二期、奉贤二期 4 座焚烧设施陆续建成投产，焚烧处理量达到约 827 万 t。届时，总设计规模约 3.0 万 t/d 的 16 座焚烧设施，将成为上海市原生垃圾"零填埋"和"托底、应急"的保障。但应该看到，随着上海市湿垃圾处理设施的投产运行、垃圾减量化措施的深度实施，将出现上海市垃圾焚烧发电设施"产能过剩"的现象。图 7-1 和图 7-2 表示了上海市生活垃圾清运量、焚烧量、垃圾湿度和焚烧量占比的历年变化情况。

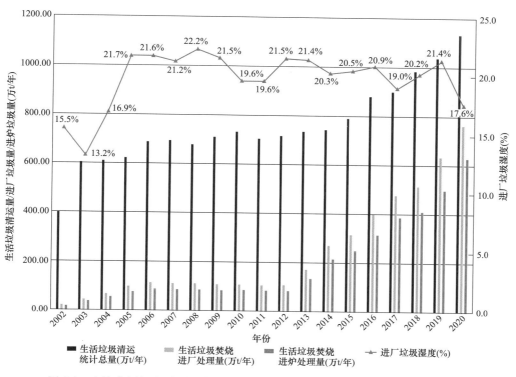

图 7-1　上海市历年生活垃圾清运量、进厂垃圾量、进炉垃圾量和进厂垃圾湿度

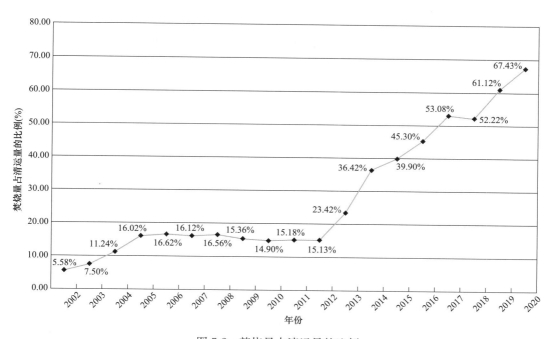

图 7-2　焚烧量占清运量的比例

第二节 垃圾质量

由于我国生活垃圾的组分特性，使得焚烧设施的进厂垃圾量和进炉垃圾量的差值较大。差值的大小，因不同地区、不同季节、不同项目等因素而异，上海亦是如此。差值越大，则进厂垃圾的热值越低，渗沥液的产率越高。实际数据表明，国内焚烧设施的"进厂垃圾量"和"进炉垃圾量"的差值，占"进厂垃圾量"的比率，在10%～25%之间居多。在欧美、日本的发达国家，上述情形与国内迥异。

本书中的垃圾质量"湿度"，指的是在一年以上的相当长的时段内，进厂垃圾质量与进炉垃圾质量的差值，占进厂垃圾质量的比率。这里，之所以取"一年以上的相当长的时段"，是为了尽量消除"进厂、库存、进炉"的"不同步"产生的误差。

图7-3显示了上海市投入运行的10座设施运行期的垃圾湿度。由图7-3可见，御桥项目的湿度最低，仅12.5%；黎明项目最高，高达25.4%；10个项目的运行期垃圾湿度算术平均值为20.3%。2002～2020年，这10个项目接受垃圾（进厂垃圾）共计4553.70万t，进炉垃圾共计3644.17万t，二者差值为909.53万t，总的垃圾湿度为19.97%。

图7-3 各项目进厂垃圾湿度运行期平均值

图7-4显示了上海市投入运行的10座设施各项目历年的垃圾湿度年平均值变化情况。可见，各项目历年垃圾湿度总体趋势是下降的，但局部有反复。各项目历年垃圾湿度情况如下：

（1）A项目，湿度最低，范围在7.0%～16.5%，运行期19年的年算术平均值为12.4%，最低为2020年为7.0%。

（2）B项目，垃圾湿度下降趋势明显，范围在12.6%～28.4%，运行期17年算数均值为22.9%，最低为2019年为12.6%。

（3）C项目一期，范围在9.7%～23.3%，运行期7年的算术平均值为16.5%，最低为2017年的9.7%。

（4）D项目，范围在9.9%～27.1%，运行期7年的算数均值为19.4%，最低为2020年的9.9%。

（5）F项目，湿度最高，范围在23.5%～28.7%，运行期7年的年算术平均值为25.5%，最低的2020年为23.5%。

（6）G项目，范围在18.6%～25.0%，运行期5年的算数均值为22.5%，最低为2017

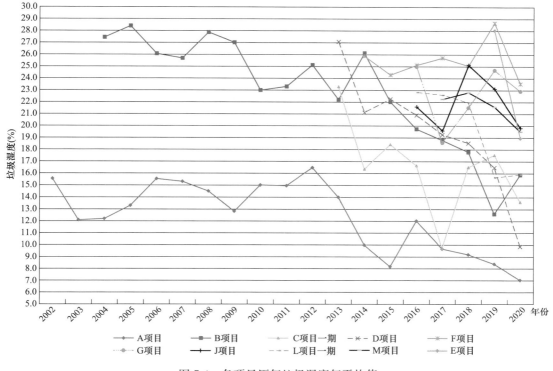

图 7-4　各项目历年垃圾湿度年平均值

年的 18.6%。

（7）J 项目，范围在 19.6%～25.1%，运行期 5 年的算数均值为 21.8%，最低为 2017 年的 19.6%。

（8）L 项目一期，范围在 15.7%～22.8%，运行期 5 年的算数均值为 19.8%，最低为 2019 年的 15.7%。

（9）M 项目，范围在 19.5%～22.8%，运行期 4 年的算数均值为 21.9%，最低为 2020 年的 19.5%。

（10）E 项目，范围在 19.0%～28.0%，运行期 2 年的算数均值为 23.5%，最低为 2020 年的 19.0%。

第三节　焚烧处理满负荷系数

长期以来，由于垃圾湿度大，导致进厂垃圾量和进炉垃圾量差别较大。国内垃圾焚烧设施的规模，都是按进炉垃圾量设计的。因此，焚烧设施运行是否达到设计规模，应以进炉垃圾量来评价。以年运行 8000h（333 日）计，则年满负荷设计处理量为"设计规模（t/d）×333d"。

垃圾焚烧满负荷处理系数，指的是年进炉垃圾量与年满负荷设计处理量的比值，即年进炉垃圾质量/（设计规模×333）。满负荷系数，是一个综合评价参数，影响因素较多。客观影响因素，主要包括"垃圾量是否充足、实际热值与设计热值的偏离程度"等。进炉垃圾热值高于设计值，则满负荷系数将减小；反之，则满负荷系数增加。主观影响因素，主要与全厂的年稳定运行时间有关，取决于设备完好率、备品备件、污染排放控制、检修管理等运营管理水平。年运行 8000h，对应于 91.32％ 的设备利用率。实际上，近年来国内焚烧设施的运营水平逐渐提高，部分设施的年运行时间已经超过 8000h，个别设施甚至达到了8400h 以上。

图 7-5 表示了上海市垃圾焚烧发电设施的历年满负荷系数统计结果。可见，2010 年之前，满负荷系数基本大于 1.0；2010 年之后，满负荷系数开始下降。2014 年和 2015 年，满负荷系数显著下降的主要原因，是 B 项目因 2013 年底渗沥液系统发生爆炸，停产、技改等导致的。2013～2019 年，上海共计有 7 座焚烧设施投产，但 2018～2010 年的总体满负荷系数仍小于 1.0，在上海市垃圾量充足的前提下，设计热值偏低等是主要原因。

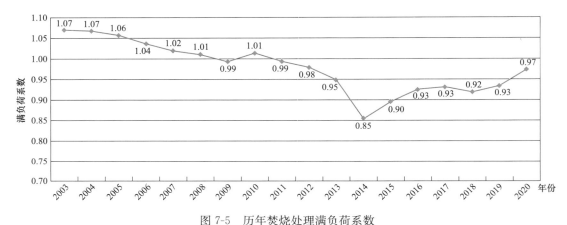

图 7-5　历年焚烧处理满负荷系数

注：满负荷系数＝年进炉垃圾量/（设计规模×333）

上海市运行中的 10 座垃圾焚烧发电设施，运行期年满负荷系数平均值如图 7-6 所示。可见，满负荷系数大于 1.0 的，仅有 A 项目、C 项目一期和 E 项目；B 项目、L 项目一期的满负荷系数最低，小于 0.9，其他 5 个项目，满负荷系数介于 0.9～1.0 之间。各项目在正常运行期内的满负荷系数如下：

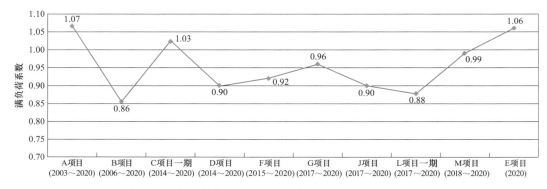

图 7-6　运行期焚烧处理满负荷系数（系数≥1.0 为满负荷）

注：满负荷系数＝进炉垃圾量/（设计规模×333）

（1）A 项目，2003～2020 年的 18 年运行中，满负荷系数介于 0.97～1.12 之间，均值为 1.07。其中，2003～2019 年，介于 1.0～1.12 之间；仅 2020 年为 0.97。

（2）B 项目，2006～2020 年的 15 年运行中，满负荷系数介于 0.56～0.98 之间，均值的 0.86。其中，2006～2013 年，介于 0.89～0.98 之间；因 2013 年底发生爆炸事故，致使 2014 年和 2015 年的满符合系数分别降至 0.56、0.70；2016～2019 年，介于 0.87～0.82 之间；2020 年仅为 0.79。

（3）C 项目一期，2014～2020 年的 7 年运行中，满负荷系数介于 0.95～1.11 之间，均值为 1.03。其中，仅 2016 年为 0.95，其余年份均不小于 1.0。

（4）D 项目，2014～2020 年的 7 年运行中，满负荷系数介于 0.87～0.95 之间，均值为 0.90。其中，2015 年最低，为 0.87；2020 年最高，为 0.95。

（5）F 项目，2015～2020 年的 6 年运行中，满负荷系数介于 0.88～0.96 之间，均值为 0.92。其中，2019 年最低，为 0.88；2015 年和 2016 年最高，均为 0.96。

（6）G 项目，2017～2020 年的 4 年运行中，满负荷系数介于 0.92～1.0 之间，均值为 0.96。其中，2019 年最低，为 0.92；2017 年最高，为 1.0。

（7）J 项目，2017～2020 年的 4 年运行中，满负荷系数介于 0.84～0.93 之间，均值为 0.90。其中，2020 年最低，为 0.84；2019 年最高，为 0.93。

（8）L 项目一期，2017～2020 年的 4 年运行中，满负荷系数介于 0.74～1.03 之间，均值为 0.88。其中，2017 年最低，为 0.74；2019 年最高，为 1.03。

（9）M 项目，2018～2020 年的 3 年运行中，满负荷系数介于 0.85～1.07 之间，均值为 0.99。其中，2018 年最低，为 0.85；2019 年最高，为 1.07。

（10）E 项目，2019 年因试生产，不计；2020 年满负荷系数为 1.06。

第四节　发电、售电与厂用电

一、总体分析比较

图 7-7 显示了上海市 10 座运行中的垃圾焚烧发电设施的发电量、上网电量统计情况。至 2020 年 12 月 31 日，上海市垃圾焚烧发电设施进厂垃圾共 4553.70 万 t，进炉垃圾共计 3644.17 万 t，发电量共计 154.73 亿 kWh，上网电量共计 124.93 亿 kWh。其中，老港一期项目共消纳生活垃圾 815.40 万 t，发电 31.84 亿 kWh，上网外售电量 27.35 亿 kWh；B 项目和 A 项目，分别消纳生活垃圾 908.66 万 t 和 821.52 万 t 垃圾，分别发电 23.15 亿 kWh 和 23.75 亿 kWh，分别上网外售电量 17.52 亿 kWh 和 18.30 亿 kWh。特大型项目 E 项目，2019 年 6 月至 2020 年底的一年半的时间，就消纳生活垃圾 374.97 万 t，发电 16.24 亿 kWh，上网外售电量 13.36 亿 kWh。10 座设施在运行期间，平均每吨进厂垃圾发电约 340kWh、上网外售约 274kWh；平均每吨进炉垃圾发电约 424kWh、上网外售约 343kWh。

图 7-8 显示了上海市垃圾焚烧发电设施历年发电量、上网电量统计情况。2002～2020 年，年发电量和上网电量，呈逐年增加的趋势。

（1）2005 年度，运行中的 2 座设施的总发电量达 2.18 亿 kWh，上网电量达 1.65 亿 kWh，共计消纳生活垃圾 99.67 万 t，进炉垃圾 78.08 万 t；平均每吨进厂垃圾发电约

219kWh、上网外售约 150kWh；平均每吨进炉垃圾发电约 279kWh、上网外售约 192kWh；

（2）2010 年度，运行中的 2 座设施的总发电量达 2.65 亿 kWh，上网电量达 1.98 亿 kWh，共计消纳生活垃圾 109.01 万 t，进炉垃圾 87.68 万 t；平均每吨进厂垃圾发电约 243kWh、上网外售约 182kWh；平均每吨进炉垃圾发电约 302kWh、上网外售约 226kWh；

（3）2015 年度，运行中的 5 座设施的总发电量达 10.66 亿 kWh，上网电量达 8.67 亿 kWh，共计消纳生活垃圾 315.24 万 t，进炉垃圾 250.65 万 t；平均每吨进厂垃圾发电约 338kWh、上网外售约 275kWh；平均每吨进炉垃圾发电约 425kWh、上网外售约 346kWh；

（4）2020 年度，运行中的 10 座设施的总发电量达 31.64 亿 kWh，上网电量达 26.15 亿 kWh，共计消纳生活垃圾 763.93 万 t，进炉垃圾 629.53 万 t；平均每吨进厂垃圾发电约 414kWh、上网外售约 342kWh；平均每吨进炉垃圾发电约 503 415kWh、上网外售 415kWh。

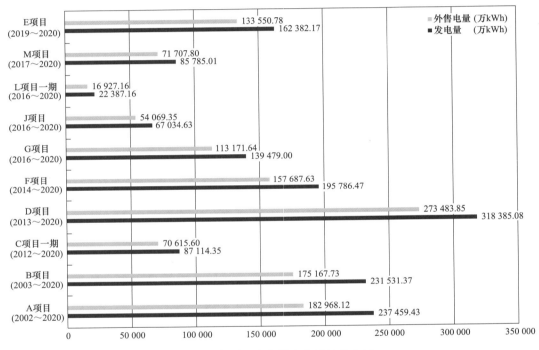

图 7-7　各项目发电量和上网外售电量

可见，上海市垃圾发电量的增加显著，特别是近 10 年来得到了快速提升。

厂用电情况与规模、热值、工艺配置、运营管理等多种因素有关。图 7-9 显示了上海市垃圾焚烧发电设施的 10 个厂运行期间的厂用电数据比较，可见：

（1）厂用电率。10 座设施的厂用电率，介于 14.1％～24.4％之间，算术平均值为 19.7％。其中，D 项目最低，为 14.1％（注：老港的渗沥液不在厂内处理，降低了厂用电率）；最高的是 L 项目一期，高达 24.4％。

（2）单位进炉垃圾耗电量。10 座设施的单位进炉垃圾耗电量，介于 67.89～98.20kWh 之间，算术平均值为 85.07。其中，D 项目最低，为 67.8kWh；最高的是 E 项目，为 98.2kWh。

（3）单位进厂垃圾耗电量。10 座设施的单位进厂垃圾耗电量，介于 55.07～76.89kWh

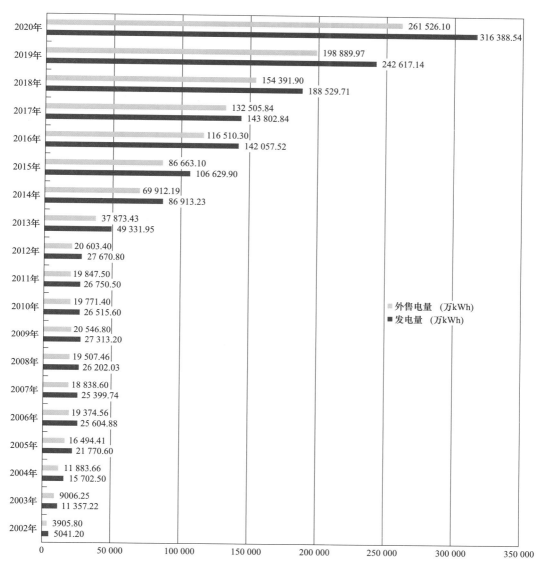

图 7-8　历年发电量和外售电量

之间，算术平均值为 67.60%。其中，D 项目最低，为 55.07kWh；最高的是 E 项目，为 76.89kWh。

图 7-10 显示了上海市垃圾焚烧发电设施的历年厂用电数据变化，可见：

（1）厂用电率。2012 年之前，运行中的 2 座设施，A 项目和 B 项目的厂用电率，介于 20.7%～25.8% 之间，算数平均值 24.5%；2013 年之后，随着大规模设施的增加、热值上升等因素的影响，厂用电率逐年下降，从 2013 年的 19.3%，降至了 2020 年的 17.8%。

（2）单位进炉垃圾耗电量。分两个阶段，2002～2013 年和 2014～2020 年，单位进炉垃圾耗电量均呈逐年增加的趋势，介于 60～88kWh 之间。

（3）单位进厂垃圾耗电量。分两个阶段，2002～2013 年和 2014～2020 年，单位进厂垃圾耗电量呈逐年增加的趋势，介于 51～72kWh 之间。

二、 2018～2020 年度各项目总发电量和外售电量比较

图 7-11～图 7-13，显示了 2018～2020 年各项目的总发电量和外售电量。可见：

（1）2018 年度，共计 9 座设施运行，总发电量共计 18.85 亿 kWh、上网电量共计 15.44 亿 kWh。9 座设施的发电量介于 0.45 亿～4.49 亿 kWh 之间，上网电量介于 0.34 亿～3.89 亿 kWh 之间。其中，D 项目发电量和上网电量最高，L 项目一期最低。平均每座设施的发电量为 2.09 亿 kWh、上网电量为 1.72 亿 kWh。

（2）2019 年度，9 座设施正常运行、E 项目开始试运行，共计 10 座设施运行，总发电量共计 24.26 亿 kWh、上网电量共计 18.89 亿 kWh。10 座设施的发电量介于 0.62 亿～4.62 亿 kWh 之间，上网电量介于 0.48 亿～4.01 亿 kWh 之间。其中，D 项目发电量和上网电量最高，E 项目二期其次，L 项目一期最低。平均每座设施的发电量为 2.43 亿 kWh、上网电量为 1.99 亿 kWh。

（3）2020 年度，共计 10 座设施运行，总发电量共计 31.64 亿 kWh、上网电量共计 26.15 亿 kWh。10 座设施的发电量介于 0.60 亿～11.74 亿 kWh 之间，上网电量介于 0.47 亿～9.77 亿 kWh 之间。其中，E 项目发电量和上网电量最高，D 项目其次，L 项目一期最低。平均每座设施的发电量为 3.16 亿 kWh、上网电量为 2.62 亿 kWh。

三、 2018～2020 年度各项目单位发电量、 外售电量、 厂用电比较

图 7-14～图 7-16，显示了 2018～2020 年各项目的单位发电量、单位外售电量的数据比较。可见：

（1）2018 年度。

1）单位进厂垃圾发电量，介于 262.63～402.65kWh 之间，算术平均值为 352.78kWh。其中，D 项目和 M 项目最高，分别为 402.65、379.80kWh；L 项目一期和 B 项目最低，分别为 262.63、308.56kWh。

2）单位进炉垃圾发电量，介于 336.63～494.24kWh 之间，算术平均值为 441.96kWh。其中，D 项目和 M 项目最高，分别为 494.24、492.10kWh；L 项目一期和 B 项目最低，分别为 336.63、375.36kWh。

3）单位进厂垃圾外售量，介于 195.14～349.27kWh 之间，算术平均值为 285.03kWh。其中，D 项目和 M 项目最高，分别为 349.27、312.25kWh；L 项目一期和 B 项目最低，分别为 195.14、237.38kWh。

4）单位进炉垃圾外售电量，介于 250.12～428.77kWh 之间，算术平均值为 357.10kWh。其中，D 项目和 M 项目最高，分别为 428.77、404.58kWh；L 项目一期和 B 项目最低，分别为 250.12、288.77kWh。

（2）2019 年度。

1）单位进厂垃圾发电量，介于 304.86～424.01kWh 之间，算术平均值为 369.45kWh。其中，D 项目和 M 项目最高，分别为 424.01、411.93kWh；L 项目一期和 C 项目一期最低，分别为 304.86、331.33kWh。

2）单位进炉垃圾发电量，介于 361.47～550.97kWh 之间，算术平均值为 464.07kWh。其中，E 项目和 M 项目最高，分别为 550.97、525.39kWh；L 项目一期和 A 项目最低，分别为 361.47、376.47kWh。

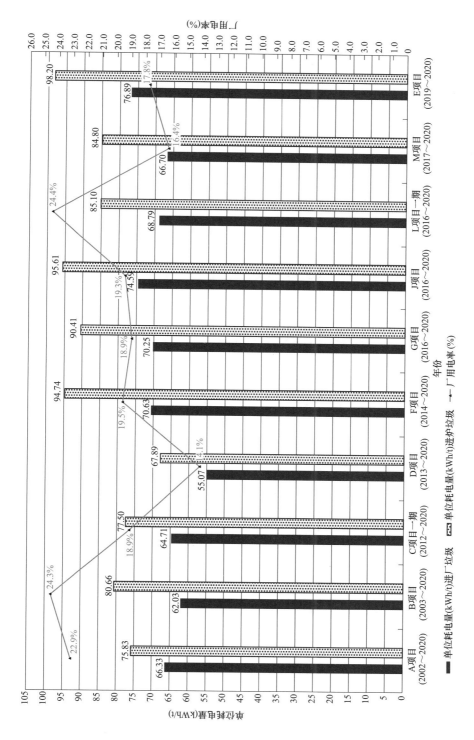

图 7-9　各项目厂用电统计

中国垃圾焚烧系列丛书｜上海市垃圾焚烧发电设施

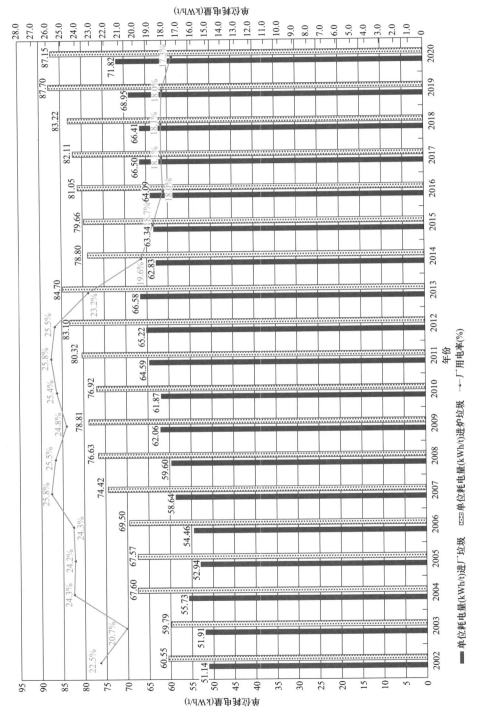

图 7-10 各年度厂用电统计

204

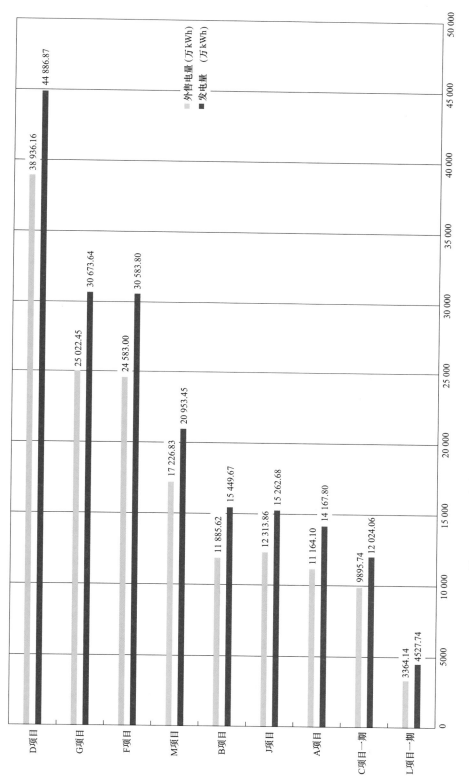

图 7-11　2018 年度上海市垃圾焚烧发电设施总发电量和外售电量比较

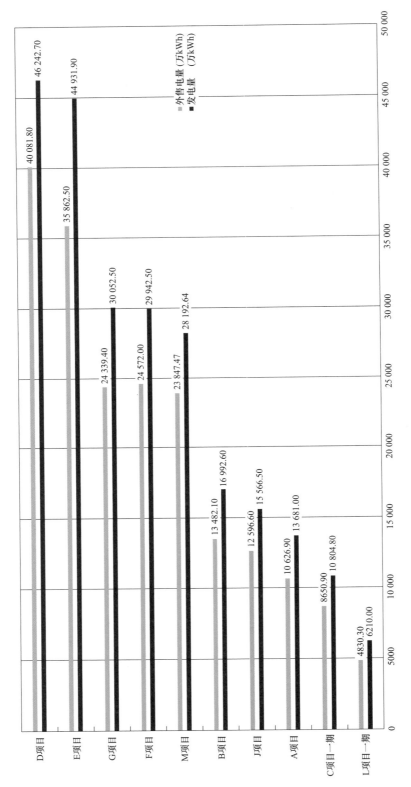

图 7-12　2019 年度上海市垃圾焚烧发电设施总发电量和外售电量比较

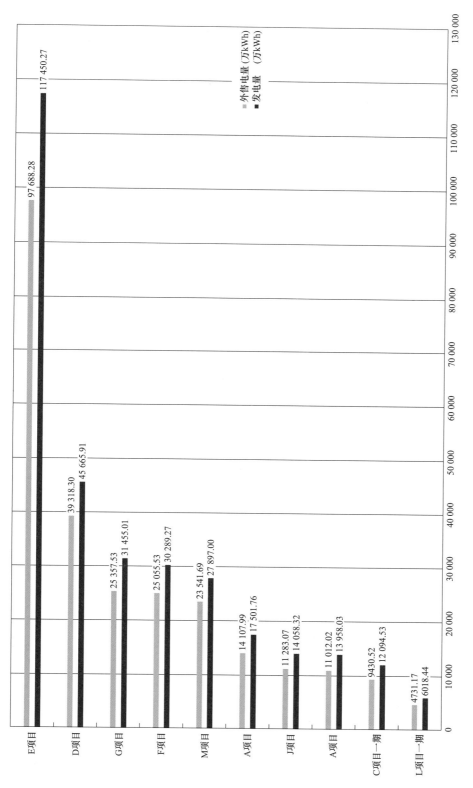

图 7-13　2020 年度上海市垃圾焚烧发电设施总发电量和外售电量比较

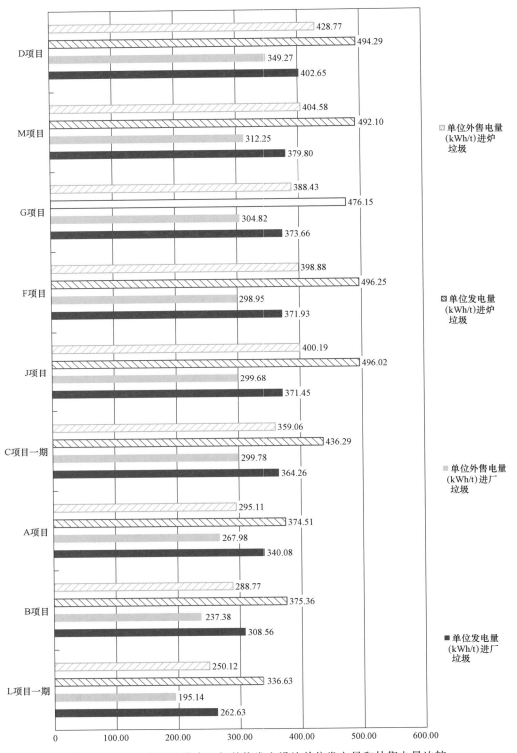

图 7-14 2018 年度上海市垃圾焚烧发电设施单位发电量和外售电量比较

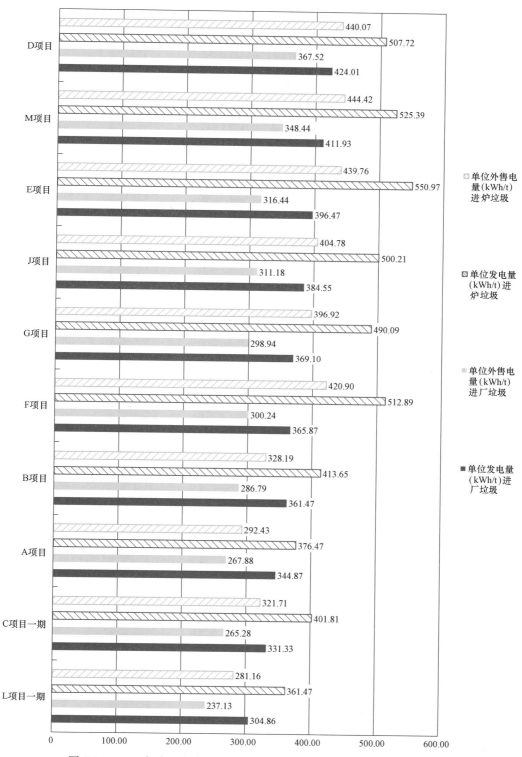

图 7-15 2019 年度上海市垃圾焚烧发电设施单位发电量和外售电量比较

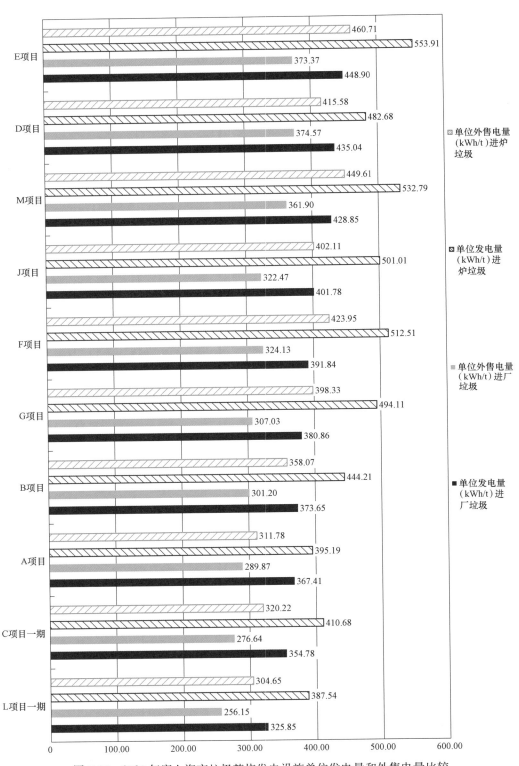

图 7-16　2020 年度上海市垃圾焚烧发电设施单位发电量和外售电量比较

3）单位进厂垃圾外售量，介于 237.13～367.52kWh 之间，算术平均值为 299.99kWh。其中，D 项目和 M 项目最高，分别为 367.52、348.44kWh；L 项目一期和 C 项目一期最低，分别为 237.13、265.28kWh。

4）单位进炉垃圾外售电量，介于 281.16～444.42kWh 之间，算术平均值为 377.03kWh。其中，M 项目和 D 项目最高，分别为 444.42、440.07kWh；L 项目一期和 A 项目最低，分别为 281.86、292.43kWh。

（3）2020 年度。

1）单位进厂垃圾发电量，介于 325.85～448.90kWh 之间，算术平均值为 390.90kWh。其中，E 项目和 D 项目最高，分别为 448.90、435.04kWh；L 项目一期和 C 项目一期最低，分别为 325.85、354.78kWh。

2）单位进炉垃圾发电量，介于 387.54～553.91kWh 之间，算术平均值为 471.46kWh。其中，E 项目和 M 项目最高，分别为 553.91、532.79kWh；L 项目一期和 A 项目最低，分别为 387.54、395.19kWh。

3）单位进厂垃圾外售电量，介于 256.15～374.57kWh 之间，算术平均值为 318.73kWh。其中，D 项目和 E 项目最高，分别为 374.57、373.37kWh；L 项目一期和 C 项目一期最低，分别为 256.15、276.64kWh。

4）单位进炉垃圾外售电量，介于 304.65～460.71kWh 之间，算术平均值为 384.50kWh。其中，E 项目和 M 项目最高，分别为 460.71、449.61kWh；L 项目一期和 A 项目最低，分别为 304.65、311.78kWh。

第五节　烟气污染控制

根据运行中 10 座设施、35 条焚烧线的烟气污染物在线检测数据，表 7-2 列出了烟气含氧量、温度、湿度和五种污染物排放浓度的正常波动范围统计结果。由表 7-2 可见：

（1）烟气含氧量。含氧量的下限波动范围介于 6.0%～9.0% 之间，上限波动范围介于 7.6%～12.2% 之间。按照锅炉出口 5% 左右的含氧量控制水平、10% 的漏风量，以及烟气净化过程的工艺用气，总体来看，上海市运行中的垃圾焚烧设施的烟气含氧量偏高。

（2）烟气温度。M 项目的排烟温度最低，介于 103～114℃ 之间，优点是节能，但易产生"白烟"的观感，以及腐蚀问题；E 项目的排烟温度最高，介于 191～206℃ 之间，缺点是能耗增加，但解决了"白眼"问题；A 项目、B 项目、C 项目、L 项目一期，没有采用湿法工艺，排烟温度介于 120～145℃ 之间；D 项目、F 项目、G 项目、J 项目，采用了"湿法 + PTFE-GGH"工艺，排烟温度介于 113～133℃ 之间。

（3）烟气湿度。烟气湿度的下限波动范围介于 12.0%～20.0% 之间，上限波动范围介于 18.0%～25.0% 之间。

（4）五种在线检测烟气污染物排放浓度。需要特别说明的是，由于在线检测仪表的精度问题，存在在线检测显示浓度大于实际浓度的现象，特别是对于采用湿法净化工艺的项目。在标准状态下：

1）烟尘。波动范围在 0～5mg/m³ 之间，1～3mg/m³ 之间居多。

2）SO_x。波动范围在 0～20mg/m³ 之间，10mg/m³ 以下居多。

3）NO_x。E 项目采用了 SCR 工艺，波动范围在 45～69mg/m³ 之间；其他项目的波动范围在 70～200 mg/m³ 之间居多。

4）HCl。波动范围在 0～10mg/m³ 之间，6mg/m³ 以下居多。

5）CO。波动范围在 1～50mg/m³ 之间，个位数居多。

表 7-2　　　　　　　　　**烟气污染物排放在线检测数据汇总统计**

项目	含氧量（体积浓度%）	温度（%）	湿度（体积浓度%）	正常情况下实时浓度波动范围（@11%含氧量、干态）				
				烟尘（mg/m³，标况下）	SO₂（mg/m³，标况下）	NOₓ（mg/m³，标况下）	HCl（mg/m³，标况下）	CO（mg/m³，标况下）
1. A项目（3条线）	9.10	135	17	0.5	0.5	145	0.5	1
	—	—	—	—	—	—	—	—
	11.20	145	21	2.5	6.5	200	10	5
2. B项目（3条线）	8.50	135	20	<1.0	<10.0	150	<6.0	1
	—	—	—	—	—	—	—	—
	11.00%	145	25	2	20	180	7	30
3. C项目一期（2条线）	8.00	125	20	<3.5	10.0	100	<3.0	0
	11.00	145	28		20	170		30
4. D项目（4条线）	7.80	120	16	<0.5	<3.4	139	<1.3	4.1
	—	—	—	—	—	—	—	—
	8.90	127	23	4.7	5.8	209	2.9	10.6
5. F项目（4条线）	9.50	125	12	1.5	0.4	117	0	0
	—	—	—	—	—	—	—	—
	10.80	133	18	4.9	12.2	192	3	23.4
6. G项目（4条线）	7.50	115	18	<2.0	<3.0	130	<2.0	1
	—	—	—	—	—	—	—	—
	9.50	130	22	5	20	200	10	50
7. J项目（2条线）	7.00	113	20	<1.8	<12.0	85	<1.9	0
	—	—	—	—	—	—	—	—
	10.50	116	24	2.5	20	175	4.2	35
8. L项目一期（2条线）	6.00	120	16	<1.0	<1.0	70	<1.0	0
	—	—	—	—	—	—	—	—
	10.00	140	23	3	7	200	6	65
9. M项目（3条线）	8.20	103	16	0.9	5.4	103	2.4	1.1
	—	—	—	—	—	—	—	—
	12.20	114	25	2.8	9.8	180	6.3	5.4
10. E项目（8条线）	6.30	191	20	<0.5	<0.5	45	<3.0	1.4
	—	—	—	—	—	—	—	—
	7.60	206	23	1.3	1.7	69	6.9	8.8

表 7-3 列出了烟气净化耗材用量的波动范围。由于各设施的烟气净化工艺组合形式不同、设备性能的差异、处理对象的差异导致烟气成分和飞灰性质的不同、采购的耗材成分和性质差异等因素，表中统计的耗材用量波动范围较大。

表 7-3 　　　　　　　　　　　　**烟气净化主要耗材用量汇总统计**

项目		正常情况下耗量波动范围（kg/t）						
		螯合剂	熟石灰	碳酸氢钠	活性炭	尿素	氨水	NaOH 溶液
		（质量百分比%）	（干法＋半干法）	（干法）				（湿法）
1. A 项目	月均低值	2.00	8.20	—	0.50	0.81	—	—
	月均高值	3.50	11.50	—	0.65	1.06	—	—
2. B 项目	月均低值	7.60	10.00	0.30	0.34	1.00		
	月均高值	11.20	14.70	1.80	0.50	2.50		
3. C 项目一期	月均低值	4.00	10.40	1.83	0.32	0.02		
	月均高值	7.00	17.98	6.70	0.37	0.23		
4. D 项目	月均低值	12.00	4.65	—	0.49	0.82	—	5.17
	月均高值	14.40	7.45	—	0.53	1.42	—	8.65
5. F 项目	月均低值	1.20	6.14	—	0.39	0.46	—	0.82
	月均高值	2.42	10.18	—	0.73	1.00	—	1.50
6. G 项目	月均低值	3.80	6.85	—	0.47	0.83	—	5.20
	月均高值	6.00	8.20	—	0.55	1.43	—	8.70
7. J 项目	月均低值	6.50	6.80	—	0.58	0.90	—	8.30
	月均高值	8.00	8.80	—	0.70	1.25	—	12.00
8. L 项目一期	月均低值	5.00	9.14	0.50	0.45	0.90	—	—
	月均高值	7.00	11.89	2.50	0.59	1.60	—	—
9. M 项目	月均低值	3.00	7.74	—	0.55	0.95	—	0.98
	月均高值	6.00	8.60	—	0.57	1.18	—	1.86
10. E 项目	月均低值	5.30	4.65	—	0.53	—	3.04	2.93
	月均高值	9.20	6.06	—	0.61	—	4.41	4.47

（1）飞灰螯合剂。有个别月度超过 10% 的添加比例的，也有添加比例在 2% 左右的，但添加比例介于 3%～8% 居多。

（2）熟石灰。10 座设施都采用了熟石灰。其中，B 项目和 C 项目一期的石灰耗量最高，波动范围在 10.0～18.0kg/t 垃圾之间；其他项目的耗量，介于 4.65～11.50kg/t 垃圾之间居多。

（3）碳酸氢钠。3 座设施采用了碳酸氢钠，分别为 B 项目、C 项目一期和 L 项目一期，耗量波动范围大，介于 0.3～6.7kg/t 垃圾之间。

（4）活性炭。10 座设施都采用了活性炭，耗量波动范围大，介于 0.32～0.73kg/t 垃圾之间。

（5）尿素。9 个设施采用了尿素，除 C 项目一期耗量很低（因采用 JFE 二回流焚烧技术，导致 NO_x 的原始浓度低，尿素耗量低）外，耗量波动在 0.8～1.6kg/t 垃圾之间居多。

（6）氨水。仅 E 项目采用了氨水，耗量在 3.0～4.4kg/t 垃圾之间。

（7）NaOH 溶液。6 座设施采用了湿法，以 NaOH 溶液为药剂，耗量波动范围大，F 项目和 M 项目的耗量仅 0.82～1.86，0.8～1.6kg/t 垃圾之间，J 项目高达 8.3～12.0kg/t 垃圾，其他 3 座设施的耗量介于 2.9～8.7kg/t 垃圾之间。

上海市垃圾焚烧设施采用的烟气净化药剂，一般性的技术要求如下：

（1）飞灰螯合剂。稳定化药剂类型为 FAC 复合飞灰稳定化药剂；成分为磷基螯合剂 20%～40%，硫基螯合剂 5%～15%，调理剂 0～5%；液体，颜色澄清，透明，无臭味，pH 在 4～12 之间，相对密度约 1.1。

（2）熟石灰。$Ca(OH)_2$ 纯度 ≥90%；粒度要求：300 目的通过率 ≥95%，含水率：水分 ≤1%，Al_2O_3 ≤0.18%，Fe_2O_3 ≤0.04%，MgO ≤0.5%，密度 ≤500kg/m³，非溶解性物质 ≤0.2%。

（3）碳酸氢钠。$NaHCO_3$ 含量 ≥97%，粒径 600 目：通过率 ≥95%，含水率：水分 ≤0.5%。

（4）活性炭。比表面积 ≥900m²/g，碘吸附值 ≥800mg/g，细度（250 目）≥95%，灰分 ≤15%，水分 ≤10%，点火值 450℃，粒度 ≤0.4mm，燃烧温度 700℃。

（5）尿素。总氮 ≥46%，缩二脲 ≤1.0%，铁 ≤0.001%，碱度 ≤0.03%，水不溶物 ≤0.04%，粒度 d-0.85mm-2.5mm ≥90%。

（6）氨水。NH_3 质量百分含量 ≥25%，参考指标：色度 ≤80，外观：无色或带微黄色的液体，残渣含量（g/L）≤0.3%，氯化物（Cl^-）≤0.007%，磷酸盐（PO_4^{3-}）≤0.0002%，硫酸盐（SO_4^{2-}）≤0.1%，碳酸盐（以 CO_2 计）≤0.05%，硫化物（S^{2-}）≤0.0005%。

（7）NaOH 溶液。浓度：氢氧化钠 ≥32%；参考指标：碳酸钠 ≤0.04%，氯化钠 ≤0.004%，三氧化二铁 ≤0.0003%，其他杂质：按国标（GB/T 11199—2006）。

第六节　渗沥液、炉渣和飞灰

垃圾中的水分，包括两种。一种是原生水；另一种是垃圾在储存过程中，由于生化作用生成的水。垃圾中的水分，去向包括以下几部分：①垃圾储存过程中，从垃圾池底部排出的污水，即，渗沥液。②垃圾储存过程中，蒸发到空气中的部分。这部分可称之为"损失水"。③存留在垃圾中的部分。这部分水分随进炉垃圾进入焚烧炉内，最终随同烟气一起从烟囱排入大气。这部分水，可以称之为"存留水"。上述三部分水的去向占比，因项目的具体情况而异，影响因素包括，原生垃圾含水率、易降解组分的含量、季节的影响、垃圾储存系统的设计与管理等。需要特别说明的是，"渗沥液产量"和"渗沥液处理量"是有差别的，这是因为进入渗沥液处理系统的污水，除渗沥液外，还有一小部分其他形式的废水。

与国内其他城市一样，长期以来，上海市垃圾焚烧发电设施的处理对象为"高含水率、低热值的生活垃圾"。例如，2006～2015 年，B 项目的渗沥液处理量占进厂垃圾的比率，平均值达到了26.0％；2006～2015 年，F 项目的渗沥液处理量占进厂垃圾的比率，平均值达到了24.7％。

图 7-17 表示了运行中的 10 座设施的进厂垃圾总量和渗沥液处理量的统计数据。由图 7-17 可见，各设施在运营期内的"渗沥液处理量/进厂垃圾量"的比率：

（1）B 项目和 F 项目最高，超过了 24％；

（2）A 项目、C 项目一期、J 项目一期，介于 17％～18％之间；

（3）其余五座设施，介于 19％～23％之间。

图 7-18 表示了历年进厂垃圾总量和渗沥液处理量的统计数据。由图 7-18 可见，各年度"渗沥液处理量/进厂垃圾量"的比率。

（1）2002～2020 年的 19 年中，变化并不显著，局部有增有减，变化范围介于 19.8％～24.9％之间，算术平均值为 21.9％，最高值为 2011 年的 24.9％，最低值为 2020 年的 19.8％。

（2）2002～2005 年，算术平均值为 21.3％；2006～2010 年，算术平均值为 23.0％；2011～2015 年，算术平均值为 22.5％；2016～2020 年，算术平均值为 20.7％。

图 7-19 表示了运行中的 10 座设施的垃圾处理量和炉渣外运量的统计数据。由图 7-19 可见，各设施在运营期内：

（1）炉渣外运量/进厂垃圾量的比率，介于 11.6％～3.3％之间，算术平均值为 16.5％，最高为 L 项目一期 23.3％，最低为 E 项目仅 11.6％；

（2）炉渣外运量/进炉垃圾量的比率，介于 14.8％～28.9％之间，算术平均值为20.7％，最高为 L 项目一期 28.9％，最低为 E 项目仅 14.8％。

图 7-20 表示了历年垃圾处理量和炉渣外运量的统计数据。由图 7-20 可见，各年度的炉渣外运比率：

（1）2002～2020 年的 19 年中，炉渣外运量/进厂垃圾量的比率，介于 14.2％～18.9％之间，算术平均值为 16.4％，最高为 2008 年的 18.9％，最低为 2020 年的 14.2％；

（2）2002～2020 年的 19 年中，炉渣外运量/进炉垃圾量的比率，介于 17.2％～24.2％之间，算术平均值为 20.4％，最高为 2008 年的 24.2％，最低为 2020 年的 17.2％。

图 7-21 表示了运行中的 10 座设施的飞灰外运量（包括初期的原始飞灰外运、螯合稳定化后的飞灰外运两种形式）和飞灰产率的统计数据。由图 7-21 可见，各设施在运营期内：

（1）飞灰外运量。各项目运营期内，10 座设施共计外运飞灰约 94 万 t。其中，A 项目外运飞灰量最多，为 24.97 万 t；其次为 B 项目 16.7 万 t，D 项目为 11.24 万 t。

（2）飞灰产率。按照"飞灰外运量/进厂垃圾量"产率，范围为 1.38％～3.04％，算术平均值为 2.15％，A 项目最高为 3.04％，D 项目最低为 1.38％。

（3）飞灰产率。按照"飞灰外运量/进炉垃圾量"产率，范围为 1.70％～3.71％，算术平均值为 2.68％，L 项目一期最高为 3.71％，D 项目最低为 1.70％。

图 7-22 表示了历年飞灰外运量和飞灰产率的统计数据。由图 7-22 可见，各年度的飞灰外运量和比率：

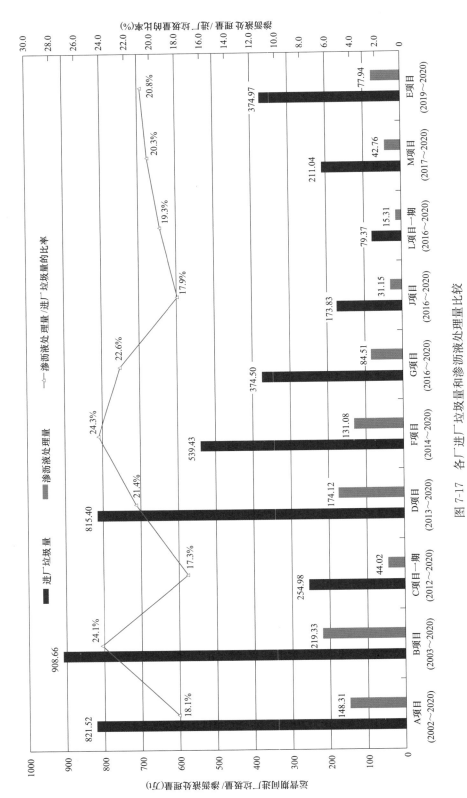

图 7-17　各厂进厂垃圾量和渗沥液处理量比较

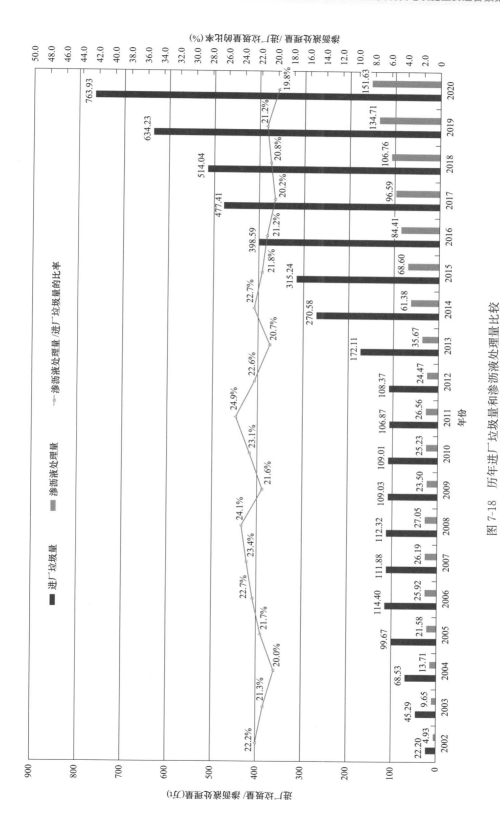

图 7-18 历年进厂垃圾量和渗沥液处理量比较

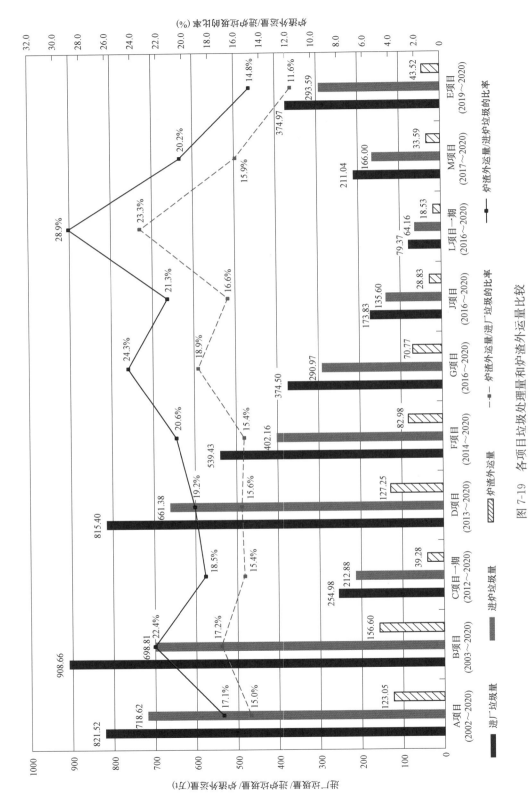

图 7-19　各项目垃圾处理量和炉渣外运量比较

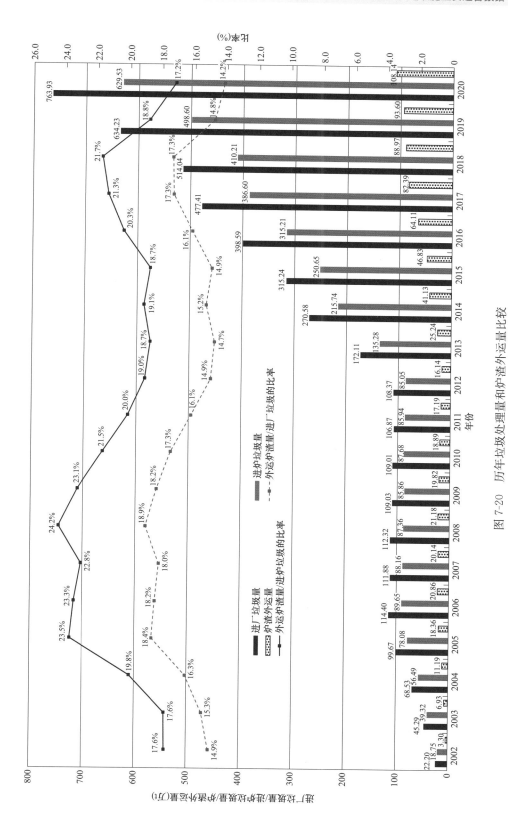

图 7-20　历年垃圾处理量和炉渣外运量比较

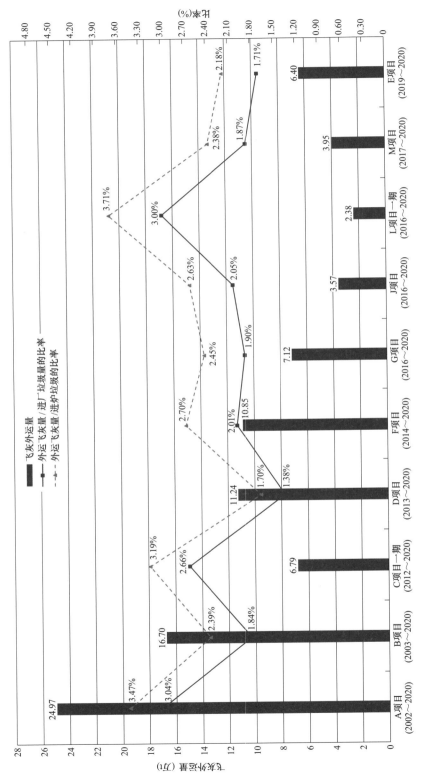

图 7-21　各项目飞灰外运量比较

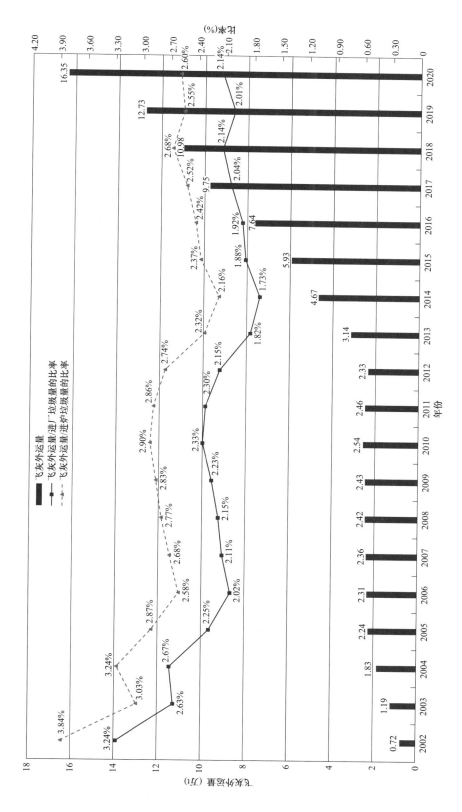

图 7-22 历年飞灰外运量比较

（1）2002～2020 年的 19 年中，共计外运飞灰约 94 万 t。其中，2002～2015 年，共计外运飞灰 36.5 万 t；2016～2020 年，外运飞灰 57.5 万 t。2020 年全年飞灰外运量，为 16.35 万 t。

（2）2002～2020 年的 19 年中，飞灰产率（外运量/进厂垃圾量），介于 1.73%～3.24% 之间，算术平均值为 2.20%，最高为 2002 年的 3.24%，最低为 2014 年的 1.73%。

（3）2002～2020 年的 19 年中，飞灰产率（外运量/进炉垃圾量），介于 2.16%～3.84% 之间，算术平均值为 2.73%，最高为 2002 年的 3.84%，最低为 2014 年的 2.16%。

第七节 停 炉 时 间

停炉时间是衡量焚烧设施运营管理水平的重要参数之一。我国的生活垃圾焚烧厂评价标准（CJJ/T 139—2019）中，各条焚烧线的年运行小时数为重要的评价数据。年运行 8000h，是国际上通用的焚烧项目的设计参数和运行要求，但实际运行时，由于各种因素的影响，达到 8000h 是不容易的。当然，国内外也有小部分优秀焚烧项目，焚烧线的年运行小时数达到了 8400h 以上，甚至有一年（8760h）不停炉的。

上海市的垃圾焚烧发电设施，一般按每年 2 次计划性检修来管理。每次计划性检修的时间，按照工作量的不同，介于 7～10 日居多。计划性检修之外的停炉，就属于非停了。进入商业运行的设施，在垃圾量充足的条件下，每条焚烧线的停炉时间（计划性停炉＋非停），控制在 30 日之内的（年运行 8040h 以上），可视为优秀；40 日之内的（年运行 7800h 以上），可视为良好；大于 50 日的（年运行时间小于 7560h），则说明管理上存在问题较多，特别是设备完好率需要提升。

2017～2020 年，上海市运行中的 10 座垃圾焚烧发电设施的停炉时间统计如表 7-4 所示。可见，近几年来，上海市的垃圾焚烧发电设施的运行时间控制、管理良好，优秀率达到了 60% 以上。最好的是 M 项目，2017 年开始接受垃圾，2018 年完成环保验收，2019 年、2020 年的停炉时间都小于 20 日，达到了优秀标准；F 项目、G 项目、J 项目、B 项目也基本达到了优秀标准；E 项目 2019 年开始接受垃圾，伴随着工程收尾，2020 年第一年正式生产就达到了停炉时间控制在 25 日内的优秀水平。相对而言，B 项目、C 项目一期，停炉时间过长，特别是 2018 年江桥项目停炉 53.4 日、2019 年金山一期项目停炉 58.6 日，可能由于技术改造所致。

表 7-4　　　　　　　　　　　　停炉时间年平均值汇总统计　　　　　　　　　　　　日/年

序号	项目	2017 年	2018 年	2019 年	2020 年	平均值
1	A 项目	26.4	22.8	27.0	33.0	27.3
2	B 项目	33.5	53.4	31.9	37.2	39.0
3	C 项目一期	17.3	42.2	58.6	40.5	39.7

续表

序号	项目	2017 年	2018 年	2019 年	2020 年	平均值
4	D 项目	27.1	32.4	24.6	37.3	30.4
5	F 项目	22.4	15.9	21.3	26.0	21.4
6	G 项目	28.2	19.9	20.7	17.9	21.7
7	J 项目	20.5	24.6	16.6	41.5	25.8
8	L 项目一期	试生产、收尾	试生产、收尾	15.6	47.6	31.6
9	M 项目	试生产、收尾	试生产、收尾	13.1	19.1	16.1
10	E 项目	未投产	未投产	试生产、收尾	23.6	23.6

注 停炉时间为各项目所含焚烧炉的停炉时间的算术平均值。

第八章　上海市垃圾焚烧发电设施技术创新与应用

上海市垃圾焚烧历时二十余年发展，从最早的焚烧技术和装备全套引进，国内首个 1500t/d 焚烧项目，到全球最大的焚烧项目建成投产，对国内焚烧技术发展和生活垃圾焚烧项目建设提供了众多技术借鉴和经验参考。本章就最具代表性的垃圾池设计优化、渗沥液导排系统创新、渗沥液处理技术工艺变迁、焚烧技术应用、烟气净化工艺国内应用示范、污泥干化和协同焚烧等方面，结合上海项目在建设和运营期的技术应用和创新优化的内容进行总结介绍。

第一节　垃圾池设计及渗沥液导排系统优化

焚烧炉运行稳定性极大地取决于进炉垃圾物料特性，进炉垃圾的热值高而稳定，燃烧和污染控制更加稳定，且系统的热转化效率也更高，因此垃圾池的设计、垃圾的堆倒料和渗沥液导排就极为重要。上海市的垃圾焚烧起步早，设计理念源自欧洲，垃圾特性的差异导致了早期项目在垃圾池设计和渗沥液导排方面存在诸多不合理，基于中外设计经验的差异，从而带动了整个行业对焚烧技术国内适应性的深度思考，结合工程实践不断进行，形成了中国特色的渗沥液导排经验。

一、垃圾池设计优化

图 8-1　垃圾池实景

垃圾池是一个密闭的并具有防渗防腐功能的钢筋混凝土结构垃圾储存空间，用于接收和储存垃圾，一般可储存 7 天左右的垃圾量，空间布局可参见图 8-1 垃圾池实景照片。早期垃圾池的设计理念源自欧洲，对于中国垃圾特性缺少经验，垃圾池的有效容积设计偏低，江桥和御桥焚烧厂的垃圾池最具代表性，一是垃圾池有效容积偏小，二是对渗沥液的比例认知不足，垃圾池的渗沥液导排系统设计不合理。

垃圾池的有效容积与池底标高、卸料平台高度，以及垃圾吊控制室的位置有关。垃圾在垃圾池内堆存不仅可达到垃圾堆放发酵，渗沥液顺利导排可实现提高垃圾热值的目的，而且垃圾池容积足够大，可保证设备事故或检修时仍可接收垃圾，起到一定的缓冲调节作用。垃圾在进料、堆倒过程中，通过垃圾抓斗起重机对垃圾进行搬运、搅拌和混合处理，使垃圾的成分更加均匀和垃圾热值更稳定，有助于稳定焚烧。垃圾在池内堆放，受堆存的影响，底层垃圾自然堆积压实，垃圾的自然堆放可使垃圾的密度提升约50%～80%，提高了垃圾池内的垃圾实际存放量。

垃圾池上方靠焚烧炉一侧设有一次风机吸风口，抽吸垃圾池间内臭气作为焚烧炉燃烧空气，并使垃圾池呈负压状态，防止臭味和甲烷气体的积聚和外逸，早期建设项目中对于负压控制和防爆检测方面无相关经验和规范性要求，故负压控制完全靠燃烧空气的抽取，同时垃圾池建筑结构的密封设计、防渗防腐方面也存在不足，部分项目付出了后期不断修补的代价，同时也给行业发展积累了宝贵经验，如垃圾池防渗材料选择不当、垃圾池墙体采用彩钢板导致的密封性不良、屋面结构缺少密封设计等方面。

上海江桥和御桥项目是国内较具代表性的，早期普遍存在臭气外逸，主要的原因还是因为垃圾池设计不合理，主要体现在以下几方面：

（1）垃圾池有效容积偏小。根本原因还是焚烧技术和装备都以引进为主，国外的垃圾特性与国内差异大，垃圾停留时间、渗沥液排放等均参照欧洲和日本。

（2）渗沥液导排设计不合理。千吨级的焚烧项目，渗沥液导排孔仅设计一处，这就导致了渗沥液在垃圾池内长期滞留和堵塞导排孔，个别项目早期一度发生渗沥液高位积存在垃圾池内，到时焚烧炉进炉因热值偏低。

（3）垃圾池间密封设计考虑不周。臭气外逸问题突出，这在国内较为普遍，一方面是整体建筑设计的墙体和外护板的选取和结构设计有关，另一方面是负压控制建立较难。

（4）垃圾吊操作室的空间布置经验不足。江桥项目垃圾吊操作室布置在料斗下方建筑空间内，位置对于卸料视角较好，但上料完全靠摄像头，且位置偏低，牺牲了垃圾池的有效容积。御桥项目垃圾吊操作室布置在侧面，中控室布置在14m层，位置偏低，也影响了垃圾池的有效容积。

（5）垃圾池防腐防渗技术经验不足。

针对上述问题，后续项目的设计和建设过程中进行了大量的优化，并不断实践和改进，上海项目的以下几方面的优化为国内其他项目提供了借鉴。

（1）增大垃圾池有效容积提升了垃圾热值和垃圾均质化水平。垃圾池的有效容积按照7～10天进行设计，垃圾池容积的提升，可以更好地进行堆倒料区域的划分和管理，长时间堆放有利于垃圾渗沥液析出和发酵，能提升了进炉垃圾的热值，合理的分区管理和上料控制，也使垃圾特性短期内波动变小，可以使焚烧运行更稳定，对于提升全厂整体热效率较为明显。

（2）渗沥液导排系统优化。江桥的渗沥液导排系统在设计初期就进行变更，同时后续不断实施改造优化，对后续项目提供有益的借鉴，渗沥液导排系统的设计更加实用，从老港项目开始，渗沥液导排系统都采用沿长度方向，顺排开孔，并设置渗沥液导排通道方式，保证了渗沥液能够快速地导排和收集，部分项目也从单排孔改成双排孔设计。

（3）垃圾池密封防臭气外逸措施更有效。垃圾池间的密封设计措施更全面，为保证密封性，从四个方面进行了优化，一是墙体设计，焚烧间与垃圾池间采用实心砖墙，窗也采用密封形式，有效避免了建筑接口处的泄漏。二是彩钢板结构与密封也进行了优化设计，接缝处进行密封处理，屋顶彩钢板的连接处采用多重卡扣设计，大大减少了漏点。三是取风口设计，早期每台炉一个取风口的设计优化为采用风管多口取风设计，有利于垃圾池间内的吸风更加均匀。四是卸料口数量、卸料门形式的选择更加科学，尤其是现代垃圾中转体系建设，大型垃圾车使用后，卸料门数量得以减少，同时卸料门形式和结构设计，在开门卸料期间，空气通流面积大幅减少，更有利于构建负压。

防臭气外逸设计优化，垃圾池检修通道都采用密封隔离间设计，并设置正压送风避免臭气外逸，同时电梯井的结构设计与垃圾池进行物理隔离，避免了臭气通过电梯井的外逸。

（4）垃圾吊操作间布置更合理。垃圾吊操作室的布置，新建项目都优化至料斗层 22m 或以上，视角更大，垃圾池的有效容积更大。随着焚烧厂规模的扩大，垃圾池的长度更长，更多地选择把垃圾吊操作室布置在料斗平台的对面，位于卸料平台正上方，卸料区视角有影响，而全域视线更广。

（5）防渗防腐措施更全面。垃圾池防渗防腐是设计和工程实施的关键点，从设计角度，防渗防腐措施更全面，通常池底底层采用合成纤维抗裂防渗混凝土，上覆 SBS 防水卷材，再浇筑水泥基防渗结晶型涂膜，最上面做细石混凝土保护层。为保证整体防渗要求，施工时池底大底板必须一次性浇筑完成。池壁的防腐和耐磨也非常重要，池内侧多以涂刷环氧玻璃鳞片为主，长期运行池内防腐基本无法维护维修，故从长期运行的可靠性而言，防腐防渗设计和施工最为重要，图 8-2 为上海某项目垃圾池防水防腐处理设计，可见多层设计、多工序实施、多种材料应用，在国内同类项目中属于最高的设计要求。

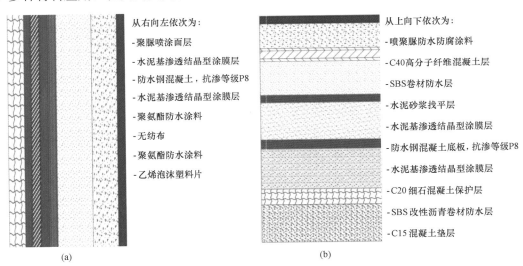

图 8-2　上海某项目垃圾池侧墙和池底防水防腐设计示意
（a）侧墙；（b）池底

二、渗沥液导排系统优化

渗沥液导排是中国垃圾焚烧项目的特色，早期引进技术因垃圾特性与国外差异大，搬抄国外设计时都缺少渗沥液导排的经验，致使 2005 年前设计建设的项目基本上都存在垃圾池有效容积小，渗沥液导排缺失或不合理的问题。一个垃圾池设置一个导排口，且导排口形式极易造成堵塞。

因渗沥液的特殊性和导排系统的重要性，导排系统在应用中仍不断地优化和创新，渗沥液导排系统包括垃圾池渗沥液的收集、导排口、渗沥液排水沟和收集池。其中最重要的还是垃圾池壁的导排口设置，御桥项目投运后，渗沥液排放不畅，系统堵塞严重，给正常运行带来了很大问题，江桥在建设期进行了优化，江桥项目垃圾池导排口改造采用"沿垃圾池长度方向，在卸料大厅一侧，增加排水通道"。这是中国垃圾焚烧发电项目渗沥液排水系统的第一次大胆的尝试探索，并取得了不错的效果。这种排水系统的设计，被后续项目所采用，十几年来不断优化，形成了具有中国特色的垃圾池排水系统设计。

除了垃圾池全域的排水口设计外，导排口的排水箅的设计也不断在尝试、优化和创新，江桥项目在运行初期就进行了多次的技改，摸索出了珍贵的经验。例如，对于排水箅的孔径大小、安装形式、材质、尺寸等，进行了多次尝试，并对排水通道设计、通导排口和清淤等日常维护工作形成了可推广的经验，指导了后续项目的设计和运行。

鉴于江桥和御桥早期项目的经验积累，后续项目的导排系统设计更加合理，基本从以下几方面进行优化：

（1）渗沥液导排通道设计，增加了渗沥液的导排口，同时通道也可以成为检修、清淤、通堵塞的空间；

（2）长度方向的全区域的导排口设置，以及二层导排口的设计，使渗沥液的通排更顺畅；

（3）导排口格栅的形式选择，不断地完善和创新，格栅型、网格型、孔板形等在不同项目中进行了尝试，使用效果较好的还是格栅型；

（4）自动格栅疏通装置的应用，使渗沥液导排更加顺畅，大大降低了人工检维修工作量，老港二期项目在国内首创应用垃圾池渗沥液收集格栅全自动疏通系统，见图 8-3，该装置可快速进行格栅疏通，并能自动移位，逐一清理各个导排口，完全代替人工，远程控制，安全性大大提高，通排效果显著，极具推广应用意义。松江二期项目也应用了此系统。

图 8-3 老港二期项目国内首套渗沥液收集格栅全自动疏通系统

1—控制小车上轨道；2—疏通装置；3—控制阀；4—控制小车下轨道

第二节　渗沥液处理工艺技术应用与创新

　　渗沥液源自英文"Leachate"的音译，国外垃圾特性决定了其焚烧设施渗沥液比较低。国内的焚烧技术源自国外，2000 年前建设的焚烧设施，渗沥液处理设施在规划建设阶段因认知不足、几乎没有可借鉴的工程技术和实践经验。上海市项目渗沥液工艺技术的选择和应用的过程是国内技术发展的缩影。

一、上海市渗沥液的特点及产生率的变化

　　渗沥液是生活垃圾在垃圾池内堆放过程中，由于垃圾自身含有的水分受到发酵、降水等的影响，形成的一种高浓度有机废水。垃圾渗沥液水质复杂，含有多种有毒有害的无机物和有机物。其呈现的特点是强臭，COD 、BOD_5 浓度高，氨氮含量高，SS 含量高，pH 偏酸性，TP 浓度高等。

　　渗沥液工艺选择是否合理高效，与原始参数的设计关系密切，表 8-1 是上海某项目渗沥液测试数据，可见测试值范围较宽，渗沥液浓度长期是存在较大波动，这与季节变化和垃圾中转调配有关，主要污染物指标均较高。垃圾渗沥液的产生，受垃圾组分、含水率、易降解组分的含量、在垃圾池的设计和池内堆倒以及停留时间的影响，不同地区不同季节垃圾渗沥液的产率也有着明显差异。上海地区垃圾渗沥液产率在国内属于较高，同时受垃圾分类收集的影响，在 2021 年 7 月以后，厨余垃圾的单独收集，生活垃圾焚烧厂内渗沥液的产率大幅降低。图 8-4 是上海某市区项目 2010～2021 年的历年渗沥液产生率变化图，由图 8-4 可见，渗沥液产生率趋势性降低，尤其是在 2020 年 7 月实施垃圾分类后，下降较明显。

表 8-1　　　　　　　　　　　　　　　某项目渗沥液年度测试数据

序号	测试指标	单位	测试纸	
			范围	均值
1	pH		5.56～7.08	6.24
2	悬浮物（SS）	mg/L	1126～28 240	6264
3	五日生化需氧量（BOD_5）	mg/L	—	45 600
4	化学需氧量（COD）	mg/L	34 800～77 100	54 504
5	氨氮（NH_3-N）	mg/L	680～2610	1307
6	总氮（TN）	mg/L	1100～3900	2425
7	总磷（TP）	mg/L	—	63

二、渗沥液处理技术应用与发展

　　渗沥液处理技术的应用，江桥项目极具代表性，该项目渗沥液配套处理工程均滞后于主体工程，2006 年渗沥液处理设施建成前采用外运至上海大型市政污水处理设施进行处理。2007 年渗沥液处理设施投产后，运行中发现工艺技术的选择存在不合理之处较多，对进水水

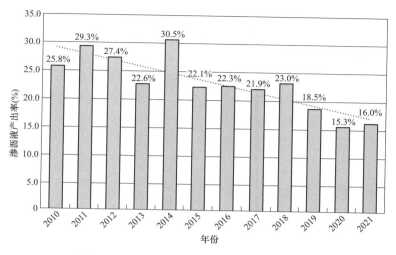

图 8-4　某项目渗沥液产出率均值历年变化图

质、水量的设计不合理，特别是缺少厌氧工艺、膜处理技术的选择存在问题。经过多年的实践摸索，在总结上海经验的基础上，吸收同时期国内其他同类项目的经验，江桥的渗沥液处理系统先后多次进行了技改，技改历程和每次技改的工艺变化如图 8-5 所示，可见最终江桥项目渗沥液处理形成了"前段厌氧""中段 MBR""后段膜深度处理"的工艺系统，该组合工艺技术也成为后续绝大部分项目的主要技术路线。

图 8-5　江桥项目渗沥液工艺技术应用历程

　　渗沥液处理技术从纳管排放到超净排放，渗沥液规模也随焚烧规模变得越来越大，已投产的奉贤二期、崇明二期、宝山项目和海滨项目渗沥液工艺采用"预处理＋厌氧＋外置式膜生物反应器（MBR）＋纳滤(NF)反渗透(RO)＋浓缩液深度处理"组合工艺，该工艺渗沥液处置效果目前属于国内最好水平。

　　渗沥液浓缩液的处理行业内有诸多不同，主要由石灰浆制备、飞灰处理加湿、回喷焚烧炉等方式消纳。上海市 2020 年 7 月开始实施垃圾分类后，湿垃圾独立处置，焚烧厂进厂垃圾总量和渗沥液产量双降，带来了焚烧炉运行工况偏离设计值，热值偏高后，炉膛超温现象较显著，渗沥液回喷成为降温的必要技术手段，除浓缩液回喷外，原液回喷也被各项目普遍采用。

第三节　焚烧技术的应用与发展

　　上海市垃圾焚烧项目有其独特性，见证和记录了我国垃圾焚烧技术应用和发展历程，从技术和装备全盘引进到引进技术国产化和自主创新，上海的焚烧项目具有一定的引领和示范作用，同时为行业的发展积累了宝贵的经验，尤其是引进技术国内适应性优化和先行先试方面。本节从焚烧技术应用、焚烧炉大型化探索、高热值强制冷却技术和低空气燃烧等方面进行介绍。

一、上海项目焚烧技术应用情况

　　上海市是国内最早开始规划建设垃圾焚烧厂的城市之一，1999 开始建设的上海御桥和江桥项目是当时国内少有的千吨级焚烧厂，并且均位于城市中心区。截至 2023 年底，历时 24 年，累计建设了 16 个项目，总规模为 29 695t/d（设计总规模 30 745t/d）。16 个项目共计应用了七种焚烧技术，技术均为进口技术，技术应用情况见表 8-2。

表 8-2　　　　　　　　　　上海市垃圾焚烧发电设施焚烧技术应用情况

序号	焚烧炉技术	炉排形式	单炉规模（t/d）	应用项目
1	法国 ALSTOM/德国 MARTIN	逆推 R 型	365	御桥项目
2	德国 Steinmuller	顺推 R 型	500	江桥项目
3	日本 JFE	顺推 R 型	400	金山一期
4	日本 HITZ	顺推 R 型	750 750/850 750/1000	老港一期 宝山项目 海滨项目
5	日本 HITZ 康恒环境	顺推 L 型	500 250	黎明项目 崇明一期
6	日本 EBARA/ 上海环境	顺推 R 型 水平炉排	500 750/850	松江一期 奉贤一/二期 金山二期 崇明二期 松江二期
7	日本 MHI/MARTIN	逆推 R 型	500 750/850	嘉定项目 老港二期

　　注　单炉规模中 750/850，前面表示名义设计规模，后面表示实际选取规模。

　　可见，国际主流的焚烧技术均在上海有所应用，采用 R 型顺推炉排为主，逆推炉排也和顺推 L 型炉排均有两个应用项目。R 型（Roll）是指炉排片在"行"与"行"之间，以"行"为单位运动，"固定炉排片"和"移动炉排片"交错布置，L（Line）型是指炉排片在"列"与"列"之间，以"列"为单位运动，"固定炉排片"和"移动炉排片"交错布置。从技术应用的适应性来看，各焚烧技术的特点虽有差异，除早期项目在设计工况选择方面因经验不足外，后续各技术在设计和运行阶段总体的运行状态较好，系统的稳定性也较高。技术适应性提高一方面是各主流技术依据运行数据的总结不断进行设计优化和技术提升，另一方面运营单位的经验积累和运行优化也起到了较为显著的作用。

焚烧系统是垃圾焚烧处理中的核心工艺，往复式机械炉排炉是应用最为广泛的垃圾焚烧炉型，炉排技术经过三十多年在国内的发展，经历了引进设备、技术引进消化、自主研发到融合创新几个阶段。上海市各项目为焚烧技术在国内吸收转化和优化创新提供了发展的舞台，从单一城市而言，上海市是技术应用最广的城市，也有两种技术在上海引进落地生根国内，分别是 Vonroll 的 L 型炉排技术和 Ebara 的 HPCC 炉排技术，这两种技术特点较明显，国内应用业绩也较广泛，技术应用过程中也进行了大量的创新和优化，尤其是在大型化改造过程中，都从 500t/d 以下规模，发展到 850t/d 以上的技术。

二、焚烧炉大型化的探索与实践

1. 江桥项目给焚烧行业深刻认识技术适应性的机会

江桥项目规模 1500t/d，采用 3×500t/d 配置，是当时国内最大的焚烧项目，也是当时国内最早应用单台 500t/d 项目，技术引进源自欧洲，因中外垃圾特性差异大，焚烧炉的机械负荷设计偏高，炉排面积只有 71.0m²，同时热值选取偏低，焚烧炉单位热容积设计低，项目长期处理能力达不到设计热值，这在当时对于行业技术人员而言，有了重新认识焚烧炉设计参数选取的实践机会，后续国内焚烧项目设计阶段都有效规避了参数选取误区，同时也在实施中不断影响国外焚烧炉厂家进行了适应性的设计优化。也就是从江桥项目开始，国内焚烧项目在设计初期开始更加关注 MCR 点设计热值的选取、机械负荷的设定、炉膛单位热容积的大小等技术细节，同时对焚烧配风比例、风压设定、氧量控制等方面，也从理论到实践，再到运行反馈设计优化，逐步形成了国内焚烧设计技术体系的基础。

2. 老港项目引领了上海焚烧炉大型化的先河

老港能源利用中心一期在 2010 年开始立项建设，总规模 3000t/d，是当时国内单次实施规模最大的项目之一，单炉规模选择 750t/d，设计热值为 1700kcal/kg，建设期间在国内也是领先的，在方案论证阶段，针对单炉规模、设计热值等也有较多不同声音，事实证明，经济快速发展和物流业的兴起，带来了垃圾热值的梯度提高，2015 年投产后就达到了设计点。从运行数据分析，设计热值仍偏低，该项目也是日立造船在国内的第一个大型焚烧炉应用项目，燃烧图设计偏保守，导致炉膛热容积选取偏小，运行热负荷和机械负荷均低于设计值。基于早期项目经验，在热值偏低时为保证低热值工况运行稳定，该项目在余热锅炉水平烟道前端设计了烟气—空气预热器，加热一次风，运行初期发现腐蚀严重，一次风风温设计值偏高，后续进行整体拆除，并增设了对流受热面，大大改善了烟气温度分布，提升了锅炉效率。

老港能源利用中心二期在 2015 年开始规划建设，总规模 6000t/d，是当时世界上单次实施规模最大的项目，焚烧炉选型时充分吸取了一期的经验，一方面设计热值大幅提升，另一方面也为进一步提升实际处理能力，老港二期在国内首次提出采用双 MCR 点设计的方式，图 8-6 是老港二期项目的燃烧图，可见，焚烧线按照满足宽运行区间要求进行设计和选型，以热负荷为设计基准，双 MCR 点设计则是将机械负荷工作范围横向拓宽。焚烧炉采用三菱马丁技术，逆推炉排，机械负荷设计值虽然较高，实际运行负荷率可满足燃烧图的设计要求。2020 年下半年垃圾分类后，热值提升后焚烧炉的整体负荷率较高，是国内较具代表性的大型焚烧项目。

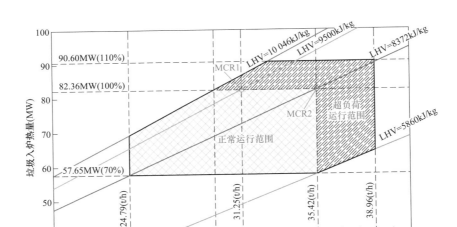

图 8-6 老港二期项目的燃烧图

3. 焚烧炉选型更加合理，大型化焚烧炉成首选

国内焚烧炉大型化已成为一种技术发展趋势，850t/d以上规模的焚烧炉应用较多，千吨级炉排技术也在河北三河、江苏吴江、湖北武汉等项目上进行了应用。上海最近几个项目焚烧炉选型时，充分借鉴上海老港一、二期的经验，海滨项目焚烧炉炉排面积设计为174.32m²，明显高于其他同规模面目，其立项阶段的焚烧炉规模按照35%超负荷能力进行设计，按此计算的机械负荷为242kg/(m²·h)，也在大型焚烧炉设计的机械负荷合理区间。松江二期和宝山项目设计单炉规模750t/d，也都采取了双MCR点的设计方法，焚烧炉均是按照850t/d的机械负荷进行设计。

从单炉实际设计处理规模统计，老港二期、松江二期和宝山项目，共计14台焚烧炉都可达到850t/d以上的处理能力，其中海滨项目4台焚烧炉可达到1000t/d的处理能力。

三、 强制冷却炉排技术的应用

上海市实施垃圾分类之后，随着湿垃圾和可回收分出比例增加，干垃圾热值大幅提升，测试热值已经达到3000kcal/kg。上海市垃圾设施规模已高于实际垃圾产量，部分设施需要协同处置工业垃圾，工业垃圾测试热值均高于3200kcal/kg，部分样本热值高于4500kcal/kg。对比国外的生活垃圾热值情况，欧洲垃圾热值普遍在2800~3400kcal/kg，日本垃圾热值普遍在2200~2800kcal/kg，目前上海市分类后的干垃圾热值已与欧洲持平，在掺烧工业垃圾的情况下，进炉垃圾的热值将远超设计范围。上海市2015年前建设的焚烧项目垃圾热值都在1700kcal/kg以下，当垃圾热值高于设计值除带来焚烧负荷下降外，也带来炉内超温，焚烧炉和炉排片均处于超负荷状态运行，尤其是炉排片铸件的寿命明显下降，在掺烧工业垃圾的项目上，炉排片高温烧损的现象也较普遍。

炉排片作为生活垃圾焚烧装备的关键部件，既要承受焚烧过程的高温，又要承受垃圾载荷作用，同时处于腐蚀性环境中，容易磨损和烧损，需要定期更换。因此炉排片设计和材质选择上既要满足炉排炉耐温、耐磨要求，还要保证结构形式合理，保证其合理的温度分布；炉排片通常采用含Cr、Ni、Mo等合金元素的耐热、耐蚀、耐磨铸件，最高承受850℃的高温，而合金铸件在超过 500℃ 的温度下时，机械性能急剧下降，耐磨性和硬度均大幅降低。长期运行数据的分析表明，在相同垃圾载荷下，为了增加炉排片的服役周期，避免高温烧损和磨损，炉排片温度控制就很关键。炉排片热电偶测试温度通常在 250～350℃，其运营周期通常在 32 000～48 000h 时；工作温度高于 350℃，其运营周期将小于 32 000h；工作温度低于 200℃，炉排的整体使用寿命能达到 80 000h。

炉排片的冷却对焚烧炉运行至关重要，国内焚烧项目炉排片的冷却是依靠一次风穿透炉排实现冷却，2015 年以后欧洲新建项目为了应对热值升高，已开始推广应用水冷炉排。通常在对炉排冷却形式选择时，对垃圾热值的范围有一些经验数据可借鉴，热值 2200kcal/kg 以下一次风就可以起到冷却效果；对于热值在 2400～2800kcal/kg，宜采用强制风冷技术；而对于热值 3000kal/kg 以上时宜采用水冷技术。图 8-7 为上海某项目应用的强制风冷炉排片安装示意图和已进入工程试验阶段的水冷炉排片三维示意图，上海市因垃圾分类后热值的大幅提升，同时部分项目掺烧一般工业固废，需应用垃圾焚烧炉强制冷却技术。

上海市部分项目设计热值已达到 2400kcal/kg，如松江二期等，为避免炉排片高温工况下加速磨损或烧损，松江二期和奉贤二期采用强制风冷炉排技术，通过在燃烧段炉排设置独立高压常温冷却风对炉排片端部进行冷却，风速 20m/s 以上，吹扫炉排片高温工作区域，降低炉排片温度后进入燃烧室参与燃烧，该技术较为安全可靠。运行数据表明，风量条件，可实现将燃烧段炉排片温度降低到 200℃ 以下。

炉排强制冷却技术是应对热值提升的有效手段，炉排片本身外形结构、透风率和材质的选择也很重要，炉排工作条件恶劣，承受较大的温度梯度和腐蚀性气体影响，当炉排片翘起或异常分离时，会造成风从低压出大量进入焚烧炉，整体燃烧状态发生偏移或破坏，因此炉排片配风设计对于燃烧控制也是较为关键。炉排片上布有均匀的通风通道，既能控制漏渣率，又能提高垃圾燃烧效率，采用高压损设计方法实现高速燃烧是目前较为有效的解决方案之一，是通过对透风率较为精准的控制，来实现进炉风量和风压的调整。通常设计透风率在 5％ 以下，为提高炉排片的压阻，可以将透风率控制在 2％～4％，压损可达到 3.5kPa 以上，垃圾层厚相对炉排片的压损变小，可保证配风更均匀，避免局部烧穿的现象。高压损和精准配风需要炉排片结构上来实现，图 8-8 是上海环境开发的强制冷却炉排示意图，炉排片采用了侧隙固定长型开孔方式，侧面和上表面经过精加工，同时横向炉排片彼此紧固连接，动静炉排之间因上表面精加工，实际缝隙也考虑在总透风率之内，并预留了合理的膨胀间隙，从而实现了透风率的精准控制。其中侧向缝隙控制在 2mm，并且只在炉排片中部偏上开缝，既能减少漏渣，又能实现均匀稳定布风，同时具有自清洁功能。

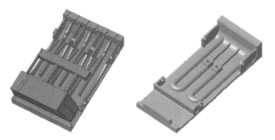

图 8-7　上海某项目应用的强制风冷和
试验中的水冷炉排片

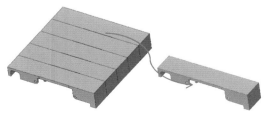

图 8-8　上海某项目应用的强制
冷却炉排片示意

233

四、 低空气比燃烧（烟气再循环）技术的应用

垃圾成分复杂，与传统燃料相比，热值低、均质化程度差，设计和运行时的空气过量系数通常较高，为提升燃烧效率和减少排烟热损失，烟气再循环技术开始在行业内进行推广应用，烟气再循环的本质是通过将燃烧产出的烟气重新引入燃烧区域，目前两种主流技术，分别是 EGR(Exhaust Gas Recirculation，尾部烟气再循环）和 IGR(Internal Gas Recirculation，炉内烟气再循环）。EGR 技术最早是由日本荏原引入国内，IGR 技术是日本三菱在国内推广。

EGR 是利用尾部惰性烟气的吸热和氧浓度的减少，使燃烧火焰温度降低，抑制燃烧速度，从而实现降低垃圾燃烧过程中 NO_x 的生成。低 NO_x 燃烧原理如图 8-9 所示。从业内应用案例来看，更多关注的是 EGR 技术的脱硝效果，实际上其节能效果也非常显著，一方面是烟气再循环烟气从袋式除尘器后，引风机前引出，引风机的实际风量降低，选型功率可以降低；另一方面再循环烟气温度在 150～160℃，对于锅炉吸热而言也能部分提升热转化率。EGR 烟气再循环系统如图 8-10 所示，烟气从袋式除尘器后引出，经风机和加热器后喷入炉膛内，设计和应用过程中也会有不同的选择，目前垃圾热值普遍较高，再循环烟气基本不需要加热，很多新建项目已经取消了再循环烟气的加热器。从节能的角度，引出烟气从引风机前抽取是最优选择，国内部分项目对工艺理解不透彻，从引风机后部吸风，从抽取方面更容易实现，而忽略了引风机功耗的增加。从长期运行经验来看，EGR 技术在设计和改造过程中需要注意三点，一是管道的密封和保温较为关键，尤其是调试期，避免频繁启停时烟气滞留冷凝引发腐蚀，所以在停用时需要设置正压吹扫；二是取风口设置在引风机前部，需要合理位置上开孔，避免气流组织不畅，影响抽取风量；三是再循环烟气量的要设计在 15％ 以上，同时保证喷入炉膛内速度大于 40m/s。

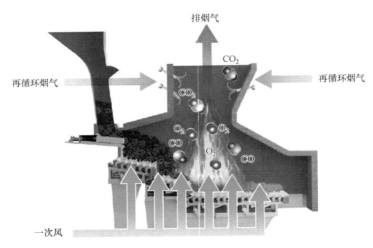

图 8-9　EGR 再循环低 NO_x 原理图

IGR 是利用从焚烧炉后燃烧区域抽取富氧烟气作为二次风再利用，炉排后燃烧区域的空气没有参与有效的燃烧，因此后燃烧区域的空气为富氧烟气，从而减少了无效的空气量，大幅降低空气过量系数，提高燃烧效率。IGR 系统工艺流程为炉膛后部烟气→IGR 旋风分离器→

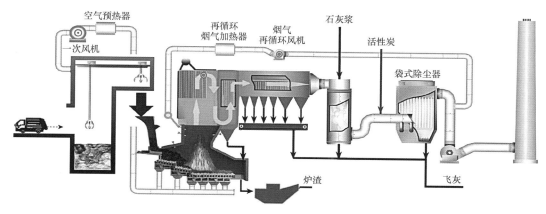

图 8-10　EGR 烟气再循环系统

IGR 风机→焚烧炉，从炉膛后拱抽取的富氧烟气，首先进入旋风分离器将烟气中的粉尘分离，分离出的粉尘经旋风分离器转阀排入溜渣管，烟气经过 IGR 风机增压后，喷入焚烧炉。炉膛后燃烧区域烟气温度较高，通常在 300℃以上，而氧量仍然较高，从燃烧空气供配角度，是完全可以取代二次风，燃烧空气的再分配，也有利于炉内燃烧的调整，技术原理较简单，但也存在炉型的适配性问题，采用 IGR 技术也需要对炉膛断面和热容积重新进行优化设计。

表 8-3 是烟气再循环技术对比表，可见采用 EGR 或 IGR 技术均能大幅降低空气过量系数，实现低氧量燃烧，均可提升整体效率，降低能耗。

表 8-3　　　　　　　　　　　　　　烟气再循环技术对比

序号	比较内容	常规工艺	EGR	IGR
1	过量空气系数	1.6~1.8	1.3~1.4	1.3~1.4
2	氧量	8%~10%	3.5%~5.5%	4%~6%
3	NO_x 抑制	无	有明显抑制效果	无
4	引风机能耗	—	下降 10%~15%	下降 10%~15%
5	蒸发量影响	—	有明显增加	有明显增加

上海市松江、奉贤项目最早采用 EGR 烟气再循环技术，老港一期、黎明和嘉定等项目也通过技改增设了 EGR 烟气再循环系统，从实际应用效果来看，脱硝效果较显著。国内越来越多的项目也开始应用 EGR 烟气再循环技术，尤其是 2020 年后部分省市对 NO_x 的排放限值进一步趋严，很多新建项目设计值都在 80mg/m³（标况下）以下，组合式脱硝技术中 EGR 的作用也愈发重要。

EGR 烟气再循环技术应用在焚烧行业应用初期，也出现不同的看法，普遍认为采用烟气再循环，氧量控制低于 6%，会造成燃烧不充分，导致 TOC、CO 和二噁英升高，为进一步探究 EGR 技术应用中上述的影响，上海项目在运行中对实际影响进行数据收集分析和污染物的检测跟踪，目前从多个项目获取的数据研究，有以下结论可供参考。

（1）省煤器氧量控制，EGR 工艺按照设计省煤器出口氧量 3%~5%，实际运行控制在

235

4%～5%左右，在此情况下，CO 均在 100mg/m³（标况下）以内，日均值更低长期在 5mg/m³（标况下）以下，图 8-11 是从生态环境部的生活垃圾焚烧发电厂自动监测数据公开平台上获取的上海两个样本项目 2022 年 10 月 NO$_x$ 和 CO 的日均排放值统计表，A 厂和 B 厂均采用"烟气再循环"（EGR）＋SNCR 脱硝工艺；可见采用 EGR 再循环烟气技术的项目，CO 的排放值均处于较低水平。长期运行数据对比研究发现 CO 的逃逸还与炉型和燃烧控制有较大关系，不同技术焚烧炉采用同样的烟气再循环技术，实际的效果和 CO 的影响也存在差异，炉膛断面设计与燃烧工况不匹配，燃烧配风不合理极容易造成 CO 逃逸，或者是爆燃引发短时内 CO 超标。从上海环境/荏原 HPCC 炉型的运行数据分析，CO 排放值偏高与烟气再循环技术不存在直接关系。

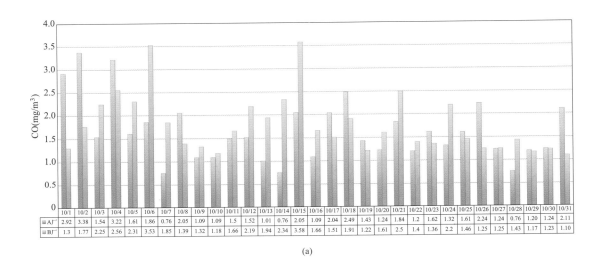

(a)

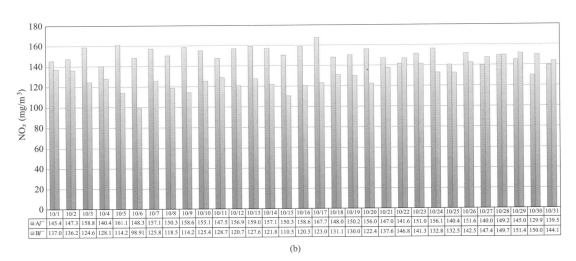

(b)

图 8-11　两项目 2022 年 10 月 NO$_x$ 和 CO 日均排放值统计
(a) CO 日均值；(b) NO$_x$ 日均值

（2）TOC 排放控制，目前国内 CEMS 均未设置 TOC 检测，上海某项目设置一台 TOC

在线装置进行数据分析研究，针对不同燃烧工况和烟气再循环比率，从监测数据分析，正常稳定燃烧工况下，不存在TOC超标的现象，从长期运行数据分析，在燃烧图范围内运行，TOC也不存在超标现象。变工况运行试验的结果表明，TOC与烟气再循环无直接关联。

（3）二噁英的影响，为验证烟气再循环是否影响二噁英排放，通过对四个项目上不同有无EGR和EHR烟气再循环不同比率下测试省煤器出口二噁英的源浓度，测试结果表明，二噁英源浓度与烟气再循环不存在直接关联，实际的测试结果省煤器出口二噁英源浓度均处于较低水平，因四个项目限于两种炉型技术，不能代表结论适用于所有焚烧炉炉型，从技术原理分析，稳定燃烧工况下，烟气再循环不会对燃烬和CO带来影响，炉内温度也处于涉及范围内，不存在造成二噁英升高的诱发因素。

老港二期是国内首个应用IGR技术的项目，图8-12是IGR系统图，可见烟气是从炉排后段引出，烟气温度较高，通常达到400℃以上，同时烟气中也含烟尘等杂质，需要设置旋风分离器进行烟尘分离，温度过高会影响到风机性能，需要从一次风系统吸取冷风与热风混合，作为二次风喷入炉膛内，实现了总的空气过量系数控制在1.4，大大降低了燃烧空气量。本项目设计进炉风温范围为200～230℃，再循环烟气温度通过从一次风机入口抽取的冷风量来调节，只有烧低热值垃圾，风温最高按230℃调整，故IGR风机选型工作温度按照250℃设计。省煤器出口氧量控制在5%～6%，再循环烟气流量，根据ACC自动调整，风机出口压力，通过调整电机转速维持稳定。正常运行工况下IGR风量与一次风的比例在3∶7。因炉排后段烟气中含氧量还是较高，替代二次风的节能效果是显著，但对NO_x的生成抑制与常规二次风工艺无明显差异。从减少燃烧空气总投入量、控制氧量、提升锅炉效率方向，该技术替代二次风是有显著的经济效益。

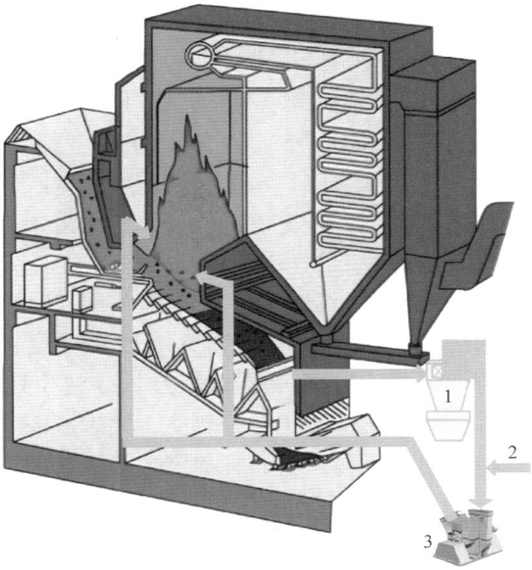

图8-12 IGR示意

1—旋风分离器；2—一次风；3—IGR高温风机

第四节 蒸汽高参数技术的应用

蒸汽高参数技术应用一直是行业热点，上海市各项目在蒸汽参数选择上也是紧跟国内技术发展方向，早期项目均以中温中压为主，近五年新建项目大部分以中温次高压为主，宝山项目则选择了超高压参数。

一、上海焚烧项目蒸汽参数选择的发展历程

垃圾焚烧厂蒸汽参数的选择对发电机组效率影响较大，余热锅炉主蒸汽参数越高，整体机组效率越高。因为生活垃圾成分复杂，其中氯、硫含量高，燃烧后的烟气具有极强的腐蚀性，并且其腐蚀性随着烟气温度的升高也更强，这也就导致主蒸汽参数的选择须解决烟气的

高温腐蚀性导致的受热面材质的耐用问题。国内焚烧项目蒸汽参数的变化与整个焚烧行业发展基本一致，早期以国外成熟技术参数为主，欧美和日本的 2010 年前的项目也基本以中温中压参数（4.0MPa、400℃）为主，国内首个采用中温次高压（6.4MPa/450℃）参数的广州李坑垃圾焚烧厂，在运行初期经常性爆管并引发安全事故，使得国内很长一段时间内，对于蒸汽参数选择更加谨慎。

随着国内锅炉换热管防腐技术（如堆焊）的提升，2015 年之后国内建设的焚烧项目都开始逐步推广应用中温次高压参数，压力设计为 6.4MPa，温度选取 450℃ 或 485℃。上海市焚烧项目基本分三批建设，第一批是 2006 年前的御桥和江桥项目，第二批是 2010～2014 年建设的金山、老港、黎明、松江、奉贤、崇明和嘉定项目，前两批项目均采用的中温中压蒸汽参数，第三批是 2015 年之后建设老港二期、松江二期、奉贤二期、金山二期、崇明二期、浦东海滨和宝山项目，第三批均采用的高蒸汽参数设计，其中老港二期蒸汽参数为 5.4MPa/450℃，宝山项目采用超高压炉外再热项目，蒸汽参数 13MPa/450℃＋MSR，其他第三批项目蒸汽参数均采用 6.4MPa/450℃。

从蒸汽参数选择上，不同参数之间的差异主要体现在汽轮发电机组效率，汽轮机热效率与进汽参数正相关，垃圾焚烧发电厂锅炉采用的主蒸汽参数越高，发电效率越高，表 8-4 以 1500t/d 项目（两炉一机配置）为例对目前国内主要应用和可选择的五种中高蒸汽参数，计算汽轮发电机组功率。从表 8-4 可见，采用炉内再热的超高压参数发电效率提升最显著，然而炉内再热技术对焚烧线和机组运行稳定性要求更高，并且由于垃圾焚烧后烟气温度偏低（与燃煤相比），再热器温压过低导致换热面积过大，从而导致系统调节难度变大，锅炉故障率也会加大。因此在高热值、大炉型的项目中采用超高压和炉内再热技术，总规模和单炉规模低的项目会因为经济规模效益降低的原因，更需要慎重选择。

表 8-4　　　　　国内主要应用和可选择的蒸汽参数下汽轮发电机组功率计算对比

参数	单位	参数 1 6.4MPa，450℃	参数 2 6.4MPa，485℃	参数 3 13.4MPa，450℃ （炉外再热 MSR）	参数 4 9.8MPa，500℃	参数 5 13.4MPa，450℃/ 再热 430℃（炉内再热）
进汽压力	MPa	6.2	6.2	13.24	9.6	13.24
进汽温度 （再热蒸汽温度）	℃	445	480	445（MSR 再热）	495	445（427）
发电机功率	MW	50	51.17	53.52	53.83	55.14
出力增值	MW	基准	1.17	3.52	3.83	5.14
出力增幅	％	基准	2.33	7.04	7.66	10.28

二、宝山项目在超高压蒸汽参数的技术应用

宝山项目是国内较具代表性的超高压蒸汽参数和炉外再热技术应用的典型项目，炉外再热（MSR）是主蒸汽在汽轮机膨胀到某一中间压力后，从高压缸排出到汽水分离器后再经过加热器，通过高压蒸汽加热后进入低压缸膨胀做功，汽水分离装置是通过物理方法移除高压缸排汽中夹带的水分，然后通过加热装置将分离出的干蒸汽加热到具有一定过热度的过热蒸汽。除湿和再热的功能减少了由于过大的排汽湿度对低压缸叶片造成的冲蚀，同时也提高了

低压缸的效率。MSR 技术在核电项目中应用较成熟，技术较可靠，虽然整体机组效率低于炉内载入，但从机组稳定性而言会更高。

超高压余热锅炉受热面布置上与中温次高压布置基本一致，图 8-13 为宝山项目余热锅炉对流受热面布置示意，从汽水系统来看，余热锅炉侧与中温中压锅炉布置是一致的，汽包侧抽取饱和蒸汽用于 MSR 加热。因蒸汽压力升高，从安全稳定运行角度考虑，水动力系统的参数有明显变化，故各受热面的管壁厚度都需做增厚处理，同时在第一烟道和第二烟道上部水冷壁也需采取堆焊措施保护。受热面的管材选择也非常重要，表 8-5 是国内高参数锅炉受热面推荐使用材质和建议的管节距，合理的受热面布置和材质可提升锅炉的长期运行的安全性。锅炉清灰方式选择也尤为重要，宝山项目清灰采用组合清灰方式，在二、三烟道的上方设置了 1 套水力喷淋清灰系统，二三通道炉顶布置两排，每排 5 个水力清灰接口，共计 10 个。同时二、三烟道和水平烟道也设置了长伸缩蒸汽吹灰装置，尾部省煤器设置激波吹灰装置。高效的清灰方式有利于保持锅炉效率，同时也可有效缓解超温引起的受热面腐蚀问题。

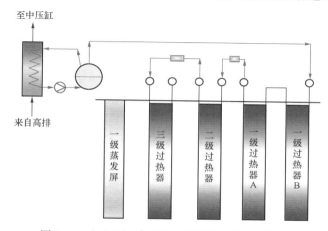

图 8-13　宝山项目余热锅炉对流受热面布置示意

表 8-5　　　　　　　　典型高参数锅炉受热面材料和管节距推荐

受热面	节距（mm）	材料
水冷壁	100	SA210C
省煤器	100/100	20G
锅筒	—	13MnNiMoR
三级过热器	200/120	12Cr1MoVG/SA213/TP347H
二级过热器	200/120	12Cr1MoVG
一级过热器	150/120	20G

第五节　烟气净化技术发展与应用

垃圾焚烧烟气净化工艺的发展与焚烧技术发展和污染物控制标准趋严是密切相关的，每次污染物控制标准的更新都引发烟气净化工艺技术的升级迭代。20 世纪末期，我国垃圾焚烧行业处于起步阶段，污染物控制相关标准只有《小型焚烧炉》（HJ/T 18—1996），主要污染物的排放限值也较宽松，采用减温＋干法喷射＋除尘的工艺即可满足要求；进入 21 世纪，2010 年之前，随着欧盟《废物焚烧指令》（Directive 2000/76/EC）和我国《生活垃圾焚烧污染物控制标准》（GB 18485—2001）等标准的颁布，早期垃圾焚烧项目基本以国标和欧盟 92 标准为主，进入到 2010 年之后，邻避效应的连锁反应使得项目实施过程中更多向欧洲烟气工艺和标准看齐。《垃圾焚烧污染物控制标准》2014 年进行修编，烟气污染物排放标准提高后，欧盟也颁布了《废物焚烧指令》（Directive 2010/75/EC）组合工艺得以快速发展。上海市 2014 年颁布了《生活垃圾焚烧大气污染物排放标准》（DB 31/768—2013），全面向欧盟标准看齐，这对于烟气工艺提出了更高要求，也基于此上海市的烟气技术的应用一段时间内引领国内技术选择的方向。

一、 烟气净化技术在上海焚烧项目中发展和应用

上海焚烧项目烟气净化工艺也经历了单一工艺段向组合工艺，从达标到超净排放的演变，早期的江桥和御桥项目的烟气工艺是以"半干法＋袋式除尘"为主，2010 年以后，国内项目多以"SNCR＋半干法＋袋式除尘"为主。上海江桥项目二期立项阶段，邻避事件的影响较为突出，致使新建项目在工艺技术选择方面，不仅关注工艺技术和装备本身，还非常重视环评宣传需求和污染物超低排放的目标设定。近十年内启动建设的项目均在地标基础上，对标欧盟标准，烟气工艺以组合工艺为主，在国内上海项目的总体技术方向引领效应较明显，上海老港再生能源利用中心一期是国内首个采用湿法工艺的项目，采用 SNCR＋减温塔＋干法（熟石灰）＋活性炭吸附＋袋式除尘＋湿法（NaOH）＋GGH 组合工艺，上海金山是国内首个增设碳酸氢钠干法工艺的项目。采用了 SNCR＋半干法（旋转雾化器）＋干法（碳酸氢钠）＋活性炭吸附＋袋式除尘组合工艺。松江和奉贤项目也是国内第一批应用烟气再循环技术的项目，后续投产了松江二期、奉贤二期项目以及在建的宝山和浦东海滨项目，烟气均采用了超长烟气净化工艺 SNCR＋半干法＋干法（熟石灰）＋活性炭吸附＋袋式除尘＋一级 GGH＋湿法＋SGH＋二级 GGH＋SCR，工艺流程如图 8-14 所示。

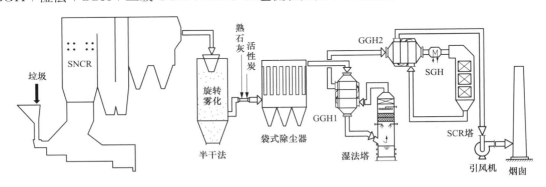

图 8-14 某项目烟气净化工艺流程

二、 湿法技术在国内首次应用

湿法烟气净化工艺最早应用在欧洲焚烧项目中，日本大城市焚烧项目选择湿法工艺较多，脱酸药剂以 NaOH 为主，HCl 和 HF 水溶性好，易与碱液反应，通过塔体底部洗涤液经

过多次循环利用，可以保持酸性气体的去除效率，而对于 SO_2，需要 pH 控制在接近中性或碱性（通常为 pH 6～7），所以需要不断添加了碱液。

湿法设计通常分单塔和双塔形式，双塔更适于 SO_2 较高的情况下，欧洲应用项目多以双塔形式为主，国内焚烧烟气 HCl 较高，同时前段有半干法或干法工艺段，SO_2 进入湿法段浓度通常较低，国内湿法塔都选择单塔结构。

洗涤塔塔体内容形式分为空塔、填料塔和孔板塔，国内应用以填料塔为主，孔板塔在上海部分项目有所应用，使用中因孔板阻力大，负荷调节能力不佳，后续改造成填料塔。垃圾焚烧行业目前没有选择空塔结构的案例。

湿式洗涤会增加烟气中的水分，从而增加"白烟"的能见度，尤其是在环境温度较低、湿度较高的情况下。提高烟气温度可降低"白烟"可见度，重新加热烟气，根据烟气含水量和大气条件，"白烟"能见度在 140℃ 的烟囱排放温度以上会大大降低。在尾部没有 SCR 工艺时，湿法工艺段通过 GGH 加热，通常排烟温度在 120℃ 左右，目前国内很少通过使用冷凝洗涤器降低烟气含水量的消白工艺应用。湿法工艺对于脱酸更加高效，整体系统能耗较高，也同时产生废水，为了保持洗涤效率并防止湿式洗涤系统堵塞，控制塔内 pH 同时，还要控制盐度，这就需要将部分洗涤液作为废水从系统中排出。废水必须经过处理后排放或者回用，通常采用中和、絮凝沉淀工艺，也有项目污水处理成中水回收，则需要对洗烟废水进一步处理，需要增加 RO 除盐工艺。湿法工艺冷却过程中，挥发性汞化合物（如 $HgCl_2$）将冷凝，并溶解在洗涤塔废水中。吸烟废水处理也要根据检测水质情况，选择添加特定去除汞的试剂脱汞。

上海市老港再生能源利用中心是国内首个采用湿法工艺的焚烧项目，图 8-15 是国内首个湿法脱酸塔现场实景照片。老港一期的湿法技术应用引领了烟气工艺在国内的变革，湿法工艺的调节性更好，更易于控制酸性气体的排放值，2015 年以来湿法技术在国内应用较为普遍，尤其是浙江省，湿法工艺成为标配。湿法工艺在设计和运行过程中，还需要关注到烟道的腐蚀和防止盐结晶带来的影响，通常管道材质需要增加防腐内衬，同时膨胀节连接处需要关注密封性和防腐处理，作为国内第一个湿法项目，调试和运行阶段摸索的经验为后续项目的设计优化提供了指导，尤其是在管道选材、pH 和盐度控制等方面。

图 8-15　老港一期—国内首个湿法脱酸塔

从满足排放标准和运行成本而言，以湿法工艺为主的组合并非最优选择，其他组合工艺也能达到同样的严格的排放标准，国内湿法工艺都是与干法或半干法工艺组合使用，有些项目采用"半干法＋干法＋湿法"三级脱酸工艺，过度追求工艺技术叠加，使得烟气工艺设计选择缺乏合理性，烟气净化工艺应根据焚烧规模、排放标准、燃烧物料特性、焚烧炉技术等多重因素综合考虑后优先选择经济高效技术和工艺进行组合。

三、GGH 在国内垃圾焚烧行业首次应用与示范

垃圾焚烧项目应用湿法工艺，脱酸后烟气温度为 50～60℃，烟气本身处于饱和状态，直

接排放会因降温冷凝腐蚀烟道和烟囱，并会产生"白烟"，因此湿法工艺需要对烟气进行加热，把温度提高到酸露点以上。常用的烟气外加热方式有外部热源（蒸汽、电）加热和烟气余热利用。从经济性角度选择，湿法工艺采用烟气余热利用是最主要的选择，在有 SCR 组合工艺时，因需要烟气温度达到 180℃ 以上，这就需要外部热源进行加热。

湿法工艺采用的烟气余热利用，就是利用高温烟气加热低温烟气，采用的换热器为烟气—烟气换热器（GGH，Gas-Gas Heater），应用最广泛的 GGH 有回转式和管壳式两种，回转式 GGH 的换热元件采用搪瓷材质，管壳式 GGH 的换热管束采用耐腐材料为主，如 PTFE 或合金金属管材。湿法出口烟气温度处于饱和状态，从防腐角度，常规金属管材防腐无法达到要求，而回转式 GGH 的运行中存在泄漏、运动复杂等问题，聚四氟乙烯（PTFE）材质的管壳式 GGH（PTFE-GGH）成了最适宜的选择。

PTFE 就是聚四氟乙烯（Poly tetra fluoroethylene，PTFE），俗称"塑料王"，是一种以四氟乙烯作为单体，聚合制得的高分子聚合物，是一种具有耐高温、耐腐蚀、不黏附、强度高、寿命长的 GGH 具有很强的耐腐蚀、耐氧化、耐粉尘特性。

老港再生能源利用中心项目是国内首个采用 PTFE-GGH 的焚烧项目，上海黎明资源再利用中心项目是国内首个采用回转式 GGH 的焚烧项目。图 8-16 是老港一期项目国内首台套 GGH 的现场照片，后续国内湿法工艺基本都以 PTFE-GGH 为主，GGH 换热管束为 PTFE 管，内衬 PTFE 覆层和碳钢钢结构。湿法与 SCR 的组合工艺中，通常会选择两级 GGH，高温段 GGH 因温度高于烟气酸露点，可以选择非 PTFE 材质。GGH 的应用，替代了 SGH（蒸汽-烟气加热器），大幅降低了运行能耗，PTFE 材质的 GGH 的应用，检维修成本也大幅降低，长周期经济效益显著，为此老港再生能源利用一期项目是亚洲首次技术应用，为此获得了 2014 年美国杜邦公司在亚洲的唯一应用奖。

湿法＋GGH 工艺可以通过温度控制，实现脱白，上海市空气湿度较大（年平均值达76%）、冬季气温较低，大气对水蒸气的吸纳能力差，所以上海焚烧厂1月、2月、11月、12月容易有白烟产生。图 8-17 是 GGH 流程示意图，老港一期设计净烟气进口为 59℃，净GGH 加热后，排烟温度达到 125℃，换热效果较显著，冬季脱白效果不明显。上海黎明项目湿法出口温度冬天设计为 45℃，湿法塔出口经除雾器，烟气的饱和温度降低，烟气湿度降低

图 8-16　老港一期国内首台套 GGH(PTFE)

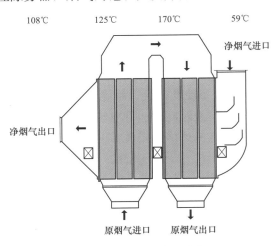

图 8-17　GGH 流程示意

后再经过 GGH 后，白烟现象得以极大改善，但同时带来了湿法废水量的大幅提高，增加了系统综合能耗和运行成本。总的来说，我国生活垃圾焚烧厂的烟囱中排出的烟气含水量大（25%），低温天气空气湿度大的地区，白烟是难以杜绝的。

四、高效干法工艺在国内的首次应用

干法脱酸工艺被世界各地广泛采用，常见的脱酸药剂为熟石灰 $Ca(OH)_2$ 和碳酸氢钠 $NaHCO_3$。干法脱酸有两种方式，一种是干式反应塔，干性药剂和酸性气体在反应塔内进行反应；另一种是在进入除尘器前烟道中喷入干性药剂，药剂在除尘器内和酸性气体反应。国内采用的干法技术基本都是采用除尘器前烟道喷入为主。

国内单一干法技术最早应用在成都洛带焚烧厂，采用熟石灰作为脱酸药剂，新国标下单一干法工艺较难稳定达标，主要是国内普遍使用的消石灰品质与设计值差异大，目前国内检测药剂主要测试纯度，纯度测试的是钙基，而实际反应需要的是活性数据，活性体现的是 OH^-。干法工艺在欧洲和日本，药剂多采用碳酸氢钠或者高活性石灰，其中碳酸氢钠活性更高，脱酸效果更佳。上海市地标颁布后，上海项目设计值和环评批复的排放总量折算到单位排放浓度，基本都远优于欧盟 2010 标准，干法＋湿法或者半干法＋湿法工艺是完全可以满足要求，同时半干法＋干法工艺如果要达到与湿法接近的标准，需要提升干法脱酸效果，这也就促使干法工艺采用碳酸氢钠作为脱酸药剂，从实际应用效果来看，气态污染区排放值确实可以较稳定地实现超低排放。

上海金山垃圾焚烧厂是国内首个采用半干法（旋转雾化器）＋干法（碳酸氢钠）的项目，为国内推广应用碳酸氢钠干法技术积累了较多经验。碳酸氢钠因为颗粒细度更高，同时易于吸潮，早期使用时经常发生料仓架桥和管道堵塞。经过不断摸索，通过三个主要措施解决了加药问题，一是在碳酸氢钠中添加调理剂，解决易吸潮的问题，调理剂添加比例 2%～3%，取消了设计中要求药剂纯度高于 99% 的限制；二是通过改造送料文丘里的设计，提升真空度加大吸附力使下料更顺畅；三是管道弯头优化，避免在输送过程中管道局部堆积堵塞。

目前碳酸氢钠干法已广泛应用，从实际效果来看，与半干法的组合工艺也可以达标，SO_2 排放均值低于 $10mg/m^3$（标况下），HCl 排放均值低于 $5mg/m^3$（标况下）。碳酸氢钠成品成本高于石灰的 5 倍以上，为降低药剂成本，部分焚烧厂已增设研磨系统，采购粗颗粒碳酸氢钠原料，进行研磨后经缓存仓暂存后及时使用，极大降低了药剂成本，同时研磨后的熟料直接喷射，避免长时间存储引发吸潮板结或架桥。图 8-18 是上海某项目研磨机现场，图 8-19 是碳酸氢钠研磨系统示意，得益于研磨系统的成功应用，使药剂成本大幅降低，也促进了碳酸氢钠干法工艺在国内的推广应用。

图 8-18　上海某项目研磨机现场图

从技术可靠性、运行便利性和经济性角度考虑，"半干法＋干法"组合工艺更具优势，图 8-20 以三个均为 500t/d 不同工艺的项目作为样本，提取 2022 年 10 月生态环境部生活垃

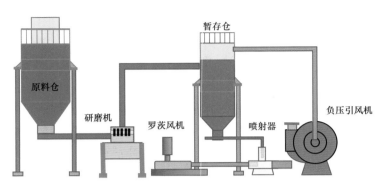

图 8-19 碳酸氢钠研磨系统示意

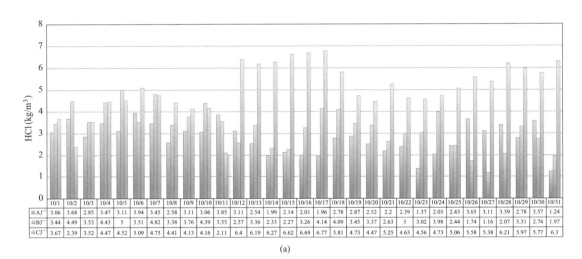

	10/1	10/2	10/3	10/4	10/5	10/6	10/7	10/8	10/9	10/10	10/11	10/12	10/13	10/14	10/15	10/16	10/17	10/18	10/19	10/20	10/21	10/22	10/23	10/24	10/25	10/26	10/27	10/28	10/29	10/30	10/31
A厂	3.06	3.68	2.85	3.47	3.11	3.94	3.45	2.58	3.11	3.06	3.85	3.11	2.54	1.99	2.14	2.01	1.96	2.78	2.87	2.52	2.2	2.39	1.37	2.05	2.43	3.65	3.11	3.39	2.78	3.57	1.24
B厂	3.44	4.49	3.53	4.43	5	3.51	4.82	3.38	3.76	4.39	3.55	2.57	3.36	2.33	2.27	3.26	4.14	4.09	3.45	3.37	2.63	3	3.02	3.98	2.44	1.74	1.16	2.07	3.31	2.74	1.97
C厂	3.67	2.39	3.52	4.47	4.52	5.09	4.75	4.41	4.13	4.16	2.11	6.4	6.19	6.27	6.62	6.69	6.77	5.81	4.73	4.47	5.25	4.63	4.56	4.73	5.06	5.58	5.38	6.21	5.97	5.77	6.3

(a)

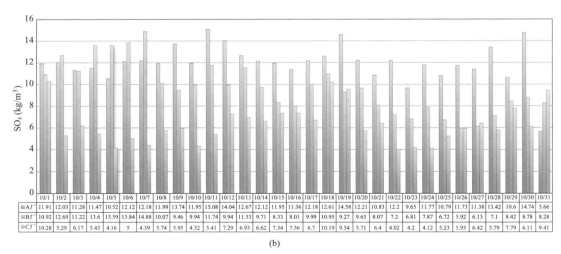

	10/1	10/2	10/3	10/4	10/5	10/6	10/7	10/8	10/9	10/10	10/11	10/12	10/13	10/14	10/15	10/16	10/17	10/18	10/19	10/20	10/21	10/22	10/23	10/24	10/25	10/26	10/27	10/28	10/29	10/30	10/31
A厂	11.91	12.03	11.28	11.47	10.52	12.12	12.18	11.99	13.74	11.95	15.08	14.04	12.67	12.12	11.95	11.36	12.18	12.61	14.58	12.21	10.83	12.2	9.65	11.77	10.79	11.73	11.38	13.42	10.6	14.74	5.66
B厂	10.92	12.69	11.22	13.6	13.59	13.84	14.88	10.07	9.46	9.94	11.74	9.94	11.53	9.71	8.33	8.01	9.99	10.95	9.27	9.65	8.07	7.2	6.81	7.87	6.72	5.92	6.13	7.1	8.42	8.78	8.28
C厂	10.28	5.29	6.17	5.43	4.16	5	4.39	5.74	5.95	4.32	5.41	7.29	6.93	6.62	7.34	7.36	6.7	10.19	9.54	5.71	6.4	4.02	4.2	4.12	5.23	5.93	6.42	5.79	7.79	6.11	9.41

(b)

图 8-20 三个项目 2022 年 10 月 HCl 和 SO$_x$ 日均排放值统计

（a）HCl 日均值；（b）SO$_x$ 日均值

圾焚烧发电厂自动监测数据公开平台的 HCl 和 SO$_x$ 日均值数据，可见"半干法＋干法"与"干法＋湿法"工艺在酸性其他排放值控制上是相近的，排放值均远低于欧盟 2010 标准的指标，三个项目的干法药剂均使用的是熟石灰，如"半干法＋干法"工艺干法药剂使用碳酸氢钠，可控制的排放指标将更加接近。其中 A 厂为干法＋湿法脱酸工艺，B 厂为干法＋湿法工艺，C 厂为半干法＋干法（熟石灰）工艺。欧洲近些年新建焚烧厂大多采用带独立反应器的干法工艺，反应器设计原理是增加药剂与烟气的接触，提升反应效率，同时部分工艺还设置了飞灰回流方式，降低药剂耗量，减少飞灰产量带返料的干式反应器也会成为新选择。

第六节　污泥干化与协同焚烧

市政污泥作为城市产量巨大的城市固废，市政污泥无害化处置难题日益突显，截至 2020 年底，全国城市污水处理厂处理能力为 1.93 亿 m³/d，年产污泥（含水率 80%）约 8000 万 t，污水厂污泥也是未来城市安全稳定运行亟须妥善处置的固废，污泥围城也逐渐成为新的环保热词。《城镇污水处理厂污泥处理处置技术指南》（建科〔2011〕34 号）指出"当污泥采用焚烧方式时，应首先全面调查当地的垃圾焚烧、水泥及热电等行业的窑炉状况，优先利用上述窑炉资源对污泥进行协同焚烧"。《"十四五"全国城市基础设施建设规划》中针对市政污泥也明确提出鼓励土地资源紧缺的大中型城市采用"生物质利用＋焚烧"处理模式，将垃圾焚烧发电厂、燃煤电厂、水泥窑等协同处理方式作为污泥处置的补充，推广将生活污泥焚烧灰渣作为建材原料加以利用。上海市市政污泥的问题也较突出，与生活垃圾协同焚烧是发展需要，同时协同处置更加有利于降低能源消耗，减少综合碳排放。

一、污泥协同生活垃圾焚烧是技术发展趋势

从"十二五"期间，垃圾焚烧厂就开始处置渗沥液系统产生的污泥，通常采用的方式是将污泥直接倾倒进垃圾池，或者是通过管道输送至垃圾给料斗，市政污泥干化协同也从佛山南海项目开始起步，"十三五"期间越来越多的垃圾焚烧厂开始配套建设污泥干化设施，更高比例地协同焚烧市政污泥。污泥处理方式主要有厌氧消化、干化填埋、干化焚烧等技术，污泥干化焚烧在国外发达国家是最主要的处理方式。

通常市政污水厂所产生的污泥含水量基本可达到 80% 左右，但低位发热量平均污泥焚烧是利用焚烧炉在有氧条件下高温氧化污泥中的有机物，使污泥完全矿化为少量灰烬的处置方式，单独焚烧投资和运行成本较高，限制了行业的快速发展。协同焚烧处理在国内的选择还是较多，包括电厂煤粉炉掺烧、工业炉掺烧、和垃圾焚烧炉掺烧等。垃圾焚烧厂协同掺烧污泥具有技术和经济可行性，大城市水泥窑和火力发电厂设施有限，而垃圾焚烧设施在"十四五"期间集中投产，大部分城市均已实现原生垃圾零填埋，垃圾分类政策的实施和推广，部分城市焚烧设施能力富裕，污泥处理同时需要热源，而垃圾焚烧厂本身也是利用余热发电，直接利用蒸汽效率更高，故而利用现有的垃圾焚烧发电厂的剩余处理能力，且以废治废，协同掺烧污泥，能有效降低城市环保设施的综合造价和运行成本。

二、污泥干化与造粒技术的成熟为协同焚烧创造了有利条件

垃圾焚烧厂尤其是炉排炉技术协同掺烧污泥时，为提升协同处置比例，需要对污泥进行

干化处理,目前污泥干化按照热介质与污泥的接触方式,通常采用直接干化或间接干化为主,直接干化时采用对流热干化技术,在操作过程中,热介质(热空气、热烟气)与污泥直接接触,热介质低速流过污泥层,在此过程中吸收污泥中的水分,处理后的干污泥需与热介质进行分离。排出的废气一部分通过热量回收系统回到原系统中再用,剩余的部分经无害化后排放。间接干化是在干化过程中热介质并不直接与污泥接触,而是通过热交换器将热量传递给污泥,使污泥中的水分得以蒸发,热介质一般为160~200℃饱和水蒸气。过程中蒸发的水分到冷凝器中加以冷凝,热介质的一部分回到原系统中再利用,以节约能源。

常用污泥干化设备有转鼓干化机、流化床干化机、圆盘干化机、带式干化机、薄式干化机和桨叶干化机,上述干化机均有应用,国内应用较多的是圆盘、带式和桨叶干化机,薄式干化机主要以引进技术和装备为主。

干化污泥直接与垃圾混合焚烧,因物料特性松散,燃烧过程中极易造成焚烧炉内结焦和锅炉受热面积灰,上海的协同焚烧干化污泥的项目运行初期均出现了炉内异常结焦、过热器积灰严重超温和超温等问题,通过不断地尝试和优化,采用两个措施解决了结焦和积灰的影响,一是干化污泥的进炉性状,通过干化污泥造粒,使进入炉内的污泥燃烧过程中整体不发生破碎,极大地避免了粉尘进入烟气的引发的影响;二是进炉方式进行了优化,将干化污泥在炉排后拱直接投入到燃烧区,避免了干化污泥在炉内的停留时间和运送距离。从后续运行效果来看,高比例掺烧的工况,干化污泥造粒将成为必然选择。

干化污泥造粒系统也较为简单,主要是由干化污泥储存仓、输送系统、造粒机和出料系统组成。干化后的污泥含水率在30%~40%,干化后的污泥呈粉末状,粒度较细,粒径在1~100mm,易造成扬尘,造粒机可实现污泥的压缩,成型后呈圆柱状,颗粒直径5~8mm,长度30~50mm。取样测试热值在800~1200kcal/kg。

图8-21 上海某项目污泥干化车间

上海市松江、奉贤和金山三区的市政污泥均采用与生活垃圾协同焚烧处理方式,污泥进厂后先进行干化处理,干化工艺选择圆盘干化机,圆盘干化机由一个封闭的外壳、多层水平圆盘、闭循环的热油加热系统组成。图8-21是上海某项目污泥干化车间照片,该项目配置两条污泥干化线,采用的是圆盘干化机。因污水厂的污泥经机械脱水后含水率仍为60%~80%,高含水率的特点给污泥的处置带来了较大困难,干化机选型需要有较高的适应性,项目上干化流程为"污水厂脱水原泥(含水率60%~80%)—湿污泥储存—螺旋进料—污泥干化系统(干化后污泥含水率30%~40%)—干污泥输送—干化污泥储存仓—造粒系统"。

三、炉内掺烧方式的技术创新与应用

国内污泥协同焚烧主要有三种方式,一是直接在垃圾池内与垃圾混合,二是通过管道或者抓斗将污泥送到料斗内与垃圾混合,三是直接送到焚烧炉内。原污泥混烧,早期国内基本

都是通过管道输送到料斗处与垃圾混合，此方式掺混比例不能太高，同时因为污泥特性差，进入焚烧炉内，对焚烧炉的燃烧影响较大。干化污泥掺烧方式，部分项目直接倒入垃圾池内，通过堆倒料来实现混合，也有部分项目设置独立料仓，使用专用抓斗单独送到料斗内。较为可靠并可高比例掺烧的方式，是将干化污泥直接送入焚烧炉内焚烧。

国内外垃圾焚烧协同污泥焚烧比例均较低，在掺烧脱水污泥的工程试验和应用案例中，日本长野、山行等垃圾焚烧厂脱水污泥掺烧比为 5％～10％，国内天津、深圳等污泥协同焚烧工程也多是采用 5％～10％掺烧比例。目前掺烧普遍存在如下问题，限制了污泥掺烧量：

（1）污泥与生活垃圾在炉排上的混合程度不理想，进而引起焚烧波动，严重时需喷油助燃，同时还会出现炉排漏灰现象。

（2）国内当前污泥掺烧项目通常采用原污泥（80％含水率）进入垃圾池直接混烧，这对垃圾渗沥液品质有严重影响，对后续渗滤液处置设施产生冲击。

（3）干化污泥，低含水粉状污泥直接投入焚烧炉，干燥粉尘易被一次风吹起随烟气扩散，且污泥灰熔点普遍低于 1100℃，致使焚烧炉及余热炉粘污严重，会导致异常停炉频次变高，每隔几个月亟须停炉清焦、清灰，严重扰动现有垃圾焚烧设施的正常运转，直接导致焚烧发电厂经济效益滑坡。

（4）污泥氮、硫含量通常为日常生活垃圾的 5～8 倍，对现有烟气净化系统冲击较大。

针对污泥掺烧引发的焚烧炉结焦严重问题，上海部分项目在污泥干化、造粒和协同焚烧各个环节进行优化，首先是污泥干化工艺段的调整，进厂污泥含水率在 60％～80％，干化工艺参数优化可将含水率最低降低到 35％以下；其次是干化造粒环节，采用机械造粒，提高物理强度，成型后类似于 RDF 碳棒，可有效避免扬尘；最后是进炉方式的优化，基于炉型特点，将进料从垃圾池内混合或料斗内投入改为在燃烧段上部炉拱处进料，避免了造粒污泥在垃圾池内造成的破碎和扬尘。首次在国内形成了"污泥造粒＋焚烧炉后拱入料"的污泥协同焚烧技术，试验最大掺烧比例可提升到 30％以上，运行期间污泥掺烧量在 6％～15％，采用创新的协同焚烧技术，有效地解决了焚烧炉内结焦、锅炉受热面积灰腐蚀和掺混量不足等问题，年正常稳定运行超过 8000h，在国内具有较好的示范效应。此进料方式与炉型有较大关系，应用项目采用的是水平炉排技术，后拱入料比较容易将干化污泥送到合适区域进行焚烧。

从污染物控制角度，造粒污泥炉内进料方式，燃烧区域能维持在燃烧段，高比例掺烧时，燃烧工况也较稳定，污染物波动更低，烟气净化系统易于控制，更加高效。从燃烬率角度，造粒污泥集中在高温区焚烧，热灼减率非常高，基本燃烬，且燃烬后颗粒完整度较好，较好地解决了扬尘和漏灰等问题，锅炉受热面的异常积灰问题得以解决。从运行经济性角度而言，污泥掺烧比例不宜长时间过高，掺烧比例偏高会导致超出燃烧图范围，烟气净化系统的工况会偏离设计条件，掺烧比例控制在 15％以内比较合适。同时污泥造粒也存在能耗高，运行成本上升等问题，污泥协同焚烧，《生活垃圾清洁焚烧指南》中提出污泥掺烧比例不宜超过 7％，从运行稳定性和低成本投加方式来看 7％的投加比例是较为合适的。

第九章　上海和东京：垃圾分类处理体系与焚烧发电设施的对比及问题思考

对上海和东京的垃圾处理体系进行对比，具有重要的意义。上海是中国重要的经济、交通、科技、工业、金融、会展和航运中心，是世界上规模和面积最大的都会区之一。上海市下辖 16 个市辖区，总面积 6340km^2，2018 年常住人口约 2400 万人（其中常住流动人口约 1000 万人）。东京是日本的首都和最大的城市，也是日本的政治、经济、文化和交通中心。东京下辖 23 个特别区、26 个市、5 个町、8 个村，总面积约 2155km^2，城区面积 621km^2。东京总人口约 1351 万（2016 年），东京 23 区（狭义上广泛使用的"东京"所指范围）人口约 940 万人。

东京的生活垃圾（简称垃圾，下同）处理处置，处于世界领先地位。从 20 世纪 50 年代开始，经过几十年的政策法规、设施建设和运营管理优化，形成了"前、中、后"的科学的、系统的体系，极大地实现了资源回收，实现了原生垃圾"零填埋"，特别是以"焚烧发电"为主体的中间处理设施构成了东京垃圾处理体系的灵魂。2017、2018 年，东京都 23 区的垃圾资源化回收量约 50 万 t；垃圾产量总计共约 280 万 t（不含资源化回收量，年均产量平均约 7600t/d），其中，焚烧量约 280 万 t（焚烧率约 100%），末端填埋处置的灰渣和少量不可燃废弃物 30 万 t 左右。

上海的垃圾处理处置，在 1980 年之前是原始的、落后的。从 20 世纪 80 年代简单的堆放、简易填埋开始，伴随着改革开放、经济的快速发展，上海的垃圾处理处置逐渐改进为 90 年代的卫生填埋，并于 2000 年前后开始大规模的多元化环卫设施建设。经过 20 年的发展，国家和地方政策、法规、标准的不断完善，一批大规模、现代化的收集、转运、焚烧发电设施陆续建成投产，极大地提升了上海的环卫设施水平。近几年来，上海开始实施分类收集，湿垃圾处理设施和焚烧发电项目扩建，同时进行，未来又将形成更加复杂、多元的垃圾处理处置体系。至 2018 年年底，上海市 16 区生活垃圾产量年均约 27 000t/d（年产量约 980 万 t），其中，焚烧量约 10 575t/d，填埋量约 10 611t/d，餐厨、分类厨余及餐厨废弃油脂等湿垃圾共约 4100t/d，大件、两网协同可回收物等约 1300/d。2019 年，规模 6000t/d 的老港二期焚烧发电设施投产后，垃圾焚烧处理量大幅提升，上海向实现"原生垃圾零填埋"的目标跨出了一大步。至 2023 年底，上海的 16 座垃圾焚烧发电设施投产后，总焚烧规模达到 30 000t/d 以上。

第一节　法律法规政策与分类处理处置体系的对比分析

一、　法律法规政策的对比分析

在法律法规和政策体系方面，各自基于本国及地方的法律法规和政策要求，目标基本是相同的。日本的目标和要求是3R(Reduce、Reuse、Recycle)，中国是"减量化、资源化、无害化"。日本东京和中国上海的垃圾分类、处理体系主要法律法规政策的对比分析，见图9-1所示。

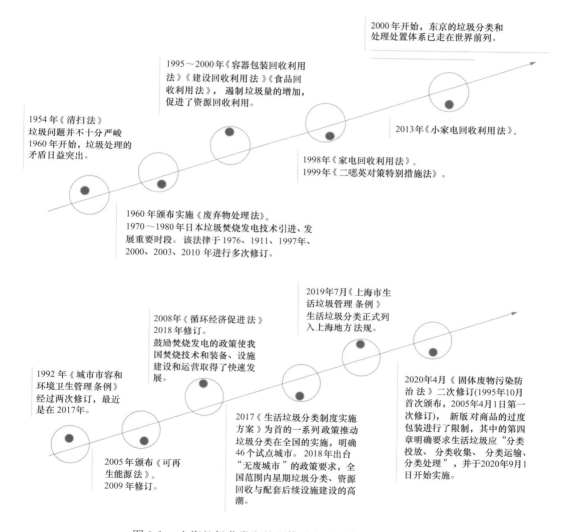

图 9-1　上海垃圾分类和处理体系主要法律、法规、政策

日本政府早在1954年，就出台了《清扫法》，目的是保持舒适的生活环境，其时的垃圾问题并不十分突出。1960年代开始，随着日本经济的发展，垃圾处理的矛盾日益突出。1970

年，日本《废弃物处理法》颁布实施（1970~1980 年，也正是日本垃圾焚烧发电技术引进、发展的重要时段）。《废弃物处理法》是日本垃圾处理的重要法律法规，于 1976 年第一次修订，随后分别于 1991、1997、2000、2003、2010 年进行了多次修订，以适应社会发展的新要求。1995~2000 年，《容器包装回收利用法》《建设回收利用法》《食品回收利用法》的出台，遏制了垃圾量的增加，促进了资源的回收利用。除上述法律法规外，还有 1998 年颁布实施的《家电回收利用法》，1999 年的《二噁英对策特别措施法》，2013 年的《小家电回收利用法》等。从 2000 年左右开始，东京的垃圾分类和处理处置体系，就走在了世界的前列。

我国政府第一部关于垃圾处理的法律法规，是 1992 年发布的《城市市容和环境卫生管理条例》，该法规进行过二次修订，最近一次是在 2017 年。2005 年，我国颁布了《可再生能源法》（2009 年进行了修订）；2008 年，颁布了《循环经济促进法》（2018 年进行了修订）。20 多年来，我国关于垃圾处理的政策，可以划分为"初步探索（2000 年之前）""稳步发展（2001~2010 年）"和"快速发展（2010 年之后）"三个阶段。鼓励焚烧发电是我国的一项国策，此项政策使得我国的焚烧技术和装备、设施建设和运营取得了快速发展。2017 年，以《生活垃圾分类制度实施方案》（国办发〔2017〕26 号）为首的一系列政策出台，推动了垃圾分类在全国的实施，明确 46 个试点城市实行强制分类，随后于 2018 年出台了"无废城市"的政策要求，在全国广泛兴起了垃圾分类、资源回收与配套后续设施建设的高潮。2019 年 7 月，上海在全国率先颁布了《上海市生活垃圾管理条例》，生活垃圾分类正式列入上海的地方性法规。

2020 年 4 月 29 日，我国政府对《固体废物污染防治法》（1995 年 10 月首次颁布，2005 年 4 月 1 日第一次修订）进行了第二次修订。此法新版对商品的过度包装进行了限制，其中的第四章明确要求生活垃圾应"分类投放、分类收集、分类运输、分类处理"，并于 2020 年 9 月 1 日开始实施。

二、 分类处理处置体系的对比分析

垃圾分类的方式，上海与东京是不同的。东京的垃圾按照"可燃垃圾、不可燃垃圾、大件垃圾、可回收垃圾"分类；上海的垃圾按"干垃圾、湿垃圾、可回收垃圾、有害垃圾"分类。图 9-2 和图 9-3 对东京和上海的生活垃圾分类处理体系进行了对比。可以看出：

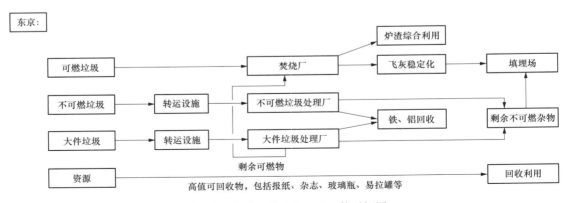

图 9-2　东京垃圾分类和处理体系框图

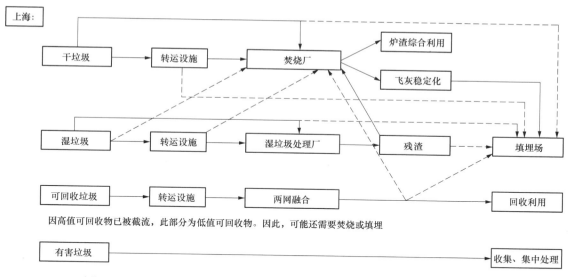

图 9-3　上海垃圾分类和处理体系框图

（1）上海与东京的区别，在于东京没有针对湿垃圾的处理设施，回收利用、焚烧和填埋是最终出路；而上海的垃圾分类体系中，增加了针对湿垃圾处理的设施，这些湿垃圾将会产生分选产生的杂物、残渣等，如果不能通过还田、绿化等解决其出路，则仍需运至焚烧厂处理或填埋场处置。另外，可回收物实际上是"低值的可回收物资"，全部回收利用的成本太高，导致可回收物资的接受企业，将还会产生一部分不得不焚烧或填埋的垃圾。如此，则上海的垃圾分类收集和运输、末端处理处置的成本势必较大幅度增加。

（2）上海和东京，都采用焚烧发电作为主要的垃圾处理方式，设施数量多、分布广；都在海边有填埋场，用于填埋稳定化后的飞灰以及其他物质。

（3）上海和东京，均有复杂的收运体系。上海更加复杂，特别是上海的水陆联运至老港的运输系统在上海至关重要。

表 9-1 对上海和东京的垃圾分类方式、收集运输、中间处理、末端处置进行了汇总对比。

表 9-1　　　　上海和东京的垃圾分类、收集运输、中间处理、末端处置方式对比

类别	东　京	上　海
垃圾分类方式	全国统一： （1）可燃垃圾； （2）不可燃垃圾； （3）大件垃圾； （4）资源	全国不统一，各地有差异。上海市规定： （1）干垃圾； （2）湿垃圾； （3）可回收垃圾； （4）有害垃圾

续表

类别	东　京	上　海
收集运输	按照不同类别，分别收集、运输	按照不同类别，分别收集、运输，还需不断完善
	各区负责，运输系统相对简单	各区政府＋政府下属企业＋外来企业负责，模式复杂
	运输系统相对简单	运输系统庞大、复杂，特别是水、陆联运系统
	可燃垃圾，直运→焚烧发电厂	干垃圾，直运＋转运→焚烧发电厂
	不可燃垃圾→不可燃垃圾处理厂（2座）	湿垃圾，直运＋转运→湿垃圾处理厂
	大件垃圾→大件垃圾处理厂（1座）	可回收垃圾→两网融合尚在探索中
	资源→厂商再循环、民间再循环、再利用	有害垃圾→集中、出路尚在探索中
中间处理	由东京23区清扫一部事务组合进行，相对简单，焚烧占绝对优势，已实现原生垃圾"零"填埋	由市政府、区政府和多家企业负责，体系复杂，未来"干垃圾焚烧为主、湿垃圾为辅"，原生垃圾"零"填埋
	焚烧发电厂（共计21座），余热发电上网，向外供应蒸汽、热水拖；炉渣综合利用或填埋；飞灰稳定化后填埋处置	焚烧发电厂（至2022年6月，14座运营，2座在建），余热发电上网，尚未实现向外供应蒸汽、热水等；炉渣综合利用或填埋；飞灰稳定化后填埋处置
	可燃垃圾处理厂（2座），主要回收铁、铝；余物填埋	湿垃圾处理厂（13处集中处理设施，几十处分散处理），产沼气、回收油脂，残渣目前仍需进入焚烧厂或填埋场
	大件垃圾处理厂（1座），主要回收铁、铝；余物填埋	大件垃圾尚未有完善的处理体系
末端处置	由东京都负责	由市政府和区政府负责
	（1）中央防洪堤坝外填埋场； （2）新海面处理场	（1）上海老港填埋场； （2）崇明和长兴填埋场
	末端填埋对象： （1）焚烧厂炉渣； （2）稳定化后的飞灰； （3）不可燃垃圾； （4）大件垃圾处理后的剩余惰性不可燃物	末端填埋对象： （1）原生垃圾（应急）； （2）污泥（应急）； （3）湿垃圾处理后的残渣； （4）稳定化后的飞灰

　　图9-4表示了日本东京23区历年垃圾分类和处理体系的量分布情况。可见，东京垃圾焚烧率2010年之后达到了95%以上，2017、2018年达到了约100%。在上海，截至2021年底，投入运营的焚烧设施总规模达到了约2.3万t/d；至2023年底（宝山项目、海滨项目投

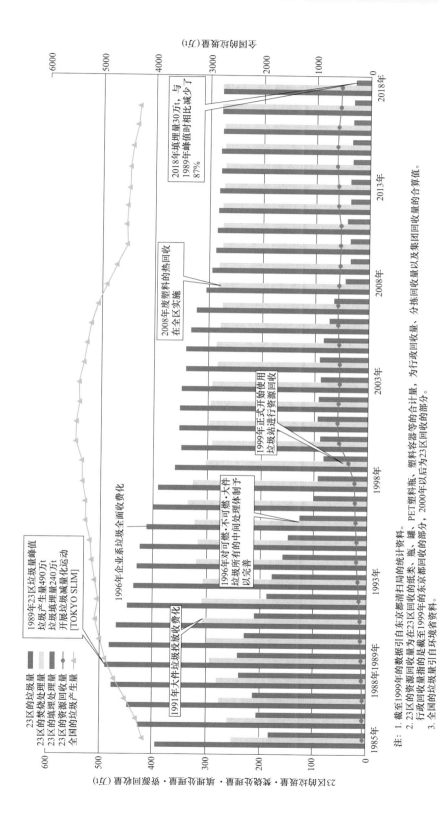

图 9-4　日本东京垃圾产量、焚烧和填埋量、资源回收量历年变化图

注：1. 截至1999年的数据引自东京都清扫局的统计资料。
2. 23区的资源回收量为在23区回收的纸类、瓶、PET塑料瓶、罐、塑料容器等的合计量，为行政回收量、分拣回收量以及集团回收量的合算值。
3. 全国的垃圾量引自环境省资料。

253

中国垃圾焚烧系列丛书 | 上海市垃圾焚烧发电设施

产后），投入运营的焚烧设施总规模将达到约 3.0 万 t/d，完全具备 100% 的原生垃圾焚烧处理能力。

第二节　焚烧设施的对比分析

一、分布和规模的对比分析

东京和上海的垃圾焚烧发电设施项目分布如图 9-5 所示。

东京的现代化垃圾焚烧发电设施（连续式机械炉排炉）于 20 世纪 60 年代开始建设，第一个投产的是 1966 年投产的江户川焚烧厂。1924 年东京首次建设了名为"大崎垃圾焚烧场"的垃圾焚烧处理工厂，但是焚烧炉的形式是"炉灶式（固定间歇式）"的。至 1992 年，东京共有 17 座焚烧设施投入运行，总规模为 13 900t/d。1960～1990 年，是东京现代化垃圾焚烧设施的第一轮建设和运营期，这 30 年中，日本的焚烧技术和装备得以快速发展。20 世纪 90 年代初开始，东京开始了焚烧设施的重建、改建。至 2019 年 12 月，东京 23 区分布着 21 座焚烧设施（其中，目黑、光丘两个项目重建中）。1990～2020 年，这 30 年可以说是日本焚烧设施第二轮建设和运营期。图 9-6 和图 9-7 简要表示了上述过程。

上海市于 20 世纪 90 年代中期开始筹建垃圾焚烧设施，分别于 2002、2003 年建成投产了御桥、江桥 2 座焚烧设施，焚烧技术和设备从法国、德国引进。2006～2012 年，约 6 年的时间里，上海没有新的焚烧设施投入运营。2012 年底、2013 年中，随着金山一期、老港一期项目的建成投产，上海的焚烧设施建设、运营进入新的阶段。至 2019 年 9 月，运营项目共计 8 座、总设计规模 16 800t/d；至 2022 年 6 月，上海市分布着 16 座焚烧设施（14 座运行，2 座在建）。图 9-7 简要表示了上述过程。

表 9-2 列出了东京和上海的垃圾焚烧发电设施-项目规模汇总对比信息。东京 23 区的垃圾焚烧发电设施数量较多，共计 21 个项目（其中，2 个重建中）、40 条焚烧线，总规模 12 300t/d，单项目平均规模仅 586t/d，单线（炉）规模为 306t/d。上海的垃圾焚烧发电设施数量较少，共计 16 个项目（按立项数量计，部分项目分一期、二期建设）、49 条焚烧线，总规模 30 745t/d，单项目平均规模约为 1921t/d，单线（炉）规模为 627t/d。从垃圾焚烧发电设施的分布来看，东京基本上每个区有一座，选址都位于市中心或城市化区域，而上海则不同。上海的焚烧设施，大部分都分布在城市外围，特别是浦东新区的海边分布着老港一期、老港二期、黎明、海滨 4 座超大型项目，这 4 座项目的总规模达到了 14 000t/d。规模的差异、分布特色，是由两个国家和城市的垃圾数量、行政管理特点及地理条件所决定的。日本由于地震多发，要求垃圾焚烧发电设施在发生灾害时具备防灾功能，且需将发电分散化以便紧急情况下可以供电。我国国家政策和标准中，关于焚烧项目选址与居民区距离不小于 300m 的防护距离的限制，是上海市垃圾焚烧项目主要分布在外围、非城市化区域的主要原因。

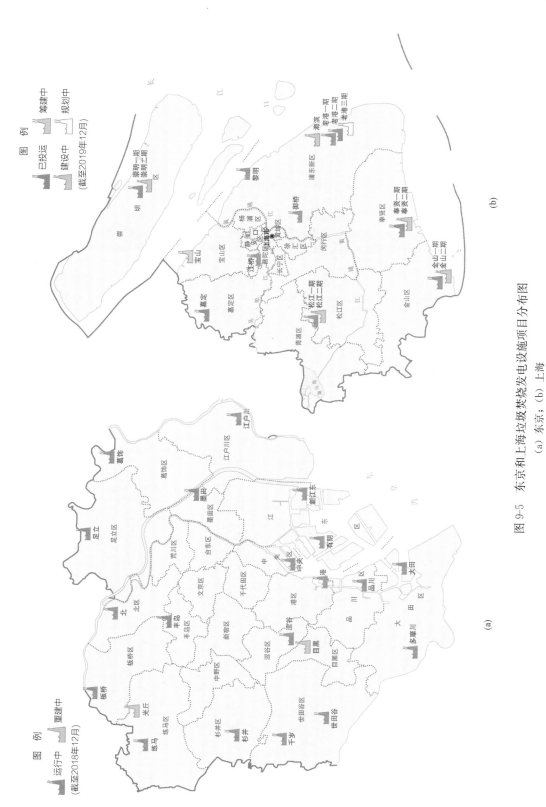

图 9-5　东京和上海垃圾焚烧发电设施项目分布图

(a) 东京；(b) 上海

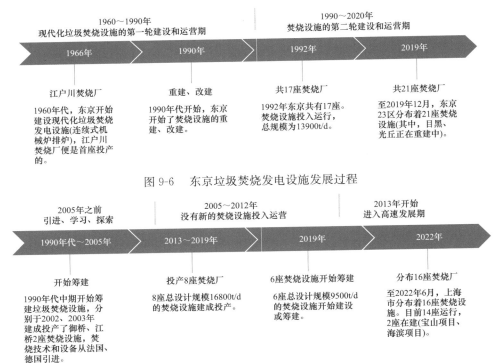

图 9-6　东京垃圾焚烧发电设施发展过程

图 9-7　上海垃圾焚烧发电设施发展过程

表 9-2　　　　　　　　东京和上海垃圾焚烧发电设施项目规模汇总统计

东京			上海		
项目简称	规模 （t×炉数）	焚烧能力 （t/d）	项目简称	规模 （t×炉数）	焚烧能力 （t/d）
目黑	300×2	600	御桥项目	365×3	1095
有明	200×2	400	江桥项目	500×3	1500
千岁	600×1	600	金山一期	400×2	800
江户川	300×2	600	老港一期	750×4	3000
墨田	600×1	600	黎明项目	500×4	2000
北	600×1	600	松江一期	500×4	2000
新江东	600×3	1800	奉贤一期	500×2	1000
港	300×3	900	崇明一期	250×2	500
丰岛	200×2	400	嘉定项目	500×3	1500
涩谷	200×1	200	老港二期	750×8	6000
中央	300×2	600	松江二期	750×2	1500
板桥	300×2	600	奉贤二期	500×2	1000
多摩川	150×2	300	崇明二期	500×1	500
足立	350×2	700	金山二期	500×1	500
品川	300×2	600	海滨项目	750×4	3000（4050）
葛饰	250×2	500	宝山项目	750×4＋800	3000＋800（3800）

续表

东京			上海		
项目简称	规模 （t×炉数）	焚烧能力 （t/d）	项目简称	规模 （t×炉数）	焚烧能力 （t/d）
世田谷	150×2	300	注：		
大田	300×2	600	1. 东京的垃圾焚烧发电设施数量多，基本上每个区有一座，选址都位于市中心或城市化区域。		
练马	250×2	600			
杉并	300×2	600	2. 上海的垃圾焚烧发电设施数量较少，大部分都分布在城市外围（主要由于我国有焚烧项目选址与居民区距离不小于300m的防护距离的限制）		
目黑	300×2	600			
光丘	150×2	300			

二、　占地面积和投资的对比分析

表 9-3 为上海和东京垃圾焚烧发电设施的占地面积、投资概算对比分析表。不计货币汇率指数、物价参数等因素的影响，仅从数字分析可以得出：①占地面积。东京的 21 个项目的占地面积共计约 68.2 万 m^2（约 1023 亩），单个项目平均占地约 3.25 万 m^2（约 48.7 亩），单位处理规模平均占地面积约 55m^2；上海的 16 个项目的占地面积共计约 134.06 万 m^2（约 2011 亩），单个项目平均占地约 8.38 万 m^2（约 125.7 亩），单位处理规模平均占地面积约 44m^2。②投资。东京的 21 个项目的总投资约 6436.75 亿日元（合现时人民币约 425.99 亿元），单个项目平均投资约 306.51 亿日元（约合现时人民币约 20.28 亿元），单位处理规模平均投资约 5191 万日元（约合现时人民币约 344.54 万元）；上海的 16 个项目总投资约 203.02 亿元人民币，单个项目投资约 12.69 亿元人民币，单位处理规模平均投资约 66.03 万元人民币。东京和上海垃圾焚烧发电设施鸟瞰如图 9-8 所示。

表 9-3　　　　　　　　上海和东京垃圾焚烧发电设施的占地面积、总投资比较

东京				上海			
序号	项目简称	用地面积 （约 m^2）	总投资 亿日元	序号	项目简称	用地面积 （约 m^2）		总投资概算 （亿元人民币）
1	有明	24 000	408.00	1	御桥项目	83 300		6.70
2	千岁	17 000	273.11	2	江桥项目	136 000	一期＋二期	9.17
3	江户川	27 000	342.16	3	金山一期	68 523	一期＋二期	4.10
4	墨田	18 000	333.00	4	老港一期	160 000		13.50
5	北	19 000	335.65	5	黎明项目	94 000		12.54
6	新江东	61 000	880.00	6	松江一期	133 000	一期＋二期	13.67
7	港	29 000	445.00	7	奉贤一期	52 380		7.54
8	丰岛	12 000	169.77	8	崇明一期	34 723		3.68
9	涩谷	9000	133.00	9	嘉定项目	71 700		9.99
10	中央	29 000	294.00	10	老港二期	188 839		33.45
11	板桥	44 000	298.28	11	松江二期		一期＋二期	12.73
12	多摩川	32 000	155.99	12	奉贤二期	53 360		7.61

续表

东京				上海				
序号	项目简称	用地面积（约 m²）	总投资 亿日元	序号	项目简称	用地面积（约 m²）		总投资概算（亿元人民币）
13	足立	37 000	286.51	13	崇明二期	33 896		4.67
14	品川	47 000	275.00	14	金山二期		一期＋二期	4.90
15	葛饰	52 000	157.00	15	海滨项目	95 532		28.36
16	世田谷	30 000	166.85	16	宝山项目	135 333		30.41
17	大田	92 000	187.97		合计	1 340 586		203.02
18	练马	15 000	199.00					
19	杉并	36 000	284.00					
20	目黑	29 000	476.58					
21	光丘	23 000	335.88					
	合计	682 000	6436.75					

注：1. 占地面积。东京的单个项目平均占地约 3.25 万 m²（约 48.7 亩），单位处理规模平均占地面积约 55m²；上海的单个项目平均占地约 8.38 万 m²（约 125.7 亩），单位处理规模平均占地面积约 46m²。

2. 投资。东京的单个项目平均投资约 306.51 日元。（约合现时人民币约 20.28 亿元），单位处理规模平均投资约 5191 万日元（合现时人民币约 344.54 万元）；上海的单个项目投资平均约 12.69 亿元人民币，单位处理规模平均投资约 66.03 万元人民币

东京杉并项目

东京港项目

东京中央项目

上海老港（一期+二期）项目

上海嘉定项目

上海江桥项目

图 9-8　东京和上海垃圾焚烧发电设施鸟瞰图

三、 主体工艺和设备的对比分析

日本的液压驱动机械炉排炉焚烧技术于 1960 年代从欧洲引进，并自我发展。主要的焚烧技术与设备厂商包括 MHI（三菱重工，技术来自德国 MARTIN，现已停止使用 MARTIN 技术，开始自我发展）、Hitz（日立造船，技术来自瑞士 VON ROLL INOVA，2010 年反将 VON ROLL INOVA 并购）、JFE（杰富意，技术源于丹麦 VOLUND，后自我发展）、EBARA

（自主研发的技术）、TAKUMA（自主研发的技术）等。拥有这些技术或得到授权的日本厂商，在 2005 年之后，开始大规模进入中国市场，并在中国市场取得了成功，包括设备销售、技术与设备制造的授权等。上海市目前投产和建设中的 16 个垃圾焚烧发电设施，全部采用液压驱动机械炉排炉技术，日本的厂商占有率占绝对优势。国内焚烧设备的国产化、创新发展，与上海的焚烧设施有着密切的关系。在汽轮发电机组方面，东京、上海双方都是采用自己国家的技术和设备。在烟气净化方面，经过 10 个项目的建设和运营、引进技术和消化吸收，上海目前已经实现了国产化并进行了创新。

1. 焚烧炉和余热锅炉、余热利用的对比分析

表 9-4 和表 9-5 列出了上海和东京垃圾焚烧设施的焚烧炉、锅炉和汽轮发电机组的主要配置及参数。图 9-9 和图 9-10 表示了东京和上海垃圾焚烧发电设施的设计热值变化情况。

表 9-4　　　　　　　　　上海和东京的垃圾焚烧发电设施焚烧炉厂商和热值比较

东京				上海					
序号	项目简称	焚烧炉形式与供应商	设计最高热值（kcal/kg）	序号	项目简称	焚烧炉形式与供应商	设计最低热值（kcal/kg）	MCR-LHV设计热值（kcal/kg）	设计最高热值（kcal/kg）
1	有明	MHI 鲁清式	3397	1	御桥项目	法国 ALSTOM/德国 MARTIN SITY-2000	1100	1450	1800
2	千岁	川崎重工工散型	2895	2	江桥项目	德国 Steinmuller	1100	1500	2200
3	江户川	日本钢管发鲁特式	2895	3	金山一期	日本 JFE	1000	1600	2000
4	墨田	日立造船德罗鲁式	3110	4	老港一期	日本 Hitz	1100	1700	2200
5	北	MHI 鲁清式	2895	5	黎明项目	日本 Hitz	1100	1555	1800
6	新江东	Takuma HN 型	3206	6	松江一期	日本 EBARA	1000	1600	2000
7	港	MHI 鲁清式	3206	7	奉贤一期	日本 EBARA	1000	1600	2000
8	丰岛	｜H｜散气管式（流化床）	3206	8	崇明一期	上海康恒环境	1000	1550	2000
9	涩谷	荏原旋回波式（流化床）	3206	9	嘉定项目	日本 MHI	1200	1750	2000
10	中央	日立造船德罗鲁式	3206	10	老港二期	日本 MHI	1400	2270	2400
11	板桥	住友重机械 W＋E 式	2895	11	松江二期	日本 EBARA	1500	2400（2120）	2800
12	多摩川	｜H｜旋转自动给料式（回转窑）	2895	12	奉贤二期	日本 EBARA	1500	2300	2600
13	足立	荏原 HPCC 型	2895	13	崇明二期	上海环境集团	1200	1800	2200

中国垃圾焚烧系列丛书 | 上海市垃圾焚烧发电设施

续表

东京				上海					
序号	项目简称	焚烧炉形式与供应商	设计最高热值(kcal/kg)	序号	项目简称	焚烧炉形式与供应商	设计最低热值(kcal/kg)	MCR-LHV设计热值(kcal/kg)	设计最高热值(kcal/kg)
14	品川	日立造船德罗鲁式	2895	14	金山二期	上海环境集团	1400	2300	2750
15	葛饰	Takuma SNF式（炉排炉）	2895	15	海滨项目	日本Hitz	1400	2150	2580
16	世田谷	川崎重工气化熔融炉式	2895	16	宝山项目	上海康恒环日本Hitz	1600	2300	3000
17	大田	Takuma SNF式	3541						
18	练马	JFE超级21自动给料	3421						
19	杉并	日立造船德罗鲁式	3421						
20	目黑	JFE炉排							
21	光丘	TAKUMA炉排							

注：
1. 上海的焚烧设施，全部采用液压驱动机械炉排炉；东京则是以机械炉排炉为主，流化床、气化熔融炉为辅。
2. 日本的燃烧图与热负荷的匹配，与国内不同。国内以MCR点的设计值进行锅炉的选型和设计，而日本则以最高热值作为锅炉选型和设计的依据

表9-5   上海和东京的垃圾焚烧发电设施余热锅炉和汽轮机发电机组主要参数比较

东京						上海					
序号	项目简称	主汽温度(℃)	主汽压力(MPa)	锅炉型式	机组功率(MW)	汽轮机转速(r/min)	序号	项目简称	主汽温度(℃)	主汽压力(MPa)	锅炉型式	机组功率(MW)	汽轮机转速(r/min)
1	有明	300	2.80	立式	5.6×1		1	御桥项目	400	4.0	立式	8.5×2	3000
2	千岁	300	3.04	立式	12×1		2	江桥项目	400	4.0	卧式	12.0×2	3000
3	江户川	300	2.80	立式	12.3×1		3	金山一期	400	4.0	卧式	15×1	3000
4	墨田	300	2.65	立式	13×1	4976	4	老港一期	400	4.0	卧式	30×2	3000
5	北	285	2.80	立式	11.5×1		5	黎明项目	400	4.0	卧式	20×2	3000
6	新江东	300	2.75	立式	50×1		6	松江一期	400	4.0	卧式	20×2	3000
7	港	300	2.70	立式	2.2×1		7	奉贤一期	400	4.0	卧式	20×1	5520
8	丰岛	300	3.14	立式	7.8×1		8	崇明一期	400	4.0	立式	9×1	6000
9	涩谷	400	4.10	立式	4.2×1		9	嘉定项目	400	4.0	Ⅱ式	18×2	3000
10	中央	400	3.95	立式	15×1	5023	10	老港二期	450	5.4	Ⅱ式	50×3	3000
11	板桥	400	3.80	卧式	13.2×1		11	松江二期	450	6.4	卧式	60×1	3000
12	多摩川	400	4.39	立式	6.4×1		12	奉贤二期	450	6.4	卧式	30×1	5520
13	足立	400	4.00	立式，省煤器别置	16.2×1		13	崇明二期	450	6.4	Ⅱ式	15×1	3000
14	品川	400	3.90	立式	15×1	5016	14	金山二期	450	6.4	卧式	15×1	3000
15	葛饰	400	4.00	立式	13.5×1		15	海滨项目	450	6.5	卧式	65×2	3000
16	世田谷	400	4.00	立式	6.75×1		16	宝山项目	450	13.0	Ⅱ式	66×2	4700

续表

东京							上海					
序号	项目简称	主汽温度（℃）	主汽压力（MPa）	锅炉型式	机组功率（MW）	汽轮机转速（r/min）	序号	项目简称	主汽温度（℃）	主汽压力（MPa）	锅炉型式	机组功率（MW）	汽轮机转速（r/min）
17	大田	425	5.30	立式，低温省煤器	22.8×1								
18	练马	400	4.00	立式，低温省煤器	18.7×1								
19	杉并	400	4.00	立式，低温省煤器	24.2×1	5515							
20	目黑	400	4.00	立式，低温省煤器	21.5×1								
21	光丘	400	4.00	立式，低温省煤器	9×1								

注：1. 蒸汽参数：上海的蒸汽参数，普遍高于东京，但都不超过450℃。
2. 锅炉布置：东京则主要采用立式锅炉，上海则以卧式为主，Ⅱ式为辅。省煤器的布置，东京的设施采用了外置、低温形式，而上海未实施。
3. 汽轮发电机组：东京的焚烧设施，全部为1机配置，即使是3台炉；上海则不然，一般配置2台以上机组。上海的汽轮机转速，3000r/min为主，高转速的也有采用，而东京则不然。
4. 上海宝山项目，蒸汽压力高达13MPa，采用炉外蒸汽除湿再热（MSR）技术。

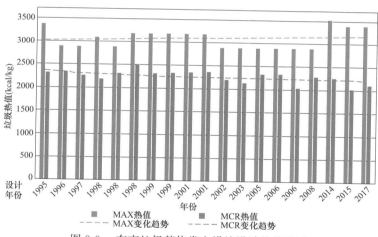

图 9-9 东京垃圾焚烧发电设施设计热值统计

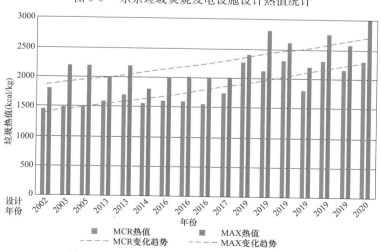

图 9-10 上海垃圾焚烧发电设施设计热值统计

【设计热值】东京的 21 座焚烧设施中，采用炉排炉工艺的 17 座，流化床 2 座，气化熔融炉 1 座，回转窑 1 座；焚烧设备全部由日本的企业供货，包括 MHI、HITZ、JFE/NKK、TAKUMA、EBARA、川崎等。东京的垃圾焚烧设施的设计热值（最高值），介于 12 000～14 300kJ/kg(2870～3420kcal/kg) 之间。在日本，焚烧炉和余热锅炉的设计，是以高质垃圾的最高设计热值为设计点的。上海 16 座焚烧设施中，全部采用炉排炉工艺，焚烧设备以从日本、德国的供应商进口为主，共 12 座，包括 Hitz、MHI、EBARA、MARTIN、STEIN-MULLER、JFE；采用国产焚烧设备的 4 座，其中，上海环境集团引进 EBARA 技术生产的炉排炉 2 座，上海康恒环境引进 Hitz 技术生产的焚烧炉 2 座。上海的垃圾焚烧设施的设计热值（MCR 点），介于 1450～2400kcal/kg(6000～10 000kJ/kg) 之间，2010 年之后呈逐渐增加的趋势。在中国，焚烧炉和余热锅炉的设计，是以 MCR 点的垃圾热值为设计点的，这是中、日的不同之处。因此，当垃圾热值增加并超过 MCR 点时，原则上焚烧机械负荷是下降的。

【主蒸汽参数和锅炉布置】东京垃圾焚烧发电设施的余热锅炉主蒸汽参数，低于上海。从表 9-5、图 9-11 和图 9-12 可以看出，东京的主蒸汽温度经历了从 300℃ 左右增加至 400℃ 左右的过程，压力最低的仅 2.7MPa、最高的 5.3MPa；上海的主蒸汽温度，仅限于 400℃ 和 450℃ 两种，设计压力经历了从 4.0、5.4、6.4MPa，直至宝山项目 13.0MPa 的过程（注：宝山项目采用了炉外蒸汽再热技术）。蒸汽参数的差异，主要是政策和商业模式的不同导致的。东京的垃圾焚烧设施，基本采用地方政府投资并主持运营的商业模式，近期采用 DBO（Design Build and Operate）模式增多，即由地方自治体（地方政府）向民营企业一揽子委托垃圾焚烧厂的设计、建设及运营的方式增加了，长期、稳定运行更加重要；而上海的垃圾焚烧设施，主要为企业投资、企业运营的商业模式，垃圾处理贴费远低于日本，而上网电价优惠，这就导致国内企业追求更高的发电效率。东京的垃圾焚烧发电设施的余热锅炉布置形式，立式布置占绝对优势；而上海则以卧式布置为主、Ⅱ式和立式为辅。在东京，省煤器外置早在 20 多年前便开始应用，近几年来低温省煤器的使用取代了减温塔以回收更多的能量，而上海仅海滨项目采用了此布置。

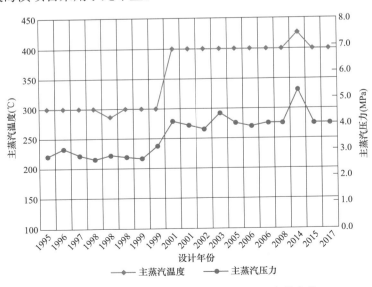

图 9-11　东京垃圾焚烧发电设施主蒸汽参数变化

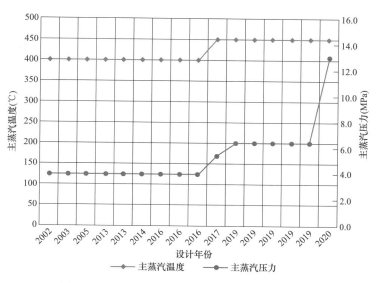

图 9-12 上海垃圾焚烧发电设施主蒸汽参数变化

【余热发电】上海和东京的焚烧设施的余热利用，都采用了汽轮发电机组。东京垃圾焚烧设施的汽轮发电机组，均为 1 台机组配置，即使是 3 炉。而在上海，3 炉以上的汽轮发电机组配置均不小于 2 台机组。汽轮发电机的转速，上海刚开始均为 3000r/min，最近几年建设的设施部分采用了高转速机组（4700、5520、6000r/min 等）。而在东京，汽轮发电机组的转速，主要为高转速，大部分在 5000r/min 左右。

【向外供热】在东京，余热利用除发电外售、自用外，大部分设施还向外供热。而在上海，几乎没有向外供热的焚烧设施。这是热用户的分布特性、城市气候特征等因素决定的。在东京，焚烧设施大多位于城市化地区，且居民需要冬天采暖，热力管网成熟、用户多且稳定，因而焚烧设施向外供热很普遍。而在上海则不然，上海的冬季时间短，居民采暖需求并没有那么强烈；又因上海的焚烧设施大多位于非城市化区域，热供效率低，热力管网不成熟。这两个原因决定了上海的焚烧设施几乎没有供热的实例。

2. 烟气净化工艺与烟气回流的对比分析

【东京的烟气净化工艺】在东京，所有的焚烧发电厂计划都是由卫生事务工会制定的，所以，烟气净化工艺在同一时期的基本设计思想基本不变。20 世纪 90 年代开始，东京焚烧设施的烟气净化以"减温塔＋干法（管道喷射石灰、活性炭）＋袋式除尘＋湿法＋SGH＋SCR"的工艺为主流（如图 9-13 所示）；2014 年至今投产和建设中的焚烧设施，减温塔被热回收设备取代，烟气净化工艺简化为"干法（管道喷射石灰、活性炭）＋袋式除尘＋湿法＋SGH＋SCR"（最新投产的东京杉并厂就采用了这个工艺）。经过调研发现，东京的 21 座焚烧设施，袋式除尘和湿法得以全部采用，但没有采用半干法工艺的（欧洲和中国普遍采用的旋转雾化器半干法反应塔）；针对 NO_x 的净化，东京都采用了 SCR 且都布置在湿法净化之后，但 SNCR 的使用似乎不普遍；也没有采用 GGH（回收热能、降低 SGH 汽耗）的设施。

【上海的烟气净化工艺】上海的焚烧技术，刚开始从欧洲引进，后来日本企业相继进入上海市场，因此，上海的垃圾焚烧烟气净化工艺（如图 9-14 所示），20 年来经历了"欧洲引进、日本引进、自我创新"的过程，其间伴随着排放标准的提高导致的技改、多种工艺技术

263

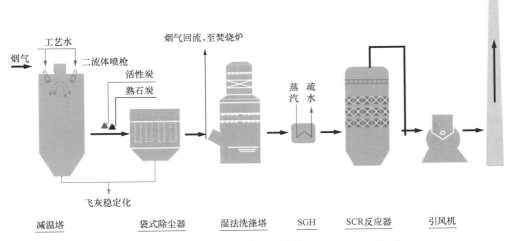

图 9-13　东京常用垃圾焚烧发电烟气净化工艺流程示意

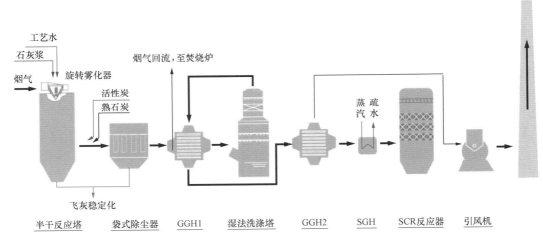

图 9-14　上海垃圾焚烧发电烟气净化工艺流程示意（以松江二期为例）

在国内的首次采用，特别是"湿法和 GGH、碳酸氢钠干法"的应用在中国起到了带头、示范的作用。在上海，最初的烟气净化工艺，御桥厂和江桥厂为"半干法（石灰浆旋转雾化器反应塔、活性炭喷射）+袋式除尘"，2014 年进行了技改，增加了干法和 SNCR；2012 年投产的金山一期，采用了"SNCR 半干法（石灰浆旋转雾化器反应塔、活性炭喷射）+干法（碳酸氢钠干粉）+袋式除尘"，这是中国国内首次采用碳酸氢钠干法工艺；2013 年投产的老港一期，采用了"SNCR+干法（石灰干粉、活性炭）+袋式除尘+PTFE－GGH+湿法"工艺，这是中国国内首次采用湿法（引进日本技术，国内生产）和 PTFE－GGH（引进德国技术和管件，国内组装生产）。2019 年投产的老港二期，为世界最大规模的垃圾焚烧设施，烟气净化工艺在一期的基础上又增加了"低温 SCR"；后续建设的松江二期、奉贤二期、海滨、宝山项目，采用了"SNCR+半干法（石灰浆旋转雾化）+干法（熟石灰粉、活性炭喷射）+袋式除尘+PTFE－GGH1+湿法+PTFE－GGH2+SGH+低温 SCR"的工艺〔流程如图 9-9（b）所示］，系统越来越复杂，烟气污染物控制也将越来越好，以适应中国和上海市地方政府、企业内部的更高的追求，但成本也大幅增加。

【烟气回流】烟气回流技术在垃圾焚烧设施上的应用，源于欧洲，对于节能、控制 NO_x 的产生，具有良好的效果。在东京，于 2006 年投产的设施上开始使用，现已成为标配，之后投产的、改扩建的焚烧设施都采用了烟气回流。在上海，烟气回流首次使用于 2012 年投产的金山一期项目（后由于技改需增加 SCR，空间不够，被迫拆除），2016 年投产的松江一期、奉贤一期和后续建设的松江二期、奉贤二期、金山二期、崇明二期、宝山项目都采用了烟气回流。东京垃圾焚烧发电设施烟气净化工艺、烟气回流、飞灰处理、烟囱高度统计见表 9-6。

表 9-6（a）　东京垃圾焚烧发电设施烟气净化工艺、烟气回流、飞灰处理、烟囱高度统计

序号	项目	烟气净化工艺	是否有烟气回流	是否焚烧飞灰熔融处理形式	是否向外供热	烟囱高度（m）
1	有明	减温塔＋干法＋活性炭喷射＋袋式除尘＋IDF＋湿法＋SCR	无	—	有	140
2	千岁	SNCR＋减温塔与干法反应塔＋活性炭喷射＋袋式除尘＋IDF＋SCR	无	—	有	130
3	江户川	减温塔＋干法＋活性炭喷射＋袋式除尘＋IDF＋湿法＋SCR	无	—	有	150
4	墨田	减温塔＋干法＋活性炭喷射＋袋式除尘＋IDF＋湿法＋SCR	无	—	有	150
5	北	减温塔＋干法＋活性炭喷射＋袋式除尘＋IDF＋湿法＋SCR	无	—	有	120
6	新江东	减温塔＋干法＋活性炭喷射＋袋式除尘＋IDF＋湿法＋SCR	无	—	有	150
7	港	减温塔＋干法＋活性炭喷射＋袋式除尘＋IDF＋湿法＋SCR	无	—	无	130
8	丰岛	减温塔＋干法＋活性炭喷射＋袋式除尘＋IDF＋湿法＋SCR	无	—	有	210
9	涩谷	减温塔＋干法＋活性炭喷射＋袋式除尘＋IDF＋湿法＋SCR	有（湿法和 SCR 之间有烟气小回流）	—	无	150
10	中央	减温塔＋干法＋活性炭喷射＋袋式除尘＋IDF＋湿法＋SCR	无	—	有	180
11	板桥	减温塔＋干法＋活性炭喷射＋袋式除尘＋IDF＋湿法＋SCR	无	交流电弧式 注：已停运	有	130
12	多摩川	减温塔＋干法＋活性炭喷射＋袋式除尘＋IDF＋湿法＋SCR	无	表面熔融式 旋转式	有	100

续表

序号	项目	烟气净化工艺	是否有烟气回流	是否焚烧飞灰熔融处理形式	是否向外供热	烟囱高度（m）
13	足立	减温塔＋干法＋活性炭喷射＋袋式除尘＋IDF＋湿法＋SCR	无	等离子式金属电极注：已停运	有	130
14	品川	减温塔＋干法＋活性炭喷射＋袋式除尘＋湿法＋SCR＋IDF	无	表面熔融式放射式注：已停运	有	90
15	葛饰	减温塔＋干法＋活性炭喷射＋袋式除尘＋湿法＋SCR＋IDF	炉尾局部烟气回流	等离子式黑铅电极	有	130
16	世田谷	减温塔＋干法＋活性炭喷射＋袋式除尘＋湿法＋SCR＋IDF	无	等离子式金属电极注：已停运	有	100
17	大田	袋式除尘＋湿法＋SCR＋IDF	有（炉尾局部烟气小回流）	—	计划中	47
18	练马	袋式除尘＋湿法＋SCR＋IDF	有（袋式除尘器尾至炉尾）	—	有	100
19	杉并	袋式除尘＋湿法＋SCR＋IDF	有（袋式除尘器尾至炉尾）	—	有	160
20	目黑	减温塔＋干法＋活性炭喷射＋袋式除尘＋IDF＋湿法＋SCR	无	—		150
21	光丘	袋式除尘＋湿法＋SCR＋IDF	有（炉尾局部烟气小回流）	—	有	150

表 9-6（b） 上海垃圾焚烧发电设施烟气净化工艺、烟气回流、飞灰处理、烟囱高度统计

序号	项目	烟气净化工艺	是否有烟气回流	是否焚烧飞灰熔融处理形式	是否向外供热	烟囱高度（m）
1	御桥项目	原工艺：旋转喷雾半干法（石灰浆）＋活性炭喷射＋袋式除尘＋IDF 2015年技改后：SNCR＋旋转喷雾半干法（石灰浆）＋干法（熟石灰）＋活性炭喷射＋袋式除尘＋活性炭吸附塔＋IDF	否	螯合稳定化	否	80
2	江桥项目	原工艺：旋转喷雾半干法（石灰浆）＋活性炭喷射＋袋式除尘＋IDF 2016年技改后：SNCR＋旋转喷雾半干法（石灰浆）＋干法（熟石灰）＋活性炭喷射＋袋式除尘＋活性炭吸附塔＋IDF	否	螯合稳定化	否	80
3	金山一期	SNCR＋旋转喷雾半干法（石灰浆）＋干法（碳酸氢钠）＋活性炭喷射＋袋式除尘器＋IDF＋技改增加SCR	是（因技改，增加SCR，空间不够，拆除不用）	螯合稳定化	否	60

续表

序号	项目	烟气净化工艺	是否有烟气回流	是否焚烧飞灰熔融处理形式	是否向外供热	烟囱高度（m）
4	老港一期	SNCR＋减温塔＋干法（熟石灰）＋活性炭喷射＋袋式除尘＋IDF＋PTFE－GGH＋湿法（NaOH 溶液）	否	螯合稳定化	否	80
5	黎明项目	SNCR＋减温塔＋干法（熟石灰）＋活性炭喷射＋袋式除尘＋IDF＋回转式 GGH＋湿法（NaOH 溶液）＋SGH＋活性炭固定床吸附	否	螯合稳定化	否	60
6	松江一期	SNCR＋减温塔＋干法（熟石灰）＋活性炭喷射＋袋式除尘＋IDF＋PTFE－GGH＋湿法（NaOH 溶液）	是	螯合稳定化	否	80
7	奉贤一期	SNCR＋减温塔＋干法（熟石灰）＋活性炭喷射＋袋式除尘＋IDF＋PTFE－GGH＋湿法（NaOH 溶液）	是	螯合稳定化	否	80
8	崇明一期	SNCR＋旋转雾化半干法（石灰浆）＋干法（碳酸氢钠）＋活性炭喷射＋袋式除尘＋IDF	否	螯合稳定化	否	80
9	嘉定项目	SNCR＋旋转喷雾半干法（石灰浆）＋活性炭喷射＋干法（熟石灰）＋袋式除尘＋IDF＋PTFE－GGH＋湿法（NaOH 溶液）＋预留 SCR	否	螯合稳定化	否	70
10	老港二期	SNCR＋减温塔＋干法（熟石灰）＋活性炭喷射＋袋式除尘＋PTFE－GGH＋湿法（NaOH 溶液）＋SGH＋SCR＋IDF	否	螯合稳定化	否	80
11	松江二期	SNCR＋旋转雾化半干法（石灰浆）＋干法（熟石灰）＋活性炭喷射＋袋式除尘＋PTFE－GGH1＋湿法（NaOH 溶液）＋PTFE－GGH2＋SGH＋SCR＋IDF	是	螯合稳定化	否	80
12	奉贤二期	SNCR＋旋转雾化半干法（石灰浆）＋干法（熟石灰）＋活性炭喷射＋袋式除尘＋PTFE－GGH1＋湿法（NaOH 溶液）＋PTFE－GGH2＋SGH＋SCR＋IDF	是	螯合稳定化	否	80
13	崇明二期	SNCR＋旋转雾化半干法（石灰浆）＋干法（熟石灰）＋活性炭喷射＋袋式除尘＋SGH＋SCR＋IDF	是	螯合稳定化	否	80
14	金山二期	SNCR＋PNCR（备用）＋旋转雾化半干法（石灰浆）＋干法（碳酸氢钠）＋活性炭喷射＋袋式除尘＋SGH＋SCR＋IDF	是	螯合稳定化	否	60
15	海滨项目	SNCR＋旋转雾化半干法（石灰浆）＋干法（熟石灰）＋活性炭喷射＋袋式除尘＋PTFE－GGH1＋湿法（NaOH 溶液）＋PTFE－GGH2＋SGH＋SCR＋IDF	否	螯合稳定化	否	80
16	宝山项目	SNCR＋旋转雾化半干法（石灰浆）＋干法（熟石灰）＋活性炭喷射＋袋式除尘＋PTFE－GGH1＋湿法（NaOH 溶液）＋PTFE－GGH2＋SGH＋SCR＋IDF	是	螯合稳定化	否	106

【烟囱】上海和东京的焚烧设施烟囱，结构形式相同，大都采用内置钢筒的钢混凝土结构。区别在于，东京的烟囱高度明显高于上海。东京的烟囱高度，21座设施的平均高度约140m，大多介于130～156m；上海的烟囱高度，16座设施的平均高度约70m，大多为80m。这与环评相关，也与国内的习惯、部分关键的行政管理人员的认知也有不小的关系。

3. 灰渣处理的对比分析

【飞灰处理】在东京，21座焚烧设施中，15座飞灰处理采用了"螯合稳定＋填埋"的工艺，6座设施采用了"飞灰＋炉渣熔融"的处理工艺（熔融工艺主要有等离子体和电弧两种。但由于耗电太高，处理成本过高，目前已停用4座，改为了"螯合稳定＋填埋"工艺）。在上海，飞灰的处理，目前全部采用"螯合稳定＋填埋"。

需要特别说明的是，飞灰单独熔融处理的设施在东京没有，整个日本也没有。在日本，飞灰都是与焚烧炉渣混合熔融的，原因是为了控制炉温、堵塞等问题。

【炉渣处理】在上海，炉渣采用"分选、有用物质回收、制作建材"的综合利用方式（与美国相同），并建立了炉渣处理基地。在东京，炉渣的处理与上海相似。

第三节　上海市垃圾处理体系和焚烧设施存在的问题思考

上海和东京，生活垃圾处理具有两个共性：分类处理和焚烧为主。差别在于分类方式的不同。特别是上海的湿垃圾处理系统，在东京是没有的。东京的体系已经成熟并获得成功，而上海尚需实践的检验，需要在实践中纠偏、优化。上海对标东京、借鉴东京，有重要的意义。

2020年9月开始生效的新版《固体废物污染防治法》，第四章明确了生活垃圾应"分类投放、分类收集、分类运输、分类处理"。但是，如何分类是摆在每个城市行政管理、工程技术人员面前的一大课题。笔者认为，评价一个体系的优与劣，应该从技术、经济和环境这三个方面综合考虑。

一、上海市垃圾分类处理体系存在的问题思考

笔者对上海市现行垃圾分类处理体系可能存在的问题，进行了思考，并进行了初步评估，内容见表9-7。

中国的湿垃圾与其他各国相比盐分较高、含油量较高，因此处理方法很重要。固体废弃物环境污染防治法中有关于残渣的无害化处理的要求，通常沼气发酵后的残渣是否也要进行无害化处理（需要确认关于无害化的规定）。在中国，在废弃物焚烧发电、污泥处理、污水处理的同时，很多地方同时计划建设包括餐厨垃圾处理这样的规模庞大的综合废弃物处理设施，但是考虑到垃圾运输的成本，是否可以收集垃圾时不进行分类，而是在设施内部通过机械进行分选后分为发酵和焚烧，这样的处理更好呢？

厨余垃圾及餐厨垃圾中，S的成分也很多，在减少Cl成分的同时减少S成分，应该废弃物焚烧的烟气中也会减少SO_x以及HCl的成分。因此，今后的发展方向应该是不易引起过热器腐蚀及硫酸漏点腐蚀。

表 9-7 　　　　　　　　　　　上海市垃圾分类处理体系存在的问题

类别	项目	存在的问题（预估）	评　　估
分类投放	干垃圾	分类不干净	1. 管理方面 （1）分类方式不一定合理，需要实践检验，及时优化。 （2）湿垃圾的残渣、沼渣，如果还是焚烧或填埋，则湿垃圾处理设施，实际上就变成了污水处理设施，经济和社会效益将大打折扣。
	湿垃圾	分类不干净	
	可回收垃圾	低值可回收物质，且分类不干净	
	有害垃圾	量极少	
分类收集 分类运输	干垃圾	收集设施需要优化配置，原运输设施基本可满足	2. 技术方面 （1）湿垃圾处理的技术，尚需工程实践检验，还在发展、摸索中。国内的失败的案例值得关注。 （2）餐厨和厨余，产生的污水水质有差异，需要在技术上关注；沼气利用的商业模式，需要创新、落实。
	湿垃圾	收集设施、运输设施均需要改造、优化	
	可回收垃圾	二网融合，尚在摸索中	
	有害垃圾	相关制度与政策尚未出台	
分类处理	干垃圾	对焚烧的影响是"进厂数量减少，但热值增加"	3. 经济方面 吨垃圾的成本支出将显著增加，据不完全地、保守地估计，将增加 40% 以上。以上海市分类收集前全市单位支出均值 500 元/t 计算，则分类收集之后的单位成本估计增加约 200～300 元/t，甚至更高。
	湿垃圾	湿垃圾需预分选，有残渣或沼渣产生；杂质、残渣或沼渣，需运至焚烧处理或填埋处置。沼气的利用，存在商业模式问题、水处理的问题	4. 环境方面 （1）增加了收集、运输环节，车辆造成的污染增加了。 （2）污水处理，部分压力从焚烧设施转移至湿垃圾处理，但污水量并未实质上减少。反倒是污染源数量变多了。 （3）由于厨余湿垃圾从生活垃圾中分出来，垃圾焚烧原料中的"氯离子"减少，估计二噁英的产生会减少，锅炉的腐蚀会降低
	可回收垃圾	低值可回收物质，且分类不太干净，全部回收的成本太高，不现实。仍将大部分需要焚烧或填埋的垃圾	
	有害垃圾	是否按危废处理处置，尚无定论。需制定好相关制度	

注　1. 分类投放环节，垃圾箱封闭设计不合理。垃圾箱设计基本为封闭式，未能直观反映民众分类投放后的实际效果，不利于社会监督。同时，该设计虽考虑了防臭，但不便于垃圾箱的倾倒和清洗，时间一久，成为污秽之所。

　　2. 分类运输环节，部分地区因末端设施难以消纳或粗放管理，前端垃圾分类后，后端的分类收集运输系统未能有效衔接和匹配，分类后的垃圾混合收运，极大地打击了民众的积极性；部分城市统收统运，未精细化。未考虑人口布局特点以及各类分类垃圾量产量情况，对不同分类垃圾区别考虑收运频次、收运车辆安排，粗放管理，耗损较大。

　　3. 分类处理环节，垃圾分类的目的之一是为了资源化利用，但目前系统构建方面未充分考虑垃圾分类后如何有针对性地进行末端有效处理，即没有针对不同垃圾设置不同处理设施；目前湿垃圾（厨余垃圾）处理技术还在研究阶段，突破性成果短时间内难以出现，主要工艺流程为"分选＋厌氧＋污水处理＋臭气控制"，尚未有连续运行的成功案例，其产物沼渣、沼液难以消纳，而湿垃圾（厨余垃圾）更甚。现今以及长期来看，湿垃圾前处理分选筛上物以及厌氧后残渣（具体比例尚需积累工程实际数据，个别已投运的项目，17 个月的数据为 50% 以上）仍需焚烧处理，最终减少的物质主要为水分。目前焚烧厂中沥出的垃圾渗沥液（高浓度有机质）约占生活垃圾总量的 20% 左右，其本质上即是分类出来的湿垃圾（厨余垃圾）的一部分。

　　4. 发达国家的垃圾焚烧发电厂垃圾渗沥液一般低于 5%（回炉燃烧即可）、炉渣低于 10%，而我国的垃圾焚烧发电厂垃圾渗沥液高达 15%～20%、炉渣达 20% 以上，无机物未分出导致炉渣多，不仅大大地降低了全厂热利用效率（先加热升温后冷却降温），提高了运输成本，增加了投资规模。

二、　上海市垃圾焚烧设施存在的问题思考

　　【总体布局】①选址难。选址困难，是这个行业的共同属性。上海尤其难！老港是上海

市垃圾处理的托底保障基地。②上海市是超大型城市，16座设施的平均规模达到1921t/d、单炉平均规模达到627t/d，体现了良好的规模效益。但是，刚开始建设的几年，规模选小了。③占地面积超过了国内平均值，这主要是个别几个项目的项目规划考虑不足导致的。④项目投资高于全国平均值，个别项目远高于国内平均值。但与东京比，则投资低得多，仅为东京的约1/5。

【焚烧炉与锅炉】①上海的焚烧技术成熟可靠，选择正确。流化床、热解气化炉等，没有在上海得到应用。②焚烧炉排技术多样，基本上世界上的主流炉排技术都在上海得以应用。但是，在国内厂商引进技术得以良好发展的前提下，仍过分依赖国外技术和炉排装备。③设计热值偏低，主要体现在2012年之前开始设计的项目。2015年之后设计的项目，充分考虑了热值的增加。④蒸汽主参数的设计合理，技术和经济性考虑充分。特别是2019年之后建设的几个项目，更好地吸收了国内外的经验。宝山项目采用450℃、13.0MPa的参数和炉外再热技术，将成为本行业国际领先技术水平的设施之一。⑤锅炉的布置，多种形式并存，但卧式较多。省煤器外置、低温省煤器的使用，在上海使用较少（仅海滨项目采用了独立外置的省煤器）。⑥烟气回流技术已在上海开始使用，取得了节能、控制NO_x良好效果。但在工程应用细节方面，还需继续积累经验。

【烟气净化】①上海的焚烧设施烟气净化水平，总体上已经达到了国际领先。但，烟气净化系统越来越复杂，尽管可满足超低放排的要求，然而经济成本过高。将所有的工艺手段和设备全部采用，这并不可取。在东京，最近几年设计的焚烧设施，烟气净化流程反而缩短了，值得学习。②湿法系统的应用，上海老港一期为国内首例。本项目为全国的焚烧设施中湿法的应用取得了成功示范。对于湿法，设备国产化的优化、二噁英的记忆效应控制，尚需很多工作要做。③上海老港一期的PTFE-GGH的使用，为亚洲首例，为国内节能环保领域起到了成功的示范作用。上海的焚烧设施中有29条焚烧线采用了PTFE-GGH换热设施，可降低蒸汽消耗，具有良好的节能环保效益。④低温SCR的应用取得了成功，但氨逃逸的超标仍有可能发生，特别是SCR后置的设施。高效SNCR、PNCR的研发和应用，还需努力。上海市垃圾焚烧设施主要内容与参数汇总见表9-8。

表9-8　　　　　　　上海市垃圾焚烧设施主要内容与参数汇总

类别		内容（参数）
总体布局	选址	共11处，其中，5处选址为"1期＋2期"用地
	项目数量	共16个，至2023年底全部建成投产
	规模	总规模30 745t/d；单项目平均规模1921t/d，单炉平均规模为627t/d
	占地面积	单个项目占地：约125.7亩；单位平均规模占地：约44m²
	投资	单个项目投资12.69亿元人民币；单位平均规模投资：66.03万元人民币
焚烧炉与余热锅炉	焚烧炉类别	全部为液压驱动机械炉排炉
	焚烧炉总数量	49炉
	焚烧炉规模	单炉规模平均627t/d；单炉最大规模750×1.35t/d；单炉最小规模250t/d
	炉排技术和供应商	炉排形式：顺推35炉、逆推14炉；　　炉排技术来源：日本、欧洲
	炉排供应商	HITZ、EBARA、MHI/ALSTONE、STEINMULLER、JFE、上海环境、康恒环境

续表

类别		内容（参数）
焚烧炉与余热锅炉	MCR 点设计热值	平均 1864kcal/kg；最低 1450kcal/kg；最高 2400kcal/kg
	主蒸汽参数	温度（℃）：400、450；　　压力（MPa）：4.0、5.3、6.4、13.0
	锅炉布置	卧式 10 座厂，28 炉；Ⅱ式 4 座厂，16 炉；立式 2 座厂，5 炉
	烟气回流	6 座厂应用
余热利用	发电	汽轮发电机组 26 台套；总装机容量 793MW；平均功率 30.5MW/台套；单机最高 6MW/台套；单机最低 9MW/台套
	供热	无
烟气净化	脱硝	SNCR：16 座厂、49 炉全部采用；　　SCR：低温，8 座厂、22 炉采用
	除尘	袋式除尘：16 座厂、49 炉全部采用
	干法	熟石灰：14 座厂、46 炉；碳酸氢钠：2 座厂、3 炉
	活性炭	活性炭：16 座厂、49 炉全部采用
	半干法	旋转雾化器半干法系统：11 座厂、27 炉
	湿法	氢氧化钠稀溶液湿法洗涤塔：10 座厂、33 炉
	烟气余热利用	PTFE-GGH 应用：9 座厂、29 炉
	烟囱高度	平均高度 70m，绝大多数 80m；最高 106m，最低 60m
灰渣处理	飞灰处理	全部采用"螯合＋填埋"
	炉渣处理	全部采用"分选、资源回收"方式
商业模式	政府投资、企业运营	2 座厂：老港一期、老港二期
	企业投资、企业运营	14 座厂

【余热利用】①汽轮发电机组配置数量偏多。这是国内的特点，上海亦如此。②焚烧设施供热在上海尚无实例。需要根据具体项目特点，尽量开发供热项目，实现经济、社会效益的优化。

【灰渣处理】飞灰的处理方式，经济、适用、安全，但需要优化运营，优化螯合剂。螯合剂种类有二甲胺系、卡巴胺系、哌嗪系等。二甲胺系会产生有害气体，已确认有致癌性及爆炸性，但是价格便宜。我国近几年采用的螯合剂，二甲胺系是主流，但在日本较为安全的哌嗪系是主流。因此，上海乃至我国飞灰螯合剂的使用，经济性和安全性都应充分考虑。

【商业模式】上海市政府对焚烧设施的贴费（据统计，除老港一期、二期项目外，其余14 个项目的贴费算术平均值约 220 元/t，为全国第一）支付高于全国水平，原因是多方面的。主要的原因是建设成本偏高、排放标准高造成的，应适当、合理地控制成本。

三、建议

1. 关于垃圾分类处理体系的建议

东京的垃圾分类处理体系，运转良好、世界领先，实践证明是成功的；上海的垃圾分类处理体系，尚在摸索中，需要工程实践对管理、技术、经济和环境效益的检验。毫无疑问，垃圾分类投放、收集、运输、处理，已进入我国的法律和上海市地方性法规，分类是必须的，关键是如何分类才合理。东京的经验值得借鉴，但照搬照抄也是不现实的。对于上海市目前的分类处理体系，经过预估分析认为，可能存在"干、湿分不干净""可回收垃圾中杂质多"导致的一系列后续问题，包括"大量的杂质、残渣或沼渣"不得不再次转运，至焚烧厂处理或填埋场处置。若如此，则环境效益、经济效益将大打折扣，湿垃圾处理设施将变成实质上的污水处理设施，且需要二次甚至三次转运。因此，解决"杂质、残渣或沼渣"出路变得至关重要！技术方面，湿垃圾的处理工艺和装备，还存在不成熟、需要探索及不断完善的问题。分选、厌氧、污水、臭气等，是湿垃圾处理成功与否的关键。经济方面，分类投放、收集、运输、处理，将增加政府的费用支出。初步估计，上海市按现在的体系完成后，原来的单位支出平均费用将从 500 元/t 增加至 700~800 元/t，甚至更高。

建议：①通过管理，尽量提高干、湿垃圾的纯度；通过湿垃圾项目的工程实践，积累经验，形成成熟、可靠的湿垃圾处理工艺、装备；通过环卫、农业、园林等多个行业的协同，寻找残渣或沼渣的出路；加快可回收垃圾的商业化处理进程。②是否适当借鉴东京的分类方式，涉及上海市立法的问题，事关重大。建议选择一块区域或小区，进行示范学习，摸索更好的分类方式。

2. 关于垃圾焚烧处理设施的建议

东京现有垃圾焚烧设施 21 座，总规模 12 300t/d，2017 年和 2018 年的垃圾焚烧率，达到了约 100%；上海市现有垃圾焚烧设施 16 座（总规模 30 745t/d，按立项数量）。预计，全部项目投产后，焚烧处理率具备达到 100% 的能力。东京的焚烧技术和装备，以炉排炉为主、流化床和气化熔融炉及回转窑为辅，设备厂商都是本国企业，单项目的平均规模仅 586t/d，单炉平均规模仅 306t/d；而上海则全部为机械炉排炉，焚烧设备的技术和厂商以日本、欧洲企业为主，单项目的平均规模约 1921t/d，单炉平均规模 627t/d。可见，上海的焚烧设施规模远大于东京。东京的垃圾焚烧设施的设计热值，30 年来变化不大，MCR 点的 LHV 介于 2000~2500kcal/kg 之间（均值为 2260kcal/kg），高质垃圾的 LHV 介于 2800~3500kcal/kg 之间（均值为 3100kcal/kg）；上海的焚烧设施，MCR 点的 LHV 介于 1450~2400kcal/kg 之间（均值为 1800kcal/kg）。日本的焚烧设施，计算选型时以高质垃圾的 LHV 为依据，而在中国则以 MCR 点的 LHV 设计热值为依据。因此，随着近几年上海垃圾的热值增加并超过 MCR 点的 LHV，各焚烧设施的热负荷达到了极限，个别项目不得不降低机械负荷。东京的焚烧设施的主蒸汽参数较低，2000 年之前为 300℃、2.7~3.5MPa，2001 年之后调升至 400℃、4.0MPa 左右，仅 2014 年投产的大田厂采用了较高参数（425℃、5.3MPa）；而在上海，2016 年之前投产的，全部为 400℃、4.0MPa，最近几年从老港二期开始，蒸汽参数都调升至 450℃，5.4/6.4/13.0MPa（2022 年投产的宝山项目，采用了 450℃、13.0MPa 参数、炉外蒸汽再热技术）。可见，上海的蒸汽参数明显高于东京，同等条件下的发电效率将增加。国内近些年的锅炉堆焊、微熔焊等防腐技术的发展和应用，为较高温度参数的应用提供了保证。

注：相比卖电的收益，日本本来就是更优先重视卫生以及安全处理。另外，日本也有过

热器寿命的保证要求，高温高压的门槛很高。1999 年 9 月日本施行"灵活运用民营的活力，更加高效充分的扩充公共设施新事业方法"［所谓 PFI(Private Finance Initiative) 法］，正式开始废弃物发电设施的委托运营。2002 年，通过"地球温暖化对策推进大纲"推进废弃物发电以及促进生物质能源利用。2007 年追加了针对建设后 15 年以内的能源回收设施的加强能源回收的补助。2008 年，通过"废弃物处理设施配置计划"推荐高效化，从 2009 年开始实行支援强化（扩大补助金）政策。2011 年因东日本大地震发生福岛核发电的问题，出于将废弃物发电成为分散型发电厂的考虑，出现了尽可能多地发电以及将废弃物发电厂建设成防灾处的想法。2012 年引入再生能源固定收购制度（FIT 制度），废弃物发电的垃圾燃料的一部分成为生物质的对象，因此可以确保卖电收益，使 400℃、4MPa 成为标配。日本自治体关于必须避免因过热器炉管等引起突然停炉的想法根深蒂固，特别是对高温化非常慎重。最近也出现一部分采用 450℃ 的自治体。2016 年颁布了"综合有计划地推进废弃物减量以及其他适当方式处理的相关政策的基本方针"，达到了区域性能源的高度。日本的蒸汽条件一直是根据政策及法规而修改的，不能单纯地与上海（中国政策）进行比较。以上就是日本的政策背景。

　　东京的焚烧设施，锅炉的布置以立式占绝对优势，这样的选择，一是为了节省土地面积，二是因为东京的锅炉强度相对较小；而在上海，则是以卧式为主、Ⅱ式和立式为辅。在东京，省煤器外置、低温省煤器的使用，已经成熟、普遍，但在上海做得很滞后。东京的焚烧设施，普遍采用"减温塔、干法、袋式除尘、湿法、SGH、低温 SCR（SCR 为后置）"，最近几年建设的设施，用换热设施取代了减温塔，但并没有采用 GGH 回收热能、减少蒸汽消耗；在上海，烟气净化工艺从最初的"旋转雾化器半干法＋袋式除尘"的简单工艺，形成了各种各样的工艺并存、且越来越复杂的配置，"SNCR、活性炭喷射、袋式除尘"为必配，"熟石灰干法、碳酸氢钠干法、旋转雾化器半干法、湿法、PTFE-GGH、低温 SCR"在不同项目上组合使用。可以说，上海的烟气净化工艺配置，完全可以达到超低排放的要求，属于世界领先水平，但经济成本偏高。在东京，"飞灰＋炉渣"的熔融处理曾被较多采用，但由于成本太高、耗电量大，现大多已经关停，调整为"螯合稳定＋填埋"的方式；在上海，全部采用"螯合稳定＋填埋"处理飞灰。炉渣的处理，上海和东京相同，都采用"分选、资源回收"的方式。在东京，垃圾焚烧设施商业模式，以"政府投资、政府运营"、DBO 模式为主；而在上海，除老港一期、二期外，均为"企业投资、企业运营"的模式。

　　建议：①上海的焚烧设施，应为"垃圾分类处理不成熟期"的托底保障，掺烧杂质、残渣或沼渣等做好准备；各焚烧设施之间，应注重协同功能，例如合理安排检修计划、调峰、人员和技术共享等。②焚烧炉和余热锅炉。应注重新技术的应用，必要时进行技改，例如，锅炉防腐蚀处理、增加受热面、清灰新技术等。③余热利用。开发向外供热项目。④烟气净化。提高干法的效率、尽量取消旋转雾化器半干法；优化湿法和脱硝工艺，注重高效 SNCR、PNCR、湿法净化系统的简化改造等；对于湿法净化，应针对"二噁英的记忆效应"，积累运行管理经验。⑤烟气回流。注重运营管理经验的积累，必要时进行技改。⑥螯合剂。注重高效、优质螯合剂的优化、选择。

附录

附录一　中国垃圾焚烧发电政策回顾与分析

注：原文曾发表于 2020 年《环境卫生工程》期刊上。本文在原论文的基础上做了适当补充、修改。

1　前言

　　过去的 30 年里，我国政府和行业主管部门颁布了一系列法律法规、政策和标准，有效推动了垃圾焚烧的发展。根据发展特点不同，可以将其分为三个阶段，即"2000 年之前、2001～2010 年、2011 年至今"。

　　政策是动力和抓手。国家一系列政策的出台，调动了地方政府、企业的积极性，有效地推动了垃圾焚烧"全产业链"的发展。至 2019 年底，我国投产的生活垃圾焚烧发电厂已达 500 座左右，建设和规划中的还有 300～400 座，且随着政府严格监管、提高标准要求，技术与装备也随之不断更新完善，建设和运营水平得到了显著提升。以垃圾焚烧核心技术——"炉排系统"为例，我国 2000 年之前几乎完全依赖进口，但此后通过"引进技术、消化吸收、改造优化"，已经实现国产化制造与销售，目前已有 15 家以上的企业可以制造自有知识产权或引进技术国产化的"炉排系统"。与欧洲、日本的企业相比，我国的企业在性价比、技术服务、建设进度等方面已经具有很大优势，并已开始走出国门，政策引导与鼓励创新的成绩有目共睹。

　　标准是延伸和保证。标准制定方面，我国经历了"2000 年之前几乎空白、2001～2010 年快速发展、2011 年之后细化优化"的历程。目前已经颁布的"技术与产品、污染物排放与监测、工程建设和项目运营"的标准，达到了几十项。"十三五"以后，随着国家生态环境建设力度的加大，"装、树、联"政策和标准的出台，标准工作的速度明显加快，一批新的标准正在制订或修订中，逐渐形成完整的标准体系，加快了行业技术革新、制度优化的进程。特别是 2018 年以来，国家对垃圾焚烧发电的污染控制措施，明显加强；中环协、中电联等社会团体，以及一些焚烧企业（集团公司），开始编写团体标准并取得了成效；一些地方标准陆续出台。

　　回顾过去的 30 年，垃圾焚烧行业在构建完整体系方面，取得了斐然的成绩，但仍有很大的优化提升与改进空间，这主要体现在政策的适应性与连续性、设备制造质量提升的绩效评估、企业达标排放的诚信与集成管理的能力等方面。尤其是在"垃圾分类新时尚"下的生活垃圾焚烧发电，从政府到企业，更需要优化、创新。

2 发展历程回顾、指导和监管

据统计，2000 年之前，全国建成投产的垃圾焚烧发电项目不超过 10 座，总规模不超过 1.0 万 t/d，而且以流化床焚烧炉为主；至 2010 年，达到了 85 座，总规模约 8.5 万 t/d；至 2018 年底，建成投产的达到了 387 座，总规模约 37.0 万 t/d；至 2021 年 1 月底，已建成投产 650 座左右（根据生态环境部的联网企业项目名单和行业相关信息的估算），总规模达到了 65 万 t/d 左右。因此，可以把 2000 年之前称之为"初步探索阶段"，2001 年至 2011 年，为"尝试完善阶段"；2011 年至今，为"快速发展阶段"。

2.1 发展历程回顾

初步探索阶段（2000 年之前）。1986 年，国务院办公厅转发城乡建设环境保护部、中央爱国卫生运动委员会《关于处理城市垃圾改善环境卫生面貌的报告的通知》（国办发〔1986〕57 号）要求各级人民政府和各有关部门高度重视垃圾问题，将解决城市垃圾问题纳入城市建设规划中。1991 年，《城市环境卫生当前产业政策实施办法》（建城〔1991〕637 号）提出生活垃圾无害化处理要逐步发展焚烧技术。1992 年，《关于解决我国城市生活垃圾问题几点意见的通知》（国发〔1992〕39 号）明确指出极少数有条件的城市可采用焚烧技术。随着《当前国家鼓励发展的环保产业设备（产品）目录（第一批）》（国经贸来源〔2000〕159 号）将城市生活垃圾焚烧处理成套设备纳入当前鼓励发展的环保产业设备目录中，垃圾焚烧行业的发展正式拉开了序幕。

尝试完善阶段（2001~2010 年）。经过前期对生活垃圾焚烧的初步探索，在掌握技术应用范围的基础上，垃圾焚烧得到了国家的大力支持，被纳入了各项政策扶持范畴：①垃圾焚烧发电企业享受并网、上网电价优惠，并且电网企业应当全额收购垃圾焚烧项目的上网电量；②当城市生活垃圾用量（质量）占发电燃料比重达 80% 以上（含 80%），垃圾焚烧企业享受增值税即征即退（后续退税比例更改为 70%）；③垃圾焚烧企业所得税享受三年免征三年减半的优惠。在各项优惠政策的激励下，各地因地制宜、积极稳步地推广垃圾焚烧技术。此外，垃圾焚烧的投资机制也得到了创新，《关于推进城市污水、垃圾处理产业化发展的意见》（计投资〔2002〕1591 号）鼓励采用建设-经营-转让（BOT）方式投资建设垃圾处理设施。

快速发展阶段（2011 年~至今）。根据《关于进一步加强城市生活垃圾处理工作意见的通知》（国发〔2011〕9 号）的要求，为了提升生活垃圾资源化利用水平，应全面推广焚烧发电技术，尤其在土地资源紧缺、人口密度高的城市要优先采用焚烧处理技术。同时要加大对生活垃圾处理技术研发的支持力度，重点突破清洁焚烧、二噁英控制、飞灰无害化处置、渗沥液处理等关键性技术，为垃圾焚烧发电的快速发展提供了保障。随着《关于完善垃圾焚烧发电价格政策的通知》（发改价格〔2012〕801 号）进一步规范了垃圾焚烧发电价格，即按照进厂垃圾处理量折算成上网电量进行结算，每吨生活垃圾折算上网电量暂定为 280kW·h，执行全国统一垃圾发电标杆电价每千瓦时 0.65 元（含税），以及《"十二五"全国城镇生活垃圾无害化处理设施建设规划》（国办发〔2012〕23 号）要求到 2015 年生活垃圾焚烧处理设施能力占全国城市生活无害化处理能力的 35%，东部地区达到 48%，垃圾焚烧设施规模将从 2010 年的 8.9 万 t/d 增加到 30.7 万 t/d，至此，垃圾焚烧的政策支持体系已基本健全，迎来快速发展阶段。

在"十二五"期间（2011~2015年），我国垃圾焚烧迎来了高速发展的五年。为了让垃圾焚烧更全面、高效、健康地发展，"十三五"期间垃圾焚烧的政策支持力度不断升级，建设模式不断创新。在"十三五"期间（2016~2020年），垃圾焚烧的政策支持力度不断升级。《"十三五"全国城镇生活垃圾无害化处理设施建设规则》（发改环资〔2016〕2851号）要求到2020年底，设市城市生活垃圾焚烧处理能力占无害化处理总能力的50％以上，其中东部地区达到60％以上；经济发达地区和土地资源短缺、人口基数大的城市，优先采用焚烧处理技术，一些具备条件的直辖市、计划单列市和省会城市（建成区）更要实现原生垃圾"零填埋"。为了保障垃圾焚烧项目的高效地实施，《关于进一步加强城市生活垃圾焚烧处理工作的意见》（建城〔2016〕227号）和《关于进一步做好生活垃圾焚烧发电厂规划选址工作的通知》（发改环资规〔2017〕2166号）明确规定要超前谋划项目选址，优先安排垃圾焚烧处理设施用地计划指标；《关于政府参与的污水、垃圾处理项目全面实施PPP模式的通知》（财建〔2017〕455号）的出台更是为垃圾焚烧行业的快速发展提供了有利的市场环境。

垃圾焚烧的建设模式不断创新。《关于进一步加强城市生活垃圾焚烧处理工作的意见》（建城〔2016〕227号）和《生活垃圾焚烧发电建设项目环境准入条件（试行）》（环办环评〔2018〕20号）要求积极开展静脉产业园区、循环经济产业园区、静脉特色小镇等建设，统筹生活垃圾、建筑垃圾、餐厨垃圾等不同类型垃圾处理，鼓励新建项目采用产业园区选址建设模式；产业园区模式的发展不仅为生活垃圾实现前端分类与后端处置衔接提供了保障，也为"无废城市"的实现奠定了基础。除此之外，国家在《生物质能发电"十三五"规划》（国能新能〔2016〕291号）、《关于印发促进生物质能供热发展指导意见的通知》（发改能源〔2017〕2123号）和《生活垃圾焚烧发电建设项目环境准入条件（试行）》（环办环评〔2018〕20号）中明确鼓励垃圾焚烧在发电的同时兼顾区域供热，因地制宜推进垃圾焚烧发电项目供热改造。

2.2 指导和监管

从初步探索阶段到尝试完善阶段，再到快速发展阶段，我国政府相关垃圾焚烧的指导和监管政策也在不断进步，与新时期发展要求相匹配。首先，出台了一系列指导意见规范行业发展。《关于解决我国城市生活垃圾问题几点意见的通知》（国发〔1992〕39号）和《城市生活垃圾管理办法》（建设部令第27号）中明确鼓励单位和个人兴办城市生活垃圾无害化处理专业化服务公司，规定生活垃圾无害化处理公司需经城市市容环境卫生行政主管部门审核；《城市生活垃圾焚烧处理工程项目建设标准》（建标〔2001〕213号）规范了建设规模、生产线数量、选址要求、总图布置、工艺与设备、建筑标准与建设用地、运营管理与劳动定员、主要技术经济指标、建设工期等；对于焚烧发电项目的核准、环境影响报告书（表）的审批、选址等也有政策做出了明确的指导；《生活垃圾处理技术指南》（建城〔2010〕61号）对垃圾焚烧技术的适用性、垃圾焚烧厂建设技术要求及运行监管要求等做了详细规定。

其次，提出了更细致的监管要求。2006年起，垃圾焚烧设施被纳入了重大污染源监管范围（《环境影响评价公众参与暂行办法》环发〔2006〕28号）。《关于加强二噁英污染防治的指导意见》（环发〔2010〕123号）要求排放二噁英的企业每年至少开展一次二噁英的监测，并上报环保部门；《"十二五"全国城镇生活垃圾无害化处理设施建设规划》（国办发〔2012〕23号）提出2015年底前焚烧处理设施的实时监控装置安装率达到100％；《生活垃圾焚烧污染控制标准》（GB 18485—2014）进一步要求垃圾焚烧厂实行"装树联"，且针对"装树联"的落实问题，后续出台了一系列的政策，明确对于未按要求实施的企业要求及时整改到位，排污超标将实施联合惩戒，超标异常进行电子督办。

3　重点政策回顾

30 年来，国家政府和地方政府出台的与垃圾焚烧发电有关的政策，大大小小超过了 100项。这些政策中，具有"里程碑"意义的重要政策，可以分为"综合类、财税类、规划建设类、污控监管类"四大类，见附表 1-1～附表 1-4。

附表 1-1　　　　垃圾焚烧发电行业"里程碑"重点政策——综合类

序号	名称	要　点	颁布单位 时间、文号
1	《关于解决我国城市生活垃圾问题几点意见的通知》	极少数有条件的城市可采用焚烧技术	国发〔1992〕39 号
2	《关于进一步加强城市生活垃圾处理工作意见的通知》	土地资源紧缺、人口密度高的城市要优先采用焚烧处理技术；加大对生活垃圾处理技术研发的支持力度，重点突破清洁焚烧、二噁英控制、飞灰无害化处置、渗沥液处理等关键性技术，重点支持生活垃圾生物质燃气利用成套技术装备和大型生活垃圾处理装备研发	国发〔2011〕9 号
3	《国家环境保护"十二五"规划》	明确到 2015 年，全国城市生活垃圾无害化处理率达到 80%，鼓励焚烧发电和供热等资源化利用方式	国发〔2011〕42 号
4	《国务院关于创新重点投融资机制鼓励社会投资指导意见》	鼓励社会资本参与市政基础设施投资建设运营，建立健全 PPP 机制，并推广 PPP 模式，鼓励社会资本投向垃圾处理项目	国发〔2014〕60 号
5	《生活垃圾分类制度实施方案》	加快建立分类投放、分类收集、分类运输、分类处理的垃圾处理系统，努力提高垃圾分类制度覆盖范围	国办发〔2017〕26 号
6	《国务院办公厅关于印发"无废城市"建设试点工作方案的通知》	要求以物质流分析为基础，推动构建产业园区企业内、企业间和区域内的循环经济产业链运行机制。建设资源循环利用基地，加强生活垃圾分类，推广可回收物利用、焚烧发电、生物处理等资源化利用方式；垃圾焚烧发电企业实施"装、树、联"，强化信息公开，提升运营水平，确保达标排放	国办发〔2018〕128 号

附表 1-2　　　　垃圾焚烧发电行业"里程碑"重点政策——财税类

序号	名称	要　点	颁布单位 时间、文号
1	《资源综合利用电厂（机组）认定管理办法》	发电并网、上网电价优惠	国经贸资源〔2000〕660 号
2	《关于部分资源综合利用及其他产品增值税政策问题的通知》	垃圾焚烧发电增值税享受即征即退优惠	财税〔2001〕198 号
3	《可再生能源发电价格和费用分摊管理试行办法》	垃圾焚烧发电项目上网电价实行政府定价，补贴电价标准为 0.25 元/kWh	发改价格〔2006〕7 号

续表

序号	名称	要　　点	颁布单位 时间、文号
4	《电网企业全额收购可再生能源电量监管办法》	电网企业应当全额收购其电网覆盖范围内可再生能源并网发电项目的上网电量，并严格按照国家核定的可再生能源发电上网电价、补贴标准和购售电合同，及时足额结算电费和补贴	电监会令 〔2007〕第25号
5	《财政部国家税务局总局关于资源综合利用及其他产品增值税政策的通知》	明确对销售垃圾发电或者电力实行增值税即征即退政策	财税 〔2008〕156号
6	《环境保护节能节水项目企业所得税优惠目录〔试行〕》	从事生活垃圾焚烧处理的企业，自项目取得第一笔生产经营收入所属纳税年度起，第一年至第三年免征企业所得税，第四年至第六年减半征收企业所得税	财税 〔2009〕166号
7	《关于完善垃圾焚烧发电价格政策的通知》	以生活垃圾为原料的垃圾焚烧发电项目，均先按其进厂垃圾处理量折算成上网电量进行结算，每吨生活垃圾折算上网电量暂定为280kWh，并执行全国统一垃圾发电标杆电价每千瓦时0.65元（含税）；其余上网点电量执行当地同类燃煤发电机组上网电价	发改价格 〔2012〕801号
8	《可再生能源电价附加补助资金管理暂行办法》	可再生能源发电项目接入电网系统而发生的工程投资和运行维护费用，按上网电量给予适当补助，补助标准为：50km以内每千瓦时1分钱，50～100km每千瓦时2分钱，100km及以上每千瓦时3分钱	财建 〔2012〕102号
9	《国务院关于加快发展节能环保产业的意见》	推进垃圾处理技术装备成套化，重点发展大型垃圾焚烧设施炉排及其传动系统，循环流化床预处理工艺技术，焚烧烟气净化技术和垃圾渗沥液处理技术等，重点推广300t/d以上生活垃圾焚烧炉及烟气净化成套设备	国发 〔2013〕30号
10	《资源综合利用产品和劳务增值税优惠目录》	将垃圾处理的退税比例更改为70%	财税 〔2015〕78号
11	《可再生能源发电全额保障性收购管理办法》	电网企业（含电力调度机构）根据国家确定的上网标杆电价和保障性收购利用小时数，结合市场竞争机制，通过落实优先发电制度，在确保供电安全的前提下，全额收购规划范围内的可再生能源发电项目的上网电量	发改能源 〔2016〕625号
12	《关于政府参与的污水、垃圾处理项目全面实施PPP模式的通知》	政府参与的新建污水、垃圾处理项目全面实施PPP模式，对未有效落实全面实施PPP模式政策的项目，原则上不予安排相关预算支出。各级地方财政要积极推进污水、垃圾处理领域财政资金转型，以运营补贴作为财政资金投入的主要方式，也可从财政资金中安排前期费用奖励予以支持，逐步减少资本金投入和投资补助	财建 〔2017〕455号
13	《关于明确环境保护税应税污染物适用等有关问题的通知》	明确依法设立的生活垃圾焚烧发电厂、生活垃圾填埋场、生活垃圾堆肥厂，属于生活垃圾集中处理场所，其排放应税污染物不超过国家和地方规定的排放标准的，依法予以免征环境保护税	财税 〔2018〕117号

序号	名称	要　点	颁布单位 时间、文号
14	《关于促进非水可再生能源发电健康发展的若干意见》	明确了可再生能源电价附加补助资金的结算新规则	财建 〔2020〕4号
15	《可再生能源电价附加补助资金管理办法》	垃圾焚烧发电电价国补，实行"以收定支"，并区分"存量项目和新增项目"	财建 〔2020〕5号
16	《完善生物质发电项目建设运行实施方案》	明确了中央电价补贴资金的流程、表式、申报条件、补贴额度计算公式等；2020生物质能电价国补预算总额15亿元，先报先列入，超出15亿元的续转；2021年1月1日为中央资金补贴的重要分界点，过渡期的国补资金由中央和地方按比例承担，国补资金逐步退出；要求各地尽快制定、完善生活垃圾收费制度，合理制定收费标准	国家发展改革委、财政部、能源局 2020年9月
17	《关于促进非水可再生能源发电健康发展的若干意见》有关事项的补充通知	明确了生物质发电项目全生命周期合理利用小时数（15年，82500h）；明确了项目全生命周期"补贴电量"的计算方法和"补贴金额"计算方法	财建 〔2020〕426号
18	《财政部关于土地闲置费城镇垃圾处理费划转税务部门征收的通知》	2021年7月1日起，垃圾处理费由税务部门征收，确保非税收入及时、足额入库；税务部门征收的城镇垃圾处理费应当使用财政部统一监（印）制的非税收入票据，按照税务部门全国统一信息化方式规范管理	财税 〔2021〕8号

附表1-3　　　　垃圾焚烧发电行业"里程碑"重点政策——规划建设类

序号	名称	要　点	颁布单位 时间、文号
1	《当前国家鼓励发展的环保产业设备（产品）目录（第一批）》	国家鼓励研发焚烧装备和技术	国经贸资源 〔2000〕159号
2	《城市生活垃圾处理及污染防治技术政策》	部分城市可以采用焚烧处理技术，推荐采用炉排炉技术	建城 〔2000〕120号
3	《"十三五"全国城镇生活垃圾无害化处理设施建设规则》	经济发达地区和土地资源短缺、人口基数大的城市，优先采用焚烧处理技术，减少原生垃圾填埋量。到2020年底，设市城市生活垃圾焚烧处理能力占无害化处理总能力的50%以上，其中东部地区达到60%以上	发改环资 〔2016〕2851号
4	《生物质能发电"十三五"规划》	在经济较为发达地区合理布局生活垃圾焚烧发电项目，加快西部地区垃圾焚烧发电发展，鼓励建设垃圾焚烧热电联产项目。加快应用现代垃圾焚烧处理及污染防治技术，提高垃圾焚烧发电环保水平	国能新能 〔2016〕291号

续表

序号	名称	要点	颁布单位 时间、文号
5	《关于进一步做好生活垃圾焚烧发电厂规划选址工作的通知》	从规范垃圾焚烧发电项目规划选址工作入手，对科学编制专项规划、超前谋划项目选址、做好选址信息公开、强化规划的约束性和严肃性等方面提出了具体的任务和要求	发改环资规〔2017〕2166号
6	《关于印发促进生物质能供热发展指导意见的通知》	稳步发展城镇生活垃圾焚烧热电联产。在做好环保、选址及社会稳定风险评估的前提下，因地制宜，在大中城市及人口密集、具备条件的县城，依托当地热负荷，稳步推进城镇生活垃圾焚烧热电联产项目建设；因地制宜推进生活垃圾焚烧发电项目供热改造	发改能源〔2017〕2123号

附表 1-4　　　　　垃圾焚烧发电行业"里程碑"重点政策——污控监管类

序号	名称	要　点	颁布单位 时间、文号
1	《关于加强生物质发电项目环境影响评价管理工作的通知》	生活垃圾焚烧发电项目环境影响报告书应报国务院环境保护行政主管部门审批	环发〔2006〕82号
2	《关于进一步加强生物质发电项目环境影响评价管理工作的通知》	环境影响报告书审批权力下放；进一步明确了生活垃圾焚烧发电项目的选址原则，并且首次提出了"300m 的环境防护距离"要求	环发〔2008〕82号
3	《生活垃圾焚烧发电建设项目环境准入条件（试行）》	生活垃圾焚烧发电项目应当选择技术先进、成熟可靠、对当地生活垃圾特性适应性强的焚烧炉。焚烧炉主要性能指标应满足炉膛内焚烧温度≥850℃，炉膛内烟气滞留时间≥2s，焚烧炉炉渣热灼减率≤5%；应采用"3T＋E"控制法使生活垃圾在焚烧炉内充分燃烧，同时建立覆盖常规污染物、特征污染物的环境监测体系，实现烟气中一氧化碳、颗粒物、二氧化硫、氮氧化物、氯化氢和焚烧运行工况指标中一氧化碳浓度、燃烧温度、含氧量在线监测，并与环境保护部门联网	环办环评〔2018〕20号
4	《生活垃圾焚烧发电厂自动监测数据应用管理规定》	对于生活垃圾焚烧项目运营中的炉温控制、烟气污染物排放监管，进行了详细规定，监管趋严，企业压力陡增	生态环境部〔2019〕10号令

（1）从政策类别上看，重要政策中，综合类 6 项、财税类 18 项、规划建设类 6 项、污控监管类 4 项。

（2）从时间上看，2000 年之前的重要政策仅 4 个，技术标准几乎空白，因此，此阶段属于初步探索阶段；2001～2010 年，重要的政策 7 个，这个阶段出台了一系列技术标准，因此，此阶段属于尝试完善阶段（经历了对焚烧的质疑、争论）；2011 年至今，政策数量剧增，重要的政策 23 个，国家将垃圾焚烧发电列为国策，同时加强了政府的污染控制监督力度，因此，此阶段属于快速发展阶段。

3.1 初步探索阶段（2000 年之前）的政策分析

1986 年，《国务院办公厅转发城乡建设环境保护部、中央爱国卫生运动委员会关于处理城市垃圾改善环境卫生面貌的报告的通知》（国发办〔1986〕57 号）中要求各级人民政府和各有关部门高度重视垃圾问题，着手采取有效措施，解决城市垃圾问题，纳入城市建设规划。

1991 年，《城市环境卫生当前产业政策实施办法》（建城〔1991〕637 号）明确生活垃圾要进行无害化处理，重点发展高温堆肥和卫生管理，逐步发展焚烧技术。同时，对城市居民垃圾的排放逐步建立收费制度。

1992 年，《关于解决我国城市生活垃圾问题几点意见的通知》（国发〔1992〕39 号）中指出极少数有条件的城市可采用焚烧技术。此政策是探索阶段的重要政策。

2000 年，《当前国家鼓励发展的环保产业设备（产品）目录（第一批）》（国经贸资源〔2000〕159 号）将城市生活垃圾焚烧处理成套设备列入目录，拉开了国家鼓励生活垃圾采用焚烧处理方式的序幕。此政策是财税激励政策的开始。

2000 年，《资源综合利用电厂（机组）认定管理办法》（国经贸资源〔2000〕660 号）将垃圾焚烧发电纳入政策扶持范围，享受并网、上网电价等优惠政策。此政策是这个阶段最为重要的政策。

2000 年，《城市生活垃圾处理及污染防治技术政策》（建城〔2000〕120 号）建议在具备经济条件、垃圾热值条件（高于 5000kJ/kg）和缺乏卫生填埋场地资源的城市，可发展焚烧处理技术，推荐采用炉排炉技术。

3.2 尝试完善阶段（2001～2010 年）的政策分析

2001 年，《关于部分资源综合利用及其他产品增值税政策问题的通知》（财税〔2001〕198 号）明确垃圾焚烧发电增值税享受即征即退优惠。

2002 年，《关于推进城市污水、垃圾处理产业化发展的意见》（计投资〔2002〕1591 号）鼓励社会投资主体采用 BOT 等特许经营方式投资或政府授权的企业合资建设污水、垃圾处理设施。城市垃圾处理经营权（包括垃圾的收集、分拣、储运、处理和经营等）需进行公开招标，鼓励符合条件的各类企业参与垃圾处理权的公平竞争。

2004 年，《关于部分资源综合利用产品增值税政策的补充通知》（财税〔2004〕25 号）明确城市生活垃圾用量（重量）占发电燃料的比重必须达到 80% 以上（含 80%），才能享受享受即征即退增值税政策。

2005 年，《可再生能源产业发展指导目录》（发改能源〔2005〕第 2517 号）明确生物质能发电包括城市固体垃圾发电。

2006 年，《可再生能源发电价格和费用分摊管理试行办法》（发改价格〔2006〕7 号）明确生物质发电项目上网电价实行政府定价，补贴电价标准为 0.25 元/kWh。

2006 年，《关于加强生物质发电项目环境影响评价管理工作的通知》（包含技术要点）（环发〔2006〕82 号）指出生活垃圾焚烧发电项目环境影响报告书应报国务院环境保护行政主管部门审批。同时，国家鼓励对常规火电项目进行掺烧生物质的技术改造，当生物质掺烧量按照热值换算低于 80% 时，应按照常规火电项目进行管理。实际上，本政策的出台，对垃圾焚烧发电的发展，起到了"迟滞"的作用。

2007年，《电网企业全额收购可再生能源电量监管办法》（电监会令第25号）要求电网企业应当全额收购其电网覆盖范围内可再生能源并网发电项目的上网电量，并严格按照国家核定的可再生能源发电上网电价、补贴标准和购售电合同，及时足额结算电费和补贴。

2008年，《财政部国家税务局总局关于资源综合利用及其他产品增值税政策的通知》（财税〔2008〕156号）明确对销售垃圾发电或者电力实行增值税即征即退政策。

2008年，《关于进一步加强生物质发电项目环境影响评价管理工作的通知》（包含技术要点）（环发〔2008〕82号）进一步明确了生活垃圾焚烧发电项目的选址原则，并且首次提出了"300m的环境防护距离"要求。本政策，是对2006年82号文的修正，是意识到环评批复的行政管理不当问题后的改进，尽管防护距离的在业内意见不一，但"环评批复"下放至当地政府主管部门，对行业的发展起到了巨大的"推动"作用。

2009年，关于公布《环境保护节能节水项目企业所得税优惠目录〔试行〕》的通知（财税〔2009〕166号）明确将生活垃圾焚烧列入目录。从事生活垃圾焚烧处理的企业，自项目取得第一笔生产经营收入所属纳税年度起，第一年至第三年免征企业所得税，第四年至第六年减半征收企业所得税。

2010年，《生活垃圾处理技术指南》（建城〔2010〕61号）对垃圾焚烧技术的适用性、垃圾焚烧厂建设技术要求及运行监管要求等做了详细规定。

3.3 快速发展阶段（2011年至今）的政策分析

2011年，《关于进一步加强城市生活垃圾处理工作意见的通知》（国发〔2011〕9号）明确要加强资源利用，全面推广废旧商品回收利用、焚烧发电、生物处理等生活垃圾资源化处理方式，提高生活垃圾焚烧发电和填埋气体发电的能源利用效率。垃圾处理要选择适用技术，土地资源紧缺、人口密度高的城市要优先采用焚烧处理技术；加大对生活垃圾处理技术研发的支持力度，重点突破清洁焚烧、二噁英控制、飞灰无害化处置、渗沥液处理等关键性技术，重点支持生活垃圾生物质燃气利用成套技术装备和大型生活垃圾处理装备研发。

2011年，《国家环境保护"十二五"规划》（国发〔2011〕42号）明确到2015年，全国城市生活垃圾无害化处理率达到80%，鼓励焚烧发电和供热等资源化利用方式。

2012年，《关于完善垃圾焚烧发电价格政策的通知》（发改价格〔2012〕801号）规定以生活垃圾为原料的垃圾焚烧发电项目，均先按其进厂垃圾处理量折算成上网电量进行结算，每吨生活垃圾折算上网电量暂定为280kWh，并执行全国统一垃圾发电标杆电价每千瓦时0.65元（含税）；其余上网电量执行当地同类燃煤发电机组上网电价。

2012年，《"十二五"全国城镇生活垃圾无害化处理设施建设规划》（国办发〔2012〕23号）要求2015年生活垃圾焚烧处理设施能力占全国城市生活无害化处理能力的35%，东部地区达到48%。2015年底前，焚烧处理设施的实时监控装置安装率达到100%。

2012年，《可再生能源电价附加补助资金管理暂行办法》（财建〔2012〕102号）指出对可再生能源发电项目接入电网系统而发生的工程投资和运行维护费用，按上网电量给予适当补助，补助标准为：50kW以内每千瓦时1分钱，50~100km每千瓦时2分钱，100km及以上每千瓦时3分钱。

2012年，《国务院关于印发生物产业发展规划的通知》（国发〔2012〕65号）要求因地制宜加快生物质发电产业发展,充分利用农林剩余物、生活垃圾等因地制宜发展各类生物质发电技术。

2013年,《产业结构调整指导目录》明确指出"城镇垃圾及其他固体废弃物减量化、资源化、无害化处理和综合利用工程"属于鼓励类产业。

2013年,《国务院关于加快发展节能环保产业的意见》(国发〔2013〕30号)要求推进垃圾处理技术装备成套化,重点发展大型垃圾焚烧设施炉排及其传动系统,循环流化床预处理工艺技术,焚烧烟气净化技术和垃圾渗漏液处理技术等,重点推广300t/d以上生活垃圾焚烧炉及烟气净化成套设备。

2014年,《国务院关于创新重点投融资机制鼓励社会投资指导意见》(国发〔2014〕60号)鼓励社会资本参与市政基础设施投资建设运营,建立健全PPP机制,并推广PPP模式,鼓励社会资本投向垃圾处理项目。

2015年,《资源综合利用产品和劳务增值税优惠目录》(财税〔2015〕78号)将垃圾处理的退税比例更改为70%。

2016年,《"十三五"全国城镇生活垃圾无害化处理设施建设规则》(发改环资〔2016〕2851号)要求经济发达地区和土地资源短缺、人口基数大的城市,优先采用焚烧处理技术,减少原生垃圾填埋量。到2020年底,设市城市生活垃圾焚烧处理能力占无害化处理总能力的50%以上,其中东部地区达到60%以上。

2016年,《关于进一步加强城市生化垃圾焚烧处理工作的意见》(建城〔2016〕227号)要求将垃圾焚烧设施建设作为维护公共安全、推进生态文明建设、提高政府治理能力和加强城市规划建设管理工作重点。到2020年底,全国设市城市垃圾焚烧处理能力占总处理能力50%以上,全部达到清洁焚烧标准。

2016年,《生物质能发电"十三五"规划》(国能新能〔2016〕291号)要求在经济较为发达地区合理布局生活垃圾焚烧发电项目,加快西部地区垃圾焚烧发电发展,鼓励建设垃圾焚烧热电联产项目。加快应用现代垃圾焚烧处理及污染防治技术,提高垃圾焚烧发电环保水平。

2016年,《可再生能源发电全额保障性收购管理办法》(发改能源〔2016〕625号)要求电网企业(含电力调度机构)根据国家确定的上网标杆电价和保障性收购利用小时数,结合市场竞争机制,通过落实优先发电制度,在确保供电安全的前提下,全额收购规划范围内的可再生能源发电项目的上网电量。

2016年,《"十三五"生态环境保护规划》(国发〔2016〕65号)要求实施循环发展引领计划,推进城市低值废弃物集中处置,开展资源循环利用示范基地和生态工业园区建设,建设一批循环经济领域国家新型工业化产业示范基地和循环经济示范市县。大中型城市重点发展生活垃圾焚烧发电技术,鼓励区域共建共享焚烧处理设施,积极发展生物处理技术,合理统筹填埋处理技术,到2020年垃圾焚烧处理率达到40%。

2017年,《生活垃圾分类制度实施方案》(国办发〔2017〕26号)要求加快建立分类投放、分类收集、分类运输、分类处理的垃圾处理系统,努力提高垃圾分类制度覆盖范围。

2017年,《关于进一步做好生活垃圾焚烧发电厂规划选址工作的通知》(发改环资规〔2017〕2166号)从规范垃圾焚烧发电项目规划选址工作入手,对科学编制专项规划、超前谋划项目选址、做好选址信息公开、强化规划的约束性和严肃性等方面提出了具体的任务和要求。

2017 年，《关于政府参与的污水、垃圾处理项目全面实施 PPP 模式的通知》（财建〔2017〕455 号）要求政府参与的新建污水、垃圾处理项目全面实施 PPP 模式，对未有效落实全面实施 PPP 模式政策的项目，原则上不予安排相关预算支出。各级地方财政要积极推进污水、垃圾处理领域财政资金转型，以运营补贴作为财政资金投入的主要方式，也可从财政资金中安排前期费用奖励予以支持，逐步减少资本金投入和投资补助。

2017 年，《关于做好 2018 年资源节约和环境保护中央预算内投资项目计划草案编报的补充通知》支持城镇垃圾无害化处理设施建设项目。重点支持垃圾焚烧处理项目，除新疆、西藏、四川省藏区外，原则上不再支持垃圾填埋处理设施建设项目；优先支持《生活垃圾分类制度实施方案》中 46 个强制分类城市的生活垃圾分类及处理项目。

2017 年，《关于印发促进生物质能供热发展指导意见的通知》（发改能源〔2017〕2123 号）要求稳步发展城镇生活垃圾焚烧热电联产。在做好环保、选址及社会稳定风险评估的前提下，因地制宜，在大中城市及人口密集、具备条件的县城，依托当地热负荷，稳步推进城镇生活垃圾焚烧热电联产项目建设；因地制宜推进生活垃圾焚烧发电项目供热改造。

2018 年，《生活垃圾焚烧发电建设项目环境准入条件（试行）》（环办环评〔2018〕20 号）要求生活垃圾焚烧发电项目应当选择技术先进、成熟可靠、对当地生活垃圾特性适应性强的焚烧炉。焚烧炉主要性能指标应满足炉膛内焚烧温度≥850℃，炉膛内烟气滞留时间≥2s，焚烧炉炉渣热灼减率≤5%；应采用 "3T＋E" 控制法使生活垃圾在焚烧炉内充分燃烧，同时建立覆盖常规污染物、特征污染物的环境监测体系，实现烟气中一氧化碳、颗粒物、二氧化硫、氮氧化物、氯化氢和焚烧运行工况指标中一氧化碳浓度、燃烧温度、含氧量在线监测，并与环境保护部门联网。

2018 年，《关于明确环境保护税应税污染物适用等有关问题的通知》（财税〔2018〕117 号）明确依法设立的生活垃圾焚烧发电厂、生活垃圾填埋场、生活垃圾堆肥厂，属于生活垃圾集中处理场所，其排放应税污染物不超过国家和地方规定的排放标准的，依法予以免征环境保护税。

2018 年，《国务院办公厅关于印发 "无废城市" 建设试点工作方案的通知》（国办发〔2018〕128 号），要求以物质流分析为基础，推动构建产业园区企业内、企业间和区域内的循环经济产业链运行机制。建设资源循环利用基地，加强生活垃圾分类，推广可回收物利用、焚烧发电、生物处理等资源化利用方式；垃圾焚烧发电企业实施 "装、树、联"，强化信息公开，提升运营水平，确保达标排放。

2019 年 11 月，《生活垃圾焚烧发电厂自动监测数据应用管理规定》（生态环境部 10 号令）颁布生效，对于生活垃圾焚烧项目运营中的炉温控制、烟气污染物排放监管，进行了详细规定，监管趋严，企业压力陡增。

2020 年 1 月，财政部、发展改革委、国家能源局印发了《关于促进非水可再生能源发电健康发展的若干意见》（财建〔2020〕4 号）和《可再生能源电价附加补助资金管理办法》（财建〔2020〕5 号），明确了可再生能源电价附加补助资金（以下简称补贴资金）结算规则，明确了垃圾焚烧电价国补实行 "以收定支" 并区分 "存量项目和新增项目" 的政策。

2020 年 4 月，我国政府对《固体废物污染防治法》（1995 年 10 月首次颁布，2016 年 11

月第一次修订）进行了第二次修订。此法新版对商品的过度包装进行了限制，其中的第四章明确要求生活垃圾应"分类投放、分类收集、分类运输、分类处理"，并于 2020 年 9 月开始实施。

4 电价国补政策

垃圾焚烧发电上网，全量收购、上网电价全国统一、再生能源国补，是最重要的"财税激励政策"，2012 年颁布的有关垃圾焚烧发电的政策，无疑是本行业最具"里程碑"意义的制度，对我国垃圾焚烧发电行业的发展起到了决定性的作用。

根据我国有关法律法规，垃圾焚烧发电属于可再生能源。垃圾焚烧发电上网，全量收购，不限量（实际上，目前我国垃圾焚烧发电上网电量仅占全国耗电量的 1% 不到），且享受国家可再生能源附加补助资金政策，即"电价国补"。2012 年，国家财政部、发展改革委、能源局联合颁布了《可再生能源电价附加补助资金暂行管理办法》，但是实施并不顺利，导致垃圾焚烧发电企业迟迟收不到"电价国补"，资金压力巨大。8 年之后，2020 年 1 月，国家财政部、发展改革委、能源局联合对上述政策进行了更新，颁布了《可再生能源电价附加补助资金管理办法》，其中最大的变化在于"以收定支""新增项目和存量项目的划分"等等。此政策的新、旧版本主要条款对比见附表 1-5。但是，应该看到，这个政策涉及风、光、水、秸秆、垃圾等多种再生能源，而这些不同种类的再生能源，各有其特点和现实的背景、社会需求和目的，因此，实际执行时，还需要配套更加具体的、操作性强的制度。

附表 1-5　　国家《可再生能源电价附加补助资金管理办法》新、旧政策对比

序号	要点	可再生能源电价附加补助资金暂行管理办法 颁布时间：2012/3/14 财政部、国家发展改革委、国家能源局 财建〔2012〕102 号	可再生能源电价附加补助资金管理办法 颁布时间：2020/1/20 财政部、国家发展改革委、国家能源局 财建〔2020〕5 号
1	名称	有"暂行"两个字	去掉了"暂行"两个字
2	可再生能源类别	风、光、秸秆、垃圾、地热、海洋能，等等	
3	预算制度	财政部、国家发展改革委、国家能源局，联合制定	财政部、国家发展改革委、国家能源局，联合制定
4	原则		以收定支
5	资金来源		资金来源于电价附加收入
6	项目区分		划分为"新增项目、存量项目"二大类
			新增项目：财政部定资金总盘子，发改委、能源局切块
			存量项目：按流程纳入清单
7	补助标准	根据可再生能源上网电价、脱硫燃烧煤机组标杆电价等因素确定	（电网企业收购价格—燃烧发电上网基准价）/（1＋适用增值税率），电网企业收购价格 0.65 元/kWh

续表

序号	要点	可再生能源电价附加补助资金暂行管理办法 颁布时间：2012/3/14 财政部、国家发展改革委、国家能源局 财建〔2012〕102 号	可再生能源电价附加补助资金管理办法 颁布时间：2020/1/20 财政部、国家发展改革委、国家能源局 财建〔2020〕5 号
8	申报程序	从下至上，企业→地方政府→中央政府，逐级申报	先从上至下，按"以收定支"原则，确定总盘子 再从下至上，企业→地方政府→中央政府，逐级申报
9	申报时间		每个 3 月 30 日前，企业→地方政府→中央政府，逐级申报
10	资金拨付	中央政府→国网/南网/地方政府→发电企业	中央政府→国网/南网/地方政府→发电企业
11	资金支付频率	近季度支付，年终清算	没有具体的支付频率
12	资金支付 优先级和比例		支付优先级： （1）光伏扶贫、自然人分布式、参与绿色电力证书等项目，优先兑付； （2）当年纳入国家规模管理的新增项目，足额兑付补助资金 存量项目支付优先级：纳入补助目录的存量项目，由电网公司根据具体情况确定 存量项目，电网企业按相同比例支付
13	资金支付时间		电网企业收到资金后，10 个工作日内支付给发电企业
14	其他		绩效考核管理模式

　　2020 年 9 月，国家发展改革委、财政部、能源局联合印发了《完善生物质发电项目建设运行实施方案》和《关于促进非水可再生能源发电健康发展的若干意见有关事项的补充通知》（财建〔2020〕426 号）。"实施方案"明确了中央补贴资金的申报流程和标准表式、申报所必须具备的 4 个条件、补贴额度计算公式；2020 年可再生能源中央资金补贴总额 15 亿元，先报先列入，合格的但超出 15 亿元预算的项目转至 2021 年；2021 年 1 月 1 日为中央资金补贴的重要分界点，该时间之后的项目，补贴资金由中央和地方按比例承担，中央补贴资金逐步退出；要求各地尽快制定、完善生活垃圾收费制度，合理制定收费标准。"426 号"文明确了生物质发电项目包括农林生物质发电、垃圾焚烧发电和沼气发电项目，全生命周期合理利用小时数为 82 500h；项目全生命周期补贴电量＝项目容量×项目全生命周期合理利用小时数。其中，项目容量按核准（备案）时确定的容量为准。如项目实际容量小于核准（备案）容量的，以实际容量为准；按照《可再生能源电价附加补助资金管理办法》（财建〔2020〕5 号，以下简称 5 号文）规定纳入可再生能源发电补贴清单范围的项目，全生命周期补贴电量内所发电量，按照上网电价给予补贴，补贴标准＝[可再生能源标杆上网电价（含通过招标等竞争方式确定的上网电价）－当地燃煤发电上网基准价]/(1＋适用增值税率)。

2020 年 10~12 月，国家发展改革委、能源局等国家部委，为尽快制定垃圾收费制度，在全国范围内进行了调研，部分地方政府和企业积极参与，提供了全国各地的案例，并提出了建议。

2021 年 3 月，国家财政部印发《财政部关于土地闲置费城镇垃圾处理费划转税务部门征收的通知》（财税〔2021〕8 号），明确要求自 2021 年 7 月 1 日起，垃圾处理费由税务部门征收，确保非税收入及时、足额入库；税务部门征收的城镇垃圾处理费应当使用财政部统一监（印）制的非税收入票据，按照税务部门全国统一信息化方式规范管理。

我国的垃圾焚烧行业，在短时间内能够发展取得优异成绩，"财税政策"起到了极其重要的作用，其中的"电价国补"至关重要。但应该看到，随着社会的发展，"可再生能源电价国补"导致国家财政压力愈来愈大，改革、创新的行政管理制度势在必行。按照"谁污染、谁付费"的原则，实行垃圾收费，解决政府购买垃圾处理服务费的财政来源，是长期的、可持续发展的国策。垃圾处理费由税务部门负责征收，是我国实行垃圾收费制度的一项重要举措。

5　结论和建议

国家颁布的一系列生活垃圾焚烧处理的政策，是焚烧行业 30 年来取得"斐然成绩"的基础。未来，为适应国内外新形势的需要，特别是财税激励政策的变化、污染控制日趋严格、垃圾分类收集导致的处理对象性质变化等，行业将面临更加艰巨的任务。实行垃圾收费制度，保证足额的、及时的专项政府财政来源，尤为重要。

5.1　财税激励政策存在的问题和建议

垃圾焚烧发电 30 年来取得的成绩证明，社会发展的需求加速了企业研发核心技术与装备国产化的进程，是垃圾焚烧发电的基础，而财税激励政策就是这个过程中的"催化剂"。然而，由于各种原因，导致部分重要财税激励政策的不连续性、缺乏可操作性。这方面，最具体的表现就是"电价国补迟迟不能到位"，造成企业现金流紧张，日常经营困难，个别项目的国补电价应收款，几年累计下来，甚至达到数亿元人民币。北方地区一些规模小、贴费低，且发电量显著低于南方的同规模项目，面临的局面更加严峻。2020 年 1 月，新的《可再生能源电价附加补助资金管理办法》出台，确定了"以收定支"的原则，并明确了"存量项目"和"新增项目"区分对待的管理方式，但从内容来看，后续的不确定性仍然较多，业内对后续的具体操作性政策拭目以待。

建议国家相关部门：①尽快落实"存量项目的国补电价款项"，同时制定后续的可操作性强的政策；②按照"谁污染、谁付费"的原则，加强措施，落实"垃圾排污收费"制度，切实、有效地减轻政府财政压力；③政策的延续性、改革的节奏把握方面，应根据具体情况进行，应广泛听取不同地域、不同企业的意见。

5.2　焚烧发电行业属性现状存在的问题和建议

垃圾焚烧发电项目，首先是属于"环保行业"，然后才是"发电行业"，其目的是环保地、高效地处理垃圾，电能只是其副产品。由于我国政府管理机构体系的特点，电力能源归口管理的属性，垃圾焚烧发电被归为"水电、风能、光伏、秸秆、垃圾、地热等组成的可再生能源体系",享受了国家再生能源补助资金政策的扶持。但是,应该看到,与"水、风、光"相比,垃圾焚烧发电的体量要小得多。根据相关部门和企业的统计与分析数据:

(1)装机容量分析。截至 2018 年底,全国可再生能源(水电、风电、光电、垃圾发电、农林生物质发电)的总装机容量约 7.0 亿 kW,生物质发电(垃圾发电、农林生物质秸秆发电和沼气发电)总装机仅 1784 万 kW,后者占前者的占比约 2.5%。而投产的约 400 座垃圾焚烧发电设施的总装机容量,在生物质发电中的占比约 51%。即,2018 年底,垃圾焚烧发电的总装机容量,在可再生能源总装机容量中的占比约 1.25%,在全国电力装机总容量中的占比小于 0.6%。

(2)发电量分析。2019 年度,全国规模以上电厂发电量约 7.14 万亿 kWh,其中,火电5.17 万亿 kWh,水约电 1.15 万亿 kWh,风电 0.36 亿 kWh,核电约 0.35 亿 kWh,太阳能发电约 0.12 亿 kWh。至 2019 年底,全国垃圾焚烧发电投产的设施总数约 500 座,按平均装机容量 20MW、年运行平均小时数 8000h 计算,满发情况下的发电量约 0.08 亿 kWh。可见,垃圾发电在全国发电量中的占比极小,小于 1.0%。

建议国家相关部门:①从垃圾焚烧发电的最本质的属性出发,制定合理的可再生能源补助资金分配比例、优先级,避免按装机容量比例切块;②进一步加强国家相关部门的协调,特别是更多从垃圾发电的"环保"属性考虑,"发改、财政、能源"与"生态环境、住建、农业农村"等部门的协同尤为重要。

5.3 焚烧发电项目污染控制存在的问题和建议

30 年来,我国的垃圾焚烧发电行业取得了良好的成绩,在污染控制方面也备受关注。我国的垃圾焚烧发电,起点较高,走过了"引进技术和装备、消化吸收、自我发展"的成功道路,也经历了很多教训,特别是 2005 年之前"对低热值、高含水率垃圾的特性认识不足"导致的一系列问题。本行业的高质量发展,为"装、树、联"的顺利实施创造了条件。

对于焚烧发电污染控制,国家环境保护部于 2019 年 11 月出台了《生活垃圾焚烧发电厂自动监测数据应用管理规定》(生态环境部 10 号令)。此规定中的一些细节,在理论和实践上是否科学、合理,尚需验证。其中,有专家认为,以"热电偶的实测温度作为污控参数"不尽合理。另外,"烟气污染超低排放""渗沥液零排放""飞灰处理成本昂贵",没有充分考虑技术经济的综合指数。

建议国家相关部门:从技术经济综合指数,考虑污染控制要求;通过实践,及时调整相关政策要求;消除二噁英被极度夸大的社会影响因素。

5.4 垃圾分类对焚烧发电的影响和建议

新的《固体废物污染防治法》已颁布,垃圾分类是必须施行的国家规定。垃圾分类政策的出台,推动了一些城市的分类行动。上海、宁波、深圳、北京等城市走在了前列。尽管各地方政府对垃圾分类的具体政策有所不同,但是分类的方法大致相同,基本上分为 4 类。垃圾分类的实施,势必对焚烧发电造成一定影响,首先,由于湿垃圾的分流,导致进入焚烧发电项目的垃圾量减少,但质量提高了(热值提高了),渗沥液减少了。其次,湿垃圾处理产生的残渣(包括沼渣)和其他杂质,估计在较长的时期内、难以避免地要进入焚烧厂最终处理。这些因素导致焚烧发电项目不能在原来的最佳设计工况下运行,经济性、技术的适应性都会受到影响。从政府的角度而言，垃圾分类导致的成本显著增加，是不可避免的。

建议政府相关部门，通过实践，优化分类管理，在建设分类处理设施的前期规划、设计中，充分考虑、利用焚烧发电设施的功能；同时，加强湿垃圾的工艺和设备的优化；更为重要的是，应尽快解决残渣或沼渣合理的出路。

5.5 协同与创新

垃圾焚烧发电，作为一项国策，发展迅速，成熟可靠，但应该看到，其作为一种高效的处理工艺，也有其局限性。如何充分发挥不同类别项目的"协同"效应，需要在政策制定时给予充分考虑。另外，应该看到，我国的焚烧技术原创水平、装备制造水平，与工业发达国家相比还有一定差距，需要不断创新才能达到"技术、经济、社会"效益的最大化。这些，都需要国家政策的持续的支持。垃圾焚烧发电行业政策制定，应该为"协同与创新"创造必要条件。

附录二 国内外烟气污染控制标准

1 中国标准

我国的《生活垃圾焚烧污染控制标准》（GB 18485）首次发布于 2000 年，2001 年第一次修订，2014 年第二次修订，2019 年发布 2014 版的修改单（可以视为第三次修订）。

1.1 《生活垃圾焚烧污染控制标准》（GB 18485）第二次修订的主要内容

2014 年 5 月，原国家环境保护部和国家质量监督检验检疫总局联合发布了《生活垃圾焚烧污染控制标准》（GB 18485）的 2014 版，并于 2017 年 7 月开始实施。

1）扩大了适用范围，纳入了生活污水处理设施产生的污泥、一般工业固体废物的专用焚烧炉的污染控制标准。掺加生活垃圾质量超过进炉或入窑物料总质量 30% 的工业窑炉以及生活污水处理设施产生的污泥、一般工业固体废物的专用焚烧炉，都参照此标准执行。

2）增加了生活垃圾焚烧炉启动、停炉、故障或者事故时段的污染物排放控制标准要求。每年启动、停炉、故障或事故时段持续时间累计不应超过 60h，每次故障或事故持续排放污染物时间不应超过 4h。

3）大幅度提高了生活垃圾焚烧厂排放烟气中颗粒物、二氧化硫、氮氧化物、氯化氢、重金属及其化合物、二噁英类污染物的排放控制要求。在原来"小时均值、测定均值"的基础上，增加了"日均值"的要求。特别是，二噁英类污染物的排放限值，由原来 2001 版的 $1.0ng\text{-}TEQ/m^3$ 调整为 2014 版的 $0.1ng\text{-}TEQ/m^3$（标况下），严格了近 10 倍。标准中规定的生活垃圾焚烧炉排放烟气污染物限值见附表 2-1。

附表 2-1 《生活垃圾焚烧污染控制标准》（GB 18485—2014）烟气污染物排放限值

污染物项目（单位，标况下）	排放限值	取值时间
颗粒物（mg/m^3）	30	小时均值
	20	日均值
氮氧化物（NO_x）（mg/m^3）	300	小时均值
	250	日均值
二氧化硫（SO_2）（mg/m^3）	100	小时均值
	80	日均值
氯化氢（HCl）（mg/m^3）	60	小时均值
	50	日均值
汞及其化合物（以 Hg 计）（mg/m^3）	0.05	测定均值
镉、铊及其化合物（以 Cd+Tl 计）（mg/m^3）	0.1	测定均值
锑、砷、铅、铬、钴、铜、锰、镍及其化合物（以 Sb+As+Pb+Cr+Co+Cu+Mn+Ni 计）（mg/m^3）	1.0	测定均值

续表

污染物项目（单位，标况下）	排放限值	取值时间
二噁英类（ng-TEQ/m³）	0.1	测定均值
一氧化碳（CO）（mg/m³）	100	小时均值
	80	日均值

注 排放限值均为"11％含氧量、标态、干烟气"工况下的换算浓度。

1.2 《生活垃圾焚烧污染控制标准》（GB 18485—2014）修改单

2017 年，生态环境部委托中国环境科学研究院作为标准修改单编制单位，按照《加强国家污染物排放标准制修订工作的指导意见》相关规定，参照欧盟 2010 版标准和我国相关环境监测方法标准，起草了《生活垃圾焚烧污染控制标准》（GB 18485—2014）修改单。此"修改单"于 2019 年 12 月发布，并于 2020 年 1 月开始实施。本修改单，可以视为 GB 18485 的第三次修改。

本次修改单主要的一些变动有：

1）与"装、树、联"的要求一致，规范性引用文件的增加以及修改，增加了 HJ 692 固定污染源废气氮氧化物的测定 非分散红外吸收法；增加了 HJ 916 环境二噁英监测技术规范；一些暂行或试行污染物项目测定标准的转正。

2）均值定义及监测频率的微调，见附表 2-2。

附表 2-2 　　　　《生活垃圾焚烧污染控制标准》（GB 18485—2014）取值时间
定义及监测频率要求

名称或项目	定义或要求
小时均值	任何 1h 污染物浓度的算术平均值；或在 1h 内等时间间隔采集 4 个样品测试值的算术平均值
日均值	连续 24 个 1h 均值的算术平均值
测定均值	取样期以等时间间隔（最少 30min，最多 8h）至少采集 3 个样品测试值的平均值；二噁英类的采样时间间隔为最少 6h，最多 8h
调整后测定均值	在一定时间内采集的一定数量样品中污染物浓度测试值的算术平均值。对于二噁英类的监测，应在 6～12h 内完成不少于 3 个样品的采集；对于重金属类污染物的监测，应在 0.5～8h 内完成不少于 3 个样品的采集
企业自行监测频率	对烟气中重金属类污染物浓度和焚烧炉热灼减率的监测应每月开展 1 次；对烟气中二噁英浓度的监测每年至少开展 1 次
调整后企业自行监测频率	对焚烧炉热灼减率的监测应每周开展 1 次；对烟气中重金属类污染物的监测应每月开展一次；对烟气中二噁英浓度的监测每年至少开展 1 次

在本次修改单发布之前，标准规定二噁英采样间隔最少为 6h，采集 3 个样品则需监测人员在高空连续作业 18h 以上，且近一半时间为夜间工作，违反了相关高空作业的安全要求，

危险性大。修改后规定二噁英应在 6~12h 内完成不少于 3 个样品的采集，与欧盟《工业排放指令》（2010/75/EC）中规定的 6~8h 的采集时间相比有所放宽，主要原因是，在实际监测过程中，由于天气、自然环境、监测人员的操作习惯和熟练程度等原因，在 3 个样品的采集中间可能会有时间长短不等的间隔，因此将采样周期放宽，同时也可保证不会超过正常的监测工作时间、不会造成夜间采样等危险。

1.3 地方标准

《生活垃圾焚烧污染控制标准》（GB 18485—2014）修改单中规定：对本标准已作规定的污染物控制项目，可以制定严于本标准的地方污染物排放标准。附表 2-3 汇总了部分我国已颁布的地方生活垃圾焚烧烟气污染物排放限值。

从附表 2-3 可以看出，深圳的地方标准是全国最为严格的，新建项目的氮氧化物排放限值要求达到 80mg/m³ 以下（标况下），二噁英类则在国标的基础上又严格了一倍，二氧化硫、氯化氢等酸性气态污染物的限值要求也比国标严格了较大幅度，同时增加了总有机碳的排放限值要求。海南的地标于 2019 年颁布、实施，其严格程度与深圳相近。而 2008 年颁布实施的北京地方标准和 2013 年版的上海地方标准，排放限值较为接近。

附表 2-3　　**我国地方生活垃圾焚烧污染物控制标准烟气污染物排放限值对比**

污染物项目 （标况下）	北京市 DB 11/502—2008	上海市 DB 31/768—2013	深圳市 SZDB/Z 233—2017		海南省 DB 46/484—2019	取值时间
			新建厂	现有厂		
颗粒物 （mg/m³）	30	10 （测定均值）	10	30	10	小时均值
	—		8	10	8	日均值
氮氧化物（NO$_x$） （mg/m³）	250	250	80	200	150	小时均值
	—	200	80	80	120	日均值
二氧化硫（SO$_2$） （mg/m³）	200	100	30	100	30	小时均值
	—	50	30	50	20	日均值
氯化氢（HCl） （mg/m³）	60	50	8	60	10	小时均值
	—	10	8	10	8	日均值
氟化氢（HF） （mg/m³）	—	—	2	4	2	小时均值
	—	—	1	1	1	日均值
汞及其化合物 （以 Hg 计） （mg/m³）	0.2	0.05	0.02	0.05	0.02	测定均值
镉、铊及其化合物 （以 Cd＋Tl 计） （mg/m³）	0.1（镉）	0.05	0.04	0.05	0.03	测定均值

污染物项目 （标况下）	北京市 DB 11/502—2008	上海市 DB 31/768—2013	深圳市 SZDB/Z 233—2017		海南省 DB 46/484—2019	取值时间
			新建厂	现有厂		
锑、砷、铅、铬、钴、铜、锰、镍及其化合物（Sb＋As＋Pb＋Cr＋Co＋Cu＋Mn＋Ni）（mg/m³）	1.6（铅）	0.5	0.3	0.5	0.3	测定均值
二噁英类（ng-TEQ/m³）	0.1	0.1	0.05	0.05	0.05	测定均值
一氧化碳（CO）（mg/m³）	55	100	50	100	50	小时均值
	—	50	30	50	30	日均值
总有机碳（mg/m³）	—	—	10	20	20	小时均值
	—	—	10	10	10	日均值

注 排放限值均为"11％含氧量、标态、干烟气"工况下的换算浓度。

2 欧盟标准

欧盟标准有 2000 版和 2010 版，现执行后者。此两个版本，主要是在法规体系的划分方面做了调整，排放限值要求并没有变化。需要特别说明的是，欧盟相关研究机构的 BAT（Best Available Techniques Reference Document for Waste Incineration）文本，是制定、更新此标准的重要依据。BAT 分别于 2006 年（第一版）和 2019 年（第二版）颁布。在 2019 年（第二版）颁布的 BAT 文本中，对欧盟标准 2010 版的更新、提升，给出了建议。

2.1 欧盟《垃圾焚烧指令》（2000/76/EC）

欧盟《垃圾焚烧指令》（2000/76/EC），简称 WID（Waste Incineration Directive）。欧盟制定这项指令的主要目的是加强欧盟境内的环境保护，避免由于某一国较低的环境标准而将废弃物越境运输到该国焚烧以降低处理成本。欧盟成员国可制定严格于该指令的条例，因此 WID 也被认为是一项最低协调指令。WID 内容关键点包括：

1）适用范围。从单一的生活垃圾焚烧拓宽至垃圾焚烧及混烧，逐步废除了《生活垃圾焚烧指令》（89/429/EEC 及 89/369/EEC）及《危险废弃物焚烧指令》（94/67/EC），并且明确定义了不适用于该指令的废弃物种类。

2）运行条件。应提高燃烧过程中产生的烟气温度，并在 850℃至少停留 2s；当混烧危废时，如以氯为代表的卤代有机物含量超过 1％时，焚烧温度必须提高至 1100℃。

3）异常工况。针对技术上无法避免的停工、干扰、净化或者测量设备故障而造成排入大气和水中污染物浓度超标的情况，规定最大许可时限，焚烧或混烧不应在排放超标的情况下持续焚烧废弃物超过 4h，且一年累积时间应少于 60h。

4）监测要求。运行者可以证实焚烧或混烧过程中产生的污染物不高于规定的排放限值，得到权威机构的许可后，可将 HCl、HF 及 SO_2 的连续监测用周期性监测替代；焚烧或混烧产生的废弃物排放量满足规定并低于设定排放限值的 50％，得到权威机构的许可后，可将重金属的监测频率由每年 2 次减为每两年 1 次，将二噁英的监测频率由每年 2 次减为每年 1 次；在投入使用的前 12 个月内，这两类测定至少为三个月进行 1 次。

5）烟气排放限值更加严格，WID 烟气排放限值见附表 2-4。

附表 2-4　　　欧盟《垃圾焚烧指令》（2000/76/EC）焚烧厂烟气污染物排放限值

污染物项目（标况下）	限值	取值时间
颗粒物（mg/m³）	30	半小时均值（100％）
	10	日均值
氮氧化物（NO$_x$）（mg/m³）	400	半小时均值（100％）
	200	日均值
二氧化硫（SO₂）（mg/m³）	200	半小时均值（100％）
	50	日均值
氯化氢（HCl）（mg/m³）	60	半小时均值（100％）
	10	日均值
氟化氢（HF）（mg/m³）	4	半小时均值（100％）
	1	日均值
汞及其化合物（以 Hg 计）（mg/m³）	0.05	测定均值[①]
镉、铊及其化合物（以 Cd+Tl 计）（mg/m³）	0.05	测定均值[①]
锑、砷、铅、铬、钴、铜、锰、镍及其化合物（以 Sb+As+Pb+Cr+Co+Cu+Mn+Ni 计）（mg/m³）	0.5	测定均值[①]
二噁英类（ng-TEQ/m³）	0.1	测定均值[②]
一氧化碳（CO）（mg/m³）	100	半小时均值（100％）
	50	日均值
总有机碳（mg/m³）	20	半小时均值（100％）
	10	日均值

[①] 在 0.5～8h 采集时间内的平均值；

[②] 在 6～8h 采集时间内的平均值。

2.2　欧盟《工业排放指令》（2010/75/EU）

2010 年，欧盟将"有关钛白粉工业废物排放的 78/176/EEC 号指令、有关钛白粉工业废物环境污染监控与评估的 92/883/EEC 号指令、有关钛白粉工业减排和零排放的项目协调工作的 92/112/EEC 号指令、有关限制部分工业活动及装修工程所使用的有机溶剂造成的易挥发有机化合物排放的 1999/13/EC 号指令、有关限制大型燃烧装置大气排放的 2001/80/EC 号指令、有关综合污染预防与控制的 2008/1/EC 号指令、有关生活垃圾焚烧的 2000/76/EC 号指令"，共计 7 项指令，整合并修订为欧盟《工业排放指令》（2010/75/EC），简称 IED（Industrial Emission Directive）。该指令由欧盟议会和欧盟理事会于 2010 年 11 月 24 日发布，自 2016 年 1 月 1 日起全面生效。其中，《综合污染预防与控制指令》（2008/1/EC），简称 IPPC（Integrated Pollution Prevention and Control）是欧盟环境法中唯一对工业污染源排放进行综合防治的指令，该指令第一版于 1996 年颁布（96/61/EC），先后经历了 4 次修订，2008 年最终将第一版 96/61/EC 及后来的 4 个修订指令整合编纂成一个完整版的《污染综合预防与控制指令》（2008/1/EC）。

IED 涉及能源产业、金属生产和加工、采矿、化工、废物处理等多个行业，该指令在修订过程中遵循了综合管理、最佳可行技术（BAT）、灵活性、监测管理、公众参与等五项原则，针对钛白粉生产装置、使用有机溶剂的设施和活动、废弃物焚烧和混烧装置、大型燃烧装置（≥50MW）等各类主要工业污染领域做出了详细而科学的规定，以期最大限度地减少整个欧盟范围内各种工业源的污染。

IED 第四章为有关焚烧和混烧设备的特别条款，实际为 WID 的修订内容，而在烟气排放限值方面，其污染物排放限值基本与 WID 保持一致，并未发生变化。与 WID（欧盟 2000 标准）相比，IED 其主要变化体现为：

1）内容更为简洁、清晰、易懂；

2）监测要求的一些变动。运行者可以证实焚烧或混烧过程中产生的污染物不高于规定的排放限值，得到权威机构的许可后，可将对 HCl、HF 及 SO_2 的连续监测取消；对于额定容量小于 6t/h 的现有垃圾焚烧或混烧装置，运行者可以证实焚烧或混烧过程中产生的污染物不高于规定的排放限值，得到权威机构的许可后，可将对 NO_x 的连续监测改为周期监测。

2.3 最佳可行技术（Best Available Techniques）

欧盟《工业排放指令》（IED）中明确规定工业装置在经济和技术可行的条件下，必须使用最佳可行技术（BAT）。因此，在制定许可证的条件时，包括排放限值，必须建立在 BAT 的基础之上。为了协助授权当局和企业来确定 BAT，委员会负责组织来自欧盟成员国、工业和环保组织的专家定期交流。BAT 结论（BAT Conclusions）通过最佳可行技术参考文件（BREF—BAT Reference）公布，通常 BAT 结论为 BREF 文件其中一个章节。值得注意的是，关于 BAT 的执行，在一些情况下可获得豁免，具体参照 IED 中指出以下三点：

1）合格的权威机构可设置不同于 BAT 相关的排放标准、额度、时间段和参考条件，但必须通过排放监测证明排放水平未超过 BAT 可实现的排放水平；

2）个别情况下，遵循 BAT 会对企业造成巨大成本支出，甚至超过该排放水平带来的环境效益，合格的权威机构可制定不同的排放水平，但必须用明确的标准进行评估且不可超过 IED 制定的排放限值；

3）为测试新兴的技术，合格的权威机构应能够暂时不遵循 BAT 的排放限值。

不同的 BREF 针对的领域不同，但编写文本的基本框架大致相同，具体内容框架见附表 2-5。

附表 2-5　　　　　　　　　　BREF（BAT Reference）文本框架

章节	内容
概要及适用范围	描述文件基本框架（每个章节的主要内容及结论）、立法背景及产生方式（信息是如何收集和评估的）以及如何使用该文件
基础概述	介绍行业的总体情况，包括涉及的装置的数量、规模、地域分布、生产能力和经济效益，结合一些相关部门的排放和消耗数据，指出关键的环境问题

续表

章节	内　　容
现有工艺和技术	简要介绍行业目前应用的生产工艺和技术，包括过程变量的描述、发展趋势和可替代工艺，反映一个典型的制造或处理单元的步骤
当前排放和消耗水平	介绍整个流程和其子流程的排放和消耗水平，包括当前使用的能源、水和原料等，可利用的数据包括废水、废气和固体残渣，子流程的输入和输出等
备选的 BAT	提供在确定 BAT 技术时关于减排或其他有利于环境的技术名录及可能采用的技术，包括污染预防、过程及末端控制技术和管理措施，描述包括每项技术的简要说明、运行数据、实施的环境效益、适用范围、实施成本、应用实例等
BAT 结论	确定行业一般情况下的 BAT 并给出使用 BAT 技术时其相关的排放水平建议，包括参考条件和监测频率，以便一般的 BAT 结论可在特定情况下使用
新兴技术	对正在开发的可能使成本降低或带来环境效益的新兴的污染防治技术进行识别，信息包括该技术的潜在效率、初步成本预算、预计技术商业可行之前所需时间等
总结及建议	给出行业信息交流活动的结论，确定缺口或不足。根据技术和经济的发展，对后续的研究或收集信息以及更新的参考文件的周期给出建议
附件	术语、参考文献、现行法律摘要、污染物排放的监测等

　　欧盟有关垃圾焚烧的 BAT 参考文件截至 2020 年底共发布了两版，第一版于 2006 年 8 月发布，最新一版于 2019 年下半年发布更新。最新的 2019 版垃圾焚烧 BAT 参考文件文本框架与上表总结的框架基本相似。附表 2-6 为 2019 版 BREF 文件中采用 BAT 技术时建议的相关排放水平，附表 2-7 为采样周期及各污染物监测频率总结（来源 2019 版 BAT 结论一章）。

附表 2-6　　　　欧盟垃圾焚烧发电 2019 版 BAT 相关排放水平（BAT-AELs）

污染物项目（标况下）	限值		取值时间
	新建厂	现有厂	
颗粒物（mg/m³）	<2～5		日均值①
氮氧化物 （NOₓ）（mg/m³）	50～120②	50～150②③	日均值
二氧化硫 （SO₂）（mg/m³）	5～30	5～40	日均值
氯化氢 （HCl）（mg/m³）	<2～6⑤	<2～8	日均值
氟化氢 （HF）（mg/m³）	<1		日均值
汞及其化合物 （以 Hg 计）（μg/m³）	<5～20⑦	<1～10	日均值或短期采样均值⑥ 长期采样
镉、铊及其化合物 （以 Cd＋Tl 计）（mg/m³）	0.005～0.02		短期采样均值

续表

污染物项目（标况下）	限值		取值时间
	新建厂	现有厂	
锑、砷、铅、铬、钴、铜、锰、镍及其化合物 （以 Sb＋As＋Pb＋Cr＋Co＋Cu＋Mn＋Ni 计）（mg/m³）	0.01～0.3		短期采样均值
二噁英类（PCDD/F）⑧ （ng I-TEQ/m³）⑨	＜0.01～0.04 ＜0.01～0.06	＜0.01～0.06 ＜0.01～0.08	短期采样均值长期采样
二噁英类多氯联苯 （DL-PCBs）⑧（ng WHO-TEQ/m³）⑨	＜0.01～0.06	＜0.01～0.08	短期采样 均值
	＜0.01～0.08	＜0.01～0.10	长期采样
一氧化碳 （CO）（mg/m³）	10～50		日均值
总挥发性有机化合物 （TVOC）（mg/m³）	＜3～10		日均值
氨气 （NH₃）(mg/m³)	2～10②④		日均值

①对现有危废焚烧厂,且袋式除尘器使用受到限制时，颗粒物范围上限值取 7mg/m³；

②使用 SCR 可达到 NO$_x$ 范围下限；但焚烧高氮含量垃圾时（如有机氮化合物生产残渣），该范围下限可能无法达到；

③SCR 工艺不适用，仅采用 SNCR 情况下，NO$_x$ 范围上限取 180mg/m³；

④设置 SNCR 工艺但未设置湿法工艺的现有厂，NH₃ 范围上限取 15mg/m³；

⑤使用湿法洗涤塔 HCl 排放可达到范围下限；而范围上限与干法吸附剂喷射相关；

⑥Hg 的半小时均值，新建厂取 15～35μg/m³，现有厂取 15～40μg/m³；

⑦Hg 范围上限与干法吸附剂喷射相关；范围下限在以下情况可达到：进炉含 Hg 量稳定且低（例如受控单一来源垃圾）；焚烧非危废情况下，采用特定技术防止或降低汞排放峰值；

⑧适用于 PCDD/F 的 BAT-AELs 和适用于 DL-PCBs 的 BAT-AELs；

⑨I-TEQ 为北大西洋公约国际毒性当量；WHO-TEQ 为世界卫生组织毒性当量。

附表 2-7   **欧盟垃圾焚烧发电——2019 年 BAT 结论中均值定义、
采样周期及各污染物监测频率**

名称或项目	定义或要求
半小时均值（连续监测）	30min 平均值
日均值（连续监测）	一天内基于有效半小时均值的平均数
短期采样均值（周期监测）	3 次连续监测的平均值，每次至少 30min；由于采样或分析的限制，对于 30min 采样/监测和/或 3 次连续监测的平均值不适用的情况，可以采用更加合适的程序，对于二噁英类，采集时间取 6～8h
长期采样（周期监测）	2～4 周采样周期的值
NO$_x$、SO₂、HCl、CO、TVOC、NH₃ 颗粒物	连续监测
HF	连续监测①

续表

名称或项目	定义或要求
Hg	连续监测②
金属和类金属（As、Cd、Co、Cr、Cu、Mn、Ni、Pb、Sb、Tl、V）不包含汞	短期采样均值，监测周期为 6 个月
PCDD/F	短期采样均值，监测周期为 6 个月
	长期采样，监测周期为每个月③
DL-PCBs	短期采样均值，监测周期为 6 个月④
	长期采样，监测周期为每个月③④

① 若 HCl 排放水平稳定，可用周期性监测替代 HF 的连续监测；

② 若进炉含 Hg 量稳定且低（例如受控单一来源垃圾），可用周期监测替代汞连续监测；

③ 该监测不适用于排放水平比较稳定的情况；

④ 该监测不适用于 DL-PCBs 排放浓度低于 0.01ng WHO-TEQ/m³。

从附表 2-6、附表 2-7 可以看出，2019 版 BREF 中规定的 BAT-AELs、采样周期及监测频率较 IED（2010/75/EU）相比，有了较多的变化，主要体现在：

1）污染物项目增加及修改。增加了 DL-PCBs、NH_3 两项；TOC 改为 TVOC。

2）建议排放水平由单一数值调整为范围。针对颗粒物、NO_x、SO_2、HCl、PCDD/F 及 PCDD/F＋DL-PCB 几项，对新建厂/现有厂建议的排放水平范围上限不同，其中对新建厂的定义为：在 2019 版本 BREF 发布之后获得许可证的垃圾焚烧厂或在 2019 版 BREF 发布之后完全被改造替代的垃圾焚烧厂。

3）部分污染物项目 BAT-AELS 上限的提标。新建厂较 IED：CO 及 HF 两项排放范围上限维持不变；修改后的 TVOC 与原 TOC 排放范围上限维持不变；在标准状态下，颗粒物＜5mg/m³〔↓50%〕，HCl＜6mg/m³〔↓40%〕，SO_2＜30mg/m³〔↓40%〕，NO_x＜120mg/m³〔↓40%〕，Hg＜0.02mg/m³〔↓60%〕，Cd＋Tl＜0.02mg/m³〔↓60%〕，Sb＋As＋Pb＋Cr＋Co 等＜0.3mg/m³〔↓40%〕，二噁英类＜0.04ng-TEQ/m³〔↓60%〕。

4）取值时间及监测频率的变化。BAT-AELs 增加了一项频率为每月 1 次的周期性监测，该监测为 2～4 周的长期采样；Hg 的监测变为连续监测，但若可证实排放水平低且稳定，可变为每月 1 次或每 6 个月 1 次的周期性监测；二噁英污染物项目采用每月 1 次的周期性监测，但若可证实排放水平低且稳定，可变为每 6 个月 1 次的周期性监测。

3 日本标准

日本在经济高速发展的 20 世纪 60 年代，环境污染问题加剧，为解决公害问题，日本颁布了《废弃物处理法》《大气污染防治法》《二噁英类对策特别措施法》等法律。日本《废弃物处理法》中特别规定了垃圾焚烧厂应达到的技术条件，例如燃烧温度、建筑结构等，并要求对焚烧厂排放的三废进行有毒有害物质浓度的检测。日本《二噁英类对策特别措施法》中详细规定了焚烧厂二噁英排放水平：对于处理量大于 4t/h 的垃圾焚烧厂，要求 2000 年前建设的＜1ng-TEQ/m³；2000 年后建设的＜0.1ng-TEQ/m³（标况下）。

日本没有针对垃圾焚烧或混烧的专门标准或法令章节，有关垃圾焚烧行业的大气污染控制相关规定可依据日本《大气污染防治法》，该法令的核心内容为大气污染物的排放标准体系及其内容。其中排放标准体系由固定源和移动源的相关标准法规组成，并对排放总量和排放浓度的限制指标做出了规定。《大气污染防治法》规定地区可以制定严于国家排放标准的地区排放标准。固定源的大气污染物排放标准有七种类型，排放标准的类型和限制范围见附表 2-8。固定源大气污染物可分为五类型，污染物类型、每类具体物质及排放设施见附表 2-9。

附表 2-8　　　　日本《大气污染防治法》固定源排放标准类型和限制范围

标准类型	限制对象	限制设施	限制地区	限制方式	制定者
一般排放标准	所有烟气	所有设施	所有地区	总量、浓度	国家
特别排放标准	二氧化硫 颗粒物 特定有害物质	新建设施	总理府令 规定的地区	总量、浓度	国家
追加排放标准	颗粒物 有害物质	所有设施	条例规定的地区	浓度	都道府县
总量限制标准	二氧化硫 氮氧化物	所有设施	政府规定的地区	总量	都道府县
设备的构造、 使用及管理标准	普通粉尘	所有设施	所有地区	使用及管理办法	国家
大气中允许 浓度标准	特定粉尘	所有设施	工厂及事业单位 的某一界限范围	浓度	国家
事故排放限制	特定物质	所有设施	所有地区	应急措施	都道府县

附表 2-9　　　　日本《大气污染防治法》固定源污染物类型、具体物质及排放设施

污染物类	具体物质	排放设施
烟气	二氧化硫、颗粒物、有害物质（镉等有害物质、氮氧化物）	锅炉、垃圾焚烧炉等燃料燃烧设施
挥发性有机物	—	以具有挥发性的有机化合物作为溶剂的化学制品进行干燥的设备；喷涂设施（仅限于喷雾、涂装）；汞喷涂用的干燥设施（除电沉积涂料喷涂）
粉尘	普通粉尘：限制标准以设备的结构、使用和管理标准制定	矿石、沙土等粉碎、筛选、机械处理
粉尘	特定粉尘（石棉）：限制标准以大气中的允许浓度表示	石棉粉碎、混合及其他机械处理；含石棉的建筑材料的爆破、改建、维修
特定物质 （28 种）	氨、氟化氢、氰化氢、一氧化碳、甲醛、甲醇、硫化氢、丙烯醛、二氧化硫、苯、吡啶、苯酚、硫酸（含三氧化硫）、磷化氢、氯化氢、氟化硅、二氧化硒、黄磷等	特定设施发生故障、破损时
有害物质 （列入 200 多种， 其中优先 控制 23 种）	丙烯腈、乙醛、氯乙烯、氯甲烷、铬和三价铬化合物、六价铬化合物、氯仿、氧化乙烯、1，2-二氯乙烯、二氯甲烷、汞及其化合物、二噁英类、四氯乙烯、三氯乙烯、甲苯等。其中，二噁英类依照《二噁英类对策特别措施法》处理	供苯回收用蒸馏设施（常压蒸馏设施除外）；三氯乙烯等混合设施，混合槽容量 5L 以上（密封式除外）；四氯乙烯干洗机，处理能力 30kg 等

在垃圾焚烧厂污染控制方面，日本《大气污染防治法》中主要规定了四项污染物，而许多焚烧厂自愿设定更加严格的标准，例如附表 2-10 最右栏列出的东京地区焚烧厂执行的标准，除此之外，东京地区焚烧厂会监测更多的污染物。日本烟气污染物排放限值参考的基准氧含量为 12%，与国内、欧盟的 11% 不同。

附表 2-10　　　　　　　　　　　　日本垃圾焚烧发电——烟气污染物排放限值

污染物项目	法律规定限值（标况下）	东京焚烧厂标准（标况下）
颗粒物	40mg/m³	10mg/m³
氯化氢（HCl）	700mg/m³	10ppm（16.1mg/m³）
氮氧化物（NO$_x$）	250ppm（513.0mg/m³）	50ppm（102.6mg/m³）
二氧化硫（SO$_2$）	总量控制 允许排放量（m³/h）$= K \times 10^{-3} \times H_e^2$ H_e 为烟囱高度 一般排放标准 K 值 3.0～17.5 特别排放标准 K 值 1.17～2.34	浓度控制 10ppm（28.5mg/m³）

4　美国标准

美国根据焚烧垃圾种类，分别制定了不同的焚烧炉污染物排放标准，见附表 2-11。美国环保局在制定标准时，体现了新源、旧源区别对待的原则。在污染物项目上，各焚烧炉污染排放标准的控制项目几近相同。其中，危废焚烧炉污染物控制项目在常规污染物项目控制的基础上，更加侧重了对有毒有害物质的控制，另外规定水泥窑、轻骨料窑、固体燃料锅炉、液态燃料锅炉、盐酸炉协同处置废物时也依照该标准执行。考虑垃圾焚烧种类和焚烧装置的特点，以上各焚烧炉污染排放标准的限值有所区别。

附表 2-12、附表 2-13 为美国 LMWC 烟气污染物排放限值，主要有以下特点：

1) 中国和欧盟标准排放限值在标准状态下一般以 11% 氧含量（干烟气）作为换算，而 LMWC 标准中基准氧含量取 7%。

2) 中国和欧盟标准中重金属污染项目控制指标主要有三类，汞及其化合物为一类，镉、铊及其化合物为一类，锑、砷、铅、铬、钴、铜、锰、镍及其化合物为一类；而 LMWC 标准中仅对汞、镉、铅三种重金属做出排放限值要求。

3) 中国和欧盟标准中二噁英类排放限值一般使用毒性当量因子进行折算，即将各二噁英同类物浓度折算为相当于 2，3，7，8-四氯代二苯并-对-二噁英毒性的等价浓度，毒性当量浓度为实测浓度与该异构体的毒性当量因子的乘积；而 LMWC 标准中规定的浓度为二噁英类的实际浓度。

4) 中国和欧盟标准中 HCl、SO$_2$、NO$_x$ 排放限值采用的单位为 mg/m³（标况下）；而 LMWC 标准中该几项的单位采用 ppm，此外对于现有厂，根据焚烧装置类型的不同，规定的 NO$_x$ 排放限值有所区别。

附表 2-11 　　　　　**美国垃圾焚烧污染物控制相关标准名称及对应法规**

标准	法规
大型生活垃圾焚烧炉（LMWC）（>250t/d）	美国联邦法规第 40 卷环境保护部分的新固定源标准章节（40 CFR Part 60）
小型生活垃圾焚烧炉（SMWC）（35～250t/d）	
商业和工业固体废物焚烧炉（CISWI）	
污泥焚烧炉	
其他固体废物焚烧炉（OSWI）	
医院/医疗/感染性废物焚烧炉（HMIHI）	
危险废物焚烧炉	美国联邦法规第 40 卷环境保护部分的有害大气污染物国家排放标准章节（40 CFR Part 63）

附表 2-12 　　**美国大型生活垃圾焚烧炉——烟气污染物排放限值（>250t/d）**

污染物项目	大型生活垃圾焚烧炉（LMWC）	
	新建厂 （2005 年 12 月之后）	现有厂 （1994 年 9 月至 2005 年 12 月）
二噁英/呋喃（ng/m³）	13	21
镉（Cd）（mg/m³）	0.0035	0.031
铅（Pb）（mg/m³）	0.084	0.25
汞（Hg）（mg/m³）	0.049，或排放量减少 90%	0.080，或排放量减少 85%
颗粒物（mg/m³）	9.5	24
氯化氢（HCl）（ppm）	25(40.7mg/m³)， 或排放量减少 98%	26(42.4mg/m³)， 或排放量减少 97%
二氧化硫（SO_2）（ppm）	19(54.3mg/m³)， 或排放量减少 90%	23(65.7mg/m³)， 或排放量减少 80%
氮氧化物（NO_x）（ppm）	180(369.7mg/m³)/ 运行一年后 150(308.1mg/m³)	取决于焚烧装置类型

注　来源 Federal Register/Vol. 83, No. 116/Friday, June 15, 2018/Proposed Rules。

附表 2-13 　　**美国商业和工业固体废物焚烧炉（CISWI）——烟气污染物排放限值**

污染物项目	商业和工业固体废物焚烧炉（CISWI）	
	新建厂 （2010 年 6 月之后）	现有厂 （1999 年 11 月至 2010 年 6 月）
二噁英/呋喃（ng-TEQ/m³）	0.13	0.41
镉（Cd）（mg/m³）	0.0023	0.004
铅（Pb）（mg/m³）	0.015	0.04
汞（Hg）（mg/m³）	0.000 84	0.47
颗粒物（mg/m³）	18	70
氯化氢（HCl）（ppm）	0.091(0.15mg/m³)	62(100.1mg/m³)
二氧化硫（SO_2）（ppm）	11(31.4mg/m³)	20(57.1mg/m³)

续表

| 污染物项目 | 商业和工业固体废物焚烧炉（CISWI） | |
	新建厂 （2010年6月之后）	现有厂 （1999年11月至2010年6月）
氮氧化物（NO$_x$）（ppm）	23（47.2mg/m³）	388（797.0mg/m³）
一氧化碳（CO）（ppm）	17（21.3mg/m³）	157（196.3mg/m³）
不透明度	—	10%

注 来源 Federal Register/Vol. 70，No. 242/Monday，December 19，2005/Proposed Rules。

5 小结

我国《生活垃圾焚烧污染控制标准》（GB 18485—2014）及其修改单中的内容很大程度参考了欧盟《垃圾焚烧指令》（2000/76/EC）及欧盟《工业排放指令》（2010/75/EC），因此中国及欧盟之间的垃圾焚烧污染控制标准及法令较为接近，但却与美国及日本的标准及法律存在较大差异。附表2-14从相关法律文件、标准适用范围、是否区分新源/旧源、基准氧含量、污染物类别及排放限值几方面对中国、欧盟、美国、日本垃圾焚烧污染控制标准进行了对比分析。

综上可看出，尽管中国部分地方标准、日本地区或企业标准较欧盟《工业排放指令》（2010/75/EU）排放限值更为严格，但从国家标准的层面上来进行对比，欧盟《工业排放指令》在污染项和排放限值上仍旧最为严格。随着2019版欧盟垃圾焚烧BAT参考文件的发布，欧盟垃圾焚烧污染控制方面将面临进一步的提标。BAT参考文件在BAT结论一章中详细描述了最新的欧盟垃圾焚烧污染控制要求，与2010/75/EU相比较：

1）增加了NH$_3$和DL-PCBs两项污染监测项，TOC修改为TVOC；

2）将一些常规项的排放限值修改为一个范围，并具体说明采用某种特定的BAT技术即可达到范围内较严格的排放水平；

3）各常规项进行了全面提标，较原先的控制浓度削减40%及以上；

4）首次区别对待新源/旧源；

5）同时更加详细地对均值、采样周期及监测频率进行说明；

6）部分污染项目若可证实其排放低于规定的排放限值且足够稳定，则监测频率可酌情减少。

考虑我国长期以欧盟标准为参考，推测我国垃圾焚烧污染控制标准今后也会进行提标，向欧盟更加靠近，例如，常规项的增加及提标、监测频率可根据运行情况予以减少等，但具体的修订仍需充分结合我国实际国情。

附表2-14 中国、欧盟、美国、日本垃圾焚烧污染控制标准分析对比

名称	中国	欧盟	美国	日本
相关法律文件	执行GB 18485—2014及其修改单；地方可采用更加严格的地方标准（上海、深圳、海南、福建等地方标准）	最初执行2000/76/EC，修订后执行2010/75/EU；向2019版BAT参考文件中规定的排放限值进行过渡	根据焚烧垃圾种类，分别制定了不同的焚烧炉污染排放标准，有大/小型生活垃圾焚烧炉标准、商业和工业固体废物焚烧炉等	执行《二噁英类对策特别措施法》《大气污染防治法》；地区或企业可采用更加严格的标准

续表

名称	中国	欧盟	美国	日本
标准适用范围	适用生活垃圾焚烧炉、掺入生活垃圾进炉（窑）质量超过30%的工业窑炉、生活污水处理设施产生污泥的专用焚烧炉、一般工业固体废物的专用焚烧炉	2010/75/EU 涉及能源产业、金属生产、采矿、化工、废物处理等多个行业。指令第四章为废物焚烧及共焚烧章节，其适用对象主要为生活垃圾、商业及工业垃圾，不适用于只处理生物质能垃圾、放射性垃圾、非供人类消耗的动物尸体垃圾等废弃物的设施	不同垃圾焚烧炉有相应的焚烧炉污染排放标准	《大气污染防治法》适用于固定源及移动源，固定源根据排放标准类型、污染物类型及具体污染项，可适用于燃煤锅炉、垃圾焚烧炉、化工厂、金属提炼厂等
新源/旧源	不区分新源/旧源	2010/75/EU 不区分新源/旧源；2019 版 BAT 排放限值区分新源/旧源	区分新源/旧源	（1）二噁英类区分新源/旧源；（2）其他几项污染物未区分新源/旧源
基准氧含量	11%	11%	7%	12%
污染物项目	常规项为颗粒物、NO_x、SO_2、HCl、Hg、Cd＋Tl、Sb＋As＋Pb＋Cr＋Co＋Cu＋Mn＋Ni、二噁英类、CO；海南、深圳地方标准增加了TOC	2010/75/EU 常规项比中国国标多 HF、TOC 两项；BAT 常规项比 2010/75/EU 多 NH_3、二噁英类多氯联苯两项，且 TOC 修改为 TVOC	大型生活垃圾焚烧炉标准中常规项为二噁英类（实际浓度）、Cd、Pb、Hg、颗粒物、HCl、SO_2、NO_x	针对垃圾焚烧厂常规项为颗粒物、HCl、NO_x、SO_2、二噁英类；地区及企业可监测更多污染项

对中国、欧盟、美国、日本主要几项污染物排放限值进行对比（统一基准氧含量为11%标态、干烟气，进行折算。区分新/旧源的，取新建厂限值），结果如附表 2-15 所列。附表 2-16 汇总了欧盟和我国垃圾焚烧烟气污染物排放限值。

附表 2-15 中国、欧盟、美国、日本垃圾焚烧污染控制标准——烟气污染物排放限值换算后对比

标准	二噁英类（标况下）	颗粒物（标况下）	NO_x（标况下）	SO_2（标况下）
	ng-TEQ/m³	mg/m³	mg/m³	mg/m³
中国国标 GB 18485—2014	0.1	20	250	80
中国海南省地方标准	0.05	8	120	20
欧盟 2010/75/EU	0.1	10	200	50
欧盟 2019 版 BAT（新排放源）	<0.01～0.04	<2～5	50～120	5～30
美国大型生活垃圾焚烧炉	实测浓度无法对比	7	220	39
日本国标	0.11（2000 年后建设）	44	564	总量控制
东京焚烧厂标准	0.11	11	113	31

注 表中数据为按"含氧量11%、标态、干烟气"的排放限值换算结果。

303

附表2-16　欧盟和我国垃圾焚烧发电烟气污染物排放限值汇总（欧盟2000版、2010版、2019年BAT-AELs建议版和GB 18485—2014）

序号	污染物名称（标况下）	BAT-AELs建议限值（WI BREF 12/2019）		采样时间	Directive 2000/76/EC 垃圾焚烧	Directive 2010/75/EU 工业排放	GB 18485—2014 生活垃圾焚烧污染控制标准
		新厂	老厂				
1	颗粒物（mg/m³）	<2~5	<2~5	每日（24h均值）	24h均值：10 半小时均值：(100%) A-30 (97%) B-10	24h均值：10 半小时均值：(100%) A-30 (97%) B-10	24h均值：20 1h均值：30
2	氮氧化物/NO_x（mg/m³）	50~120	50~150（SCR工艺不适用情况下，NO_x不适用BAT-AELs范围上限取180mg/m³）	每日（24h均值）	24h均值：200 半小时均值：(100%) A-400 (97%) B-200	24h均值：200 半小时均值：(100%) A-400 (97%) B-200	24h均值：250 1h均值：300
3	二氧化硫/SO_2（mg/m³）	5~30	5~40	每日（24h均值）	24h均值：50 半小时均值：(100%) A-200 (97%) B-50	24h均值：50 半小时均值：(100%) A-200 (97%) B-50	24h均值：80 1h均值：100
4	氯化氢/HCl（mg/m³）	<2~6	<2~8	每日（24h均值）	24h均值：10 半小时均值：(100%) A-60 (97%) B-10	24h均值：10 半小时均值：(100%) A-60 (97%) B-10	24h均值：50 1h均值：60
5	汞及其化合物（以Hg计）（μg/m³）	<5~20 1~10 <5~20		每日（24h均值）②③ 长期采样（2~4周，在线监测）② 周期性、短期②	取样时间：0.5~8h 测定均值：0.05	取样时间：0.5~8h 测定均值：0.05	测定值：0.05

续表

序号	污染物名称 (标况下)	BAT-AELs 建议限值 (WI BREF 12/2019)		采样时间	Directive 2000/ 76/EC 垃圾焚烧	Directive 2010/ 75/EU 工业排放	GB 18485—2014 生活垃圾焚烧 污染控制标准
		新厂	老厂				
6	镉、铊及其化合物 (以 Cd+Tl 计) (mg/m³)	0.005~0.02		周期性、短期	测定均值: 0.05	测定均值: 0.05	测定均值: 0.1
7	锑、砷、铅、铬、钴、铜、锰、镍及其他化合物 (以 Sb+As+Pb+Cr+Co+Cu+Mn+Ni 计) (mg/m³)	0.01~0.30 (包括钒)		周期性、短期	测定均值: 0.5	测定均值: 0.5	测定均值: 1.0
8	二噁英类 (ng TEQ/m³)	PCDD/F④: <0.01~0.06 PCDD/F+DL-PCB: <0.01~0.08	PCDD/F: <0.01~0.04 PCDD/F+DL-PCB: <0.01~0.06	长期采样 (2~4 周)⑤ 周期性、短期	取样时间: 6~8h 测定均值: 0.1	取样时间 6~8h 测定均值: 0.1	测定均值: 0.1
9	一氧化碳/C (mg/m³)	10~50		每日 (24h均值)	24h均值: 50 半小时均值: 100 10min均值: 150	24h均值: 50 半小时均值: 100 10min均值: 150	24h均值: 80 1h均值: 100

续表

序号	污染物名称（标况下）	BAT-AELs建议限值（WI BREF 12/2019） 新厂	老厂	采样时间	Directive 2000/76/EC 垃圾焚烧	Directive 2010/75/EU 工业排放	GB 18485—2014 生活垃圾焚烧污染控制标准
10	氟化氢/HF（mg/m³）	<1	<1	每日（24h均值）①	24h均值：1 半小时均值：(100%) A—4；(97%) B—2	24h均值：1 半小时均值：(100%) A—4；(97%) B—2	—
11	总有机碳/TOC/T(V)OC（mg/m³）		<3~10	每日（24h均值）	24h均值：10 半小时均值：(100%) A—20；(97%) B—10	24h均值：10 半小时均值：(100%) A—20；(97%) B—10	—
12	烟气黑度				—	—	测定均值：1
13	氨/NH_3（mg/m³）	2~10	2~0	每日（24h均值）	—	—	—

欧盟2019版BATAELs（BAT：BEST AVAILABLE TECHNIQUE）建议排放限值的相关说明：

①若HCl排放水平稳定，可用周期性监测取代HF的连续监测。

②若入炉垃圾含汞量稳定且低（例如组分受控的单一来源垃圾），可用周期监测取代汞的连续监测。

③汞半小时平均指示值（非BAT-AELs，标况下）：新厂15~35μg/m³；老厂15~40μg/m³。

④PCDD/F或PCDD/F+DL-PCBs适用于BAT-AELs。如果DL-PCBs排放浓度低于0.01ng WHO-TEQ/m³，该项监测可不进行。

⑤排放水平比价稳定的情况下，BAT-AELs规定的长期取样限值可不进行监测。

附录三　国内外垃圾焚烧发电设施分布现状

【中国大陆】至 2022 年 7 月 12 日，中国大陆垃圾焚烧发电设施共计 932 座联网运行项目（对应的项目公司法人，共计 822 个），总规模约 92.6 万 t/d，项目平均规模约 993t/d。若包括已投产但未联网的项目，则运营中的项目已超过 1000 座；建设中的和筹建中的项目，全国约 200～300 个。据此，估计我国大陆垃圾焚烧发电设施，运营、在建、筹建项目的总设计规模，已超过 110 万 t/d。

【中国台湾、香港、澳门】至 2022 年底，台湾现有 24 座焚烧项目，总设计规模约 25 000t/d；香港 1 座规模为 3000t/d（在建）；澳门，2 座，设计规模约 1700t/d。

【欧盟】据国际会议交流信息，2017 年欧盟共有 492 座垃圾焚烧发电设施在运行中（不包括危废焚烧厂），当年焚烧处理垃圾约 9600 万 t。

【日本】根据日本政府 2019 年公布最新信息，日本现有垃圾焚烧设施共计 1087 座，总设计规模约 17.9 万 t/d。其中，385 座厂具有发电功能（总设计规模约 12.1 万 t/d）。

【美国】根据 2017 年统计数据，美国运行中的垃圾焚烧发电设施共计 77 座，总设计规模约 8.0 万～9.0 万 t/d。

附表 3-1～附表 3-5 分别列出了中国大陆、中国台湾、日本、欧盟、美国的垃圾焚烧发电设施规模与分布情况。附图 3-1 和附图 3-2 对中国大陆各省、自治区、直辖市的总规模、项目数量、项目平均规模进行了排序。

附表 3-1　　　　中国大陆垃圾焚烧发电项目——联网运行项目统计汇总
（截至 2022 年 7 月 12 日）

序号	省、自治区、直辖市	项目公司数量	项目数量（按政府部门的立项数量统计）	项目总规模	按焚烧线数量统计		
					联网炉排炉	联网流化床	联网总数量
		个	座	t/d	台/套	台/套	台/套
1	北京市	12	12	17 775	30	0	30
2	天津市	13	14	17 850	30	3	33
3	河北省	59	67	58 150	109	3	112
4	山西省	11	12	12 760	12	14	26
5	内蒙古自治区	6	6	5950	5	8	13
6	辽宁省	12	12	18 600	28	0	28
7	吉林省	14	16	12 270	14	11	25
8	黑龙江	11	13	10 650	13	8	21
9	上海市	10	13	23 050	41	0	41
10	江苏省	60	86	89 875	172	18	190

续表

序号	省、自治区、直辖市	项目公司数量	项目数量（按政府部门的立项数量统计）	项目总规模	按焚烧线数量统计		
					联网炉排炉	联网流化床	联网总数量
		个	座	t/d	台/套	台/套	台/套
11	浙江省	76	90	86 970	146	32	178
12	安徽省	48	52	41 835	82	7	89
13	福建省	34	48	39 075	82	3	85
14	江西省	38	39	32 050	66	2	68
15	山东省	93	99	83 675	177	10	187
16	河南省	57	61	56 173	109	4	113
17	湖北省	24	26	22 630	37	13	50
18	湖南省	23	27	26 750	52	2	54
19	广东省	68	79	114 743	202	1	203
20	广西壮族自治区	15	15	15 000	31	0	31
21	海南省	12	13	14 200	29	0	29
22	重庆市	15	15	17 950	32	0	32
23	四川省	40	43	43 450	87	2	89
24	贵州省	19	21	15 200	35	0	35
25	云南省	22	23	17 800	29	11	40
26	陕西省	13	13	15 450	23	2	25
27	甘肃省	9	9	6800	11	2	13
28	宁夏回族区	3	3	3000	2	4	6
29	新疆维吾尔自治区	4	4	5650	4	2	6
30	青海省	0	0	0	0	0	0
31	西藏自治区	0	0	0	0	0	0
	合 计	**822**	**932**	**926 331**	**1690**	**164**	**1854**

注 1. 数据来源于国家生态环境部"装、树、联"信息平台；
　　2. 未联网项目，没有统计在表中。

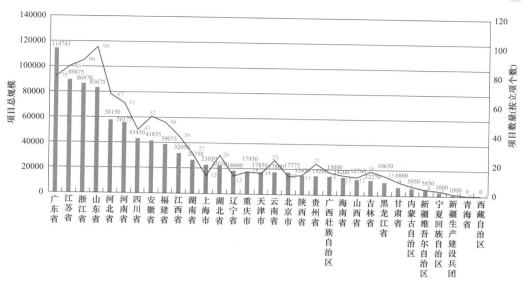

附图 3-1　中国大陆垃圾焚烧发电设施联网运营项目统计（截至 2022 年 7 月）

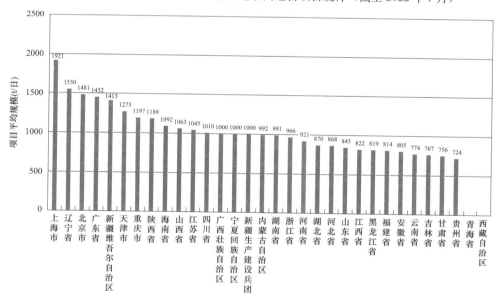

附图 3-2　中国大陆垃圾焚烧发电设施联网运营项目平均规模统计（截至 2022 年 7 月）

附表 3-2　　　　　　　　　　　中国台湾垃圾焚烧发电项目一览表

序号	项目	规模（t/d）	状态
1	新竹市南寮项目	900	已投运
2	苗栗县竹南项目	500	已投运
3	台中县后里项目	900	已投运
4	台中市项目	900	已投运

序号	项目	规模（t/d）	状态
5	彰化县溪州项目	900	已投运
6	嘉义市项目	300	已投运
7	嘉义县鹿草项目	900	已投运
8	台南县永康项目	900	已投运
9	台南市城西项目	900	已投运
10	高雄县仁武项目	1350	已投运
11	高雄市中区项目	900	已投运
12	高雄市南区项目	1800	已投运
13	高雄县冈山项目	1350	已投运
14	桃园县项目	1350	已投运
15	屏东县崁顶项目	900	已投运
16	台北市北投项目	1800	已投运
17	台北市内湖项目	900	已投运
18	台北县八里项目	1350	已投运
19	台北县树林项目	1350	已投运
20	台北县新店项目	900	已投运
21	台中县乌日项目	900	已投运
22	宜兰县利泽项目	600	已投运
23	木栅项目	1500	已投运
24	基隆市项目	600	已投运
小计	24	24 650	
25	云林林内项目	—	未运营
26	新竹科学园区项目	—	未运营
27	台东县达和项目	—	未运营
小计	3	—	
总计	27	24 650	

附表 3-3（a）　　日本垃圾焚烧设施信息汇总统计（截至 2019 年）

说明：

1. 数据发布部门：日本环境省（http：//www.env.go.jp/recycle/waste_tech/ippan/index.html）

2. 数据调查年月：2019 年

3. 数据公开日期：2021 年 10 月 22 日

4. 含熔融设施

总体概况

1. 总数量：1087 座（这些设施，投产日期介于 1966~2023 年之间）。其中：

　已废止、停运的设施：119 座（投产日期介于 1966~2008 年之间）

规模变更中的设施：9座

新建后投产的设施：14座（2019年及之后投产）

正在建设中的设施：20座

移交管理（委托运营）的设施：2座

2. 总规模：共计 17.9 万 t/d

3. 单厂平均规模：163.7t/d

4. 发电设施数量：385座配置了发电设备（385座中，其中81座的发电仅供给自用电）

最大的装机容量（东京都1800t/d设施）：5.0 万 kW

装机容量5.0 万 kW以下、1.0 万 kW及以上的设施：59座

装机容量1.0 万 kW以下、0.1 万 kW及以上的设施：291座

5. 发电之外的热能利用（供汽和供热水）：大部分设施都具有向外、向内的供汽和供热水功能；

没有任何热能利用的设施：340多座（这些设施，投产时间大都在1992年之前，或者就是规模很小）

全厂规模与单炉规模分布

全厂规模（t/d）	数量（座）	单炉规模（t/d）	数量（座）
1500（含）以上	2	600（含）以上	4
1000～1500	4	500～600	1
600～1000	46	400～500	6
400～600	63	300～400	25
300～400	65	200～300	41
200～300	119	150～200	74
100～200	288	100～150	146
50～100	196	50～100	304
50（不含）以下	304	30～50	163
		20～30	101
		10～20	110
		10（不含）以下	112
合计	1087	合计	1087

附表 3-3（b）　日本垃圾焚烧设施单炉规模 300t/d 及以上设施统计（截至 2019 年）

序号	都、道、府名称	地方公共团体名称	设施名称	处理对象	设施种类	处理方式	总规模（t/d）	炉数（台）	单炉规模[t/(d·炉)]	投产年份
1	东京都	东京二十三区清扫一部事务组合	东京二十三区清扫一部事务组合新江东清扫工场	可燃垃圾，垃圾处理残渣	焚烧	炉排炉（可动）	1800	3	600	1998

续表

序号	都、道、府名称	地方公共团体名称	设施名称	处理对象	设施种类	处理方式	总规模（t/d）	炉数（台）	单炉规模 [t/(d·炉)]	投产年份
2	爱知县	名古屋市	名古屋市南阳工场	可燃垃圾，垃圾处理残渣，粪便处理残渣	焚烧	炉排炉（可动）	1500	3	500	1997
3	神奈川县	横滨市	资源循环局保土ケ谷工场	可燃垃圾，大件垃圾	焚烧	炉排炉（可动）	1200	3	400	1980
4	神奈川县	横滨市	资源循环局金沢工厂	可燃垃圾，大件垃圾，垃圾处理残渣，粪便处理残渣	焚烧	炉排炉（可动）	1200	3	400	2001
5	神奈川县	横滨市	资源循环局鹤见工场	可燃垃圾，大件垃圾，垃圾处理残渣	焚烧	炉排炉（可动）	1200	3	400	1995
6	神奈川县	横滨市	资源循环局都筑工场	可燃垃圾，大件垃圾，垃圾处理残渣	焚烧	炉排炉（可动）	1200	3	400	1984
7	北海道	札幌市	札幌市白石清掃工场	可燃垃圾，垃圾处理残渣	焚烧	炉排炉（可动）	900	3	300	2002
8	大阪府	大阪广域环境施舍组合	舞洲工场	混合（未分类）垃圾，垃圾处理残渣	焚烧	炉排炉（可动）	900	2	450	2001
9	福冈县	福冈市	福冈市临海工厂	可燃垃圾，垃圾处理残渣，粪便处理残渣	焚烧	炉排炉（可动）	900	3	300	2001
10	东京都	东京二十三区清扫一部事务组合	东京二十三区清扫一部事务组合港清扫工场	可燃垃圾，垃圾处理残渣	焚烧	炉排炉（可动）	900	3	300	1998

序号	都、道、府名称	地方公共团体名称	设施名称	处理对象	设施种类	处理方式	总规模（t/d）	炉数（台）	单炉规模[t/(d·炉)]	投产年份
11	大阪府	大阪广域环境施舍组合	平野工场	混合（未分类）垃圾	焚烧	炉排炉（可动）	900	2	450	2003
12	兵库县	神户市	東クリーンセンター	可燃垃圾，垃圾处理残渣	焚烧	炉排炉（可动）	900	3	300	2000
13	神奈川县	川崎市	浮島处理センター	混合（未分类）垃圾，垃圾处理残渣	焚烧	炉排炉（可动）	900	3	300	1995
14	东京都	东京二十三区清扫一部事务组合	东京二十三区清扫一部事务组合足立清扫工场	可燃垃圾，其他，垃圾处理残渣	焚烧	炉排炉（可动）	700	2	350	2004
15	京都府	京都市	京都市东北部クリーンセンター	混合（未分类）垃圾，垃圾处理残渣	焚烧	炉排炉（可动）	700	2	350	2001
16	爱知县	名古屋市	名古屋市北名古屋工场	可燃垃圾，大件垃圾，不可燃垃圾，垃圾处理残渣	气化熔融改进后	立式气化热解炉	660	2	330	2020
17	东京都	东京二十三区清扫一部事务组合	东京二十三区清扫一部事务组合杉井清扫工场	可燃垃圾，垃圾处理残渣	焚烧	炉排炉（可动）	600	2	300	2017
18	东京都	东京二十三区清扫一部事务组合	东京二十三区清扫一部事务组合大田清扫工场	可燃垃圾，垃圾处理残渣	焚烧	炉排炉（可动）	600	2	300	2014
19	宫城县	仙台市	葛冈工厂	可燃垃圾，垃圾处理残渣	焚烧	炉排炉（可动）	600	2	300	1995

续表

序号	都、道、府名称	地方公共团体名称	设施名称	处理对象	设施种类	处理方式	总规模（t/d）	炉数（台）	单炉规模［t/(d·炉)］	投产年份
20	东京都	东京二十三区清扫一部事务组合	东京二十三区清扫一部事务组合板桥清扫工场	可燃垃圾，其他	焚烧	炉排炉（可动）	600	2	300	2002
21	东京都	东京二十三区清扫一部事务组合	东京二十三区清扫一部事务组合墨田清扫工场	可燃垃圾，垃圾处理残渣	焚烧	炉排炉（可动）	600	1	600	1997
22	东京都	东京二十三区清扫一部事务组合	东京二十三区清扫一部事务组合品川清扫工场	可燃垃圾，其他，垃圾处理残渣，粪便处理残渣	焚烧	炉排炉（可动）	600	2	300	2005
23	东京都	东京二十三区清扫一部事务组合	东京二十三区清扫一部事务组合北清扫工场	可燃垃圾，垃圾处理残渣	焚烧	炉排炉（可动）	600	1	600	1997
24	东京都	东京二十三区清扫一部事务组合	东京二十三区清扫一部事务组合中央清扫工场	可燃垃圾，垃圾处理残渣	焚烧	炉排炉（可动）	600	2	300	2001
25	大阪府	大阪广域环境施舍组合	鹤见工场	混合（未分类）垃圾	焚烧	炉排炉（可动）	600	2	300	1990
26	熊本县	熊本市	东部环境工厂	可燃垃圾，大件垃圾，垃圾处理残渣	焚烧	炉排炉（可动）	600	2	300	1994
27	东京都	东京二十三区清扫一部事务组合	东京二十三区清扫一部事务组合千葳清扫工场	可燃垃圾，垃圾处理残渣	焚烧	炉排炉（可动）	600	1	600	1995

序号	都、道、府名称	地方公共团体名称	设施名称	处理对象	设施种类	处理方式	总规模（t/d）	炉数（台）	单炉规模[t/(d·炉)]	投产年份
28	大阪府	大阪広域環境施舍組合	西淀工場	混合（未分类）垃圾	焚烧	炉排炉（可动）	600	2	300	1995
29	爱知县	名古屋市	名古屋市猪子石工廠	可燃垃圾，垃圾处理残渣	焚烧	炉排炉（可动）	600	2	300	2001
30	大阪府	大阪広域環境施舍組合	八尾工場	混合（未分类）垃圾	焚烧	炉排炉（可动）	600	2	300	1995
31	京都府	京都市	京都市南部クリーンセンター第一工廠	混合（未分类）垃圾，垃圾处理残渣	焚烧	炉排炉（可动）	600	2	300	1986
32	东京都	东京二十三区清扫一部事务组合	东京二十三区清扫一部事务组合江户川清扫工场	可燃垃圾，垃圾处理残渣	焚烧	炉排炉（可动）	600	2	300	1996
33	北海道	札幌市	札幌市发寒清扫工厂	可燃垃圾，垃圾处理残渣	焚烧	炉排炉（可动）	600	2	300	1992
34	北海道	札幌市	札幌市驹冈清扫工场	可燃垃圾，垃圾处理残渣	焚烧	炉排炉（可动）	600	2	300	1985
35	神奈川县	川崎市	堤根处理センター	混合（未分类）垃圾，垃圾处理残渣	焚烧	炉排炉（可动）	600	2	300	1978
36	大阪府	东大阪都市清扫施舍組合	第四工厂	混合（未分类）垃圾	焚烧	炉排炉（可动）	600	2	300	1981

注 1. 运行方式全部为"连续式"；

2. 含熔融设施；但36座设施中，仅1座为气化熔融炉。

附表 3-4 **欧盟垃圾焚烧发电项目一览表（截至 2017 年）**

序号	国家	厂数 （座）	年处理量 （万 t）
1	德国	96	2680
2	法国	126	1440
3	英国	40	1089
4	荷兰	12	760
5	意大利	39	611
6	瑞典	34	610
7	瑞士	30	401
8	丹麦	26	340
9	比利时	17	340
10	西班牙	12	300
11	奥地利	11	260
12	挪威	18	163
13	芬兰	9	161
14	葡萄牙	4	120
15	波兰	6	80
16	捷克	4	70
17	爱尔兰	2	48
18	匈牙利	1	35
19	立陶宛	1	25
20	斯洛伐克	2	23
21	爱沙尼亚	1	22
22	卢森堡	1	17
23	罗马尼亚	—	—
24	希腊	—	—
25	保加利亚	—	—
总计		492	9595

注 1. 2017 年，欧盟共有 492 座垃圾焚烧发电设施在运行中（不包括危废焚烧厂），当年处理垃圾约 9595 万 t；

2. 信息来源于 2018 年 1SWA 国际会议论文。

附录四 美国垃圾焚烧发电的商业模式、技术参数与设施特点概要

注：本文曾发表在 2020 年《环境卫生工程》期刊。

1 前言

根据美国政府相关部门统计数据、文献及网络资料显示，在 2000 年左右，全美运营中的垃圾焚烧发电设施共有 102 座，到 2009 年减至 88 座，2015 年为 81 座，2016 年只剩 77 座。其中 1996~2007 年间无任何新建的垃圾焚烧设施。与之相比，截至 2021 年 1 月，中国运营的垃圾焚烧电厂设施已经超过了 600 座，另外还有 200 多座在建。

本文以 1982~2015 年建设、投运的美国垃圾焚烧发电设施为研究样本，介绍了这些设施的分布、数量、规模和政策差异，对美国市场的商业模式进行了总结；对采用的主体工艺和设备主要参数、经济数据和运行管理经验进行了汇总分析，对设施的布局特点进行初步探讨，以此说明中美垃圾焚烧设施的差异性。

2 总体概况

【设施分布与规模】根据美国政府相关部门统计，2000 年左右，全美运行中的垃圾焚烧发电设施为 102 座，随后一部分设施因各种原因关停，至 2015 年共有 81 座设施运行中。至 2016 年，全美共有 77 座垃圾焚烧发电设施运行中，分布在 22 个州（见附图 4-1）。这 22 个州中，垃圾焚烧发电设施最多的是佛罗里达州，有 11 座；其次，分别是纽约州 10 座，明尼苏达州 8 座，马萨诸塞州 7 座，宾夕法尼亚州 6 座。这些焚烧发电设施，每年处理的垃圾约 3000 万 t，约占美国垃圾产量的 13%，上网电量约 145 亿 kWh，回收废金属 70 余万 t，部分设施还向外供应蒸汽。

【政策差异】美国各州对于"垃圾焚烧发电是否是'可再生能源'"的政策不是完全一致。全美 50 个州及 1 个特区，有 31 个州规定垃圾发电是可再生能源。有焚烧发电设施的 22 个州中，除新罕布什尔州外，其他都是把垃圾焚烧发电规定为可再生能源的州。另外，还有 10 个州将垃圾焚烧发电归为可再生能源，但是却没有这样的设施。垃圾焚烧发电设施的分布，还与地理位置、填埋设施的多少，关系密切，约 50% 的焚烧发电设施分布在美国东北部——因为该地区正是填埋设施相对贫乏的区域。

【投运时间】美国最早的垃圾焚烧发电设施（宾夕法尼亚州 Susquehanna Resource Management Complex in Harrisburg）于 1972 年投产，2006 年进行了改造。美国的垃圾焚烧发电设施，几乎全部建成于 20 世纪 80 年代末、90 年代初。1987 年建成投产 12 座，1988 年 16 座，1989 年 12 座，1990~1991 年 16 座，1992 年 3 座，1994 年 3 座，1995 年 3 座。1995~2015 年的 20 年中只有唯一的一座设施——佛罗里达州的 West Palm Beach 二期工程项目，于 2015 年 6 月建成投产。与之前投运的设施相比，该设施的工艺、技术与设备更为先进。美国发电规模前 12 名垃圾焚烧发电设施概况见附表 4-1。

附表 4-1　　美国发电规模前 12 名（按照装机容量大小排序）垃圾焚烧发电设施概况

排序	设施名称、处理方式	投运时间	投资方	运营方	规模和装机容量	
12	康涅狄格州，Bridgeport 生活垃圾混烧	1988 年	惠乐宝	惠乐宝	2250t/d	67MW
11	密歇根州，Detroit Renewable Power， 垃圾衍生燃料	1989 年	当地政府	卡万塔	3300t/d	68MW
10	佛罗里达州，Pompano Beach in North Broward 生活垃圾混烧	1991 年	惠乐宝	惠乐宝	2250t/d	68MW
9	康涅狄格州，CRRA Hartford in Hartford， 垃圾衍生燃料	1988 年	当地政府	卡万塔	2850t/d	69MW
8	纽约州，Hempstead in Westbury， 生活垃圾混烧	1989 年	卡万塔	卡万塔	2500t/d	72MW
7	佛罗里达州，Pinellas County Resource Recovery Facility in St. Petersburg 生活垃圾混烧	1983 年	当地政府	GCS Energy Recovery of Pinellas	3150t/d	75MW
6	佛罗里达州，Miami-Dade County Resource Recovery Facility 垃圾衍生燃料	1982 年	当地政府	卡万塔	3000t/d	77MW
5	马萨诸塞州，SEMASS Resource Recovery Facility in West Wareham 垃圾衍生燃料	1989 年	卡万塔	卡万塔	2700t/d	78MW
4	宾夕法尼亚州，Delaware Valley Resource Recovery Facility in Chester 生活垃圾混烧	1992 年	卡万塔	卡万塔	2688t/d	87MW
3	夏威夷，Honolulu Resource Recovery Venture -H-Power facility 垃圾衍生燃料	1990 年 2012 年扩建	当地政府	卡万塔	3000t/d	90MW
2	弗吉尼亚州，I-95 Energy/Resource Recovery Facility in Lorton， 生活垃圾混烧	1990 年	卡万塔	卡万塔	3000t/d	93MW
1	佛罗里达州，Palm Beach Renewable Energy Facility ♯2 in West Palm Beach 生活垃圾混烧	2015 年	当地政府	Babcock & Wilcox	3000t/d	95MW

注　本表中的"规模"单位中的吨，为美吨，1 美吨＝2000 磅。

惠乐宝公司于 1975 年建成第一座焚烧厂并开始运营。惠乐宝公司在美国下辖 16 座垃圾焚烧发电厂，总设计规模约 21000t/d，总装机容量约 60 万 kW，年处理废弃物总量约 700 万 t、发电量约 40 亿 kWh，并外售蒸汽。惠乐宝运营的设施主要分布于美国东北部、东南部的佛罗里达州、西部的加利福尼亚州和华盛顿州。惠乐宝公司与北美的冯诺依诺瓦（瑞士

VonRoll Inova 于 2010 年被日本日立造船 Hitachi Zosen 公司并购）建立了长达 30 年的排他性独家合作关系。16 座垃圾焚烧发电厂中，绝大部分采用了单炉规模为 750t/d 的冯诺（VonRoll）顺推往复机械炉排炉。2010 年惠乐宝公司与上海环境集团合作，进入了中国市场，后于 2014 年退出了中国市场。

3.2 经济参数

【工期与投资】美国垃圾焚烧发电设施的建设周期一般情况下为 4 年（2 年准备，2 年施工），甚至更长。佛罗里达州 West Palm Beach 二期焚烧发电设施，政府于 2008 年底启动竞标程序，直至 2011 年 4 月才确定 EPC 中标人，然后用了约 50 个月的时间完成了该项目的建设，于 2015 年 6 月投产。EPC 是垃圾焚烧发电设施经常采用的建设模式。建设期间，运营人员提前介入，参与或主持重大工艺与技术参数的确定。美国垃圾焚烧发电设施的投资，远高于国内，是国内的数倍。以汽轮发电机组、余热锅炉为例，其采购价格约为国内的 5 倍。在工期与投资方面，美国与欧洲、日本的情况较接近。

【处理贴费和电价】美国人均生活垃圾产量约 2kg/d。美国的垃圾焚烧发电设施，收入来源于"垃圾处理贴费、外售电费、外售蒸汽费，以及回收的废金属销售的费用"等。但是，美国政府和各州并没有统一的指导价格，可以说是"一厂一价"。垃圾处理贴费价格在 50～70 美元/t 居多。根据有关资料，卡万塔 2018 年的平均垃圾焚烧处理贴费约 67 美元/t。按照"谁污染、谁付费"的原则，垃圾的产生者按所在地的规定缴纳费用。居民、企业的缴费，由当地政府或收运企业收取，再支付给焚烧厂业主或运营商。以马里兰州 Baltimore 厂为例，该厂的特点是"热电联产"，电价每日一价，2009 年垃圾处理贴费为 45 美元/t，电价平均价格约 0.06 美元/kWh，蒸汽价格约 11 美元/t。因此，马里兰州 Baltimore 厂的管理人员每天要对"发电量和蒸汽外供量"进行最佳经济效益平衡测算，以此来指导生产。再以佛罗里达州 South Broward 厂为例，该厂为 BOO 模式，但土地是从政府租用而来。South Broward 厂与当地政府签署了 20 年的长期合同，当地政府每年必须给 South Broward 厂支付 109.5 万 t 垃圾的处理费用，单价为 60～65 美元/t（另外，每年处理约 10000t 的特殊垃圾，单价为 80～450 美元/t），该厂的全部电力销售给佛罗里达电力公司，容量费价格为 0.059 美元/kWh，能源费价格为 0.025 美分/kWh（但此合同于 2009 年 8 月到期）。2015 年以来，因天然气燃料成本下降，导致电、汽的价格随之下降，美国的垃圾焚烧发电上网电价较之前下降幅度较大。有关资料表明，目前的电价波动范围介于 0.02～0.04 美元/kWh 之间居多。蒸汽的外售价格也有较大幅度下跌。有关资料表明，美国垃圾焚烧发电设施的收入中，贴费所占比率的平均值约 70%，这与中国的情形正好相反。

4 主体工艺和主要技术参数

垃圾的成分、热值，决定了焚烧发电设施的设计和运营。美国的垃圾含水率低、热值高，不需要配置渗沥液处理设施，垃圾池的尺寸远小于国内，甚至显得过分狭小。垃圾吊抓斗有液压和机械两种，容积大时采用机械式为主。垃圾吊控制室一人操作，空间虽然很小，但垃圾吊的工作强度和环境优于国内。大炉型、生活垃圾混烧在美国广泛采用。主蒸汽温度不超过 450℃但压力较高。发电机组以少配置为宗旨，3 炉 1 机的设施也不少见。烟气净化系统配置较简单，初期时以"干法＋电除尘"为主，后来陆续进行了技改，增加了半干法系统、袋式除尘器、SNCR 等。

4.1 规模、燃烧设备型式和设计热值

美国的垃圾焚烧发电设施的平均设计规模超过了 1000t/d，这一点与中国相像，远大于欧洲、日本的平均规模。在 1980 年代中期，美国就有一批超过 2250t/d，甚至 3000t/d 规模的超大型设施投运，前 12 大设施的规模全部超过了 2250t/d（见附表 4-1 和附表 4-2）。单炉规模从 100~800t/d，但单炉 750t/d 的冯诺炉排在惠乐宝应用占绝对优势。德国马丁逆推炉排和瑞士冯诺顺推炉排，以及 DBA 炉排，是美国市场主流的燃烧核心设备。其中，卡万塔应用马丁逆推炉排较多，而惠乐宝几乎全部采用了冯诺顺推炉排。附表 4-2 列出了 42 座设施的规模、燃烧设备和锅炉蒸汽参数情况。附表 4-3 列出了美国 23 座垃圾焚烧发电设施的设计热值。

附表 4-2   美国 42 座垃圾焚烧发电设施的规模、燃烧设备和锅炉蒸汽参数

项目所在地	业主和/或运营方	投产时间	项目规模（t/d）	燃烧设备	炉机配置	主蒸汽参数温度（℃）	主蒸汽参数压力（MPa）	单炉蒸汽额定流量（t/h）	全厂额定功率（MW）
Alexandria	卡万塔	1988	975	生活垃圾混烧，马丁	3 炉 2 机	371	4.14	34.93	22.00
Babylon	卡万塔	1989	750	生活垃圾混烧，马丁	2 炉 1 机	371	4.52	39.06	16.80
Baltimore	惠乐宝	1985	2250	生活垃圾混烧，Von Roll	3 炉 1 机	443	6.21	265.4	60.00
Bridgeport	惠乐宝	1988	2250	生活垃圾混烧，Von Roll	3 炉 1 机	443	6.21	267.8	67.00
Bristol	卡万塔	1988	650	生活垃圾混烧，马丁	2 炉 1 机	443	5.96	33.2	16.30
Claremont	惠乐宝	1987	200	生活垃圾混烧，冯诺炉排	2 炉 1 机	327	4.14	26.76	5.00
Concord	惠乐宝	1989	500	生活垃圾混烧，冯诺炉排	2 炉 1 机	399	4.32	62.50	14.00
Detroit	卡万塔	1991	3300	垃圾衍生燃料，CE	3 炉 1 机	441	6.21	164.56	22.70
Fairfax	卡万塔	1990	3000	生活垃圾混烧，马丁炉排	4 炉 2 机	443	5.96	93.27	46.50
Falls	惠乐宝	1994	1500	生活垃圾混烧，冯诺炉排	2 炉 1 机	499	8.97	188.70	53.00
Gloucesterr	惠乐宝	1989	500	生活垃圾混烧，冯诺炉排	2 炉	399	4.49	65.00	14.00
Haverhill	卡万塔	1989	1650	生活垃圾混烧，马丁炉排	2 炉 1 机	443	5.96	89.90	44.6
Hennepin	卡万塔	1989	1212	生活垃圾混烧，马丁炉排	2 炉 1 机	400	4.34	77.73	38.71
Hillsborough	卡万塔	1987	1200	生活垃圾混烧，马丁炉排	3 炉	399	4.24	51.03	29.00
Honolulu	卡万塔	1990	1708	垃圾衍生燃料，CE	2 炉 1 机	443	6.21	110.68	57.00
Hudson Falls	惠乐宝	1992	500	生活垃圾混烧，Detroit®	2 炉	399	4.49	63.50	15.00
Huntington	卡万塔	1991	750	生活垃圾混烧，马丁炉排	3 炉 1 机	443	5.96	33.95	24.25
Huntsville	卡万塔	1990	690	生活垃圾混烧，马丁炉排	2 炉	244	2.41	40.15	—
Indianapolis	卡万塔	1988	1450	生活垃圾混烧，马丁炉排	3 炉	377	3.52	78.39	74.69
Kent	卡万塔	1990	625	生活垃圾混烧，马丁炉排	2 炉 1 机	443	5.96	34.84	16.84
Lake	卡万塔	1991	528	生活垃圾混烧，马丁炉排	2 炉 1 机	443	5.96	29.29	14.58
Lancaster	卡万塔	1991	1200	生活垃圾混烧，马丁炉排	3 炉 1 机	443	5.96	29.29	14.58
LEE	卡万塔	1994	1200	生活垃圾混烧，马丁炉排	3 炉 2 机	443	5.96	77.23	27.43

续表

项目 所在地	业主 和/或 运营方	投产 时间	项目 规模 (t/d)	燃烧设备	炉机 配置	主蒸汽参数		单炉蒸汽 额定流量 (t/h)	全厂额 定功率 (MW)
						温度 (℃)	压力 (MPa)		
Lisbon	惠乐宝	1996	500	生活垃圾混烧，冯诺炉排	2炉1机	441	6.21	68.04	18.00
Marion	卡万塔	1987	550	生活垃圾混烧，马丁炉排	2炉1机				13.10
McKay	惠乐宝	1985	1000	生活垃圾混烧，冯诺炉排	4炉	371	4.49	124.90	22.00
Mid-Coon	卡万塔	1987	2028	垃圾衍生燃料，马丁炉排	3炉				68.50
Millbury	惠乐宝	1987	1500	生活垃圾混烧，冯诺炉排	2炉	441	6.21	176.90	46.00
Montgomery	卡万塔	1995	1800	生活垃圾混烧，马丁炉排	3炉1机	443	5.96	77.61	63.35
North Andover	惠乐宝	1985	1500	生活垃圾混烧，马丁炉排	2炉	399	4.14	156.94	40.00
North Broward	惠乐宝	1991	2250	生活垃圾混烧，冯诺炉排	3炉	441	6.21	253.10	68.00
Onondaga	卡万塔	1995	990	生活垃圾混烧，马丁炉排	3炉1机	443	5.96	47.15	36.88
Pasco	卡万塔	1991	1050	生活垃圾混烧，马丁炉排	3炉1机	443	5.96	40.99	29.70
Peekskill	惠乐宝	1984	2250	生活垃圾混烧，冯诺炉排	3炉	441	6.21	264.45	60.00
Saugus	惠乐宝	1975	1500	生活垃圾混烧，冯诺炉排	2炉	454	4.49	167.83	38.00
South Broward	惠乐宝	1991	2250	生活垃圾混烧，冯诺炉排	3炉	441	6.21	261.27	66.00
Spoken	惠乐宝	1991	800	生活垃圾混烧，冯诺炉排	2炉	441	6.21	103.87	26.00
Stanislaus	卡万塔	1989	800	生活垃圾混烧，马丁炉排	2炉1机	443	5.96	45.36	22.36
Union	卡万塔	1994	1000	生活垃圾混烧，马丁炉排	3炉1机	443	5.96	56.80	42.10
Wallingford	卡万塔	1989	420	生活垃圾混烧，多级焚烧炉	3炉1机	399	4.48	16.21	11.00
Warren	卡万塔	1988	448	生活垃圾混烧，马丁炉排	2炉1机	400	4.34	25.50	11.78
West palm beach	Babcock & Wilcox	2015	2700	生活垃圾混烧， 伟伦 Dyna® 炉排	3炉1机	443	6.30	128.73	95.30

　　根据相关资料，美国的原生进厂垃圾含水率在 20％ 以下（远低于中国的垃圾含水率），低位热值（LHV）在 9000kJ/kg 以上。附图 4-2 表示了 2016 年美国垃圾成分组成。

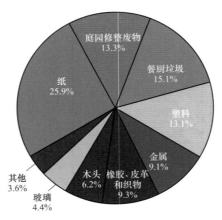

附图 4-2　2016 年美国垃圾成分组成

附录

附表 4-3 美国 23 座垃圾焚烧发电设施的设计热值

序号	所在地名称和项目名称	投产时间	项目规模（t/d）	设计热值 LHV@MCR（kJ/kg）
1	佛罗里达，Hillsborough	1987	1200	9535
2	弗吉尼亚州，Alexandria/Arlington	1988	975	9155
3	康涅狄格州，Bristol	1988	650	9155
4	印第安纳州，Indianapolis	1988	1450	9821
5	新泽西州，Warren	1988	448	10 980
6	康涅狄格州，Wallingford	1989	420	10 295
7	纽约州，Babylon	1989	750	9041
8	马萨诸塞，Haverhill	1989	1650	10 295
9	明尼苏达，Hennepin	1989	1212	10 752
10	阿拉巴马州，Huntsville	1990	690	9155
11	密歇根州，Grand Rapids，Kent	1990	625	9839
12	弗吉尼亚州，Fairfax	1990	3000	11 436
13	夏威夷，Kapolei，Honolulu/Hpower	1990	1708	10 608
14	密歇根州，Detroit	1991	3300	9383
15	纽约州，East Northport，Huntington	1991	750	12 576
16	佛罗里达，Okahumpka，Lake	1991	528	10 295
17	宾夕法尼亚，Bainbridge，Lancaster	1991	1200	10 295
18	纽约州，Pasco	1991	1050	9839
19	佛罗里达，Fort Myers，LEE	1994	1200	10 295
20	新泽西州，Union	1994	1000	11 208
21	马里兰州，Dickerson，Montgomery	1995	1800	11 436
22	纽约州，Onondaga	1995	990	12 576
23	佛罗里达州，West palm beach	2015	2700	10 100

附表 4-3 的数据表明，1987～1995 年投产的美国垃圾焚烧发电设施，设计低位热值在 9000～11 000kJ/kg 居多，个别设施甚至超过了 12 000kJ/kg。值得注意的是，2015 年投产的佛罗里达州的 West Palm Beach 二期设施的设计低位热值，与 20 多年前的平均水平一致。卡万塔的研究表明，从 1992 至今，美国的垃圾热值经过了先升、平稳、后降的过程，目前的热值与 30 年前基本持平，这主要归因于垃圾中塑料、纸张的成分含量也经历了类似的变化过程。

在美国，垃圾焚烧发电设施不需要配置渗沥液处理系统，而在中国则是必需的、非常重要的设施。美国的焚烧发电设施，碰到很湿的垃圾进厂时，一般通过垃圾吊操作员的"干、湿搅拌，混合"即可解决问题。

4.2 炉排和锅炉

由于垃圾热值高、易燃，导致美国垃圾焚烧炉排的机械负荷（燃烧速率）远高于国内。国内的炉排机械负荷大多介于 $200\sim250kg/(m^2 \cdot h)$ 之间，而美国的则高达 $350kg/(m^2 \cdot h)$ 以上。以美国某厂单炉规模为 750t/d 的 Von Roll 顺推炉排设施为例，仅 $85m^2$，为 $367.6kg/(m^2 \cdot h)$，远远高于国内同规格处理量的设施〔炉排面积 $125m^2$，机械负荷 $250kg/(m^2 \cdot h)$〕。

为提高发电效率，美国垃圾焚烧发电设施的主蒸汽温度，相当一部分设在 445℃ 左右，对应的压力在 6.0MPa 左右。为了避免高温腐蚀、提高稳定运营时间，主蒸汽温度几乎没有超过 450℃ 的设施。根据有关资料，美国垃圾焚烧发电设施的单位进炉垃圾发电量大多介于 $600\sim800kWh/t$ 垃圾之间，个别厂甚至接近 900kWh/t 垃圾。单位垃圾耗电量大多介于 $60\sim80kWh/t$ 垃圾之间，厂用电率在 10% 左右。

在受热面布置方面，如上所述美国的垃圾热值高，炉膛的水冷壁遍布炉膛的前、后拱和左、右侧壁内；即使如此，还需要采取措施降温度。例如，惠乐宝公司曾对马里兰州 Baltimore 厂的炉膛前拱水冷壁扩容，优化材质，以降低炉膛内的温度，防止结焦。余热锅炉的受热面布置多采用 Ⅱ 式，过热器一般布置在水平段。典型的美国垃圾焚烧炉和余热锅炉布置，参见附图 4-3。

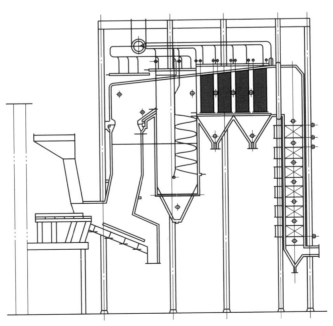

附图 4-3　美国垃圾焚烧炉和余热锅炉典型布置图

（数据来源：美国能源部，2019 年 8 月）

在锅炉热效率方面，根据具体情况的不同，美国的垃圾焚烧发电设施一般介于 82%～85% 之间，甚至更高。关于垃圾焚烧炉和余热锅炉的性能考核验收测试（Acceptance Test），包括热效率、炉渣热灼减率、耗材测试等。在美国焚烧设施建设的合同中都有严格的约定，测试方法在美国国家环保局（EPA）、美国机械工程协会（ASME）、美国测试和材料协会（ASTM）的相关标准。只有通过了这些条款，设备供应商才算考核合格，设施才能进入商业运营。我国的垃圾焚烧性能考核验收测试，是根据燃煤电厂的标准（GB/T 10184）进行的，由于燃料上的本质差异和目的不同，按合同条款执行很难。美国垃圾焚烧发电设施焚烧线剖视图见附图4-4。2015年投产的佛罗里达州 West Palm Beach 二期设施工艺流程示意如附图4-5所示。

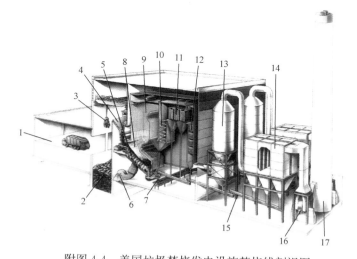

附图4-4　美国垃圾焚烧发电设施焚烧线剖视图

典型的美国垃圾焚烧发电设施主体工艺和布置图（以 Covanta 公司的工厂为示例）

1—卸料大厅；2—垃圾池；3—垃圾抓斗；4—焚烧炉进料斗；5—焚烧炉排；6—燃烧风机；7—出灰机；

8—炉膛；9—辐射换热区；10—对流换热区；11—过热器；12—省煤器；13—干式脱酸反应塔；

14—袋式除尘器；15—飞灰输送系统；16—引风机；17—烟囱

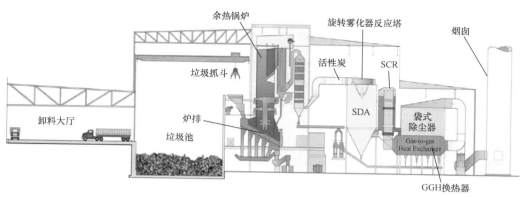

附图4-5　2015年投产的佛罗里达州 West Palm Beach 二期设施工艺流程示意

　　在稳定运行方面，美国的垃圾焚烧发电设施的设备利用率大多在92%左右，个别管理好的设备利用率高达95%，甚至更高。由于垃圾热值高、且质量均匀稳定，长达40年左右的运营经验积累、技术优化提升等，美国垃圾焚烧发电设施的自动燃烧控制系统（ACC）的投入率高、控制效果良好，优于国内，这也是其运行人员配置数量低于国内同规模设施的重要原因。美国的设施运营中碰到的主要问题是如何降低炉温，这与中国十几年前的情况截然相反！美国的大部分垃圾焚烧发电设施，一次风经常不需加热，以冷风的形式进入炉膛；有的设施甚至没有配置一次风加热器。然而这些年随着中国垃圾热值的提高，也开始碰到与美国同样的问题——高温腐蚀，这个问题在中国南方地区表现尤为显著。在清灰方式上，"微爆"形式的在线和离线清灰方式，在美国使用广泛，不但可提高效率，而且可以减少人力、提高安全作业系数。

在锅炉防腐蚀方面，1980 年代以来，一直是美国垃圾焚烧发电设施面临的问题。由于炉内温度高，受热面材质选择一般考虑充分，选用抗腐蚀强的材料制造过热器，造成过热器的造价昂贵。即使如此，"堆焊"在美国同类设施中也依旧被普遍应用。美国的实践表明，采用 Inconel 625 型合金材料、最小 1.8mm 的厚度，对腐蚀严重的受热面进行堆焊，效果良好。美国的焚烧设施，广泛采用超声波方法检测金属管壁厚度，并制定了规程，以及时掌握管壁腐蚀情况。这一点，值得国内借鉴、学习。

4.3 烟气净化

美国 1995 年之前建成投产的垃圾焚烧发电设施，烟气净化工艺一般采用"干法/半干法＋活性炭喷射吸附＋电除尘/袋式除尘"的工艺。后来，随着烟气污染物排放标准的提高，对烟气净化工艺进行了提标、改造。"增加 SNCR、改良干法和半干法"，是烟气净化技术改造的主要内容。值得注意的是，美国的垃圾焚烧发电设施中的半干法工艺中，石灰浆旋转雾化器并不常用，而是采用"双流体喷嘴"（见附图 4-6）。这种喷嘴的脱酸效率尽管低于高速旋转雾化器，但价格很便宜、更换极其方便，经济性更强。另外美国的排放标准明确规定：除尘器不允许设置旁路；中国标准后来也吸取了这个经验。

附图 4-6　烟气净化半干法双流体喷嘴

2015 年投产的佛罗里达州的 West Palm Beach 二期设施，烟气净化工艺进行了大幅提升，组成形式为"活性炭喷射吸附＋旋转雾化器半干法＋SCR＋袋式除尘器"。由于二次风的特殊设计，可以降低 NO_x 的产生，故余热锅炉通道内没有设 SNCR 装置。据有关资料，该项目是美国 1995～2015 年的 20 年中唯一建设投产的垃圾焚烧发电设施，也是北美第一座配置 SCR 脱硝系统的垃圾发电设施。本项目总规模 2700t/d（3000t/d），设 3 炉 1 机，装机容量 95MW，采用到了 3 套丹麦伟伦公司（Volund）的 Dyna®炉排新型焚烧设备（我国深圳东部 5000t/d 的焚烧项目的炉排，也是这种型式）。本项目总投资约 6.74 亿美元，美国巴布科克·威尔科克斯公司（Babcock & Wilcox Power Generation，简称美国巴威公司）和 KBR

公司为 EPC 联合体。

美国的垃圾焚烧发电设施的烟气净化，没有采用"湿法净化"系统的工程实例。这一点，与欧洲、日本不同。中国的垃圾焚烧发电设施中的湿法净化系统的应用，主要受日本、欧洲的影响，于 2010 年开始第一个项目——上海老港垃圾焚烧发电一期工程的湿法设计，并于 2013 年投运。自此后，中国建成投产了一批配置了湿法烟气净化系统的设施。总的来说，美国垃圾焚烧发电设施的烟气净化系统简单、实用。

4.4 炉渣与飞灰处理

美国的垃圾中的金属含量很高，从炉渣中分选、回收金属，是很重要的一个环节。一般性，炉渣分选系统是垃圾焚烧设施内的一个车间，分选出的金属占垃圾量的 2%～3%。分选的工艺包括筛分、磁选、涡流选等。剩余的渣料，与飞灰混合在一起，按照 TCLP 标准测试合格后，运至填埋场填埋处置。这与欧洲、日本不同，更与中国不同。

原始的飞灰，中国规定为危废。飞灰的处理已变成中国焚烧设施运营的痛点、难点，花费不菲；个别设施更是处理成本巨大，甚至影响到企业正常的财务能力。

在炉渣方面，中国的炉渣中可以分选回收的金属要比美国少得多，但是剩余的炉渣一般都综合利用，如制砖、做建材等，可以产生一定的社会、经济效益。

4.5 设备检修管理

美国垃圾焚烧设施的日常维护和计划性维修工作，一般采用专业外委的方式完成。公司总部将多年的经验编辑成维修手册，供各厂使用。每逢大修时，除按照手册安排"停炉前工作、检修期间工作、检修后工作"外，公司总部的资深专家还会莅临现场指导、检查工作，以保证大修工作顺利完成。大修时的主材，一般由业主方自行采购，各厂商一般只负责安装/焊接/加工。大修时，不同的多个承包商会同时 24h 连续工作，以保证最短时间内完成大修工作，经济效益最大化。

业主方会配置检修专业人员、骨干，辅以外委方式，进行设备检修，这是一种经验积累的结果，在美国被广泛采用。这些专业的小团队，游走于各项目之间，主要是对技术、安全，特别是关键点进行把控，而外委队伍的主要职责范围是人力和检修时间保证，这样的组织管理模式高效、保质，也是值得中国借鉴和学习的模式。

5 设施布置、建筑与装饰

美国垃圾焚烧发电设施的主厂房多采用方形体量、统一色彩的彩钢板外墙。卸料大厅与垃圾池之间有时不设隔墙，垃圾池的密封性不像国内那么要求严格。垃圾中基本没有渗沥液产生，臭味要小得多。焚烧车间内布置非常紧凑，焚烧炉、余热锅炉的人孔、观察孔明显多于国内；余热锅炉常采用悬吊式自然循环锅炉，立式布置较多，厂房占地面积小但高度较高。

美国焚烧设施的一个显著的特点是：除卸料大厅、垃圾池、锅炉间、炉渣和飞灰在室内外，其余的系统，特别是烟气净化车间，基本都布置在室外（见附图 4-7）。甚至有的设施，将汽轮机也布置在了室外。2015 年投产的 West Palm Beach 二期设施，也许是受了中国、日本、欧洲的影响，把烟气净化系统布置在室内（见附图 4-8）。

美国焚烧设施的烟囱多为素混凝土表面，不刷涂料，但高度高。中央控制室、综合办公

附图 4-7　1983 年投产的美国佛罗里达州 Pinellas 垃圾焚烧发电设施

附图 4-8　2015 年投产的佛罗里达州 West Palm Beach 二期焚烧发电设施

楼面积不大，但装修精美。垃圾池、垃圾吊操作室，与中国比都很狭小，但操作环境好。在主厂房的建筑造型方面，美国的垃圾发电设施基本不考虑复杂、美化的建筑风格，一般采用经济、实用的工业建筑风格，也就没有"去工业化"的设计。在中国、欧洲、日本，主厂房的建筑风格、造型设计、外部和内部装饰，要复杂得多，耗时、耗资，但在邻避（Not In My Back Yard，简称 Nimby）方面取得了较好的效果。

　　美国垃圾焚烧设施的另一个显著特点是基本上都尽量配置单台机组，3 炉 1 机的设施很常见。这与中国的设计、运营理念有很大差异，更多的是与中美的贴费与电价占收入的比重有关。由于没有渗沥液处理设施，极大地减少了臭气源和危险源，节省了用地。但是，炉渣在厂内处理占据了一定的面积。因土地私有，为了节省投资，同等规模的设施，设施占地面积比国内小一些。但与日本相比，还是比较大的。2015 年投产的佛罗里达州 West Palm Beach 二期设施，占地面积约 24 英亩（约 9.7 万 m²）。

　　在公共关系维护和宣传教育方面，美国的各厂都非常注重。通过免费为居民处理垃圾、提供娱乐或教育设施、举办一些活动等措施，以获得周围社区和居民的认同感和自豪感。一些厂还设置专门的宣教设施、专人陪同或讲解，并配有先进的声音与视频系统，供参观者体验。佛罗里达州 West Palm Beach 二期设施就建设了专门的教育中心，居民可随时预约，参与相关讲座等活动。

6 总结

（1）美国 50 个州及 1 个特区中，有 31 个州规定了垃圾焚烧发电是可再生能源，其余则不是。美国人均生活垃圾产量约 2kg/d，在全球发达国家中排名领先，与丹麦、瑞士相近。美国每年焚烧处理的垃圾总量约 3000 万 t，约占美国垃圾产量的 13%；上网电量约 145 亿 kWh，回收废金属 70 余万 t，同时还向外供应蒸汽。

（2）美国的垃圾焚烧发电设施，基本上都是 1995 年之前建成投产的，1995 年以后至今，仅有一座焚烧发电设施于 2015 年建成投产。运行中的美国的垃圾焚烧发电设施，呈逐年减少的趋势，从 2000 年的 102 座减少到了 2016 年的 77 座。美国的东北部和东南角的佛罗里达州，是这些设施的主要分布地域。美国的垃圾焚烧设施，政府投资和企业投资基本上各占50%，但运营方基本上都是企业。卡万塔和惠乐宝是美国国内投资、建设、运营垃圾焚烧发电设施的领军企业，前者管辖数量超过了 40 座，总规模约 45 000t/d；后者管辖数量 16 座，总规模 21 000t/d。

（3）生活垃圾混烧（Mass burn）是美国垃圾焚烧设施的主要方式。马丁逆推往复移动机械炉排 和 Von Roll 顺推往复移动机械炉排，在美国的焚烧设施中应用最多。由于热值高、容易完全燃烧，炉排机械负荷高达 350kg/(m² · h) 以上。立式余热锅炉是美国焚烧设施的主要形式，主蒸汽温度不超过 450℃（但通常采用 445℃的温度）。汽轮发电机组的配置，数量能少则少，单机功率较大。烟气净化工艺比较简单，湿法工艺从没有被采用过，唯一的SCR 工艺仅在 2015 年新投产的设施上采用了。炉渣的金属分选、回收，可达垃圾处理量的2%～3%，在美国的焚烧设施运营中是一项重要业务。

（4）美国的焚烧设施的设计低位热值，介于 9000～11 000kJ/kg 之间居多。焚烧设施中没有渗沥液产生，不需配置相应的处理设备。单位垃圾发电量大多介于 600～800kWh/t 垃圾，个别设施甚至接近 900kWh/t 垃圾。垃圾焚烧处理的贴费，大多在 50～70 美元/t。全美实行发电竞价上网，垃圾焚烧发电也不例外。因燃气价格的下跌，导致发电和蒸汽外售价格大幅度降低，目前的上网电价介于 0.02～0.04 美元/kWh 居多。

（5）美国的垃圾焚烧发电设施，自动燃烧控制系统（ACC）投入率高、运行稳定且良好。高温腐蚀是几十年来一直困扰的问题，在堆焊方面通过实战积累了成功的经验。经常采用 Inconel 625 合金、1.8mm 的堆焊厚度对受热面局部进行防腐处理。焚烧设施配置的运营人员数量较少，检修采用外委的方式，24h 连续抢修，并特别注意安全管理。美国的垃圾焚烧发电设施，设备利用率较高，一般高于 92%，个别高达 95%，甚至更高。

（6）美国的垃圾焚烧发电设施，投资高（一般为国内的 4～7 倍）、工期长（建设周期一般为 4 年），占地面积与国内相近。在设施的布局和建筑风格方面，美国的设施注重"实用、节约"。烟气净化设施一般布置在室外；主厂房以方形体量、竖纹彩钢板立面为主，不注重建筑造型、复杂的曲线和外部装饰，"去工业化"的思想并不流行；综合楼、中央控制室和垃圾吊操作室的空间都很小；注重宣传教育、与居民的交流，处理好公共关系，是每个厂的重要工作之一。

附录五 欧盟、日本、美国垃圾焚烧发电设施案例概要

1 德国纽伦堡（Nuremberg）垃圾焚烧发电项目

在 1990 年代早期，纽伦堡市就开始着手考虑如何更换现有的废物处理设施。纽伦堡和 EWAG Energie- und Wasserversorgung AG 组建了一个名为 TAN Thermische Abfallbehandlung Nurnberg GmbH 的联合体，TAN 负责新的垃圾处理厂的计划，融资和实施。德国纽伦堡垃圾焚烧发电项目如附图 5-1 所示。

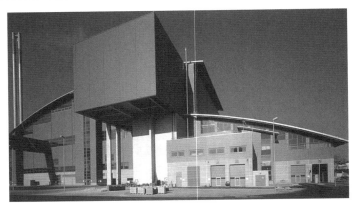

附图 5-1　德国纽伦堡（Nuremberg）垃圾焚烧发电项目实景

在对多种候选工艺进行了全面的评价后，TAN 决定采用具有先进工程技术和环保烟气处理工艺的垃圾焚烧炉（炉排炉）技术。项目选址位于纽伦堡铁路三角"Gleisdreieck"的中心区域，靠近旧厂和 EWAG 工厂，因为靠近市中心的原因，工厂的建筑设计非常关键。该项目于 1998 年开工，2001 年竣工投产。

工厂每年处理约 20.4 万 t 垃圾，建设 3 条 10.5t/h 的焚烧线，采用 Von Roll 水冷式往复炉排炉，利用红外热成像技术辅助监测和控制燃烧。炉渣运至炉渣仓暂存并最终通过铁路运输至场外炉渣综合处理设施。

为了从烟气中回收尽可能多的畅销材料，烟气处理系统由几种不同装置组成，包括：静电除尘器、用于酸性组分和重金属的分离去除的酸式洗涤塔、中性石膏洗涤塔（Neutral Gypsum Scrubber），去除有机污染物（如二噁英和呋喃）和残余重金属的活性炭熟石灰喷射装置，去除氮氧化物的催化反应装置。30% 盐酸和石膏分别从酸式洗涤塔废水和中性洗涤器废水中进行回收——它们都是市场上的畅销产品。通过残余盐溶液蒸发还将得到各种盐的混合物。垃圾焚烧释放的能量被输送到 EWAG 用于发电和集中供热。

德国纽伦堡（Nuremberg）垃圾焚烧发电项目主要技术参数见附表 5-1，焚烧线设备布置图，如附图 5-2 所示（见文后插页）。

附表 5-1	**德国纽伦堡（Nuremberg）垃圾焚烧发电项目主要参数**	

一般项目数据	业主	TAN Thermische Abfallbehandlung Nurnberg GmbH
	运营商	ASN Abfallwirtschaft und Stadtreinigungsbetrieb Nurnberg
	投运时间	2001 年
	总投资	约 2.43 亿欧元
	Von Roll Inova 交付范围	焚烧、烟气处理、水处理（含石膏回收）、蒸发器、HCl 回收单元、垃圾吊、飞灰装载系统
	预定业务	焚烧城市生活垃圾及工业垃圾
项目参数	规模	204 000t/a（约 560t/d）
	热值	12MJ/kg
	焚烧线数量	3 条焚烧线（含烟气和废水处理）
	热容量	3×35MW
	运行小时数	7000h/a
大件垃圾破碎	类型	剪切
进料系统	类型	Von Roll 冲压给料机
燃烧系统	类型	Aquaroll 往复炉排。8m×4.8m
	燃烧温度	850～1000℃
	辅助管路	天然气辅助燃烧器
灰渣处理系统	类型	Von Roll 湿式除渣机
蒸汽余热锅炉	类型	四通道余热锅炉
	蒸汽产量	3×41t/h
	蒸汽温度	400℃
	蒸汽压力	44bar（4.4MPa）
能量回收	电力	60 000MWh/a
	集中供热	40 000MWh/a
烟气净化	类型	静电除尘器、酸式洗涤塔、中性洗涤塔、带吸附剂计量的袋式除尘器、SCR 催化脱硝、引风机
HCl 回收	30%HCl	约 3800t/a
石膏沉淀回收	石膏	约 1800t/a
蒸发器	混合盐溶液	约 800t/a

2 德国 TREA BREISGAU 垃圾焚烧发电项目

德国边境城市弗赖格（Freigurg）是被誉为德国最具有环保意识的城市之一，为了满足城市垃圾处理理念，垃圾处理公司 Gesellschaft Abfallwirtschaft BreisgaumbH（GAB）对该市垃圾处理提出了严格的要求。SOTEC/SITA 联合体提供的投标文件满足了所有垃圾处理要求，其合理的技术计划为公司赢得了一份处理自布赖斯高和周边地区的垃圾的委托合同，合同期限为 20 年。德国 TREA BREISGAU 垃圾焚烧发电项目实景如附图 5-3 所示。

基于 Von Roll Inova 技术，为了满足环保和经济上的要求，工厂采用：

331

附图 5-3　德国 TREA BREISGAU 垃圾焚烧发电项目实景

1）创新的焚烧和烟气处理工艺确保了更好的环保表现。

2）经济型工厂概念保持处理成本稳定。

3）先进的技术保障工厂可靠性、运营和维护方便。

Von Roll Inova 为焚烧、烟气处理和能量回收处理设备提供保障。项目单条焚烧线设计处理量为 20t/h、年处理量 15 万 t。工厂可以处理生活垃圾、商业垃圾及大件垃圾，服务于布赖斯高（Breisgau）地区和大弗赖堡（Freiburg）地区的百万居民。

分区域控制的焚烧：每天大约有 480t 的垃圾通过 4 个卸料位将垃圾倾倒进垃圾池。垃圾通过料斗送入焚烧炉中，焚烧炉采用 Von Roll Inova 往复炉排。炉排有 4 个独立可控的区域，为保证垃圾燃烧的连续性和彻底性，前两段为水冷炉排。燃烧能力综合控制系统使焚烧炉能处理不同热值的垃圾成分。

为 24 000 个家庭提供能源：烟气通过二燃室后进入三通道余热锅炉的水平通道，从 1100℃冷却到 180℃，并在 400℃、4.0MPa 产生蒸汽，抽凝式汽轮机将蒸汽转化为电能。焚烧厂每年产生的 9000MWh 电力足够提供给 24 000 个家庭使用。

低于标准限值的排放：多级烟气处理装置可以降低 50%～80%的排放量，低于欧洲现行排放法规规定的限值。烟气从余热锅炉进入静电除尘器，在这里去除大部分微粒和重金属，然后通过 SCR 激素在催化剂的作用下去除氮氧化物，通过半干法分离气体污染物、重金属和二噁英，由二级湿式洗涤塔去除剩余的污染物。由于半干法烟气处理工艺循环利用洗涤塔产生污水，因此工厂实现废水零排放。由于以上特点，这座工厂通过垃圾焚烧减少了环境污染，达到了弗赖堡（Freiburg）所有环境和经济要求。

德国 TREA BREISGAU 垃圾焚烧发电项目主要技术参数见附表 5-2，焚烧线设备布置图如附图 5-4 所示（见文后插页）。

附表 5-2　　　　　　　　　德国 TREA BREISGAU 垃圾焚烧发电项目主要参数

	业主	Gesellschaft Abfallwirtsschaft Griburg i. Br.
一般项目数据	运营商	SOTEC GmbH, Saarucken
	投运时间	2005
	总投资	7700 万欧元
	Von Roll Inova 交付范围	焚烧，烟气处理，能量回收

续表

	垃圾处理规模	15 万 t/a
	焚烧线数量	1
项目参数	垃圾处理量	20t/h（标况下），21t/h（最大）
	垃圾热值	11MJ/kg（标况下），7～16MJ/kg（最小/最大）
	热容量	61.1MW
	垃圾类型	城市垃圾，商业垃圾及大件垃圾
垃圾收集	垃圾仓容量	7000m³
	大件垃圾破碎	旋转破碎（锤式破碎）
燃烧系统	类型	Von Roll Inova 往复式炉排
	炉排设计	3 排 5 区
	炉排尺寸	长 10.25m，宽 7.2m
	炉排冷却	前两段为 Aquaroll（水冷）
蒸汽余热锅炉	类型	Von Roll Inova 三通道余热锅炉
	蒸汽量	71t/h
	蒸汽压力	40bar（4.0MPa）
	蒸汽温度	400℃
	排烟温度	210℃，外部省煤器后
烟气处理	类型	静电除尘器、SCR、Von Roll Inova 半干法、Von Roll Inova 两级无废水洗涤塔
	烟气量	113 200m³/h（标况下）
能量回收	类型	抽凝式汽轮机
	发电功率	15.6MW（最大，发电机输出）
灰渣	炉渣	35 000t/a
	烟气飞灰	1600t/a（飞灰和半干产物）
特点		检修期间垃圾打捆，处理量 40t/h

3 荷兰 AEB 垃圾焚烧发电项目

阿姆斯特丹市的 Afval Energie Bedrijf（荷兰语，简称 AEB，阿姆斯特丹废物及能源有限公司）从 1993 年以来运行着一家位于该城市西部港口的垃圾焚烧发电厂，每年接受垃圾容量为 140 万 t。该垃圾焚烧厂自投运以来就在环保排放、技术实施、商业运行获得了很大成功，同时也获得了社区的支持。

1998 年，AEB 制定了一个增加先进垃圾火力发电厂的战略规划，其设计容量大约为 50 万 t/a，扩展已有的 80 万 t/a、掺烧 10 万 t/a 污泥。主要设计理念为"使输出最大"。主要设计目标是提高发电效率以及从剩余物中生产附加产品，其另外一条原则是在能做到的技术范围内尽可能清洁（as low as reasonable achievable，ALARA）。荷兰 AEB 垃圾发电项目实景如附图 5-5 所示。

附图 5-5　荷兰 AEB 垃圾焚烧发电项目实景

这种设计使得垃圾焚烧发电厂的发电效率得到了质的飞跃（从传统的 22％ 提高至 30％）。使得垃圾焚烧发电厂的本质从余热利用转变为以垃圾为燃料的火力发电厂（Waste Fired Power Plant，WFPP），也被称为高效垃圾焚烧发电厂（High Efficiency Waste to Energy plant，HE-WTE）。高效垃圾焚烧发电厂设施使用了高效的专利技术，并且在高效的原则指导下运行。

自从 2007 年该项目投运以来，其可用率高达 92％，发电净效率高达 30％。荷兰 AEB 高效垃圾焚烧发电项目的主要设计参数见附表 5-3，运行主要数据见附表 5-4。

附表 5-3　　　　　　荷兰 AEB 高效垃圾焚烧发电项目主要设计参数

装机	2×33.6t/h	1600t/d@100％	负荷：110％和114％
热容量	2×93.4MW/h		
烟气量	200m³/h		
主蒸汽参数		125bar/440℃	125bar/480℃
再热步骤	HP、LP	14bar/330℃	
FG 热回收	Eco2&Eco3	3MW&2.2MW	
汽轮机	HP& LP（74MW）	排汽压力 0.03bar	66MW
发电机	74MW/86.8MVA	105kV	66MW
烟气净化	灰	湿	量
静电除尘器	4000～500mg/m³	急冷	190 000m³/h（标况下）
袋式除尘器	500～5mg/m³	HCl 洗涤塔	190 000m³/h（标况下）
		SO₂洗涤	190 000m³/h（标况下）
		尾部吸收塔	190 000m³/h（标况下）
	设计		运营
发电效率（％）	30		30.60
运行利用率（％）	90		92

附表 5-4 　荷兰 AEB 高效垃圾焚烧发电项目——2010 年至 2017 年主要运营数据

参数	2010 年	2011 年	2012 年	2013 年	2014 年	2015 年	2016 年	2017 年
垃圾处理量（万 t）	47.3	49.0	53.8	53.0	52.9	54.4	53.7	53.8
总发电量（亿 kWh）	4.51	4.71	4.60	4.58	4.62	4.74	4.72	4.72
单位发电量垃圾（kWh/t）	953	961	855	864	837	871	878	877
全厂发电效率（%）	30.3	30.7	31.2	30.8	30.6	31.1	30.6	30.9
能源利用参数 R1	—	0.91	0.94	0.91	0.95	1.06	1.05	1.03
设备利用率（%）	91.5	92.4	92.5	92.6	93.4	93	92.2	92.6

荷兰 AEB 垃圾焚烧发电项目焚烧线设备布置图见附图 5-6（见文后插页），热力系统图见附图 5-7（见文后插页），烟气净化系统工艺见附图 5-8（见文后插页）。

4　瑞士卢塞恩（Lucern）垃圾焚烧发电项目

超高能效与低排放相结合——这是位于卢塞恩的 Renergia 垃圾焚烧厂宣布的目标。经过 50 年的使用，卢塞恩旧的垃圾焚烧厂被新的焚烧厂取代。卢塞恩市回收、处理和废水协会（REAL）自 1971 年以来一直将卢塞恩伊巴赫（Lucerne-Ibach）的垃圾焚烧发电厂（EfW）作为热电厂运营。从那时起，卢塞恩旧的垃圾焚烧厂扩建了几次，最后一次是在 1996 年。2015 年（投产将近 50 年后），位于造纸厂 Perlen Papier AG（PEPA）附近的新的垃圾焚烧厂（已被命名为 Renergia）取代了旧的垃圾焚烧厂。

本项目优越的地理位置为项目的能源充分利用创造了条件。垃圾焚烧的能效由许多因素决定，其中最重要的是位置，工厂位置应该允许蒸汽或热量达到最大输出。很难想象出还能找到一个比 Renergia 工厂更好的位置，因为它紧邻造纸厂和集中供热的连接点。第二个重要的因素是回收烟气中的能量，应该尽可能完全地回收烟气中的能量。Renergia 垃圾焚烧厂通过将烟气和烟囱出口温度保持在尽可能低的水平，并且避免向烟气中注入水分，可以非常有效地实现这一目标。受益于 Renergia 工厂，造纸厂每年将减少 4000 万 t 的燃油消耗和 90 000t 的二氧化碳排放。

Hitachi Zosen Inova 为本项目提供了先进的技术和装备。Renergia 工厂受益于 Hitachi Zosen Inova 的多项创新开发，工厂维护得到简化，由于能够很好地控制工厂的运行，可以让垃圾在几乎没有多余空气的情况下燃烧。Inova 水冷炉排结合了三家经验丰富的炉排制造商设计的炉排优点，坚固、简单和设计良好的结构确保了它可靠和经济的运行，其良好的使用性能、职业安全性以及稳定、良好的燃烧控制给人留下了深刻的印象。工厂已经做好了在空气供应量减少的情况下运行的准备。它的主要点特点是锅炉，其第一烟道不使用浇注料，采用 Inconel 625 堆焊的工艺防腐蚀，两级二次风和再循环烟气喷射系统以及扩展的燃烧控制系统。瑞士卢塞恩（Lucern）Renergia 垃圾焚烧发电项目实景如附图 5-9 所示。

附图 5-9　瑞士卢塞恩（Lucern）Renergia 垃圾焚烧发电项目实景

本项目采用了先进的烟气净化工艺。高效彻底的烟气处理对于垃圾发电厂来说，保持其可靠的低排放非常重要。Renergia 工厂的多级烟气处理确保了工厂不仅满足了还改进了瑞士清洁空气指令（LRV）下的严格要求。这可通过以下部分实现：

1）允许单独处理飞灰的静电除尘器。

2）用于分离酸性污染物的碳酸氢钠喷射和袋式除尘器。

3）用于还原氮氧化物的选择性催化还原（SCR）。

4）利用外部省煤器和热交换器进行余热回收。

5）喷入石灰和焦炭，以吸收最后的微量酸性污染物以及汞和二噁英。

6）引风机下游还有一个额外的热交换器，可将烟气冷却至 80℃，从而优化系统效率。

7）在烟气通过烟囱离开工厂之前，有一个连续监测系统检查排放烟气是否符合严格的排放要求。

瑞士卢塞恩（Lucern）Renergia 项目主要技术参数见附表 5-5，焚烧线设备布置见附图 5-10（见文后插页）。

附表 5-5　　　　　　　　　　瑞士卢塞恩（Lucern）Renergia 项目主要技术参数

一般项目数据	业主	Renergia Zentralschweiz AG
	运营商	Renergia Zentralschweiz AG
	投运时间	2015 年
	总投资	3.2 亿瑞士法郎
	Von Roll Inova 交付范围	全套燃烧系统、锅炉和烟气处理的范围
技术参数	规模	20 万 t/a
	焚烧线数量	2
	每条线的产能	12.5t/h（标况下）～15.6t/h（最大）
	垃圾热值	9.5～16MJ/kg
	热容量	47MW
	垃圾类型	城市生活垃圾

燃烧系统	类型	Hitachi Zosen Inova
	炉排设计	2 列 4 段
	炉排尺寸	长 10.8m，宽 5.2m
	炉排冷却	前两段为 Aquaroll（水冷）
余热锅炉	类型	四通道锅炉，外部省煤器
	蒸汽量	58t/h
	蒸汽压力	41bar
	蒸汽温度	410℃
烟气处理	处理流程	静电除尘＋碳酸氢钠喷射＋袋式除尘器 1＋SCR＋外置省煤器＋热交换器 1＋熟石灰和活性炭喷射＋袋式除尘器 2＋热交换器 2
	烟气量	78 000m³/h
能量回收	类型	抽凝式汽轮机
	电力	最大：28.1MW 总量；最大蒸汽出口：18.1MW 总量
	蒸汽	75t/h（3.5bar/155℃，1bar＝100kPa）
	热量	最大：22MW

5 瑞士图恩湖 KVA Thun 垃圾焚烧发电项目

图恩湖（KVA Thun）——一座满足最高经济、生态、建筑标准的城市设施。KVA Thun 焚烧厂服务于 150 个社区的 300 000 居民，每年处理 100 000t 可燃垃圾，KVA 位城市位于图恩湖，是伯尔尼密特兰（Bernese Mitterlland）和奥伯兰的经济中心，以其白雪皑皑的山峰和如画般的风景闻名于世。焚烧厂为 Thun 地区提供三分之一的电力，还为邻近的公用设施提供集中供暖。瑞士图恩湖（KVA Thun）垃圾焚烧发电项目实景如附图 5-11 所示。

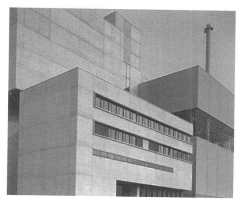

附图 5-11 瑞士图恩湖（KVA Thun）垃圾焚烧发电项目实景

处理过程中产生最小排放。由于工厂紧邻图恩市，复杂的生态安全建设理念受到了相当大的重视，这不仅是为了提供可靠的垃圾处理，还为了减少在运输和实际运营过程中产生的噪声和臭气污染。排放控制是从运输开始的，有效的交通理念保证了垃圾只采用最短路线运输。大约有 40% 垃圾通过铁路运输到焚烧厂的封闭式卸料大厅进行倾倒。为了防治臭气污染，燃烧系统从垃圾池和卸料大厅抽取空气，微负压的环境减少了臭气外泄风险。

带能量回收功能的最佳焚烧技术。垃圾抓斗将垃圾通过冲压式给料机送入焚烧进料斗，市政污泥在焚烧前和垃圾进行混合。为优化焚烧，Von Roll Inova 往复炉排包含 5 个独立控制的区域，若干焚烧阶段（干燥、点燃、燃烧、燃烬）。为了适应不同热值的垃圾，前两个区域安装了水冷 Aquaroll 炉排。通过闭环的冷却系统和热交换器，垃圾产生的热量用于加热一次风。二次风和再循环烟气高速切向喷入焚烧炉上方的二燃室，燃烧气体在这里充分混合完全燃烬。焚烧释放的能量进入下游锅炉的水循环回路。

高效的烟气净化。对于焚烧厂来说，污染物去除率和低排放的可靠性非常重要，高效烟气净化系统保证了工厂烟气排放满足甚至远远低于瑞士空气质量法令（LRV）中的相关要求。烟气净化系统包括：静电除尘器、SCR De-NO$_x$ 系统、热量回收、湿法洗涤塔、袋式除尘器。静电除尘器可以去除烟气中大部分的颗粒和重金属，SCR 催化剂将 NO$_2$ 分解为 N$_2$ 和水（大气中的天然成分）。省煤器将烟气温度从 260℃ 降低到 100℃，酸性气体（如：SO$_2$ 和 HCl）在湿法洗涤塔进行脱酸。通过 GGH 的再热后，烟气进入袋式除尘器，细颗粒，二噁英和剩余重金属通过袋式除尘器去除，引风机将清洁的烟气抽到 70m 高的烟囱中，由连续监测系统检查烟气是否符合排放要求，符合排放要求的烟气通过烟囱排到大气中去。

飞灰处理在酸式飞灰水洗阶段（FLUWA），来自洗涤塔的洗涤水与飞灰一起处理。经过预筛选后，重金属汞通过氢离子交换器去除。随后，洗涤水交换到 FLUWA，飞灰从酸性溶液中提取出来。不含重金属的飞灰通过过滤机从洗涤水中分离出来，盐类通过充分冲洗从滤渣中分离出来。将洗涤脱水后的飞灰与炉渣混合，随炉渣一起处理。

最大程度重复利用残余物。溶解的重金属在压滤机中沉淀和脱水。由大量氢氧化锌组成的滤饼被送去回收。废料中的有色金属废料也可以再利用：将炉渣通过磁选机，在其中将有色金属与剩余炉渣分离，然后送到回收公司。

集中供热。从燃烧中回收的能量通过汽轮发电机组由蒸汽转化为电能和热能。该汽轮发电机组由带调节低压抽气的抽凝式汽轮机和区域热量输出的端口组成。KVA Thun 焚烧厂的最多可产生 12MW 的电力和 25MW 的热量，大约能满足图恩市三分之一的电力需求。

功能决定建筑风格。高标准不仅体现在工厂的技术，还体现在其建筑设计上。工厂由瑞士建筑事务所设计，设计灵感来自工厂的先进技术及各种功能。建筑大楼呈现冷静控制的氛围。没有装饰性的外观，建筑呈现出工厂内部的形式和反差。全玻璃的南部立面是建筑的视觉焦点，过往的行人可以透过玻璃一窥工厂使用的技术并将其当作建筑设计的一部分。KVA Thun 位于伯尔尼地区的旅游中心，是符合生态经济和美学最高标准的设施。

瑞士图恩湖垃圾焚烧发电项目主要技术参数见附表 5-6，焚烧线设备布置见附图 5-12（见文后插页）。

附表 5-6 　　　　瑞士图恩湖（KVA Thun）垃圾焚烧发电项目主要技术参数

一般项目数据	运营商	AG fur Abfallverwertung，AVAG
	投运时间	2004
	总投资	约 2 千万瑞士法郎
	Von Roll Inova 交付范围	焚烧、锅炉、能量回收、烟气处理、飞灰洗涤塔、水处理、电力控制系统
	总承包	Von Roll Inova（不含土建）
技术参数	规模	100 000t/年（314t/d）
	热值	12.6MJ/kg
	热力输出	46MW
	垃圾类型	居民和商业废弃物
	最大处理量	18.4t/h
	市政污泥协同焚烧	干化污泥（20%～40%含水量），最多处理垃圾处理量的 10%
大件垃圾破碎	类型	旋转粉碎（锤式破碎）
燃烧系统	类型	Von Roll Inova 往复炉排
	炉排尺寸	长 10.2m，宽 56.0m
	炉排冷却	前两列为 Aquaroll（水冷）
余热锅炉	类型	Von Roll Inova 四通道余热锅炉
	蒸汽量	54.4t/h
	蒸汽压力	40bar(4.0MPa，1bar＝100kPa)
	蒸汽温度	400℃
能量回收	类型	抽凝式汽轮机
	电力	12MW（最大）
	热量	23MW（最大）
烟气处理	流程	静电除尘器、SCR、余热提取、Von Roll Inova 湿法洗涤塔、再热，袋式除尘器
	烟气量	113 200m³/h（标准工况）
	电力	15.6MW（最大，发电机输出）
	温度	260℃（入口），130℃（烟囱）
飞灰处理	流程	酸式飞灰水洗（FLUWA）（含汞回收）
残渣	炉渣	约 20 000t/年
	废铁	约 3500t/年
	精炼锌	可回收约 720t/年

6　日本大阪舞洲垃圾焚烧发电项目

日本大阪舞洲垃圾焚烧发电项目的外观是由维也纳艺术家弗里德里希·斯托瓦瑟设

计，以地域风格为基础，旨在建立一个融合技术、生态学与艺术的地标性建筑物。因自然界中不存在直线或一模一样的事物，所以焚烧厂各部分的外观形状都有意识地选用曲线，同时，建筑物四周围绕了许多绿植，以象征与自然的和谐共生。外立面以焚烧厂内燃烧的火焰为灵感，绘制了红色和黄色的条纹。日本大阪舞洲垃圾发电项目实景如附图 5-13 所示。

附图 5-13　日本大阪舞洲垃圾焚烧发电项目实景

日本大阪舞洲垃圾焚烧发电项目的主要技术经济参数与设备配置，见附表 5-7 和附表 5-8。

附表 5-7　　　　　　　　　日本大阪舞洲垃圾焚烧发电项目主要技术经济参数

位置	大阪市此花区北港白津 1-2-48
占地面积	约 33 000m²
处理能力	焚烧设施 900t/d
	大件垃圾处理设施 170t/d
费用	约 39 亿人民币
	以 2020 年度平均汇率 1 元人民币＝15.479 日元计算
工期	开工　1997 年 3 月
	竣工　2001 年 4 月
建筑规模	钢骨钢筋混凝土构造（一部分钢骨构造）
	7 层（地下两层）
	建筑面积　约 17 000m²
	楼面面积　约 57 000m²
	烟囱内壁钢板、外壁钢筋混凝土构造高度 120m

附表 5-8 　　　　　日本大阪舞洲垃圾焚烧发电项目主要设备配置

系统	设备名称	数量、主要参数
焚烧炉	450t/d（阶段式炉排炉）	2
垃圾供给系统	卸料口	9
	垃圾池	约 15 000m³
	垃圾吊	2
灰渣处理系统	震动输送机	2
	灰渣贮坑	约 1200m³
	飞灰贮坑	约 500m³
	灰渣吊	2
通风系统	送风机	2
	引风机	2
烟气冷却系统	自然循环式锅炉	2
烟气处理系统	袋式除尘器	4
	湿法洗涤塔	2
	脱硝反应塔	2
	飞灰处理装置（加热脱盐装置及药剂处理装置）	2
渗沥液处理系统		1
计量系统	分散控制系统	
	自动燃烧控制	1
余热利用系统	厂内供热水	1
	蒸汽汽轮发电机	1
大件垃圾处理设施		
旋转式破碎机	120t/5h	1
低速旋转式切割破碎机	50t/5h	1
大件垃圾供给系统	不可燃大件垃圾池	约 2400m³
	可燃大件垃圾池	约 1000m³
	大件垃圾吊	2
分选装置		1

日本大阪舞洲垃圾焚烧发电项目焚烧线设备布置见附图 5-14（见文后插页）。

7　日本东京杉並垃圾焚烧发电项目

　　清扫工厂即是将回收的可燃垃圾进行安全稳定地高效焚烧处理的设施。垃圾焚烧可以防止细菌、虫害以及臭气的产生，保持周边环境的卫生。另一方面，焚烧过程中烟气和废水中会产生污染空气和水质的物质，但这些物质都可以通过最新公害防止法去除，确实地减轻环境负担。此外，清扫工厂在运行时，会自行设置一个比法律规定的标准值还要严格的保证值，通过遵守保证值来防止环境污染。日本东京杉並垃圾焚烧发电项目实景如附图 5-15所示。

附图 5-15　日本东京杉并垃圾焚烧发电项目实景

　　垃圾通过焚烧可以实现二十分之一的减容，从而减少垃圾填埋场的使用量。东京二十三区清扫一部十五组合更是将炉渣作为水泥原料进行资源化，更进一步地减少了垃圾的填埋量。此外，将垃圾焚烧产生的热能回收并导入高效废弃物发电设施，还可减排，减缓温室效应。本项目的主要亮点如下：

　　1）与人文环境相融合。为与设施周边环境相融合，工厂的屋顶与外壁都做了绿化。此外，工厂外周的绿地还铺设了散步的小路，让居民可以漫步在浓缩了武藏野自然风景的林间，欣赏岸边四季不断的花草，使整个工厂真正地融入周边环境中。

　　2）自然能源的利用。设施屋顶敷设太阳能电池板，同时全厂导入地热空调设施，灵活运用自然能源。

　　3）温室效应对策。本工厂通过使用比以往效率更高的废弃物发电设施，增加发电量并尽可能地减少 LED 照明、变压器等设备的耗电量，进而减少了温室气体二氧化碳的排放量。

　　4）充实的环境学习场所。为推进循环型社会的形成，本厂还设置了加深 3R 理解的展示台以及利用焚烧热能加热的足浴，营造出学习环境知识场所的充实感。

　　5）东京垃圾战争历史馆。"东京垃圾战争历史馆"在杉并清扫工厂内正式开馆。其中记录了初代杉并清扫工厂建设前的各种变故、重建的缘由、垃圾问题的未来等历史与教训。请亲身体验，寻找何为"东京垃圾战争"以及爆发"垃圾战争"的原因。

　　东京杉并清扫工厂（垃圾焚烧发电项目）的主要技术经济参数与设备配置，见附表 5-9 和附表 5-10；烟气污染物排放，控制标准限值见表 5-11。东京杉并垃圾焚烧发电项目焚烧线设备布置，见附图 5-16（见文后插页）。

附表 5-9　　　　　　　　　　东京杉并清扫工厂主要技术经济参数

位置	东京都杉并区高井户东三丁目 7-6
占地面积	约 36 000m²
设施	焚烧炉：全连燃烧式炉排炉（附余热锅炉） 600t/d(300t/d×2 炉) 发电设备：蒸汽汽轮发电机 额定功率：24 200kW

续表

工期	开工：2012 年 9 月 27 日
	竣工：2017 年 9 月 30 日
建设费	约 18 亿人民币（税后）
	注：汇率以 2020 年度平均汇率 1 元人民币＝15.479 日元计算
建筑规模	厂房：地下 3 层地上 5 层，高约 28m
	钢骨钢筋混凝土构造（一部分钢骨构造）
	楼面面积约 32 000m²
	烟囱：内壁钢制、外壁钢筋混凝土构造，高度约 160m
设计施工单位	日立造船·奥村组 特定建设工事共同企业团体

附表 5-10　　　　　　　　　东京杉并清扫工厂主要设备配置

焚烧炉	全连燃烧式炉排炉
垃圾接收及供给设备	垃圾池 & 垃圾吊
集尘设备	过滤式集尘器
洗烟设备	湿法氢氧化钠洗涤法
脱硝设备	催化剂脱硝法（氨气吹入法）
灰处理设备	飞灰搅拌机等
污水处理设备	二段絮凝沉淀＋砂过滤
锅炉设备	附过热器的自然循环式水管锅炉
	最大压力/温度：5.35MPa/420℃
	最大蒸发量：63.21t/h
发电设备	抽汽冷凝式汽轮机
	额定功率：24 200kW
	蒸汽量（额定功率下）：117.67t/h
	蒸汽参数：3.85MPa/395℃
余热利用设备	温水设备（向高井户市民中心供热）

附表 5-11　　　　　　东京杉并清扫工厂大气污染防治相关防公害标准

指标	规定内容	法定标准值	保证值
Dust	浓度	0.04g/m³	0.01g/m³
HCl	浓度	700mg/m³ （430ppm）	10ppm （约 16.28mg/m³）
SO_x	总量	605.93m³/d （约 123ppm）	10ppm （约 49.26m³/d）
NO_x	总量	12.86m³/h （约 84ppm）	50ppm （约 182.54mg/m³）
	浓度	250ppm （约 912.7mg/m³）	

续表

指标	规定内容	法定标准值	保证值
Hg	浓度	$50\mu g/m^3$	$50\mu g/m^3$
二噁英类	浓度	$0.1ng\text{-}TEQ/m^3$	$0.1ng\text{-}TEQ/m^3$

注 排放浓度的换算条件为氧浓度12%；从大气污染防治法实施日开始。

8 日本大阪平野垃圾焚烧发电项目

日本大阪平野垃圾焚烧发电项目设施特色：具备减少二噁英等环保措施的先进防公害系统；可最大限度地有效利用焚烧热能的热回收设施；融入周边自然人文环境的建筑设计理念。日本大阪平野垃圾焚烧发电项目实景如附图5-17所示。

本项目是为了与北京竞争2008年奥运会的主办权，大阪市政府特别筹建的项目。

附图5-17 日本大阪平野垃圾焚烧发电项目实景

本项目的主要技术经济参数与设备配置，见附表5-12和附表5-13。

附表5-12　　　　　日本大阪平野垃圾焚烧发电项目主要技术经济参数

位置	大阪市平野区瓜破南1-3-14
占地面积	约27 000m²
处理能力	900t/d(450t/d×2炉)
工期	开工：1999年3月16日
	竣工：2003年3月31日
建筑规模	厂房：地下2层地上6层及塔屋 钢骨钢筋混凝土构造、一部分钢筋构造、一部分钢骨构造
	计量房：钢筋混凝土构造平房
	烟囱：内壁钢板、外壁钢筋混凝土构造，高度120m
雇主	大阪市环境事业局

续表

设计单位	大阪市环境事业局、JFE 工程股份有限公司
施工单位	JFE 工程股份有限公司
设计监理	大阪市住宅局、大建设计股份有限公司、设备技研股份有限公司
建筑工事	熊谷·户田·青木·村本 特定建设工事共同企业团体
电器、机械设备 建造单位	JFE 工程股份有限公司

附表 5-13　　　　　　　　　　日本大阪平野垃圾焚烧发电项目主要设备配置

设备名称	主要技术参数	数量
焚烧炉	450t/d(阶段式炉排炉) 推料器：推料行程 0.7m×宽 6.9m 干燥段：长 3.8m×宽 6.9m 燃烧段：长 5.9m×宽 6.9m 燃烬段：长 4.5m×宽 6.9m	2
供料 系统	卸料口：对开门油压驱动式	11
	空气幕：下方吹出式	3
	闸门：电动式	11
	垃圾池：15 000m³ （长约 48m×宽约 17m×深约 18m）	2 区域
	垃圾吊抓斗：12m³，12t（额定） 附油压多瓣抓斗的自动桥式垃圾吊	2
计量系统	负荷传感器式：30t	2
蒸汽式空气预热器	蒸汽加热式热交换型	2
锅炉	传热面积：2100m²	2
过热器	传热面积：2015m²	2
省煤器	传热面积：2381m²	2
调温塔	喷水式（约 200℃→约 150℃）	2
烟气处理系统	袋式除尘器：脉冲喷射式，滤袋材质为 PTFE	2
	湿法脱酸系统：湿法 NaOH 洗涤	2
	SCR，催化剂填量约 30m³	2
	药剂供给装置（活性炭及熟石灰喷雾）	2
余热利用系统	汽轮机：冲动式抽气冷凝汽轮机 27 400kW	1
	发电机：27 400kW，11 000V	1
汽轮机冷凝器	强制空冷真空式 39 256MW(33 754×106kcal/h)85kW ×10 台	2

续表

设备名称	主要技术参数	数量
灰渣处理系统	飞灰处理系统	
	加热脱盐处理：1000kg/h	2
	药剂搅拌处理（2 轴式)1000kg/h	2
	灰渣输送机：湿式刮板输送机	2
	灰抓吊抓斗：6m³，9.0t（额定） 附油压开关式抓斗的自动桥式灰抓吊	2
通风系统	送风机：强制通风型 102 000m³/h，210kW	2
	炉温控制用送风机，强制通风型 51 000m³/h，90kW	2
	抽气机：双吸式通风型 178 000m³/h，1650kW，通过变频器（VVVF：可变电压可变 周波数）控制转数	2
渗沥液处理系统	垃圾渗沥液处理设备，炉内回喷处理方法	
	设施排水处理设备，絮凝沉淀＋过滤	1
	洗烟废水处理设备，絮凝沉淀＋过滤＋水银吸附＋硼吸附	
紧急发电设备	开口循环式单轴燃气汽轮机 2800kW，6600V	1

日本大阪平野垃圾焚烧发电项目焚烧线设备布置图，见附图 5-18（见文后插页）。

9　日本东京新江东垃圾焚烧发电项目

人类活动对环境产生的影响可以引发全球性的问题，而垃圾问题正是其中之一。解决垃圾问题，就需要从源头抑制垃圾的产生，并将垃圾作为资源进行回收利用。但是，即使这样，产生的垃圾也需要进行妥善处理。焚烧可以在卫生处理可燃垃圾的同时，实现 5% 左右的垃圾减容，甚至焚烧产生的热还可以用来发电，不失为一种可循环资源的垃圾处理方法。新江东清扫工厂作为具备最新防公害设备的清扫工厂，在妥善处理东京 23 区的垃圾的同时，还肩负着延长珍贵的垃圾填埋场寿命的职能。日本东京新江东垃圾焚烧发电项目实景如附图 5-19 所示。

本项目的特点如下：

1）日本国内最大级别的清扫工厂。本厂具有日处理量 1800t 的垃圾焚烧设施、发电能力 50 000kW 的蒸汽汽轮发电机，是日本国内最大级别的垃圾焚烧设施。本厂每年可焚烧处理 40 万 t 左右的垃圾。

2）防公害。本厂具备最尖端的防公害设备，可将烟气中的 HCl、粉尘、SO_x、汞基本去除。此外，对于二噁英类，则采用完全燃烧管理以及二噁英去除设备将二噁英浓度保持在远低于法定标准值的水平下。

3）地球环境·地域环境的共生。垃圾焚烧产生的热可通过余热锅炉回收，产生的蒸汽

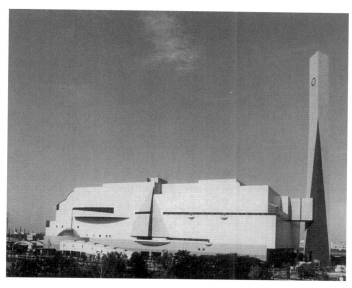

附图 5-19　日本东京新江东垃圾焚烧发电项目实景

通过汽轮机进行发电。除此之外，产生的热能还对东京都梦之岛热带植物馆、东京辰巳国际游泳场、东京体育文化馆的公共设施供热。本厂还将建筑物屋顶的雨水用于设施内用水、卫生间及洒水用水。值得一提的是，工厂的外观设计，远看好似海面上漂浮着的帆船，其设计灵感来源于梦之岛小船坞等周边环境。

东京新江东垃圾焚烧发电项目的主要技术经济参数与设备配置，见附表 5-14 和附表 5-15；本项目 2009 年度的污染控制情况和热能能源利用情况，见附表 5-16 和附表 5-17。

附表 5-14　　　　　　　　　东京新江东垃圾焚烧发电项目主要技术经济参数

占地面积	约 61 000m²
焚烧规模	1800t/d
建设费	约 57 亿人民币
竣工	1998 年 9 月
建筑规模	地上 9 层（地下 1 层）； 钢骨钢筋混凝土构造（一部分钢骨构造）； 建筑面积：约 27 000m²； 楼面面积：约 75 000m²； 烟囱：内壁不锈钢、外壁钢筋混凝土构造，高度约 150m

附表 5-15　　　　　　　　　东京新江东垃圾焚烧发电项目主要设备配置

焚烧炉	全连燃烧式炉排炉； 600t/d×3 炉
余热锅炉	附过热器的自然循环式水管锅炉； 最大蒸发量 121.3t/h×3 台
汽轮发电机	抽气式冷凝汽轮机； 50 000kW×1 台

集尘设备	袋式除尘器式过滤式集尘器； 最大烟气处理量：200 000m³/h×3 台
垃圾池	约 45 000m³
卸料口	对开式：21 扇
灰渣贮坑	约 2900m³
受电设备	受电电压 66 000V、2 线路

附表 5-16　东京新江东垃圾焚烧发电项目污染物排放浓度（2009 年度）

指标	单位	法定标准值	保证值	实测值（年平均值）
Dust	g/m³	0.08	0.02	实测值，下限未满 <0.001
HCl	ppm	430	15	实测值，下限未满 <2
SO_x	ppm	28	20	实测值，下限未满 <1
NO_x	ppm	80	60	34
Hg	mg/m³	—	0.05	实测值，下限未满 <0.005
二噁英类				
烟气	ng-TEQ/m³	1		0.000 000 10
飞灰	ng-TEQ/g	3		0.29
炉渣	ng-TEQ/g	3		0.0048
排水	ng-TEQ/L	10		0.000 20

注　表中数据为本项目 2009 年度的数据信息，其中：

1. SO_x 的法定标准值以日总量排放标准值换算得出；
2. NO_x 的法定标准值以总量排放标准值的浓度换算得出；
3. 2009 年度水质污染低于下水道法的污水排放标准限值；
4. 噪声、振动、臭气皆低于相关法律规定的标准限值；
5. 为抑制烟气中的二噁英的产生，正在努力将其浓度降至 0.1ng-TEQ/m³ 以下。

附表 5-17　东京新江东垃圾焚烧发电项目焚烧热能的有效利用情况（2009 年度）

蒸汽产生量	1332kt
汽轮机蒸汽使用量	905kt
总发电量	1 亿 3900 万 kWh
卖电量	8012 万 kWh
卖电收入	4782 万人民币
热供给量（有偿）	5 万 5416GJ
热收入	103 万元 汇率以 2020 年度平均汇率 1 元人民币＝15.479 日元计算

日本东京新江东垃圾焚烧发电项目焚烧线设备布置图，见附图 5-20（见文后插页）。

10　美国佛罗里达州 West Palm Beach 垃圾焚烧发电二期项目

本项目是佛罗里达州 West Palm Beach 垃圾焚烧发电项目的二期工程。本项目的业主是当地政府，服务范围是佛罗里达州 Palm Beach County。B&W PGG（Babcock & Wilcox Power Generation Group）公司和 KBR 公司组成了联合体负责本项目的设计、采购、施工总承包（即，EPC），（B&W PGG 的下属项目公司）负责本项目投产后的运营和维护（O&M）业务。PBRRC 也是政府授权的一期项目的运营公司，O&M 合同期限直至 2029 年。美国佛罗里达州 West Palm Beach 垃圾发电二期项目效果图和夜景如附图 5-21 和附图 5-22 所示。

附图 5-21　美国佛罗里达州 West Palm Beach 垃圾焚烧发电二期项目效果图

附图 5-22　美国佛罗里达州 West Palm Beach 垃圾焚烧发电二期项目夜景

本项目于 2011 年完成招投标，2012 年开始施工，2015 年 7 月投入商业运营。该项目是 20 多年来美国国内建设的第一个垃圾焚烧发电项目。本项目为 3 炉 1 机配置，单炉规模为 1000t/d，汽轮发电机组的装机容量为 95MW。本项目采用了丹麦 VOLUND 公司的水冷式

Dyna 型往复移动机械炉排炉，焚烧炉、余热锅炉、烟气净化工艺、炉渣综合利用（回收其中的铁金属、有色贵金属等）等进行了优化设计，具有良好的经济效益和社会效益。

本项目的主要技术经济参数、设备配置，见附表 5-18 和附表 5-19；部分污染物指标的性能测试值，见附表 5-20。

附表 5-18　　　　　West Palm Beach 垃圾焚烧发电二期项目主要技术经济参数

名称		内容
总体	服务范围	美国佛罗里达州，Palm Beach County
	业主	Palm Beach County 的固废管理局
	建设期	2011 年签署合同 2012 年 4 月开始施工（土方工程开工）
	运营开始	2015 年 7 月开始商业运营
	运营商	PBRRC Palm Beach Resource Recovery Corporation， B&W PGG 的下属项目公司
	运营期	2015～2035 年
垃圾处理系统	规模	3000t/d，1 000 000t/d
	焚烧设备配置	3 条线，每条线 1000t/d 或 113.4t/h
主体设备	锅炉	3 台套，B&W PGG 设计、供货
	给料系统	全自动垃圾抓吊 液压驱动推料器 水冷溜槽
	炉排类型	B&W 的 Dyna 型往复移动机械炉排
	对垃圾的要求	混烧（mass burn）
	设计低位热值	10.1MJ/kg
	炉渣热灼减率	3% 以下
	辅助燃料	天然气
	锅炉蒸发量	284 400lb/hr（单炉）或 386.2t/h（单炉）
	主蒸汽温度、压力	443℃、63bar
	锅炉出口烟气温度	180℃
	锅炉给水温度	149℃
	汽轮发电机组容量	95MW（对应约 55 000 户家庭）
污染控制	烟尘	脉冲清灰袋式除尘器
	酸性气态污染物	旋转喷雾反应塔
	脱硝	SCR（选择性催化还原脱硝）
	Hg 的脱除	活性炭吸附
	排放检测	CEMS
炉渣中的金属回收	铁金属	约 21 000t/a
	非铁金属	约 1000t/a

附表 5-19　　　West Palm Beach 垃圾焚烧发电二期项目烟气污染物排放保证值

污染物名称（单位，标况下）	保证值
$NO_x(mg/m^3)$ ＊＊	70
$SO_2(mg/m^3)$ ＊＊	49
$HCl(mg/m^3)$ ＊＊	23
$HF(mg/m^3)$	2.12
$CO(mg/m^3)$ ＊＊＊	89
$TOC(mg/m^3)$	9.82

注　换算条件为"标准状态下、干烟气、11％含氧量"。

＊＊为日均值。

＊＊＊为 4h 均值。

附表 5-20　　　West Palm Beach 垃圾焚烧发电二期项目部分污染物性能测试数据

污染物名称	本项目特许协议保证值	本项目性能测试实测值
NO_x	＜50ppm	30～31ppm
CO	＜100ppm	15～24ppm
SO_2	＜24ppm	10～21ppm
未燃的 C_mH_n 化合物	＜7ppm	0.2～2.7ppm
颗粒物（PM，烟尘）	$12mg/m^3$	0.60～$2.50mg/m^3$
二噁英类（$PCDD/F_s$）	＜$10ng/m^3$	0.23～$0.36ng/m^3$
Hg	＜$25\mu g/m^3$	0.55～$0.62\mu g/m^3$
Cd	＜$10\mu g/m^3$	0.26～$2.54\mu g/m^3$
Pb	＜$125\mu g/m^3$	0.51～$8.05\mu g/m^3$
HCl	＜20ppm	1.5～2.1ppm
HF	—	＜$0.1ng/m^3$

注　1. 性能测试实测值，是 3 条线满负荷、稳定运行条件下，连续 4h 采样的测试值；

　　2. ppm 与 mg/m^3 的换算，参见附录二相关内容。

美国佛罗里达州 West Palm Beach 垃圾焚烧发电二期项目的主体设备布置图，见附图 5-23（见文后插页）。GGHE（"气-气"换热器）和 FHE（末级换热器）的采用，降低了能源消耗，有效提高了能源利用效率，并取得了良好的环境效益和经济效益。本项目 GGH 的采用，在上海老港一期项目之后，但末级换热器的采用，有其创新之处，值得借鉴。

附录六　中国部分城市垃圾焚烧发电设施分布

　　附表6-1列出了中国15座城市的垃圾焚烧设施规模分布信息。可以看出，这15座城市的常住人口总数量达到了约2.44亿，运行中焚烧设施的总数量达到了141座、总规模约22.5万t/d、平均规模约1600t/d；建设中焚烧设施的总数量为28座、总规模约5.5万t/d、平均规模约1960t/d。

　　附图6-1表示了这15座城市的焚烧设施规模排序，可见，上海市的焚烧设施总规模排名第一。

附表6-1　中国15座城市垃圾焚烧发电设施数量与规模现状（截至2022年10月）

序号	城市	常住人口（万人）	设施总规模（不含规划）（t/d）	运行中的焚烧设施		建设中的焚烧设施	
				数量（座）	规模（t/d）	数量（座）	规模（t/d）
1	上海	2489.4	30 745	14	22 895	2	7850
2	广州	1881.1	30 250	11	26 250	1	4000
3	深圳	1768.2	25 450	7	16 300	4	9150
4	北京	2188.6	23 350	12	18 250	1	5100
5	重庆	3212.4	23 050	14	19 100	7	3950
6	成都	2119.2	20 900	9	15 800	1	5100
7	天津	1373.0	18 350	15	18 350		
8	苏州	1284.8	18 080	12	18 080		
9	郑州	1274.2	16 250	7	9950	3	6300
10	杭州	1220.4	14 920	10	14 920		
11	宁波	954.4	13 750	8	11 500	2	2250
12	西安	1316.3	12 750	4	9750	1	3000
13	武汉	1364.9	12 500	5	7500	4	5000
14	南京	942.3	10 010	6	8010	1	2000
15	青岛	1025.7	9900	7	8700	1	1200
合计		24 414.9	280 155	141	221 555	28	54 800

　　附图6-2～附图6-16，表示了上述15座城市的辖区面积、常住人口和焚烧设施（包括运行中设施、建设中设施、规划中设施，以及已关停设施）的分布。

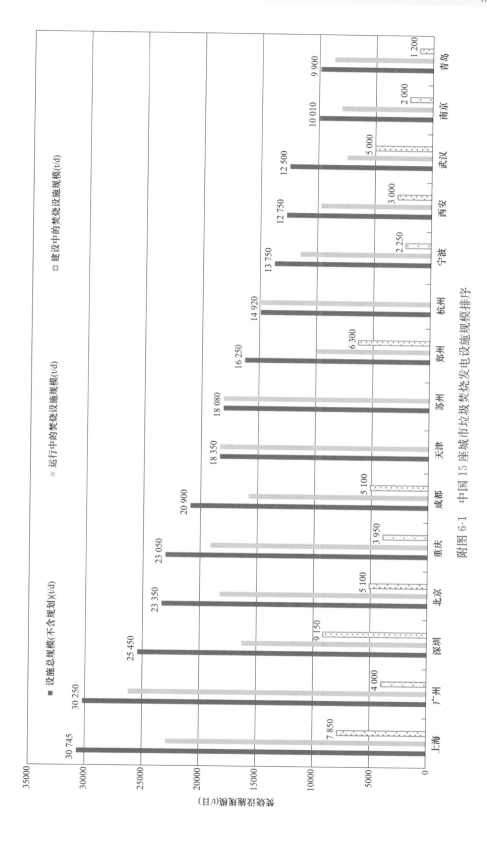

附图 6-1　中国 15 座城市垃圾焚烧发电设施规模排序

上海市垃圾焚烧发电项目一览表

序号	项目	设计规模（t/d）	状态
1	御桥项目	1095	2002 年投运
2	江桥一期	1500	2003 年投运
	江桥二期		2005 年投运
3	金山一期	800	2013 年投运
4	老港一期	3000	2013 年投运
5	黎明项目	2000	2014 年投运
6	松江一期	2000	2016 年投运
7	奉贤一期	1000	2016 年投运
8	崇明一期	500	2017 年投运
9	嘉定项目	1500	2019 年投运
10	老港二期	6000	2021 年投运
11	奉贤二期	1000	2021 年投运
12	崇明二期	500	2021 年投运
13	金山二期	500	2021 年投运
14	松江二期	1500	2021 年投运
/	小计	22 895	/
15	海滨项目	3000（实际规模为4050t/d）	建设中
16	宝山项目	3800（含有 800t/d 的湿垃圾处理）	2022 年投运
—	小计	6800（7850）	—
—	总计	29 695（30 745）	—

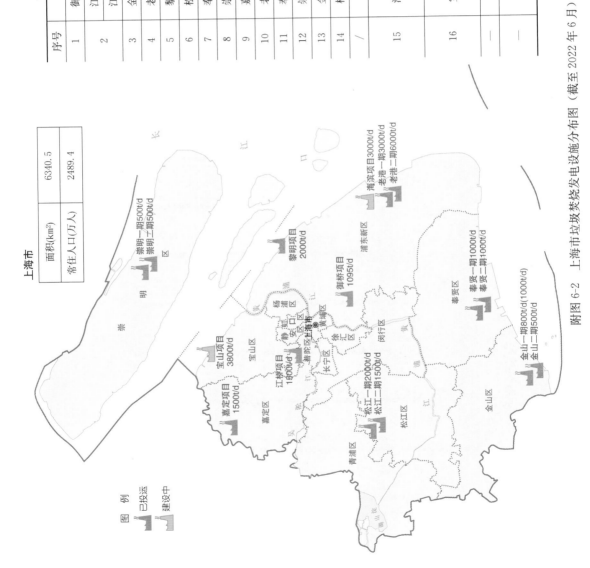

上海市

面积（km²）	6340. 5
常住人口（万人）	2489. 4

附图 6-2　上海市垃圾焚烧发电设施分布图（截至 2022 年 6 月）

广州市垃圾焚烧发电项目一览表

序号	项目	设计规模（t/d）	状态
1	李坑一厂	1000	2005 年投运
2	李坑二厂	2000	2012 年投运
3	南沙一期	2000	2015 年投运
4	增城一期	2250	2017 年投运
5	从化一期	1000	2017 年投运
6	花都一期	2000	2018 年投运
7	萝岗一期	4000	2018 年投运
8	从化二期	3000	2022 年投运
9	花都二期	3000	2022 年投运
10	增城二期	3000	2022 年投运
11	南沙二期	3000	2022 年投运
—	小计	26 250	—
12	萝岗二期	4000	建设中
—	小计	4000	—
—	总计	30 250	—

广州市	
面积(km²)	7434.4
常住人口(万人)	1881.1

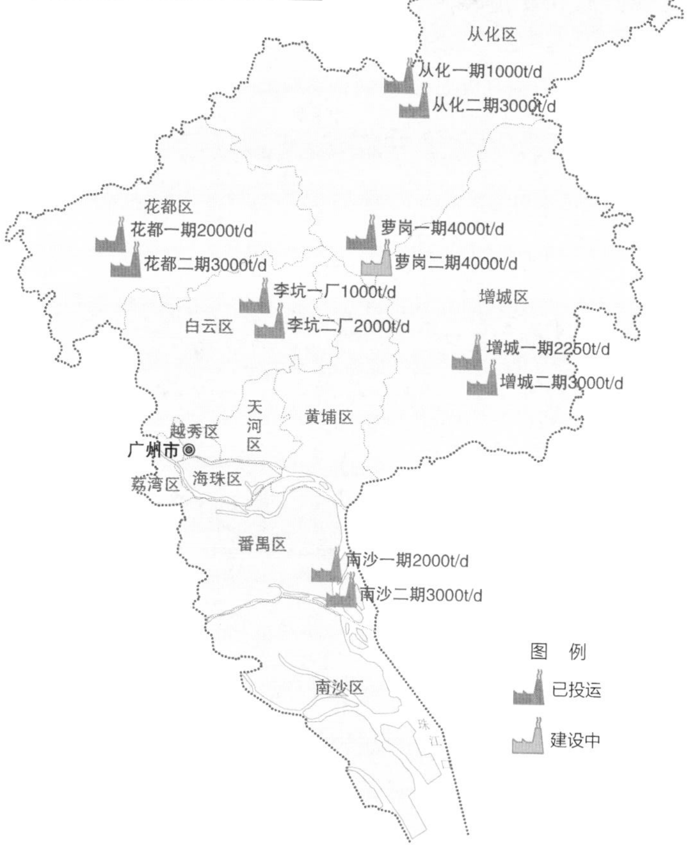

附图 6-3 广州市垃圾焚烧发电设施分布图（截至 2022 年 6 月）

深圳市垃圾焚烧发电项目一览表

序号	项目	设计规模(t/d)	状态
1	南山一期	800	2003 年投运
2	盐田项目	450	2003 年投运
3	老虎坑一期	1200	2005 年投运
4	老虎坑二期	3000	2012 年投运
5	龙岗能源生态园	5100	2019 年投运
6	南山二期	1500	2019 年投运
7	老虎坑三期	4250	2019 年投运
—	小计	16 300	—
8	平湖一期	1600	建设（改造）中
9	平湖二期	1700	建设（改造）中，主体设备可投运
10	龙华能源生态园	3600	建设中
11	光明能源生态园	2250	建设中
—	小计	9150	—
12	深汕合作区项目	5000	规划中
—	小计	5000	—
—	总计	30 450	已关停
13	清水河项目	450	2013 年 10 月停运

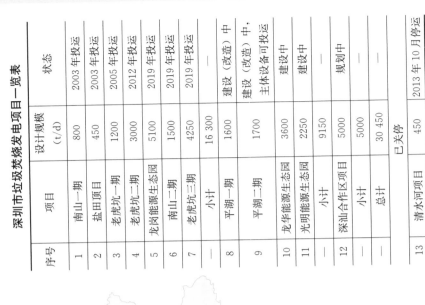

深圳市

面积(km²)	1997. 47
常住人口(万人)	1768. 2

深汕特别合作区

面积(km²)	468. 3
常住人口(万人)	7. 65

附图 6-4　深圳市垃圾焚烧发电设施分布图（截至 2022 年 6 月）

北京市垃圾焚烧发电项目一览表

序号	项目	设计规模(t/d)	状态
1	高安屯一期	1600	2009 年投运
2	鲁家山项目	3000	2013 年投运
3	高安屯二期	1800	2016 年投运
4	海淀项目	2100	2017 年投运
5	南宫项目	1000	2017 年投运
6	怀柔项目	600	2018 年投运
7	平谷项目	600	2018 年投运
8	顺义项目	700	2018 年投运
9	通州项目	2250	2018 年投运
10	阿苏卫项目	3000	2019 年投运
11	密云项目	600	2019 年投运
12	房山项目	1000	2021 年投运
—	小计	18 250	—
13	安定项目	5100	建设中
—	小计	5100	—
14	丰台项目	2250	筹建中
—	小计	2250	—
15	高安屯三期	2400	规划中
—	小计	2400	—
—	总计	28 000	—

北京市

面积(km²)	16 410.5
常住人口(万人)	2188.6

附图 6-5 北京市垃圾焚烧发电设施分布图（截至 2022 年 6 月）

重庆市垃圾焚烧发电项目一览表

序号	项目	设计规模 (t/d)	状态
1	同兴项目	1200	2005 年投运
2	重庆二厂	2400	2012 年投运
3	万州项目	800	2015 年投运
4	开县项目	600	2017 年投运
5	涪陵—长寿一期	1500	2017 年投运
6	重庆三厂	4500	2018 年投运
7	永川项目	600	2020 年投运
8	丰都—石柱项目	300	2019 年投运
9	重庆四厂	3000	2021 年投运
10	南川—綦江项目（含万盛）	1000	2021 年投运
11	合川项目	1000	2021 年投运
12	武隆 彭水项目	600	2021 年投运
13	秀山项目	400	2021 年投运
14	铜梁项目	1200	2022 年投运
—	小计	19 100	—
15	黔江项目	600	建设中
16	荣昌项目	600	建设中
17	垫平项目	400	建设中
18	梁平项目	400	建设中
19	丰都项目	400	建设中
20	云阳项目	800	建设中
21	奉节项目	750	建设中
—	小计	3950	—
22	璧山项目	2400	规划中
23	大足项目（含双桥）	600	规划中
24	忠县项目	600	规划中
25	潼南项目	400	规划中
26	巫溪项目	300	规划中
27	城口项目	350	规划中
—	小计	4650	—
—	总计	27 700	—

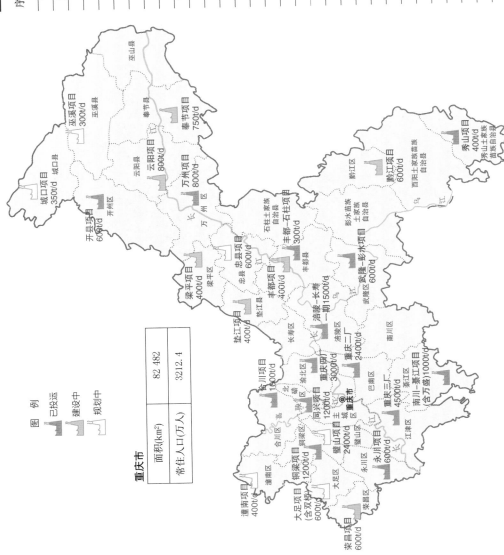

附图 6-6　重庆市垃圾焚烧发电设施分布图（截至 2022 年 6 月）

成都市垃圾焚烧发电项目一览表

序号	项目	设计规模(t/d)	状态
1	九江项目	1800	2011年投运
2	祥福项目	1800	2012年投运
3	万兴一期	2400	2017年投运
4	隆丰项目	1500	2019年投运
5	万兴二期	3000	2020年投运
6	金堂一期	800	2020年投运
7	简阳一期	1500	2021年投运
8	邓双项目	1500	2021年投运
9	宝林项目	1500	2021年投运
—	小计	15 800	
10	万兴三期	5100	建设中
—	小计	5100	
11	金堂二期	800	规划中
12	简阳二期	1500	规划中
—	小计	2300	
—	总计	23 200	
暂停项目			
1	大林项目	2400	因选址问题搁置
关停项目			
1	成都洛带	1200	2017关停

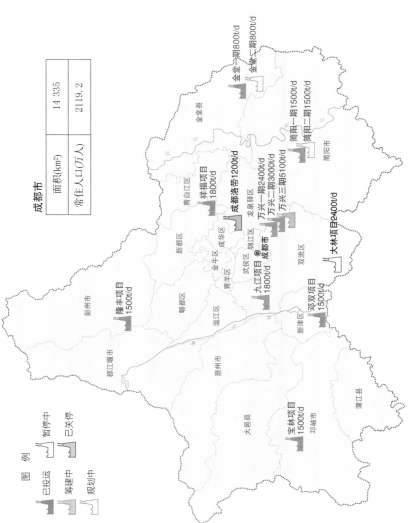

成都市

面积(km²)	14 335
常住人口(万人)	2119.2

附图 6-7 成都市垃圾焚烧发电设施分布图（截至 2022 年 6 月）

天津市垃圾焚烧发电项目一览表

序号	项目	设计规模（t/d）	状态
1	双港项目	1200	2005 年投运
2	晨兴力克项目	1250	2007 年投运
3	汉沽一期	1500	2011 年投运
4	大港项目	1000	2014 年投运
5	蓟州一期	700	2016 年投运
6	贯庄项目	1000	2018 年投运
7	宁河项目	500	2019 年投运
8	蓟州二期	350	2020 年投运
9	西青项目	2250	2021 年投运
10	北辰项目	3000	2021 年投运
11	静海项目	1000	2021 年投运
12	宝坻一期	700	2021 年投运
13	武清项目	1000	2021 年投运
14	东丽项目	2400	2021 年投运
15	汉沽二期	500	2022 年投运
—	小计	18 350	—
16	宝坻二期	350	规划中
—	小计	350	—
—	总计	18 700	—

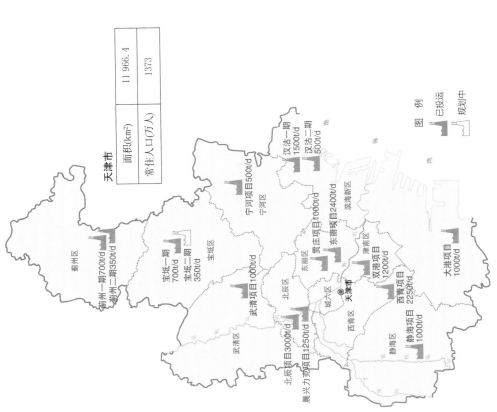

附图 6-8 天津市垃圾焚烧发电设施分布图（截至 2022 年 6 月）

苏州市垃圾焚烧发电项目一览表

序号	项目	设计规模（t/d）	状态
1	苏州一期	1050	2006 年投运
2	昆山鹿城项目	2050	2006 年投运
3	太仓项目	750	2006 年投运
4	常熟项目	600	2006 年投运
5	苏州二期	1000	2009 年投运
6	张家港项目	900	2010 年投运
7	苏州三期	1500	2013 年投运
8	常熟二厂一期	900	2013 年投运
9	吴江一期	1500	2016 年投运
10	苏州四期	3000	2019 年投运
11	常熟二厂二期	1830	2020 年投运
12	吴江扩建二期	3000	2021 年投运
—	小计	18 080	
13	张家港静脉产业园一期	2250	筹建中
14	太仓再生资源项目	2250	筹建中
15	昆山综合利用项目	2250	筹建中
—	小计	6750	
16	张家港静脉产业园二期	750	规划中
17	市区项目	4500	规划中
—	小计	5250	—
—	总计	30 080	—

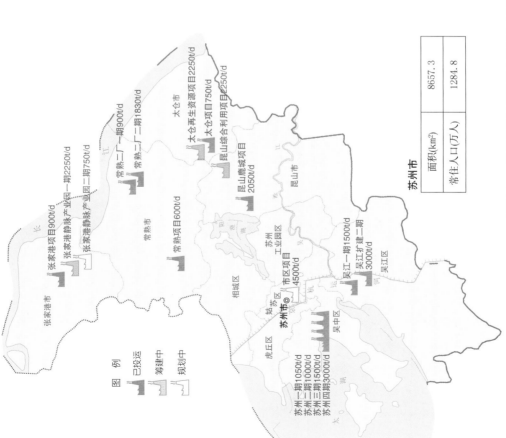

苏州市		
面积(km²)	8657.3	
常住人口(万人)	1284.8	

附图 6-9　苏州市垃圾焚烧发电设施分布图（截至 2022 年 6 月）

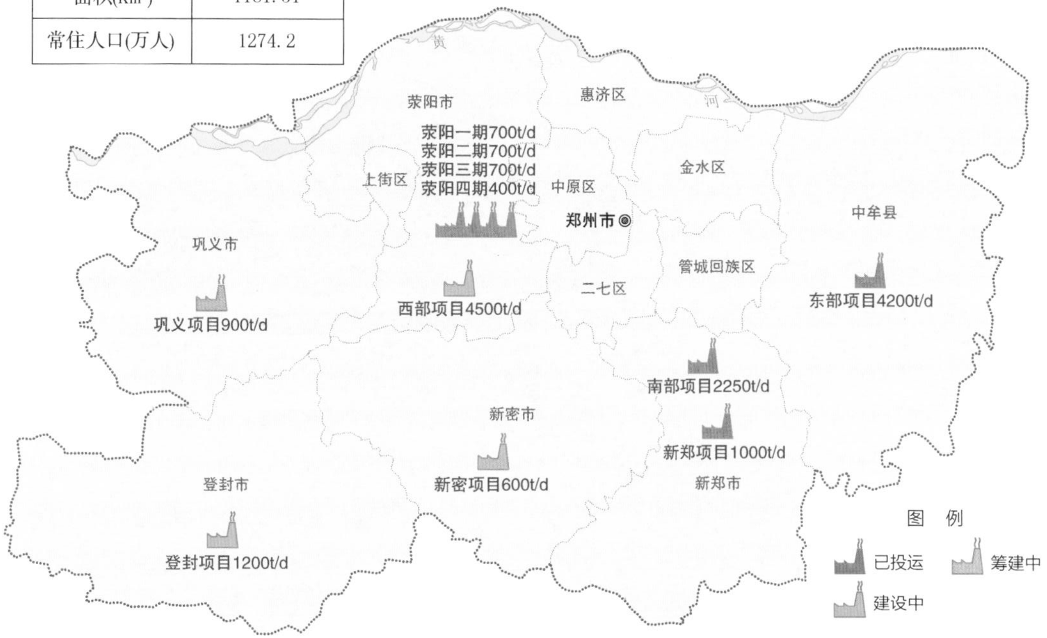

郑州市垃圾焚烧发电项目一览表

序号	项目	设计规模(t/d)	状态
1	荥阳一期	700	2002 年投运
2	荥阳二期	700	2002 年投运
3	荥阳三期	700	2004 年投运
4	新郑项目	1000	2017 年投运
5	荥阳四期	400	2018 年投运
6	东部项目	4200	2019 年投运
7	南部项目	2250	2022 年投运
—	小计	9950	—
8	西部项目	4500	建设中
9	新密项目	600	建设中
10	登封项目	1200	建设中
—	小计	6300	—
11	巩义项目	900	筹建中
—	小计	900	—
—	总计	17 150	—

郑州市

面积(km²)	1181.51
常住人口(万人)	1274.2

附图 6-10　郑州市垃圾焚烧发电设施分布图（截至 2022 年 6 月）

杭州市垃圾焚烧发电项目一览表

序号	项目	设计规模 (t/d)	状态
1	滨江项目	450	2004 年投运
2	萧山项目	1200	2007 年投运
3	桐庐项目	500	2012 年投运
4	临安项目	450	2015 年投运
5	大江东项目	1800	2016 年投运
6	九峰项目	3000	2017 年投运
7	淳安一期	300	2018 年投运
8	临江项目	5220	2020 年投运
9	富阳产业园一期	1500	2020 年投运
10	建德一期	500	2020 年投运
—	小计	14 920	—
11	淳安二期	300	筹建中
12	富阳产业园二期	750	筹建中
13	建德二期	500	筹建中
—	小计	1550	
14	西部项目	3000	规划中
—	小计	3000	
—	总计	19 470	
	关停项目		
1	乔司项目	800	2017 年关停
2	老余杭项目	450	2017 年关停
3	富春江项目	800	2020 年关停
—	总计	2050	

杭州市	
面积（km²）	16 853. 5
常住人口（万人）	1220. 4

附图 6-11 杭州市垃圾焚烧发电设施分布图（截至 2022 年 6 月）

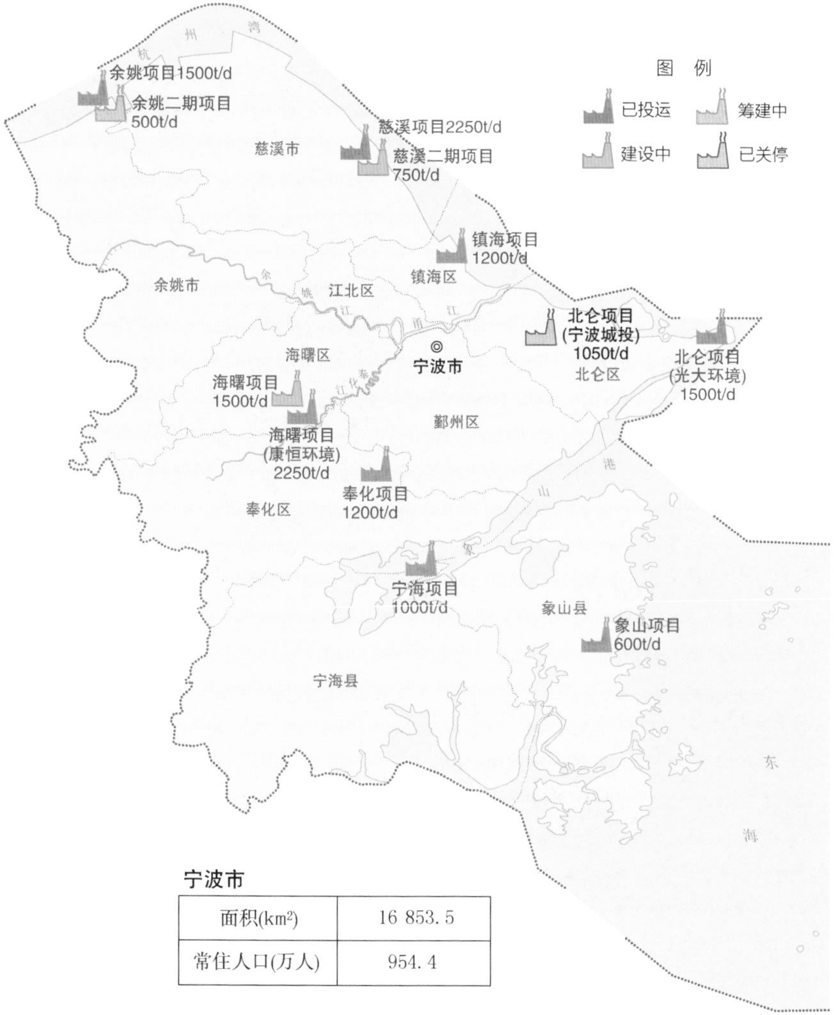

宁波市垃圾焚烧发电项目一览表

序号	项目	设计规模 (t/d)	状态
1	镇海项目	1200	2007 年投运
2	慈溪项目	2250	2009 年投运
3	余姚项目	1500	2011 年投运
4	北仑项目（光大环境）	1500	2014 年投运
5	海曙项目（康恒环境）	2250	2017 年投运
6	奉化项目	1200	2020 年投运
7	宁海项目	1000	2020 年投运
8	象山项目	600	2021 年投运
—	小计	11 500	—
9	海曙项目（宁波城投）	1500	建设中
10	慈溪二期项目	750	建设中
—	小计	2250	—
11	余姚二期项目	500	筹建中
—	小计	500	—
—	总计	14 250	—
关停项目			
1	北仑项目（宁波城投）	1050	2015 年关停

宁波市	
面积(km²)	16 853.5
常住人口(万人)	954.4

附图 6-12　宁波市垃圾焚烧发电设施分布图（截至 2022 年 6 月）

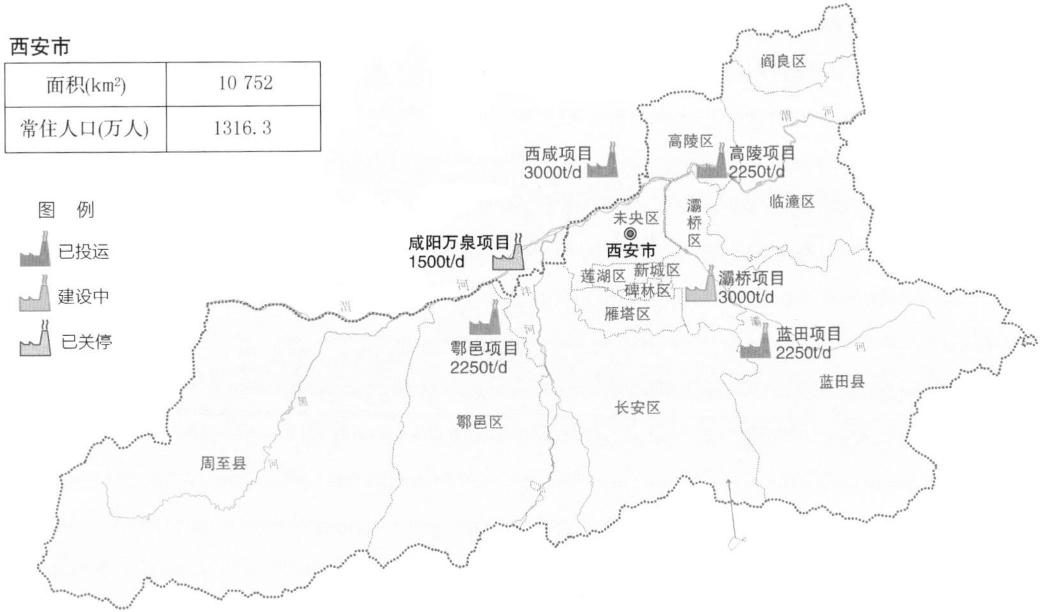

西安市垃圾焚烧发电项目一览表

序号	项目	设计规模 (t/d)	状态
1	蓝田项目	2250	2019 年投运
2	高陵项目	2250	2019 年投运
3	西咸项目	3000	2020 年投运
4	鄠邑项目	2250	2020 年投运
—	小计	9750	—
5	灞桥项目	3000	建设中
—	小计	3000	—
—	总计	12 750	—
关停项目			
1	咸阳万泉项目	1500	停运

西安市

面积(km²)	10 752
常住人口(万人)	1316.3

图 例

已投运
建设中
已关停

附图 6-13　西安市垃圾焚烧发电设施分布图（截至 2022 年 6 月）

武汉市垃圾焚烧发电项目一览表

序号	项目	设计规模 (t/d)	状态
1	汉口北项目	2000	2010 年投运
2	武昌项目	2000	2010 年投运
3	锅顶山项目	1500	2012 年投运
4	新沟一期	1000	2013 年投运
5	星火一期	1000	2013 年投运
—	小计	7500	—
6	千子山一期	1500	建设中
7	星火二期	1000	建设中
8	新沟二期	1000	建设中
9	千子山二期	1500	建设中
—	小计	5000	—
10	新洲区项目	5000	规划中
—	小计	5000	—
—	总计	17 500	—

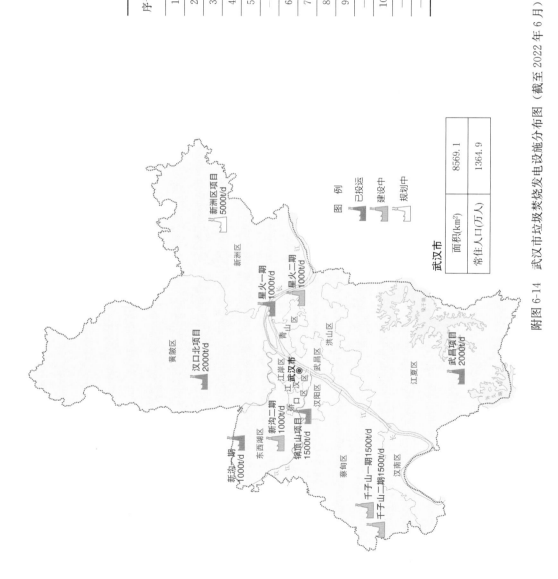

附图 6-14　武汉市垃圾焚烧发电设施分布图（截至 2022 年 6 月）

南京市垃圾焚烧发电项目一览表

序号	项目	设计规模（t/d）	状态
1	江南一厂一期	2000	2014年投运
2	江北厂一期	2000	2014年投运
3	江南一厂二期	2010	2017年投运
4	高淳项目	500	2017年投运
5	天山水泥窑一期	500	2021年投运
6	六合茉莉项目	1000	2022年投运
—	小计	8010	—
7	江北厂二期	2000	建设中
—	小计	2000	—
8	江南二厂	4000	筹建中
—	小计	4000	—
9	高淳项目扩建	500	规划中
10	天山水泥窑二期	500	规划中
—	小计	1000	—
—	总计	15 010	—

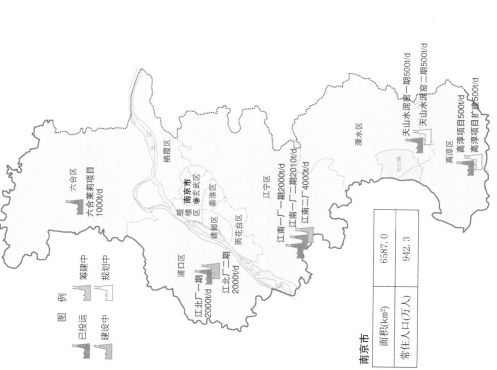

附图 6-15　南京市垃圾焚烧发电设施分布图（截至 2022 年 6 月）

青岛市垃圾焚烧发电项目一览表

序号	项目	设计规模 (t/d)	状态
1	小涧西一期	1500	2013 年投运
2	平度一期	600	2017 年投运
3	即墨一期	900	2017 年投运
4	西海岸静脉一期	2250	2019 年投运
5	小涧西二期	2250	2019 年投运
6	莱西项目	900	2020 年投运
7	平度二期	300	2020 年投运
—	小计	8700	—
8	胶州一期	1200	建设中
—	小计	1200	—
9	西海岸静脉二期	1500	规划中
10	即墨二期	600	规划中
11	青岛三期	1200（暂定）	规划中
—	小计	3300	—
—	总计	13 200	—

附图 6-16 青岛市垃圾焚烧发电设施分布图（截至 2022 年 6 月）

附录七　中国大陆炉排技术发展历程

　　垃圾焚烧炉的炉排（或称炉排设备及其伴随系统），是焚烧发电设施的核心装备。国内焚烧行业的焚烧技术选择，曾有过 15 年以上的"炉排炉"与"流化床"技术之争，但现在的事实是，"炉排炉"焚烧技术已占有绝对优势，且大多数"流化床"正在改造为炉排炉，这已是不争的事实。

　　德国 MARTIN（马丁）、瑞士 VONROLL INOVA（冯罗尔）、丹麦 VOLUND（伟伦），是历史最悠久的炉排技术和装备的著名欧洲企业，引领了本行业的发展。日本的炉排技术引进大多来自欧洲，也有企业自行研发的（例如 Takuma 等）。日本的炉排技术与制造商，主要有 Hitz（日立造船）、MHIEC（三菱重工化学）、JFE（杰富意）、Takuma（田熊）、EBARA（荏原）等，这些企业都进入了中国市场，获得了不同程度的成功。欧洲的后起之秀，比利时的 Seghers（西格斯，后被新加坡 Kepple 公司并购），在中国大陆的技术推广、设备供应，取得了巨大成功。炉排技术进入中国大陆的欧洲和日本企业名录，见附表 7-1。

　　据统计，2019 年 10 月底之前，中国大陆采用进口炉排的焚烧厂，共计 100 座、273 台/套焚烧炉炉排（详见附录八），其中，Hitz、Seghers、MHI、Ebara 的业绩最好。按业绩总规模排名，见附表 8-1 和附表 8-2。

　　至今，中国大陆已经形成炉排生产、供货和伴随服务能力的企业，包括以"康恒环境、三峰环境、光大环境"为首的总计约 20 家（见附表 7-1）。炉排的国产化，极大地降低了焚烧核心装备的投资和运行费用，特别是工程应用中"适应于国内垃圾特性的优化、二次创新"很好地解决了引进技术"水土不服"的难题。

　　附表 7-1 列出了国内焚烧炉排供应商的技术来源及特点。中国大陆炉排装备的发展历程，概述如下：

一、瑞士 VON ROLL INOVA 炉排技术的引进

　　（1）1938 年，丹麦 VOLUND 将 L 型炉排技术授权瑞士 VON ROLL；20 世纪 60 年代，HITACHI ZOSEN 通过日本丸红，引进瑞士 VON ROLL L 型炉排技术。

　　（2）2006 年左右，VON ROLL 被 AE&E 并购，形成 AE&E INOVA。

　　（3）2009 年初，康恒环境获得了 Hitz 和 VON ROL 的 L 型炉排的双重授权；2009 年下半年，无锡华光锅炉厂也获得了 Hitz 和 VON ROL 的 L 型炉排的双重授权。

　　（4）2010 年左右，并购重组：日本日立造船并购 INOVA，公司命名为 HITACHI ZOSEN INOVA。

　　（5）2014 年，授权到期。康恒环境和无锡华光锅炉厂分别再次获得授权。2009～2014 年，通过实践，针对国内垃圾特性，对炉排进行了优化，在项目上获得了成功，并获得了很多专利技术；其间，成立了自己的装备加工制造基地，并于 2018 年对制造基地进行了改造和提升。

　　（6）2021 年 7 月，康恒环境控股的康恒昱造公司，获得了日本 Hitz 公司的 R 型炉排的技术、生产、销售授权。

附表 7-1 　　　　　　　　　　**国产炉排供应商和技术来源**

初始引进技术来源方	国产炉排生产/销售企业简称	炉排技术特点	备注
日本 Hitz Zosen 瑞士 VONROLL INOVA	康恒环境	顺推、L 型	外售＋自用
	无锡华光	顺推、L 型	外售
	康恒昱造	顺推、R 型	外售＋自用
德国 Martin（原法国 ALSTOM SITY-2000 炉排技术）	三峰环境	逆推、R 型	外售＋自用
	光大环境	逆推、R 型	外售＋自用
新加坡 Kepple Seghers（原比利时 Seghers 炉排技术）	光大环境	顺推＋摇动、R 型	外售＋自用
	深能环保	顺推＋摇动、R 型	自用
比利时 WATERLEAU	天楹环保	顺推＋摇动、R 型	外售＋自用
日本 EBARA/青岛 EBARA	上海环境	顺推、R 型	自用
	首创环境	顺推、R 型	自用
丹麦 VOLUND	广环投	顺推、L 型	自用
	东锅＋河南城发	顺推、L 型	外售＋自用
	中科润宇	顺推、L 型	外售＋自用
	哈锅	顺推、L 型	外售
	深能环保	Dyna 型，波浪式摇动	自用＋拟外售
SBE（德国 STEINMULLER BABCOCK，2022 年 2 月已被 Hitz 并购）	浙江菲达	顺推、R 型	仅生产，不销售
日本 MHIEC（三菱重工化学）	瀚蓝环境	顺推、二段式、V 型	自用＋拟外售
日本 KHI（川崎重工）	海螺川崎工程公司	SUN 型，波浪式摇动	自用
国产自有知识产权炉排（在逆推炉排的基础上研发，参考、吸收了多种技术）	杭州新世纪	逆推＋顺推、二段式 R 型	外售
	伟明环保	逆推＋顺推、二段式 R 型	外售＋自用
国产自有知识产权炉排（在逆推炉排的基础上研发，参考、吸收了多种技术）	绿动力	逆推、R 型	自用

二、 德国 MARTIN 炉排技术的引进

（1）20 世纪 90 年代，ABB-W＋E、Stein、EVT，合并重组为 ABB Alstom Power Environment WTE；具有烟气净化优势的 LAB 公司并入 CNIM。2001 年左右，ABB Alstom Power Environment WTE 被 MARTIN 并购，将 SITY-2000 炉排技术带进 MARTIN，为 MARTIN 所有。CNIM 公司是 MARTIN 公司在欧洲的合作伙伴，得到了 MARTIN 炉排技术的授权，是 MARTIN 炉排在欧洲销售的主要窗口。CNIM 的主要业务是炉排制造销售、运营，是欧洲业内的重要工程公司，是 MARTIN 的主要利润来源。

（2）20 世纪 90 年代末开始，法国 ALSTOM 公司与三峰谈技术授权。

（3）2001 年左右，重庆三峰环境获得 MARTIN 公司 SITY-2000 炉排技术授权；随后，在重庆成立了炉排国产化制造基地。

（4）重庆三峰环境与美国卡万塔成立合资公司，双方就公司业务划分进行优化。

（5）2011 年授权到期，三峰环境再次获得 10 年技术授权；2015 年左右，光大环境获得德国 MARTIN 公司 SITY-2000 炉排技术授权。

三、 比利时 Seghers 炉排技术、 WATERLEAU 炉排技术的引进

（1）1999 年，比利时 Seghers 公司与深能环保签署合作协议。2000～2001 年，深能环保决定在深圳南山、盐田项目使用比利时 Seghers 的炉排。这两个项目于 2003 年前后相继投产。随后的 10 余年，该炉排在深能环保的项目上得以广泛使用。

（2）2001 年左右，比利时 Seghers 公司与上海电气环保公司签署合作协议。上海电气拟利用其强大的加工制造能力，在矿山机器厂加工、制造炉排，后因各种原因计划受阻，未能实现该炉排技术的国产化及应用。

（3）2002 年左右，比利时 Seghers 公司被新加坡 KEPPEL 公司并购；原比利时 Seghers 公司的部分骨干成立了比利时 WATERLEAU 公司，开发了 WATERLEAU 炉排（在老的西格斯炉排的基础上做了改进，主要是取消了"摇动炉排"）。随后，WATERLEAU 公司与金州工程成立了金州沃德，WATERLEAU 炉排属于金州沃德的独有知识产权。

（4）2002 年左右，光大国际经过筛选、谈判，决定在自己的项目上使用 Seghers 炉排。2004 年，光大环境获得了苏州一期项目，开始了该炉排技术和设备的引进工作。随后，光大环境成立了自己的炉排装备生产制造基地，使该炉排在光大环境的项目上得以广泛使用。

（5）2012 年，天楹环保公司为开拓"炉排设备制造业务"，获得了 WATERLEAU 炉排的授权。

四、 日本 EBARA 炉排技术的引进

（1）2012 年，上海环境欲引进国外技术，在国内生产炉排，开始了筛选、谈判。2014 年，上海环境集团下属上海环境院，与日本荏原、青岛荏原公司签署日本 EBARA 炉排的授权协议。随后，在上海环境的项目上得以广泛使用，并进行了改进、优化，更好地适应了垃圾特性。

（2）2018 年，首创环境与日本 EBARA 签署了战略合作协议。首创环境可在自用项目上，根据日本 EBARA 图纸上自行优化设计。

五、 丹麦 VOLUND 炉排技术的引进

（1）2008 年，广环投与丹麦 VOLUND 公司签署了 L 型炉排授权协议。随后，在广环投的项目上得到了广泛使用。

（2）2015 年，丹麦 VOLUND 公司将其 L 型炉排授权中科润宇。2017～2018 年，双方合作，参与了国内某超大型项目的设备供货、技术服务。

（3）2019 年，丹麦 VOLUND 公司与东锅、河南城发签署了 L 型炉排授权协议。随后，在河南城发的项目上得到了广泛使用。

（4）2021 年，丹麦 VOLUND 公司与深能环保签署了 Dyna 型炉排的授权协议。该炉排运动型式特殊，在深圳东部超大型项目上得到了成功应用。

六、 德国 STEINMULLER BABCOCK 炉排技术的引进

（1）20 世纪 90 年代，德国 Steinmueller（日本"久保田、バブ日立、尤尼吉可"的炉

排技术引进来源）、德国 DBA（日本川崎公司的技术引进来源）、Noell-KRC［日本ガイシ（NGK）、MKK 的技术引进来源方］，等等，合并、重组为 Babcock Borsig Power Environment（这个公司，就是当年上海江桥焚烧厂炉排设备的供应商），简称 BBP。2002 年，BBP 被意大利著名总承包商 IMPREGIRO（英波吉洛）并购，重组为 FISIA Babcock Environment GmbH（FBA）。2010 年之后，FBA 被日本新日铁收购，资产再次剥离、重组后，Steinmuller Babcock Environment 成立（简称 SBE）。

（2）2012 年，SBE 授权浙江菲达，共同合作，仅仅限于进口炉排项目。中标后，外方主导设备采购、制造，部分设备在菲达制造（项目案例：合肥 8 台 500t 炉排、北京海淀 3 台 600t 炉排）。

（3）2022 年 2 月，SBE 公司被日本 Hitz 全资收购，成为 Hitz 集团的在欧洲的下属公司之一。

七、 日本 MHIEC 炉排技术的引进

（1）20 世纪 60 年代，MHIEC 与德国 MARTIN 合作，获得授权，是德国 MARTIN 炉排技术在亚洲的长期的合作伙伴。2017 年左右，Martin 的技术授权终止，未续约。现改用自主研发的技术。2018 年，德国 MARTIN 授权 EBARA 逆推炉排技术，签署合作协议。

（2）2019 年，日本 MHI 将其自有知识产权的 V 型炉排技术，授权给瀚蓝环境。这种炉排的炉床设置为二段，是在吸收了顺推和逆推技术特点的基础上开发的，可以概括为"二段式，一段向下倾斜、R 型、顺推；二段向上倾斜、R 型、顺推"。

八、 日本 KHI 炉排技术的引进

2006 年，芜湖海创实业有限责任公司与日本川崎重工业株式会社共同合资成立的中日合资公司-海螺川崎工程公司（海螺 51%，川崎 49%）。随着业务的发展，海螺川崎工程公司开始利用水泥窑协同焚烧处理垃圾，后又利用日本川崎重工（KHI）的技术优势，开始生产 R 型炉排。目前，海螺川崎工程公司生产的炉排，主要为自用。

九、 国产自有知识产权炉排

（1）20 世纪 90 年代初，以国家 863 计划为契机，以深圳清水河焚烧项目为依托，国内相关单位（包括杭州锅炉厂）合作，吸收国外逆推、顺推炉排特点、开发了自有知识产权的炉排技术。2001 年，该国产、自由知识产权技术，率先在温州项目上使用；2003 年，获得了"二段式、逆推炉排＋顺推炉排"专利，由"杭州新世纪"和"伟明环保"共享。后续实践中，双方在实践的基础上，对此炉排技术都进行了改造、优化。

（2）2002 年左右，相关技术人员通过工程实践、教训、总结，吸收了深圳清水河项目经验，借鉴了清水河焚烧项目逆推炉排的经验，进行了研发、优化。随后，研发关键人员入职绿动力公司，申请了"三段式、逆推炉排"专利，并于 2004 年获批。2006 年，绿动力成为国有控股公司。2007 年，该技术在常州武进项目上得以采用。随后的 10 余年，这种"三段、逆推、三种推料速度"的炉排，在绿动力的工程项目上得以广泛采用。

附录八 中国大陆垃圾焚烧发电项目进口炉排统计汇总

中国大陆垃圾焚烧发电项目进口炉排统计汇总见附表 8-1。

附表 8-1

中国大陆垃圾焚烧发电项目进口炉排统计汇总

序号		项目习惯简称或项目所在地	炉排供应商/制造商	项目公司/业主投资方	设计规模 (t/d)	单炉规模×炉数 (t/d)	焚烧炉数量 (台/套)	签约时间
1		厦门岛内/厦门后坑	HZI（日立造船 INOVA）	厦门市环境能源投资发展有限公司	432	216×2	2	2001 年 9 月
2		成都洛带项目	Hitz（日本日立造船）	成都威斯特再生能源有限公司	1200	400×3	3	2006 年 11 月
3		厦门西部Ⅰ期/厦门海沧	Hitz（日本日立造船）	厦门市环境能源投资发展有限公司	600	300×2	2	2009 年 2 月
4		无锡锡东	Hitz（日本日立造船）	无锡锡东环保能源有限公司	2000	500×4	4	2009 年 6 月
5		海口Ⅰ期项目	Hitz（日本日立造船）	中电国际新能源海南有限公司	1200	600×2	2	2009 年 7 月
6		大连项目	Hitz（日本日立造船）	大连泰达环保有限公司	1500	500×3	3	2010 年 6 月
7		上海老港Ⅰ期	Hitz（日本日立造船）	上海老港固废综合开发有限公司	3000	750×4	4	2010 年 6 月
8		天津滨海大港	Hitz（日本日立造船）	天津滨海环保产业发展有限公司	1000	500×2	2	2010 年 8 月
9		南充项目	Hitz（日本日立造船）	中航世新安装工程（北京）有限公司	800	400×2	2	2010 年 12 月
10	Hitz	上海黎明	Hitz（日本日立造船）	上海黎明资源再利用有限公司	2000	500×4	4	2011 年 11 月
11		成都万兴	Hitz（日本日立造船）	成都市兴蓉再生能源有限公司	2400	600×4	4	2014 年 11 月
12		长沙Ⅰ期	Hitz（日本日立造船）	浦湘生物能源股份有限公司	5100	850×6	6	2015 年 5 月
13		佛山市顺德区	Hitz（日本日立造船）	广东顺控环境投资有限公司	3000	750×4	4	2016 年 6 月
14		义乌项目	Hitz（日本日立造船）	浙江华川深能环保有限公司	3000	750×4	4	2017 年 2 月
15		揭阳项目	Hitz（日本日立造船）	欧晟绿能燃料（揭阳）有限公司	750	750×1	1	2017 年 3 月
16		常熟Ⅱ期扩建	Hitz（日本日立造船）	常熟浦发第二热电能源有限公司	1830	610×3	3	2017 年 7 月
17		晋江项目	Hitz（日本日立造船）	创冠环保（晋江）有限公司	1500	750×2	2	2018 年 4 月
18		安溪项目	Hitz（日本日立造船）	创冠环保（安溪）有限公司	750	750×1	1	2018 年 5 月
19		杭州临江	Hitz（日本日立造船）	上海康恒环境股份有限公司	5220	850×6	6	2018 年 8 月

续表

序号		项目习惯简称或项目所在地	炉排供应商/制造商	项目公司/业主/投资方	设计规模 (t/d)	单炉规模×炉数 (t/d)	焚烧炉数量 (台/套)	签约时间
Hitz	20	长沙Ⅱ期	Hitz（日本日立造船）	湖南军信环保股份有限公司	3400	850×4	4	2018年12月
	21	建德项目	Hitz（日本日立造船）	建德浦发热电能源有限公司	500	500×1	1	2019年1月
	22	徐州Ⅱ期	Hitz（日本日立造船）	徐州鑫盛润环保能源有限公司	2250	750×3	3	2019年1月
	23	保定Ⅱ期	Hitz（日本日立造船）	中节能（保定）环保能源有限公司	1000	1000×1	1	2019年3月
	24	上海海滨	Hitz（日本日立造船）	上海浦发热电有限公司	3000	750×4	4	2019年6月
	25	天津东丽	Hitz（日本日立造船）	中节能（天津）环保能源有限公司	2400	800×3	3	2019年6月
	26	上海宝山	Hitz（日本日立造船）	上海上实金刚环境资源科技有限公司	3000	750×4	4	2020年8月
		Hitz 共计			52 832		79	
Seghers	1	深圳南山Ⅰ期	Keppel Seghers（西格斯）	深能环保	800	400×2	2	1999年
	2	江苏常熟Ⅰ期	Keppel Seghers（西格斯）	常熟浦发热电能源有限公司	660	330×2	2	2003年
	3	苏州Ⅰ期	Keppel Seghers（西格斯）	光大环境	1050	350×3	3	2004年
	4	深圳宝安Ⅰ期	Keppel Seghers（西格斯）	深能环保	1200	400×3	3	2004年
	5	中山项目	Keppel Seghers（西格斯）	中山天乙集团	900	450×2	2	2005年
	6	江苏常州项目	Keppel Seghers（西格斯）	光大环境	800	400×2	2	2006年
	7	江苏江阴Ⅰ期	Keppel Seghers（西格斯）	光大环境	800	400×2	2	2006年
	8	扬州Ⅰ期	Keppel Seghers（西格斯）	扬州泰达环保有限公司	1000	500×2	2	2006年
	9	苏州Ⅱ期	Keppel Seghers（西格斯）	光大环境	1000	500×2	2	2006年
	10	深圳白鸽湖	Keppel Seghers（西格斯）	中环保、上海环境（注:本项目后因故取消）	1200	400×3	3	2008年
	11	济南Ⅰ期	Keppel Seghers（西格斯）	光大环境	2000	500×4	4	2009年4月
	12	天津滨海汉沽Ⅰ期	Keppel Seghers（西格斯）	天津滨海环保产业发展有限公司	1500	500×3	3	2009年
	13	成都祥福	Keppel Seghers（西格斯）	中环保	1800	600×3	3	2010年
	14	天津贵庄/泰环	Keppel Seghers（西格斯）	天津泰环再生资源利用有限公司	1000	500×2	2	2010年
	15	深圳宝安Ⅱ期	Keppel Seghers（西格斯）	深能环保	3000	750×4	4	2010年

续表

序号		项目习惯简称或项目所在地	炉排供应商/制造商	项目公司/业主/投资方	设计规模 (t/d)	单炉规模×炉数 (t/d)	焚烧炉数量 (台/套)	签约时间
Seghers	16	北京高安屯II期	Keppel Seghers（西格斯）	北京绿景赛克	1800	600×3	3	2013年
	17	扬州II期	Keppel Seghers（西格斯）	天津泰达	610	610×1	1	2013年11月
	18	北京阿苏卫	Keppel Seghers（西格斯）	北京华源惠众/北京环卫	3000	750×4	4	2014年12月
	19	北京顺义	Keppel Seghers（西格斯）	高能环境	700	350×2	2	2015
	20	桂林项目	Keppel Seghers（西格斯）	深能环保	1500	750×2	2	2015
	21	深圳宝安III期	Keppel Seghers（西格斯）	深能环保	4250	850×5	5	2016年1月
	22	深圳南山II期	Keppel Seghers（西格斯）	深能环保	1500	750×2	2	2016年11月
	23	北京房山项目	Keppel Seghers（西格斯）	北京环卫	1000	500×2	2	2017
	24	岳阳项目	Keppel Seghers（西格斯）	岳阳晨兴环保（深能环保46%，政府9%）	1220	610×2	2	2017年5月
	25	西安鄠邑项目	Keppel Seghers（西格斯）	中环保（西安）环保能源有限公司	2250	750×3	3	2018年9月
			Keppel Seghers 共计		35 340		65	
Ebara	1	厦门东部I期项目	Ebara（日本荏原）	厦门市环境能源投资发展有限公司	600	300×2	2	2007年12月
	2	威海I期项目	Ebara（日本荏原）	上海环境	700	350×2	2	2009年6月
	3	呼和浩特项目	Ebara（日本荏原）	北京机电院，北京环卫等	500	500×1	1	2011年1月
	4	漳州项目	Ebara（日本荏原）	上海环境	1050	525×2	2	2011年4月
	5	南昌项目	Ebara（日本荏原）	南昌百玛士	1200	600×2	2	2013年1月
	6	南京江北项目	Ebara（日本荏原）	上海环境	2000	500×4	4	2013年1月
	7	上海松江I期项目	Ebara（日本荏原）	上海环境	2000	500×4	4	2013年8月
	8	上海奉贤I期项目	Ebara（日本荏原）	上海环境	1000	500×2	2	2013年8月
	9	兴化项目	Ebara（日本荏原）	京城环保	700	350×2	2	2014年12月
	10	厦门西部II期项目	Ebara（日本荏原）	厦门市环境能源投资发展有限公司	1250	625×2	2	2016年4月
	11	潜江项目	Ebara（日本荏原）	北京首创环境科技有限公司	600	300×2	2	2016年4月
	12	都匀项目	Ebara（日本荏原）	北京首创环境科技有限公司	600	300×2	2	2016年4月

续表

序号	项目习惯简称或项目所在地	炉排供应商/制造商	项目公司/业主/投资方	设计规模(t/d)	单炉规模×炉数(t/d)	焚烧炉数量(台/套)	签约时间
13	高安项目	Ebara（日本荏原）	北京首创环境科技有限公司	600	300×2	2	2016年4月
14	泰安项目	Ebara（日本荏原）	北发建设（北控）	1200	600×2	2	2016年8月
15	常德项目	Ebara（日本荏原）	北发建设（北控）	600	600×1	1	2016年11月
16	沭阳项目	Ebara（日本荏原）	北发建设（北控）	600	600×1	1	2017年5月
17	厦门东部II期项目	Ebara（日本荏原）	厦门市环境能源投资发展有限公司	1500	750×2	2	2017年8月
18	漳州南部项目	Ebara（日本荏原）	瀚蓝环保	1000	500×2	2	2017年9月
19	惠州项目	Ebara（日本荏原）	北京首创环境科技有限公司	1650	550×3	3	2017年12月
20	西华项目	Ebara（日本荏原）	北京首创环境科技有限公司	600	300×2	2	2018年6月
21	睢县项目	Ebara（日本荏原）	北京首创环境科技有限公司	600	300×2	2	2018年6月
22	新乡项目	Ebara（日本荏原）	北京首创环境科技有限公司	1500	750×2	2	2018年8月
23	南水北调汇水区项目	Ebara（日本荏原）	北京首创环境科技有限公司	1000	500×2	2	2018年12月
24	上海松江II期项目	Ebara（日本荏原）	上海环境	1500	750×2	2	2019年1月
25	鲁山项目	Ebara（日本荏原）	北京首创环境科技有限公司	600	600×1	1	2019年12月
26	玉田项目	Ebara（日本荏原）	北京首创环境科技有限公司	600	300×2	2	2019年12月
27	遂川项目	Ebara（日本荏原）	北京首创环境科技有限公司	600	300×2	2	2019年12月
28	杞县项目	Ebara（日本荏原）	北京首创环境科技有限公司	600	600×1	1	2019年12月
29	正阳项目	Ebara（日本荏原）	北京首创环境科技有限公司	600	300×2	2	2019年12月
30	深州项目	Ebara（日本荏原）	北京首创环境科技有限公司	800	400×2	2	2020年1月
31	农安项目	Ebara（日本荏原）	北京首创环境科技有限公司	800	400×2	2	2020年6月
32	兖州项目	Ebara（日本荏原）	北控环境	1500	500×3	3	2020年7月
33	唐河项目	Ebara（日本荏原）	北京首创环境科技有限公司	800	400×2	2	2020年7月
34	常德III期项目	Ebara（日本荏原）	北发建设（北控）	600	600×1	1	2020年9月
35	张家港项目	Ebara（日本荏原）	北控环境	2250	750×3	3	2020年9月
36	北京顺义III期项目	Ebara（日本荏原）	高能环保	800	800×1	1	2020年12月
	Ebara 共计			35 100		72	

Ebara（左栏分类标签）

续表

序号		项目习惯简称或项目所在地	炉排供应商/制造商	项目公司/业主/投资方	设计规模(t/d)	单炉规模×炉数(t/d)	焚烧炉数量(台/套)	签约时间
MHIEC	1	深圳清水河	MHIEC（日本三菱重工）	深圳市政环卫综合处理厂	450	150×3	3	1985年
	2	杭州滨江	MHIEC（日本三菱重工）	杭州绿能环保发电	450	150×3	3	2001年
	3	广州李坑I期	MHIEC（日本三菱重工）	广州政府/广环投	1000	500×2	2	2000年
	4	中山中心组团	MHIEC（日本三菱重工）	中山市政府	1050	350×3	3	2004年
	5	佛山市南海II期	MHIEC（日本三菱重工）	佛山市南海绿电再生能源有限公司	1500	500×3	3	2008年3月
	6	廊坊项目	MHIEC（日本三菱重工）	厦门创冠	1000	500×2	2	2009年1月
	7	泰州项目	MHIEC（日本三菱重工）	绿色动力	1000	500×2	2	2010年1月
	8	佛山市南海I期改建	MHIEC（日本三菱重工）	佛山市南海绿电再生能源有限公司	1500	500×3	3	2011年3月
	9	北京鲁家山	MHIEC（日本三菱重工）	北京首钢生物质能源科技有限公司	3000	750×4	4	2011年3月
	10	北京南宫	MHIEC（日本三菱重工）	南海发展	1000	500×2	2	2013年
	11	上海嘉定	MHIEC（日本三菱重工）	中国航空规划建设发展有限公司	1500	500×3	3	2015年1月
	12	大连金州	MHIEC（日本三菱重工）	上海嘉定再生能源有限公司/瀚蓝环保	1000	500×2	2	2014年12月
	13	北京通州	MHIEC（日本三菱重工）	绿色动力	2250	750×3	3	2016年
	14	安徽省蚌埠项目	MHIEC（日本三菱重工）	绿色动力	1250	625×2	2	2016年
	15	上海老港II期	MHIEC（日本三菱重工）	上海老港固废综合开发有限公司	6000	750×8	8	2016年4月
	16	佛山市南海III期	MHIEC（日本三菱重工）	佛山市南海绿电再生能源有限公司	1500	750×2	2	2018年3月
	17	孝感II期	MHIEC（日本三菱重工）	瀚蓝环保（南海发展+创冠）	1500	750×2	2	2018年9月
		MHIEC共计			26 950		49	
SBE	1	上海江桥项目	SBE（德国斯坦米勒）	上海环境	1500	500×3	3	1999年
	2	合肥I期	SBE（德国斯坦米勒）	合肥热电	1000	500×2	2	2011年
	3	合肥II期	SBE（德国斯坦米勒）	合肥热电	2000	500×4	4	2013年
	4	北京海淀	SBE（德国斯坦米勒）	北京绿海能（北控）	2025	675×3	3	2013年3月
	5	合肥肥西	SBE（德国斯坦米勒）	中环保（肥西）环保有限公司	2000	500×4	4	2017年11月前
		SBE共计			8525		16	

续表

序号		项目习惯简称或项目所在地	炉排供应商/制造商	项目公司/业主/投资方	设计规模(t/d)	单炉规模×炉数(t/d)	焚烧炉数量(台/套)	签约时间
Volund	1	深圳东部	Volund (丹麦伟伦)	深能环保	5100	850×6	6	2016年1月
		Volund 共计			5100		6	
Martin	1	北京密云	Martin (德国马丁)	绿动力	600	300×2	2	2014年12月
	2	徐州 I 期	Martin (德国马丁)	保利协鑫(徐州)再生能源发电有限公司	1200	400×3	3	2009年6月
		Martin 共计			1800		5	
TAKUMA	1	天津双港	Takuma (日本田熊)	天津泰达环保有限公司	1200	400×3	3	2001年
	2	北京高安屯 I 期	Takuma (日本田熊)	北京金州公司	1600	800×2	2	2003年
		Takuma 共计			2800		5	
JFE	1	青岛小涧西 I 期	JFE (日本杰富意)	上海环境	1500	500×3	3	2008年11月
	2	上海金山项目	JFE (日本杰富意)	上海环境	800	400×2	2	2010年
	3	河北固安项目	JFE (日本杰富意)	中国恩菲	1200	600×2	2	2019年
		JFE 共计			3500		7	
其他	1	珠海东部项目	Detroit (美国底特律)	珠海政府	600	200×3	3	1992年
	2	宁波枫林项目	Noell (德国诺尔公司)	宁波城投	1050	350×3	3	1999年
	3	上海御桥项目	ALSTOM (法国阿尔斯通)	上海浦发环保	1095	365×3	3	1999年
	4	重庆同兴项目	ALSTOM (法国阿尔斯通)	重庆钢铁(三峰环境)	1200	600×2	2	2000年
	5	佛山南海项目	BASIC	南海发展(瀚蓝环保)	1400	350×4	4	2000年左右
	6	佛山德杏坛	BASIC	绿动力	600	300×2	2	2000年左右
	7	张家港 I 期	Waterleau (比利时)	金州集团	600	300×2	2	2006年
		其他共计			6545		19	

中国大陆垃圾焚烧发电项目进口炉排总设计规模、项目总数量和焚烧炉数量统计汇总见附表 8-2。

附表 8-2　**中国大陆垃圾焚烧发电项目进口炉排总设计规模、项目总数量和焚烧炉数量统计汇总**

序号	炉排供应商/制造商	项目总规模（t/d）	项目总数量（座）	焚烧炉数量（台/套）
1	Hitz（日本日立造船）	52 382	26	79
2	Kepple Seghers（西格斯）	35 340	25	65
3	Ebara（日本荏原）	35 100	36	72
4	MHIEC（日本三菱重工）	26 950	17	49
5	SBE（德国斯坦米勒）	8525	5	16
6	Volund（丹麦伟伦）	5100	1	6
7	JFE（日本杰意）	3500	3	7
8	Takuma（日本田熊）	2800	2	5
9	ALSTOM（法国阿尔斯通）	2295	2	5
10	BASIC（美国）	2000	2	6
11	Martin（德国马丁）	1800	2	5
12	Noell（德国诺尔公司）	1050	1	3
13	Detroit（美国底特律）	600	1	3
14	Waterleau（比利时）	600	1	2
	合　计	178 042	124	323

附录九 中国生活垃圾焚烧发电项目——AAA级项目名单和信息

中国生活垃圾焚烧发电项目——AAA级项目名单和信息见附表9-1。

附表9-1 中国生活垃圾焚烧发电项目——AAA级项目名单和信息

序号	所属区域和项目名称/项目公司名称	评级年份和级别	投资方/控股方	规模(t/d)	炉型	炉排供应商	投产时间
		2012 年					
1	北京—北京高安屯垃圾焚烧处理厂	2012 年，AAA	北控	1600	炉排炉	日本 TAKUMA	2009 年 3 月
2	广东—佛山南海生活垃圾发电厂	2012 年，2017 年 AAA	瀚蓝环境	4500	炉排炉	日本 MHI	2012 年 10 月
3	江苏—苏州光大环保能源（苏州）有限公司	2012 年，AAA	光大环境	5800	炉排炉	一期（500×2），二期（500×2）Seghers；三期（500×3），四期（750×3）光大环境	2006 年 7 月
4	广东—深圳深能环保宝安垃圾发电（一期）	2012 年，AAA	深能环保	1200	炉排炉	Seghers	2005 年 12 月
5	广东—广州李坑生活垃圾焚烧发电厂（一期）	2012 年，AAA	广州环投	1038	炉排炉	日本 MHI	2005 年 11 月
		2015 年					
6	浙江—杭州萧山锦江绿色能源有限公司	2015 年，AAA	锦江环境	1200	流化床	南通万达	2013 年 10 月
7	湖北—武汉市汉口地区生活垃圾焚烧发电项目	2015 年，AAA	锦江环境	2000	流化床	南通万达	2010 年 12 月
8	云南—昆明西山生活垃圾焚烧发电项目	2015 年，AAA	锦江环境	1200	流化床	南通万达	2012 年 1 月
9	广东—广州李坑生活垃圾焚烧发电厂（二期）	2015 年，AAA	广州环投	2250	炉排炉	丹麦 VOLUND	2013 年 9 月
10	广东—东莞市市区环保热电厂	2015 年，AAA	粤丰环保	3000	炉排炉	三峰环境	2013 年 7 月
		2017 年					
11	上海—上海老港生活垃圾焚烧厂	2017 年，AAA	上海环境/上海老港固废	9000	炉排炉	一期日本 Hitz，二期 MHI	2013 年 5 月
12	上海—上海黎明生活垃圾焚烧厂	2017 年，AAA	上海浦东环保	2000	炉排炉	日本 Hitz	2013 年 11 月
13	上海—上海金山生活垃圾焚烧厂	2017 年，AAA	上海环境	800	炉排炉	日本 JFE	2012 年 12 月

续表

序号	所属区域和项目名称/项目公司名称	评级年份和级别	投资方/控股方	规模 (t/d)	炉型	炉排供应商	投产时间
14	辽宁—大连泰达生活垃圾焚烧厂	2017年，AAA	泰达环保	1500	炉排炉	日本 Hitz	2012年11月
15	江苏—泰州市生活垃圾焚烧厂	2017年，AAA	绿色动力	1000	炉排炉	日本 MHI	2013年11月
16	浙江—宁波北仑生活垃圾焚烧发电厂	2017年，AAA	光大环境	1500	炉排炉	光大环境	2014年1月
17	湖北—武汉绿色动力再生能源有限公司（武汉星火）	2017年，AAA	绿色动力	1050	炉排炉	绿色动力	2013年8月
18	广东—深圳深能环保宝安垃圾发电（二期）	2017年，AAA	深能环保	3000	炉排炉	吉宝 Seghers	2012年12月
19	广东—惠州博罗县垃圾焚烧厂	2017年，AAA	光大环境	1050	炉排炉	光大环境	2015年8月
20	广东—惠州绿色动力环保有限公司	2017年，AAA	绿色动力	1200	炉排炉	绿色动力	2016年5月
21	湖北—武汉深能环保新沟垃圾发电有限公司	2017年，AAA	深能环保	1000	炉排炉	吉宝 Seghers	2013年12月
22	广东—深圳市能源环保有限公司南山垃圾发电厂	2017年，AAA	深能环保	2300	炉排炉	吉宝 Seghers	2003年11月
23	广东—深圳市能源环保有限公司盐田垃圾发电厂	2017年，AAA	深能环保	450	炉排炉	吉宝 Seghers	2003年12月
				2018年			
24	江苏—苏州吴江光大环保能源有限公司	2018年，AAA	光大环境	1500	炉排炉	光大环境	2016年9月
25	江苏—常州光大高新环保能源（常州）有限公司	2018年，AAA	光大环境	1500	炉排炉	德国 MARTIN×2，光大环境×1	2015年12月
26	江苏—常州光大环保能源（常州）有限公司	2018年，AAA	光大环境	800	炉排炉	光大环境	2008年11月
27	江苏—南京光大环保能源（南京）有限公司	2018年，AAA	光大环境	4010	炉排炉	光大环境	2014年7月
28	山东—日照光大环保能源（日照）有限公司	2018年，AAA	光大环境	1000	炉排炉	光大环境	2016年1月
29	山东—潍坊光大环保能源（潍坊）有限公司	2018年，AAA	光大环境	2000	炉排炉	光大环境	2015年12月
30	浙江—宁波光大环保发电有限公司	2018年，AAA	光大环境	500	炉排炉	光大环境	2015年9月
31	安徽—六安三峰环保发电有限公司	2018年，AAA	三峰环境	1200	炉排炉	三峰环境	2014年9月
32	安徽—合肥中节能（合肥）可再生能源有限公司	2018年，AAA	中国环保	2000	炉排炉	德国 STEINMULLER	2014年11月
33	重庆—重庆丰盛环保发电有限公司	2018年，AAA	三峰环境	2400	炉排炉	三峰环境	2012年5月
34	广东—珠海环信环保有限公司	2018年，AAA	康恒环境	1200	炉排炉	康恒环境	2016年11月
35	海南—三亚三亚光大环保能源（三亚）有限公司	2018年，AAA	光大环境	2250	炉排炉	光大环境×3 康恒环境×2	2014年12月

序号	所属区域和项目名称/项目公司名称	评级年份和级别	投资方/控股方	规模（t/d）	炉型	炉排供应商	投产时间
36	四川—成都九江环保发电有限公司	2018年，AAA	三峰环境	1800	炉排炉	三峰环境	2011年9月
2019年							
37	上海—上海嘉定再生能源有限公司	2019年，AAA	上海嘉定发	1500	炉排炉	日本MHI	2017年8月
38	浙江—宁波明州环境能源有限公司	2019年，AAA	康恒环境	2250	炉排炉	康恒环境	2017年9月
39	浙江—温州龙湾伟明环保能源有限公司	2019年，AAA	伟明环保	1350	炉排炉	伟明环保	2018年4月
40	安徽—马鞍山光大江东环保能源（马鞍山）有限公司	2019年，AAA	光大环境	1200	炉排炉	光大环境	2017年4月
41	湖南—益阳光大环保能源（益阳）有限公司	2019年，AAA	光大环境	1400	炉排炉	光大环境	2016年6月
2020年							
42	浙江—杭州光大环保能源（杭州）有限公司	2020年，AAA	光大环境	3000	炉排炉	光大环境	2017年11月
43	福建—厦门厦环能海沧生活垃圾焚烧发电厂	2020年，AAA	厦门市政	1850	炉排炉	日本EBARA×2，日本Hitz×2	2015年3月
44	福建—厦门厦环能后坑生活垃圾焚烧发电厂	2020年，AAA	厦门市政	400	炉排炉	德国STEINMULLER	2009年4月
45	广东—湛江生活垃圾焚烧发电厂	2020年，AAA	粤丰环保	1500	炉排炉	三峰环境	2016年5月
46	广东—中山市南部组团生活垃圾焚烧厂	2020年，AAA	粤丰环保	1040	炉排炉	三峰环境	2017年3月
47	广东—东莞市横沥环保热电厂	2020年，AAA	粤丰环保	5400	炉排炉	三峰环境	2010年6月
48	广东—潮州市潮安区垃圾焚烧发电厂	2020年，AAA	深能环保	1200	炉排炉	吉宝Seghers	2018年3月
2021年							
49	辽宁—大连瀚蓝（大连）固废处理有限公司	2021年，AAA	瀚蓝环境	1000	炉排炉	日本MHI	2018年6月
50	辽宁—沈阳西部环境有限公司	2021年，AAA	康恒环境	1500	炉排炉	康恒环境	2019年12月
51	山东—济南章丘绿色动力再生能源有限公司	2021年，AAA	绿色动力	1200	炉排炉	绿色动力设备	2019年4月
52	山东—青岛西海岸康恒环保能源有限公司	2021年，AAA	康恒环境	2250	炉排炉	康恒环境	2019年9月
53	山东—青岛康恒再生能源有限公司	2021年，AAA	康恒环境	2475	炉排炉	康恒环境	2019年10月
54	广西—南宁市三峰能源有限公司	2021年，AAA	三峰环境	2000	炉排炉	三峰环境	2016年9月
55	陕西—西安光大环保能源（蓝田）有限公司	2021年，AAA	光大环境	2250	炉排炉	光大环境	2019年12月
56	陕西—西安泾渭康恒环境能源有限公司	2021年，AAA	康恒环境	2250	炉排炉	康恒环境	2020年1月

续表

序号	所属区域和项目名称/项目公司名称	评级年份和利级别	投资方/控股方	规模（t/d）	炉型	炉排供应商	投产时间
57	湖南—岳阳锦能环境绿色能源有限公司	2021 年，AAA	高能环境	1200	炉排炉	Seghers	2019 年 10 月
58	福建—漳州瀚蓝（常山华侨经济开发区）固废处理有限公司	2021 年，AAA	瀚蓝环境	1000	炉排炉	杭州新世纪能源环保工程股份有限公司	2021 年 9 月
	2022 年						
59	云南—昆明三峰再生能源发电有限公司（昆明空港经济开发区垃圾焚烧发电厂）	2022 年，AAA	三峰环境	1000	炉排炉	重庆三峰卡万塔环境产业有限公司	2012 年 8 月
60	北京—朝阳北京朝阳清洁能源科技有限公司（北京朝阳清洁焚烧中心）	2022 年，AAA	北京朝阳环境集团	1800	炉排炉	吉宝 Seghers	2016 年 5 月
61	福建—莆田市圣元环保电力有限公司（莆田市生活垃圾焚烧发电厂）	2022 年，AAA	圣元环保	一期：350 二期：350×2 三期：600 四期：600×2	炉排炉	一、二期：杭州新世纪 三、四期：重庆三峰卡万塔	一期：2013 年 二期：2011 年 三期：2017 年 四期：2018 年
62	北京—北京绿色动力环保有限公司（北京市通州区再生能源发电厂）	2022 年，AAA	绿色动力	2250	炉排炉	日本三菱重工环境株式会社	2018 年 8 月
	2023 年						
63	陕西—中节能（西安）环保能源有限公司（西安鄠邑区生活垃圾无害化处理焚烧热电联产项目）	2023 年，AAA	中节能	3×750	炉排炉	Seghers-Keppel（吉宝西格斯比利时公司）	2020 年 3 月
64	陕西—西咸新区北控环保科技发展有限公司（西咸新区生活垃圾无害化处理焚烧热电产项目）	2023 年，AAA	北控	4×750	炉排炉	康恒环境	2019 年 11 月
65	广东—瀚蓝绿电固废处理（佛山）有限公司（佛山市南海区生活垃圾发电厂三厂）	2023 年，AAA	瀚蓝环境	2×750	炉排炉	三菱重工环境·化学工程株式会社	2012 年 10 月
66	河北—三河康恒再生能源有限公司（三河市生活垃圾焚烧发电 PPP 项目）	2023 年，AAA	康恒环境	2×1000	炉排炉	康恒环境	2021 年 5 月
67	重庆—重庆百果园环保发电有限公司（重庆市第三垃圾焚烧发电项目）	2023 年，AAA	三峰环境	6×750	炉排炉	重庆三峰卡万塔	2018 年 10 月

续表

序号	所属区域和项目名称/项目公司名称	评级年份和级别	投资方/控股方	规模（t/d）	炉型	炉排供应商	投产时间
68	广西—梧州康恒再生能源有限公司（梧州静脉产业园生活垃圾焚烧发电项目）	2023年，AAA	康恒环境	2×500	炉排炉	康恒环境	2020年8月
69	北京—北控绿海能环保有限公司（北京市海淀区循环经济产业园再生能源发电厂工程项目）	2023年，AAA	北控	3×675	炉排炉	德巴	2017年3月
70	河南—濮阳高能生物能源有限公司（濮阳市静脉产业园生活垃圾焚烧发电项目）	2023年，AAA	高能环境	2×500	炉排炉	光大环境	2020年8月
71	浙江—宁波奉化环境再生能源有限公司（宁波市奉化区生活垃圾焚烧发电项目）	2023年，AAA	上海环境	2×600	炉排炉	上海环境	2021年12月
72	浙江—杭州临江环境能源有限公司（杭州临江环境能源工程项目）	2023年，AAA	杭州环境	6×870	炉排炉	康恒环境	2020年12月
73	福建—福州市闽侯县康恒再生能源有限公司［闽侯县环保生态产业园（垃圾资源化利用一期）项目］	2023年，AAA	康恒环境	600	炉排炉	康恒环境	2020年11月
74	海宁绿动海云环保能源有限公司（海宁市绿能环保项目［生活垃圾焚烧厂］）	2023年，AAA	绿色动力	1500	炉排炉	康恒环境	2021年5月
75	北京绿色动力再生能源有限公司密云区垃圾综合处理中心	2023年，AAA	绿色动力	2×300	炉排炉	同方环境	2019年1月
76	平湖市临港能源有限公司（平湖市生态能源项目）	2023年，AAA	龙净环保	1000，预留500扩建端	炉排炉	光大环境	2020年11月
77	郑州东兴环保能源有限公司［郑州（东部）环保能源工程项目］	2023年，AAA	郑州公用	6×700	炉排炉	重庆三峰卡万塔	2019年9月
78	太原康恒再生能源有限公司（太原市循环经济环卫产业示范基地生活垃圾焚烧发电项目）	2023年，AAA	康恒环境	4×750	炉排炉	康恒环境	2023年9月
79	绵阳中科绵投环境服务有限公司（绵阳生活垃圾焚烧发电项目）	2023年，AAA	中科润宇	2×500（一期）＋1×500（二期）	炉排炉	一期：重庆三峰；二期：中科润宇	2023年9月

续表

序号	所属区域和项目名称/项目公司名称	评级年份和级别	投资方/控股方	规模（t/d）	炉型	炉排供应商	投产时间
80	珠海康恒环保有限公司（珠海市环保生物质热电工程）	2023 年，AAA	康恒环境	2×600（一期）＋3×600（二期）	炉排炉	上海康恒/南通万达	2023 年 9 月
81	深圳市深能南部生态环保有限公司（深圳市南山能源生态园）	2023 年，AAA	深能环保	2×400（一期）＋2×750（二期）	炉排炉	深能环保	一期：2003 年 12 月；二期：2019 年 8 月
82	瀚蓝（孝感）固废处理有限公司（孝感市生活垃圾焚烧发电厂）	2023 年，AAA	瀚蓝环境	1500	炉排炉	瀚蓝环境	2020 年 11 月
83	嘉兴市绿色能源有限公司垃圾焚烧项目提升改造工程	2023 年，AAA	嘉兴水务	1950	炉排炉	康恒环境	2019 年 10 月

注 截至 2023 年 11 月 20 日，共计 83 个 AAA 级项目（含 3 个流化床项目）。

参 考 文 献

［1］ 上海市绿化市容局．上海市绿化市容统计年鉴．上海：学林出版社，2016年～2019年版．

［2］ J. B. Kitto, Jr., M. D. Fick, L. A. Hiner, W. J. Arvan. World-Class Technology for the Newest Waste-to-Energy Plant in the United States——Palm Beach Renewable Energy Facility No. 2, Renewable Energy World International, Orlando, Florida, U. S. A., December 13-15, 2016.

［3］ L. Xiao, A. Shu, P. Ewald and M. White, ENERGY FROM WASTE IN CHINA AND US-ITS STATUS AND ITS FUTURE, 3rd International Conference on Engineering for Waste and Biomass Valorisation, May 17-19, 2010-Beijing, China.

［4］ J. B. Kitto, Jr., M. D. Fick, and L. A. Hiner, WORLD-CLASS TECHNOLOGY FOR THE NEWEST WASTE-TO-ENERGY PLANT IN THE UNITED STATES —— PALM BEACH RENEWABLE ENERGY FACILITY NO. 2, Renewable Energy World International, Orlando, Florida, U. S. A., December 13-15, 2016.

［5］ Lee S H, Themelis N J, Castaldi M J. High-Temperature Corrosion in Waste-to-Energy Boilers [J]. Journal of Thermal Spray Technology, 2007, 16 (1)：104-110.

［6］ VanHaaren R, Themelis N, Goldstein N. THE STATE OF GARBAGE IN AMERICA [J]. Biocycle, 2010, 51 (10)：p. 16-23.

［7］ Kiser J V L. The Status of Waste-to-Energy in the U. S [C] // 13th Annual North American Waste-to-Energy Conference. American Society of Mechanical Engineers, 2005.

［8］ Psomopoulos C S, Bourka A, Themelis N J. Waste-to-energy: A Review Of The Status And Benefits In USA [J]. Waste Management, 2009, 29 (5)：1718-1724.

［9］ Deepa, Mudgal, Surendra, et al. Hot Corrosion Behavior of Some Superalloys in a Simulated Incinerator Environment at 900 ℃ [J]. Journal of Materials Engineering & Performance, 2014.

［10］ WenX, Luo Q, Hu H, et al. Comparison research on waste classification between China and the EU, Japan, and the USA [J]. Journal of Material Cycles & Waste Managemen, 2014, 16 (2)：321-334.

［11］ D. O. Albina. Theory and Experience on Corrosion of Waterwall and Superheater Tubes of Waste-To-Energy Facilities [M]. Columbia University, 2005.

［12］ Abert, J. G, Alter, H, K. V. Sarkenen, et al. A survey of U. S. and European practices for recovering energy from municipal waste [J]. Progress in biomass conversion, 1979, 1：145-213.

［13］ J. B. Kitto, Jr., M. D. Fick, L. A. Hiner, W. J. Arvan, World-Class Technology for the Newest Waste-to-Energy Plant in the United States —— Palm Beach Renewable Energy Facility No. 2, Renewable Energy World International, Orlando, Florida, U. S. A., December 13-15, 2016.

［14］ 白良成，徐文龙．层燃型垃圾焚烧锅炉的炉膛与炉膛温度简析．环境卫生工程，2021 (1)：58-63.

［15］ Directive 2000/76/EC of the European Parliament and of the Council of 4 December 2000 on the incineration of waste. OJ L 332, 28. 12. 2000. P91.

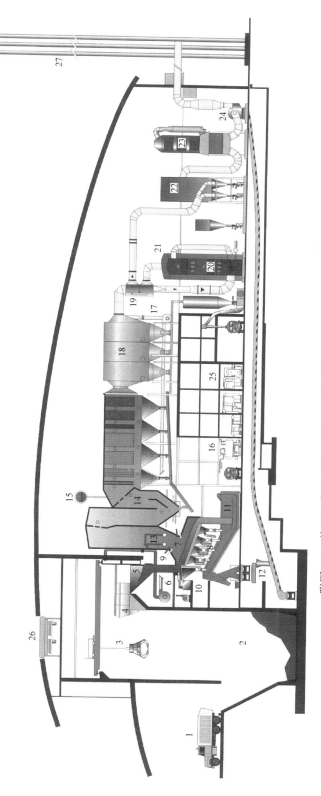

附图 5-2 德国纽伦堡 (Nuremberg) 垃圾焚烧发电项目焚烧线设备布置简图

垃圾卸料和储存区域
1—卸料大厅；
2—垃圾池；
3—垃圾抓斗和桥式起重机；
4—抓斗起重机操作室；

焚烧和余热锅炉区域
5—焚烧炉进料斗；
6—一次风机；
7—液压驱动往复移动炉排（水冷式）；
8—炉排下一次风进风室风室和漏渣斗；
9—二次风；
10—推料器；
11—湿式出渣系统；
12—出渣机；
13—辅助燃烧器；
14—余热锅炉（四通道式）；
15—汽包；
16—凝结水箱；
17—烟气回流系统；

烟气净化系统区域
18—电除尘器；
19—"气—气"换热器；
20—酸性气态污染物湿法洗涤塔；
21—中和洗涤器（去除重金属）；
22—吸附装置（去除二噁英类、重金属）；
23—选择性催化还原脱硝（SCR）；
24—引风机；
25—电控中心；
26—冷却水系统；
27—烟囱

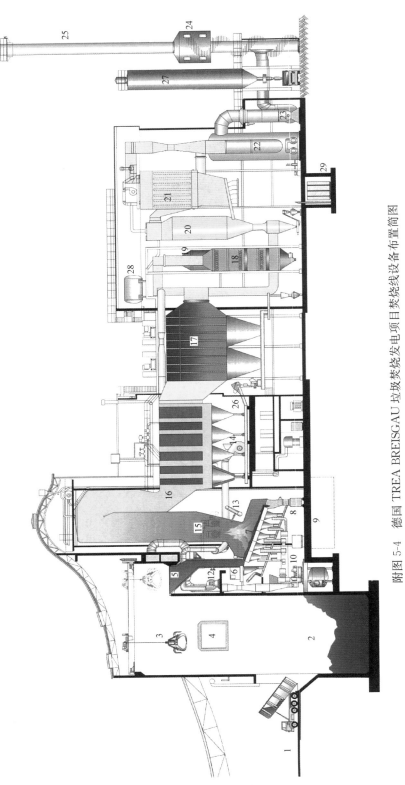

附图 5-4　德国 TREA BREISGAU 垃圾焚烧发电项目焚烧线设备布置简图

1—卸料大厅；
2—垃圾池；
3—垃圾抓斗和桥式起重机；
4—垃圾抓斗起重机控制室；
5—焚烧炉进料斗；
6—推料器；

7—液压驱动往复移动炉排；
8—炉排下漏渣输送机；
9—炉渣池；
10—一次风机；
11—炉排下一次风进风分配管；
12—二次风机；

13—二次风、烟气回流喷入点；
14—烟气回流风机；
15—辅助燃烧器；
16—余热锅炉（三通道式）；
17—电除尘器；
18—选择性催化还原脱硝（SCR）；

19—外部省煤器；
20—反应塔；
21—袋式除尘器；
22—湿法洗涤塔；
23—引风机；
24—烟气污染物排放在线检测室；

25—烟囱；
26—灰输送；
27—废弃物储存；
28—应急水箱；
29—废水收集池；

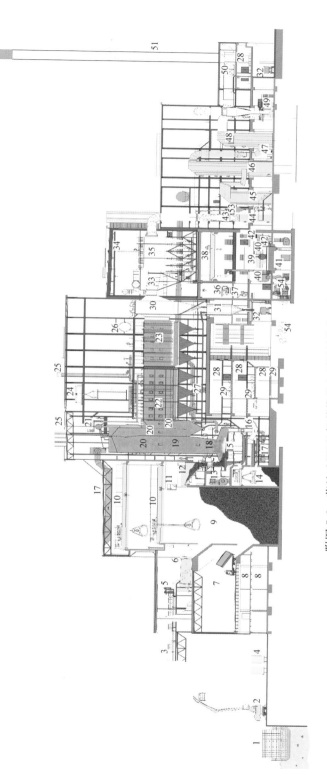

附图 5-6 荷兰 AEB 垃圾焚烧发电项目焚烧线设备布置简图

1—垃圾打包水运；
2—垃圾包卸船；
3—垃圾包输送机；
4—轨道输送；
5—垃圾包开包装置；
6—垃圾接收器并使垃圾搅拌均匀化；
7—卸料大厅；
8—仓库；
9—垃圾池；

10—垃圾抓斗和桥式起重机；
11—垃圾抓斗和桥式起重机控制室；
12—焚烧炉进料斗；
13—三次风风斗；
14—炉渣池；
15—炉排；
16—出渣机；
17—一次风；
18—烟气回流和三次风喷入；
19—SNCR 的氨水喷入区域；

20—余热锅炉（1号，2号和3号辐射换热烟道）；
21—余热锅炉汽包；
22—余热锅炉过热器区域；
23—余热锅炉内省煤器（1号）；
24—锅炉检修用起重设备；
25—锅炉安全阀；
26—除氧器；
27—烟气回流风机；
28—电控室；
29—电缆间；

30—静电除尘器；
31—飞灰仓；
32—飞回装车站；
33—活性炭喷射系统；
34—袋式除尘器检修用起重装置；
35—袋式除尘器；
36—锅炉给水泵；
37—蒸汽联箱；
38—汽轮机发电间起重设备；
39—汽轮发电机；

40—主凝汽器；
41—汽轮机油系统小室；
42—再热器；
43—外置省煤器（2号）；
44—冷却塔；
45—HCl 净化洗涤塔；
46—SO₂ 净化洗涤塔；
47—外置省煤器（3号）；
48—末级洗涤塔；
49—引风机；

50—烟气污染物排放在线检测系统；
51—烟囱；
52—应急水箱；
53—废弃物暂存箱；
54—主冷却水

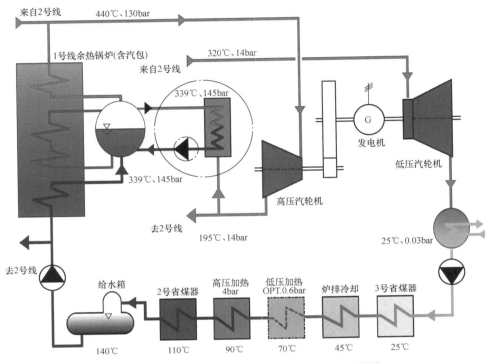

附图 5-7　荷兰 AEB 垃圾焚烧发电项目热力系统图

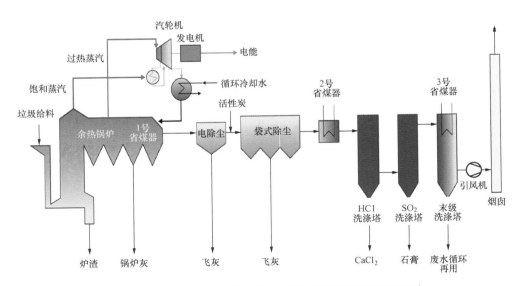

附图 5-8　荷兰 AEB 垃圾焚烧发电项目烟气净化工艺流程示意

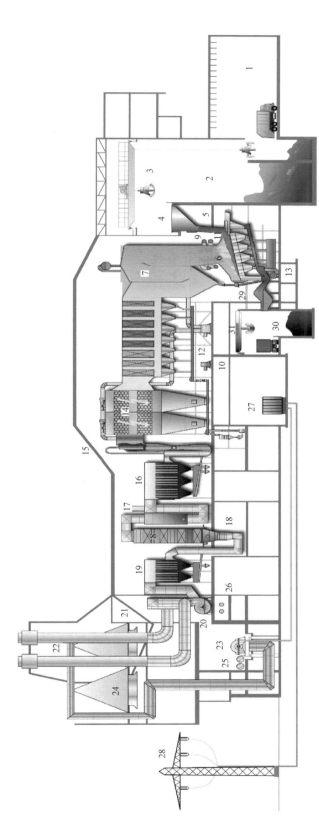

附图 5-10 瑞士卢塞恩 (Lucern) Renergia 垃圾焚烧发电项目焚烧线设备布置简图

1—卸料大厅；　　　　　　　　8—外置省煤器；　　　　　　　　15—碳酸氢钠喷射点；　　　　　　22—烟囱；　　　　　　　　　29—出渣机；

2—垃圾池；　　　　　　　　　9—一次风入炉；　　　　　　　　16—袋式除尘器 (1 号)；　　　　　23—抽凝式汽轮机；　　　　　30—炉渣池；

3—垃圾抓斗和桥式起重机；　　10—二次风机；　　　　　　　　17—选择性催化还原脱硝 (SCR)；　24—空冷凝汽器；　　　　　　31—炉渣抓斗和桥式起重机；

4—焚烧炉进料器；　　　　　　11—烟气回流喷入炉内；　　　　18—热交换器 (1 号)；　　　　　25—向外供热热交换站；

5—推料器；　　　　　　　　　12—烟气回流风机；　　　　　　19—袋式除尘器 (2 号)；　　　　26—工艺用抽汽；

6—炉排；　　　　　　　　　　13—一次风机；　　　　　　　　20—引风机；　　　　　　　　　27—变压器；

7—余热锅炉 (四通道)；　　　14—静电除尘器；　　　　　　　21—热交换器 (2 号)；　　　　　28—电力输出；

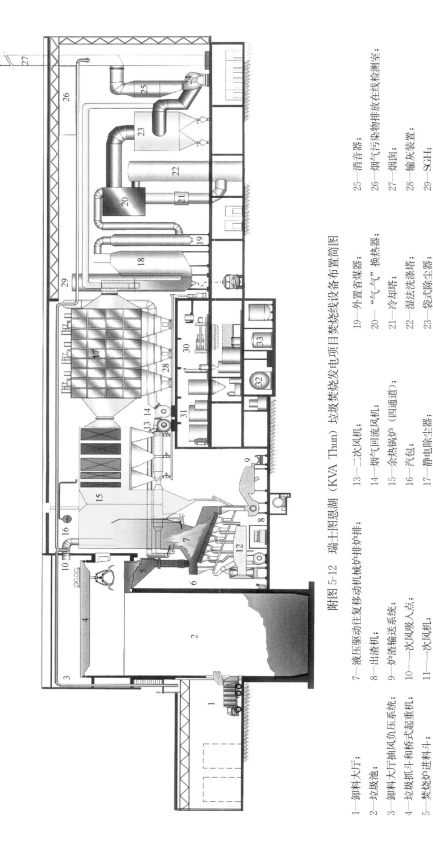

附图 5-12 瑞士图恩湖 (KVA Thun) 垃圾焚烧发电项目焚烧线设备布置简图

1—卸料大厅;
2—垃圾池;
3—卸料大厅抽风负压系统;
4—垃圾抓斗和桥式起重机;
5—焚烧炉进料斗;
6—推料器;

7—液压驱动往复移动机械炉排炉排;
8—出渣机;
9—炉渣输送系统;
10——次风吸入点;
11——次风机;
12—炉排下—次风分配管;

13—二次风机;
14—烟气回流风机;
15—余热锅炉 (四通道);
16—汽包;
17—静电除尘器;
18—选择性催化还原脱硝 (SCR);

19—外置省煤器;
20—"气气" 换热器;
21—冷却塔;
22—湿法洗涤塔;
23—袋式除尘器;
24—引风机;

25—消音器;
26—烟气污染物排放在线检测室;
27—烟囱;
28—输灰装置;
29—SCH;
30~33—水处理系统设备

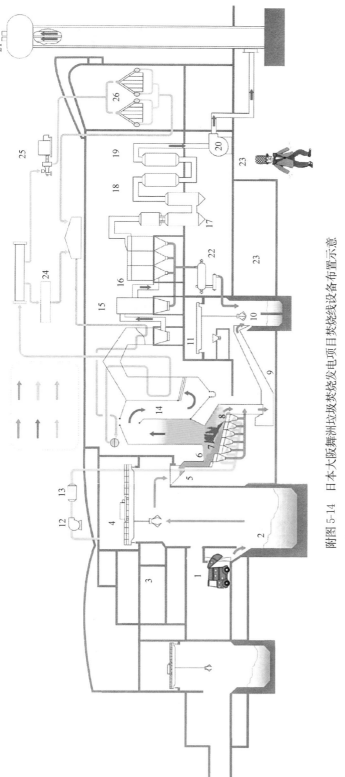

附图 5-14　日本大阪舞洲垃圾焚烧发电项目焚烧线设备布置示意

1—卸料大厅；
2—垃圾池；
3—垃圾抓吊控制室；
4—垃圾抓斗和桥式起重机；
5—焚烧炉进料斗；
6—干燥炉排段；

7—燃烧炉排段；
8—燃烬炉排段；
9—出渣系统；
10—炉渣池；
11—炉渣抓吊；
12—一次风机；

13—一次风预热器；
14—余热锅炉；
15—减温塔；
16—袋式除尘器；
17—湿法洗涤塔；
18—烟气加热器；

19—选择性催化还原脱硝（SCR）；
20—引风机；
21—烟囱；
22—飞灰加热分解二噁英装置；
23—废水处理系统；
24—蒸汽至余热利用系统；

25—汽轮发电机；
26—凝汽器

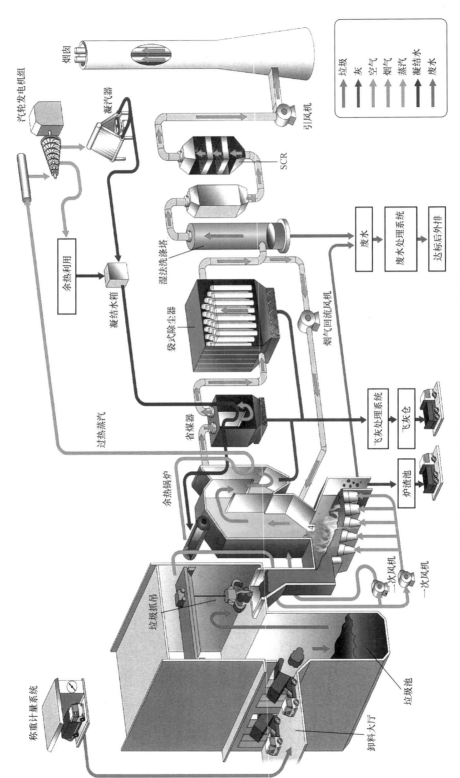

附图 5-16 日本东京杉并垃圾焚烧发电项目焚烧线设备布置示意

烟囱

汽轮发电机组

凝汽器

引风机

SCR

余热利用

凝结水箱

湿法洗涤塔

废水

废水处理系统

达标后外排

袋式除尘器

烟气回流风机

过热蒸汽

省煤器

飞灰处理系统

飞灰仓

余热锅炉

炉渣池

二次风机

一次风机

垃圾抓吊

称重计量系统

卸料大厅

垃圾池

垃圾
灰
空气
烟气
蒸汽
凝结水
废水

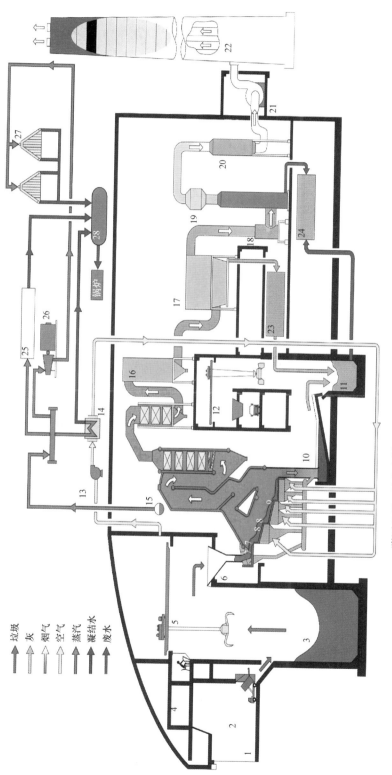

垃圾
灰
烟气
空气
蒸汽
凝结水
废水

附图 5-18　日本大阪平野垃圾焚烧发电项目焚烧线设备布置示意

1—卸料平台；
2—垃圾门；
3—垃圾池；
4—垃圾抓吊控制室；
5—垃圾抓斗和桥式起重机；

6—焚烧炉进料斗；
7—炉排干燥段；
8—炉排燃烧段；
9—炉排燃烬段；
10—炉渣出渣装置；

11—炉渣池；
12—炉渣抓吊；
13—一次风风机；
14—二次风预热器；
15—余热锅炉；

16—冷却塔；
17—袋式除尘器；
18—湿法洗涤塔；
19—烟气加热装置；
20—选择性催化还原脱硝（SCR）；

21—引风机；
22—烟囱；
23—飞灰处理系统；
24—废水处理系统；
25—余热利用；

26—汽轮发电机组；
27—凝汽器；
28—凝结水箱

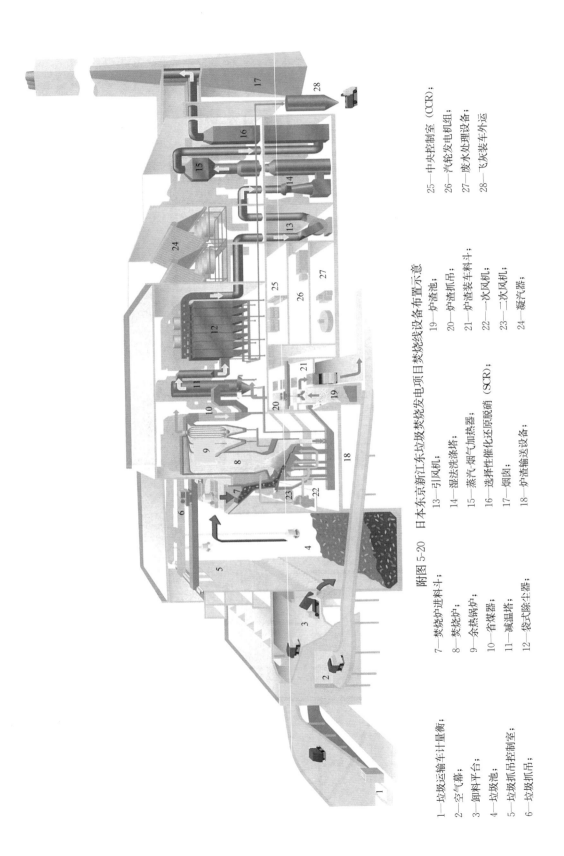

附图 5-20　日本东京新江东垃圾焚烧焚烧发电项目焚烧线设备布置示意

1—垃圾运输车计量衡;
2—空气幕;
3—卸料平台;
4—垃圾池;
5—垃圾抓吊控制室;
6—垃圾抓吊;

7—焚烧炉进料斗;
8—焚烧炉;
9—余热锅炉;
10—省煤器;
11—减温塔;
12—袋式除尘器;

13—引风机;
14—湿法洗涤塔;
15—蒸汽烟气加热器;
16—选择性催化还原脱硝（SCR）;
17—烟囱;
18—炉渣输送设备;

19—炉渣池;
20—炉渣抓吊;
21—炉渣装车料斗;
22—一次风机;
23—二次风机;
24—凝气器;

25—中央控制室（CCR）;
26—汽轮发电机组;
27—废水处理设备;
28—飞灰装车外运

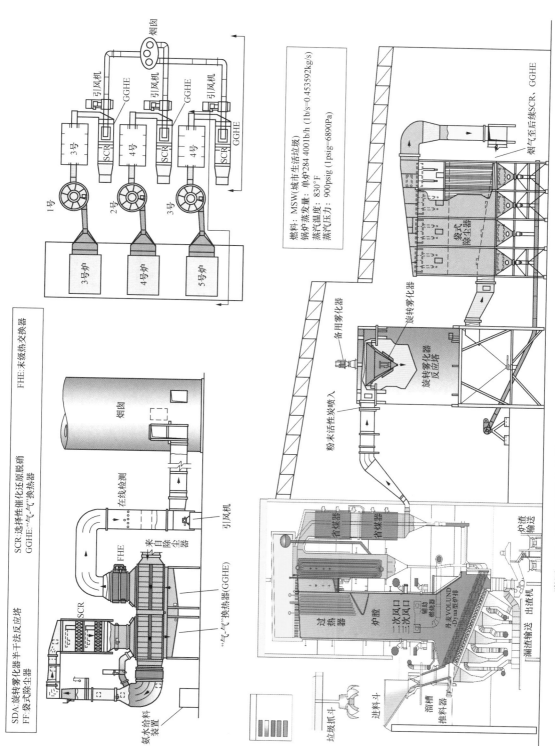

SDA:旋转雾化器半干法反应塔　　　SCR:选择性催化还原脱硝　　　FHE:末级热交换器
FF:袋式除尘器　　　GGHE:"气-气"换热器

燃料：MSW(城市生活垃圾)
锅炉蒸发量：单炉284 400lb/h (1lb/s=0.453592kg/s)
蒸汽温度：830°F
蒸汽压力：900psig (1psig=6890Pa)

附图5-23　美国佛罗里达州 West Palm Beach 垃圾焚烧发电项目焚烧线设备布置简图